普通高等教育"互联网+"创新型计算机类课程规划教材

"十三五"江苏省高等学校重点教材（编号：2018-1-139）

（第三版）

操作系统

CAOZUO XITONG

主　编　李红卫　白凤娥　单振辉

副主编　郭庆军　谢　峰　李沛杰

U0245085

大连理工大学出版社

图书在版编目（CIP）数据

操作系统 / 李红卫，白凤娥，单振辉主编. -- 3 版
. -- 大连：大连理工大学出版社，2020.8（2025.1 重印）
普通高等教育"互联网＋"创新型计算机类课程规划
教材
ISBN 978-7-5685-2591-6

Ⅰ. ①操… Ⅱ. ①李… ②白… ③单… Ⅲ. ①操作系
统－高等学校－教材 Ⅳ. ①TP316

中国版本图书馆 CIP 数据核字（2020）第 120595 号

大连理工大学出版社出版

地址：大连市软件园路 80 号　邮政编码：116023
营销中心：0411-84707410 84708842　邮购及零售：0411-84706041
E-mail：dutp@dutp.cn　URL：https://www.dutp.cn
大连日升彩色印刷有限公司印刷　　　大连理工大学出版社发行

幅面尺寸：185mm×260mm　　印张：19.5　　字数：499 千字
2010 年 11 月第 1 版　　　　　　　2020 年 8 月第 3 版
2025 年 1 月第 6 次印刷

责任编辑：孙兴乐　　　　　　　　　责任校对：齐　欣
封面设计：对岸书影

ISBN 978-7-5685-2591-6　　　　　　定　价：49.80 元

前言

操作系统是计算机系统中软件与硬件的纽带,操作系统的质量直接影响计算机系统的整体性能和用户使用计算机的方便程度。操作系统课程是计算机科学与技术专业的重要专业基础课程,同时也是计算机应用开发人员应该掌握的核心课程之一。本课程主要介绍操作系统的基本原理和实现技术,学习本课程是理解计算机系统工作、用户与计算机系统交互、设计开发应用系统等基本知识的重要途径。

本教材的第一版于2010年出版,第二版于2017年出版,教材出版以来得到应用型本科院校的广泛好评。教材的具体修订内容主要有以下几个方面:

1.将用户界面单独编排为一章。这一章是学生学习和使用操作系统的入口,为学生自主学习操作系统课程起到积极作用。

2.将处理器管理单独编排为一章。这一章主要阐述计算机内部活动是以进程为单位的,操作系统需要对它们进行管理,使其合理地利用资源,相互之间有条不紊地进行通信。

3.将进程互斥、同步与死锁单独编排为一章。这一章充分证明操作系统是以进程/线程为单位运作的,其动态性、并发性将引发计算机资源的竞争,操作系统将协调它们之间的关系,让其能够按照应有的规律运行。

4.以Linux操作系统为例,增加实践内容,让学生通过动手操作来认识、理解操作系统的相关知识,做到理论与实践相结合。

5.增加典型例题分析,补充课后习题,通过典型例题分析和课后习题练习让学生更好地理解和掌握操作系统的基本原理和实现技术,提高学生分析问题和解决问题的能力。

本教材共分为8章,建议课堂教学44学时,实验教学20学时。

第1章　操作系统概述。本章系统地介绍了操作系统的概念、出现和发展、分类及特征、结构,最后对Linux操作系统进行了简要的介绍。建议课堂教学4学时。

第2章　用户界面。本章介绍了操作系统为用户使用计算机提供的接口。建议课堂教学2学时,实验教学4学时。

第3章　处理器管理。本章系统地介绍了进程与线程的基本概念、进程控制、处理器调度以及进程间通信,最后对Linux进程管理进行了简要的介绍。建议课堂教学8学时,实验教学2学时。

第4章　进程互斥、同步与死锁。本章首先介绍了进程互斥与同步的基本概念,阐述如何通过信号量机制和管程来实现进程互斥与同步,然后分析了死锁产生的原因以及处理死锁的相关策略,最后介绍了Linux系统的同步机制。建议课堂教学8学时,实验教学4学时。

第5章　存储管理。本章介绍了存储管理的基本概念和常见的存储管理方法,并分别介绍了各种内存管理技术的实现思想、算法和硬件支持,最后介绍了Linux存储管理。建议课堂教学7学时,实验教学4学时。

第6章　设备管理。本章系统地介绍了 I/O 硬件、I/O 软件、设备分配、磁盘管理,最后简要地介绍了 Linux 设备管理。建议课堂教学 5 学时,实验教学 2 学时。

第7章　文件系统。本章系统地介绍了文件管理的基本概念、文件的结构与存取方法、辅存空间管理、文件目录管理与文件共享、文件的保护以及文件的使用,最后简要地介绍了 Windows 和 Linux 文件系统。建议课堂教学 6 学时,实验教学 2 学时。

第8章　操作系统安全。本章介绍了操作系统安全的基本概念,阐述了操作系统的安全机制及 Linux 的安全策略。建议课堂教学 4 学时,实验教学 2 学时。

为适应现代教学手段,本教材配备了数字化教学资源,具体内容包括多媒体课件、习题答案解析和实验平台,以上资源可通过扫描封底二维码关注"操作系统学习"公众号获取。

本教材由江苏理工学院李红卫、白凤娥,哈尔滨信息工程学院单振辉任主编;江苏理工学院郭庆军、谢峰、李沛杰任副主编。具体编写分工如下:第1、第2章由李红卫编写,第3章由白凤娥编写,第4章由郭庆军编写,第5章由单振辉编写,第6章由谢峰编写,第7、第8章由李沛杰编写。全书由李红卫统稿并定稿。

在编写本教材的过程中,编者参考、引用和改编了国内外出版物中的相关资料以及网络资源,在此表示深深的谢意! 相关著作权人看到本教材后,请与出版社联系,出版社将按照相关法律的规定支付稿酬。

限于水平,书中仍有疏漏和不妥之处,敬请专家和读者批评指正,以使教材日臻完善。

编　者

2020 年 8 月

所有意见和建议请发往:dutpbk@163.com

欢迎访问高教数字化服务平台:https://www.dutp.cn/hep/

联系电话:0411-84708462　84708445

目 录

第1章

操作系统概述

在计算机系统中,操作系统(Operating System,OS)是最基本的系统软件,它控制计算机系统中所有硬、软件资源,并为用户使用计算机提供一个方便、灵活、安全、可靠的工作环境。操作系统是其他所有系统软件和应用软件的运行基础,因此对操作系统的概念、理论和方法的研究以及对它的设计、分析、开发和使用,历来是计算机科学研究的最基本内容。

本章重点介绍操作系统的概念、功能、发展历史、多道程序设计概念、操作系统的分类以及操作系统的结构,最后简要介绍 Linux 操作系统。

微 课

认识操作系统

1.1 操作系统的概念

计算机系统是由硬件系统和软件系统组成的,它们共同协作以运行应用程序。计算机硬件系统主要由运算器、控制器、存储器、输入/输出(I/O)设备等组成。计算机软件系统分为系统软件和应用软件。系统软件是计算机的核心基础软件,它位于计算机系统中硬件与应用软件之间,作为管理和控制计算机软硬件基础设施的共性软件,通过提供有效的资源服务为高层业务或应用提供基础平台支撑。系统软件的核心是操作系统,它可以抽象和管理计算机软硬件资源,并为应用软件提供基础服务。应用软件泛指那些专门用于解决各种具体应用问题的软件。另外,还有一种称为"中间件"的软件,它是介于应用软件和系统软件之间,它给应用软件提供了标准化的编程接口和协议,起到承上启下的作用,使得应用软件的开发可以独立于计算机硬件和操作系统,实现相同的应用软件可以在不同的系统上运行。本书中把"中间件"看作系统软件。

我们可以把计算机系统看作是由硬件和软件组成的多级层次结构。如图 1-1 所示,计算机系统的层次大致可分为硬件层、软件层和用户层,其中,硬件层构成了计算机系统的物质基础。操作系统是在硬件之上增加的第一层软件,它对硬件功能进行了首次扩充,屏蔽了硬件的复杂性,并为用户提供一个容易理解和便于使用的接口。在操作系统层上每增加一层软件都会使计算机系统功能增强,比如增加编译程序,用户就可以进行程序的设计;增加文字处理系统,用户就可以对文字进行编辑、排版。在软件层之上是用户层,用户可以通过系统软件、应用软件提供的操作接口使用计算机,让计算机为用户服务。

1.1.1 什么是操作系统

自从 20 世纪 50 年代中期北美航空公司和美国通用电力研究实验室为 IBM 701 计算机开发的世界上第一个初具雏形的操作系统开始到今天,操作系统已经历了 60 多年的发展,人们可以从不同的角度了解和认识操作系统。

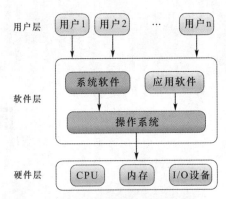

图 1-1　计算机系统的层次结构

1.资源管理观点

计算机系统中的资源种类繁多,硬件资源包括处理器(Central Processing Unit,简称 CPU,包含运算器和控制器)、存储器、I/O 设备等;软件资源包括程序以及与程序相关的数据和文档。用户很难直接操作和管理这些资源,若对资源的调度或使用方法有任何不当都会直接影响系统效能的发挥。因此,人们提出用软件来完成对计算机系统中资源的管理与调度,这个软件就是操作系统。

操作系统的首要任务是跟踪资源的使用情况,满足用户程序对资源的请求,提高系统资源的利用率,协调各程序对资源的竞争使用。另外,用户也必须借助于操作系统才能有效地对计算机系统中种类繁多、特性各异的资源进行管理。例如,在计算机系统中何时将处理器分配给何用户,分配多长时间,I/O 设备能否分配给申请的用户使用,有多少个用户程序可同时进入主存并被启动执行,如何提高各种资源的利用率等都是由操作系统决定的。所以,从资源观点看,操作系统就是资源的管理者,它的主要任务就是如何管理系统中的软、硬件资源,使其得到充分有效的利用,并且在相互竞争的作业或程序之间有序地控制资源的分配和回收,实现对计算机系统工作流程的控制。

2.系统结构观点

我们把不带有任何软件的计算机称为裸机。裸机是极难使用的,即使它提供了很强的指令系统,但从功能上来说还存在很大的局限性。加上软件之后,其功能和性能得到扩充和完善。至于软件之间的关系,也采用同样办法,一些软件的运行是以另外一些软件为基础,而新添加的这些软件是在原有软件基础上的扩充和完善。例如,在裸机上加上一层虚拟存储管理软件,用户就可以在这样的空间中编程,需要多大存储空间就可以使用多大存储空间,完全不必涉及物理存储空间的容量、地址转换、程序重定位等物理细节。如果加上一层 I/O 设备管理软件,用户就可以使用 I/O 命令进行数据的输入和输出,完全不必涉及显示器、打印机、键盘和鼠标等硬件的物理细节;如果再加上一层文件管理软件,它将 I/O 设备抽象成一组命名的文件,用户通过各种文件操作,按文件名来存取信息,完全不必涉及诸如数据在内存的物理地址、I/O 设备的物理细节等;如果在上述基础上继续增加一层窗口管理软件,由该软件把一台计算机的物理屏幕改造成许多窗口,每个应用就可以在各自的窗口中活动。所以,我们可以把操作系统看作是由一个个软件模块组成的系统软件,有的模块负责内存分配,有的模块实现 CPU 管理,有的模块对文件进行管理等。

由于操作系统是紧靠硬件的第一层软件(不排除它自身又是由许多层软件组成),所以当硬件层上加上操作系统后,便成了一台功能显著增强,使用更加方便,效率明显提高的机器。

所以,从这个角度看,操作系统的作用是为用户提供比低层硬件的功能更强、使用更加方便、安全可靠性更好、效率明显提高的扩展机或虚拟机,所以,从系统结构角度看,操作系统是扩展机或虚拟机。

3. 用户观点

从用户角度看,如果一台计算机没有安装操作系统,则用户无法使用该计算机。因此,从用户观点看,操作系统是用户与计算机之间的接口。操作系统向用户提供的各种服务功能,用户均可通过接口使用它们。一般情况下,操作系统向用户提供了程序接口(系统调用)和命令控制接口,程序开发和设计人员可通过程序接口使用操作系统提供的功能;计算机操作人员可以使用命令控制接口灵活、方便地操作计算机。

综上所述,我们知道操作系统是计算机系统中最基本的系统软件,它为软件设计者提供了有力支撑,可有效地控制和管理计算机系统中的各种硬件和软件资源,使之得到更有效的利用,并能合理地组织计算机系统的工作流程,以改善系统性能,使得计算机的功能得到扩展,为用户使用计算机提供接口。因此,我们可以这样定义操作系统:操作系统是位于硬件层之上、所有软件层之下的一个系统软件,它是一组能控制和管理计算机系统资源、合理地组织计算机系统的工作流程、有效地控制多道程序运行、方便用户使用计算机的程序和数据的集合。

拓展知识:用户在使用应用程序时只会与应用程序进行通信,不会直接与计算机硬件进行通信。应用程序需要在操作系统的支持下管理和控制计算机硬件并为用户提供服务。通常我们使用术语"平台"来描述应用程序所依赖的硬件和操作系统。

1.1.2　操作系统的功能

引入操作系统的主要目的是最大限度地发挥计算机系统资源的利用率,增强系统的处理能力,方便用户使用计算机。因此,操作系统应该具备处理器管理、存储管理、设备管理、文件管理等对资源的管理功能,还需要向用户提供使用计算机的接口。此外,由于当今的计算机网络已十分普及,几乎所有的计算机都接入网络中,为了方便计算机联网,需要在操作系统中增加面向网络的服务功能。

1. 处理器管理

处理器管理主要完成处理器的分配、释放,以及进程/线程的调度等功能。处理器是计算机系统中一种稀有和宝贵的资源,它的主要功能是执行指令,完成程序所规定的任务。在计算机系统中应最大限度地提高处理器的利用率。在单用户单任务的情况下,处理器仅为一个用户的一个任务所独占,处理器管理的工作十分简单。为了提高处理器的利用率,操作系统采用了多道程序设计技术。在传统的多道程序环境下,以进程为基本单位分配处理器;在引入线程的操作系统中,以线程为基本单位分配处理器。因而对处理器的管理可归结为对进程或线程的管理。

进程是操作系统中的一个重要且常用的概念,进程是程序的一次执行,它在执行程序之前产生,在程序运行完成之后结束,它是一个动态的概念,系统是以进程为单位进行资源的分配和独立调度单位。在有线程的系统中系统是以线程为独立调度单位。关于进程和线程的详细介绍请参看第 3 章内容。在单处理器系统中采用分时方式共享处理器,在多核或多处理器系统中,每个核或处理器在任一时刻都可以运行一个进程/线程,对每个核或处理器可采用分时方式共享。

处理器管理的主要功能有:

（1）进程或线程控制。完成进程或线程的创建、撤销以及进程或线程的状态转换等功能。

（2）进程或线程的同步。多个进程或线程在活动中会产生相互依赖或相互制约的关系，为保证系统中所有进程或线程能够正常活动，必须对并发执行的进程或线程进行协调。

（3）进程或线程通信。相互合作的进程或线程之间往往需要交换信息，为此系统要提供进程或线程的通信机制。

（4）处理器调度。包括作业调度、中级调度、进程或线程调度。通过作业、进程或线程的切换，来充分利用处理器资源和提高系统性能。

特别说明：早期我们所用的处理器大多数是单核单处理器，随着集成电路技术的发展，芯片生产厂家生产的产品往往是多核处理器（在单处理器中集成多个核）。在本书中约定，如果提到单处理器特指单核单处理器，多处理器特指多核处理器或多处理器。

2. 存储管理

存储管理的目标是提高内存的利用率，方便用户使用内存，为用户提供透明服务。存储管理应具备下述主要功能：

（1）内存分配和回收。为需要运行的程序分配必要的内存资源，当程序运行结束后再回收其占用的内存资源。

（2）内存共享和保护。在系统中有多个程序在运行，当有若干程序需要共享某一段内存时，存储管理需要提供支持。并且，存储管理需要保证每一个程序在执行过程中不会破坏其他程序。

（3）地址映射。在程序中使用的地址是从 0 开始编址的。在多道程序设计环境下，一个程序装入内存时不可能正好装在内存起始地址为 0 的存储空间中，这样，在程序中所用的地址和实际内存地址不一致，因此，需要进行地址转换，即地址映射。

（4）内存扩充。当用户作业所需要的内存容量超过计算机系统所提供的内存容量时，存储管理需要提供内存扩充技术，即提供虚拟存储管理技术。

3. 设备管理

设备管理的主要任务是解决设备的无关性、灵活性、设备分配、设备的传输控制以及改进设备的性能、提高设备的利用率。设备管理要求充分发挥通道和主机、通道和通道、设备和设备之间并行工作的能力。设备管理的主要功能有：

（1）实现对 I/O 设备的分配与回收。

（2）实现 I/O 设备的启动。

（3）实现对磁盘的驱动调度。

（4）处理 I/O 设备的中断事件。

（5）实现虚拟设备。

4. 文件管理

上面三种管理都是对计算机硬件资源进行管理，文件管理则是对系统中的软件资源进行管理。我们知道程序、数据和各种文档都是以文件的形式存放在辅存中的，而在辅存上保存了大量的文件，如何对这些文件进行管理，实现信息的共享、保密和保护等都是文件管理所要解决的主要问题。为此，在操作系统中配置了文件管理，它的主要任务就是对用户文件和系统文件进行有效管理，实现按名存取；实现文件的共享、保护和保密，保证文件的安全性；提供给用户一整套能方便使用文件的操作和命令。具体来说，文件管理应具有以下功能：

（1）文件的逻辑组织方法和物理组织方法，实现从逻辑文件到物理文件的转换。

（2）实现文件的存储空间管理。

（3）实现文件的目录管理。

（4）提供适合的存取方法以适应各种不同的应用。

（5）确保文件的安全性。

（6）实现文件的共享和存取控制。

（7）提供使用文件的方法。

5. 用户接口

用户接口是指操作系统向用户提供一组使用其功能的方法。用户接口包括两大类：程序接口和操作接口。用户通过这些接口能够方便地调用操作系统的功能，有效地组织作业及其处理流程，使得整个计算机系统高效地运行。

拓展知识：杰克·丹尼斯（Jack Dennis）和沃尔特·科辛斯基（Walter Kosinski）在 ARPANET 上线之前认识到操作系统与网络的重要协同作用，于是在 1967 年组织了第一届操作系统原理年会（Symposium On Operating Systems Principles，SOSP）。1969 年 ACM 成立了 SIGOPS（The Special Interest Group on Operating Systems），彼得·丹宁（Peter J. Denning）被任命为该小组第一任主席。在他的带领下于 1969 年在普林斯顿大学组织了第二届操作系统原理年会，此后，每两年举办一届操作系统原理年会，并已发展成为操作系统研究的顶级会议。1970 年布鲁斯·雅顿（Bruce Arden）代表 COSINE（Computer Science in Engineering）请丹宁组织一个任务委员会，制定一个本科生的操作系统原理核心课程大纲。丹宁组织的任务委员会于 1971 年发布了一个开课建议。许多计算机科学与工程系采用了这个课程，并很快编写出一些教科书。1972 年丹宁撰写的一篇后续文章中解释了把操作系统课程放到计算机科学核心课程体系的重要性。在那以后，ACM 课程委员会将其他系统课程纳入核心课程推荐列表中，但操作系统作为计算机科学核心课程从未被质疑过。

1.2　操作系统的出现和发展

操作系统在现代计算机系统中起着十分重要的作用，它由客观需要而产生，并随着计算机技术的发展和计算机应用的日益广泛而逐渐发展和完善。了解操作系统的发展史，有助于我们更深刻地认识操作系统基本概念的内在含义，有助于理解操作系统的关键性设计需求，有助于理解现代操作系统基本特征和意义。

1946 年世界上第一台通用电子计算机 ENIAC 诞生了，那时没有操作系统且使用十进制计算，程序员通过接插板或开关板操作计算机。如图 1-2 所示两位女程序员在 ENIAC 上工作。1949 年冯·诺依曼等人采用二进制与存储程序思想发布了第一台冯·诺依曼结构的电子计算机 EDVAC，但程序员使用计算机仍为手工操作。20 世纪 50 年代初"卡片穿孔"的程序编制方法出现，可以通过卡片或纸带把程序输入计算机中，但程序的启动和结束都需要手工方式处理，即手工装卸卡片或纸带，通过控制台上的指示灯和按钮操纵程序的装入、启动与结束，当一个用户的程序运行完毕并取走计算结果后，才能让下一个用户使用计算机。例如，当某个用户使用计算机时，管理员根据用户的作业大小分配给用户一个使用计算机的时间。比如为他分配了 15 分钟，但该用户通常会花费 5 分钟时间来安装自己的磁带，设置好读卡器和卡片穿孔机等等，然后才开始计算，计算完毕后需要用 5 分钟卸载磁带等收尾工作。在整个工作中，准备和结束工作花去他三分之二的时间。

图 1-2　两位程序员在 ENIAC 上工作

由于在使用计算机过程中需要频繁地进行人工干预,就突显了手工操作慢而 CPU 处理速度快之间的矛盾,而且人工操作容易出现人为的错误。随着计算机技术的发展,计算机在速度、容量、外设的功能和种类等方面都有了很大的发展,这个矛盾更加突出。只有设法减少人工干预,实现作业的自动过渡,才可能缓解这一矛盾。在这一需求的促使下,出现了早期的单道批处理操作系统,操作系统的发展进入起步阶段。

拓展知识:1952 年 5 月 21 日 IBM 公司发布了 IBM 711 穿孔卡片阅读器,它是 IBM 真空管计算机和早期晶体管计算机的外围设备。它首先用在 IBM 701 计算机上,随后用在 IBM 704、IBM 709、IBM 7090 和 IBM 7094 计算机上。IBM 711 的改进机型 IBM 712 和 IBM 714 用在 IBM 702 和 IBM 705 计算机上。

1.2.1　操作系统的出现

为了减少人工干预,1955 年,北美航空和美国通用电力研究实验室(General Motors Research Laboratory, GMRL)共同推出了一个称为"输入/输出系统"的软件,这是第一个初具雏形的操作系统。这套系统最初安装在 IBM 701 计算机上,后来又安装在 IBM 704 计算机上。但该软件功能简单,一般称其为监督程序。自此以后,很多厂商为它们自己的计算机开发容易操作的计算机软件,操作系统的发展走向正轨。

1. 单道批处理系统

1960 年 IBM 发布了当时比较著名的单道批处理系统 IBSYS,它运行于第二代大型计算机 IBM 7090/7094 上。IBSYS 的成功对其他系统的研发有着广泛的影响。

单道批处理系统的核心是一个称为监督程序的软件。由于监督程序的使用,用户不再直接访问机器,而是将自己的作业交给专职操作员,由操作员控制用户作业的运行。

单道批处理操作方式分为联机批处理和脱机批处理两种类型。

联机批处理的工作方式是各用户把自己的作业(卡片或纸带)交给操作员,由操作员把一批作业装到输入设备上,在监督程序的控制下将卡片或纸带上的信息传送到外存储器上,如磁带、磁鼓等。然后,监督程序从外部存储器上将第一个作业调入内存运行,并将计算结果输出。当第一个作业处理完毕后,再处理第二个作业,直到该批作业全部处理完毕。在这种批处理系统中,作业的输入/输出是联机的,即作业从输入机到磁带、由磁带调入内存以及结果的输出打印都在 CPU 直接控制下进行。但由于 CPU 运算速度的不断提高,使得 CPU 和 I/O 设备之间的速度不匹配的矛盾日益严重,让 CPU 直接控制 I/O 设备已经严重地影响了系统的效率,因此,脱机操作方式就出现了。

脱机批处理系统由主机和外围机组成,外围机又称为卫星机,它不与主机直接连接,只与 I/O 设备打交道。其工作过程是:操作员把用户的作业通过外围机逐个地传送到输入磁带上形成一批作业。然后将输入磁带与主机相连,主机从输入磁带上将用户的作业调入内存运行,将计算结果写到输出磁带上,处理完一个作业后,再处理下一个作业,直到一批作业处理完毕。最后,操作员将输出磁带上的计算结果在外围机上通过打印机输出。如图 1-3 所示一个早期批处理系统的输入/输出示意图(本图来自 Tanenbaum 所著《Modern operating systems》)。在该示意图中,IBM 1401 计算机用于处理输入和输出,即充当上面所说的外围机的作用;IBM 7094 计算能力强,主要用于计算。(a)程序员将卡片放到 IBM 1401 的读卡机中;(b)IBM 1401 将卡片上的作业写到输入磁带上,如果有很多程序员提交作业,那么,在输入磁带上将记录多个作业,即一批作业;(c)操作员将输入磁带放到 IBM 7094 的输入磁带机中,然后,启动系统;(d)IBM 7094 开始计算,将依次从输入磁带中取出作业运行,将作业的运行结果或出错结果记录到输出磁带上。完成一个作业后,再将下一个作业取出进行计算,直到一批作业完成;(e)操作员将输出磁带放到 IBM 1401 的磁带机中;(f)IBM 1401 从输出磁带上把结果取出在打印机上打印输出;最后操作员把结果交给程序员。在该模型中,由于 I/O 操作不受主机直接控制,所以称这种操作计算机的方式为"脱机"操作。

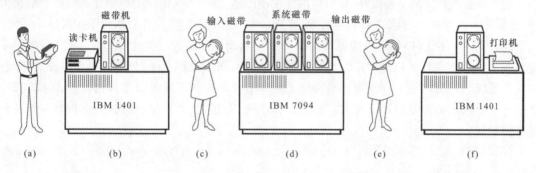

图 1-3 早期批处理系统的输入/输出示意图

单道批处理系统是在解决人机矛盾、CPU 与 I/O 设备速率不匹配矛盾的过程中发展起来的,它的出现促进了软件的发展,例如汇编程序、编译程序、装配程序等。但究其根本,单道批处理系统仍然不是计算机资源的管理者,不是现代意义上的操作系统。

2. 多道批处理系统

在单道批处理系统中,由于在内存中只有一道作业,因此,系统资源的利用率仍然不高。在 20 世纪 60 年代中期,随着磁盘技术、中断技术和通道技术的日臻完善,使得多道程序执行成为可能,多道批处理系统(Multiprogrammed Batch System)从此出现。

在多道批处理系统中采用了多道程序设计思想,多道程序设计是指在内存中同时存放多道程序,在管理程序的控制下多道程序交替地执行。这些作业共享 CPU 和系统中的其他资源。从宏观上看,多道程序都处于运行过程中,但都未运行完毕;从微观上看,各道程序轮流占用 CPU,交替地执行。

采用多道程序设计技术虽然可以提高系统的性能,但由于对计算机资源的共享与竞争增加了系统的复杂性。于是,在多道批处理系统中增加了处理器管理、存储管理、I/O 设备管理、文件管理和作业管理等功能。因此,多道批处理系统的出现标志着真正意义上的操作系统的诞生。

1.2.2 操作系统的发展

单道批处理系统解决了作业的自动转接问题,减少了人工干预。多道程序设计技术允许内存中同时装入多道作业,这些作业在操作系统的控制下交替执行,提高了计算机资源的利用率。在单处理器系统中,尽管这些作业微观上只能交替执行,但宏观上我们看到的却是并行执行的,因此,我们称这些作业是并发执行。

推动多道批处理系统形成和发展的主要动力是提高资源利用率和系统吞吐量(吞吐量是指单位时间内 CPU 完成作业的数量)。但多道批处理系统存在的缺点是它没有提供人机交互接口,用户把作业提交给系统后,就完全与自己的作业脱离。等系统将一批作业处理结束后,用户才能拿到计算结果。因此,用户期盼自己能够直接观察并控制程序的运行,及时获得运行结果,随时进行程序的调试和纠错,即希望系统提供一种联机操作方式,这不仅能够缩短程序的开发周期,而且能够充分发挥程序设计人员的主观能动性,为此,人们在 20 世纪 60 年代引入了分时技术。所谓分时技术就是把处理器的时间分成很短的时间片,将这些时间片轮流地分配给各个联机的作业使用。如果某作业在分配给它的时间片内仍未完成,则该作业暂时让出处理器,等待下一轮运行。这样在一个相对短的时间间隔内,每个用户作业都能得到快速响应,以实现人机交互。采用分时技术的操作系统称为分时操作系统。

由于计算机性能的不断提高,计算机的应用范围越来越广,从传统的科学计算到商业数据处理,进而深入各行各业,例如工业自动控制、医疗诊断、航班订票等,这样就出现了实时操作系统。

20 世纪 70 年代,操作系统的原理和设计方法逐步趋于成熟。20 世纪 80 年代后,操作系统基本上朝着个人计算机操作系统、嵌入式操作系统、网络操作系统、分布式操作系统、多处理器操作系统、多媒体操作系统、虚拟机操作系统和云计算操作系统等众多方向发展。未来操作系统的主要发展趋势是向网络化、高安全性、标准化、专用化、微型化、便携化、虚拟化和开源化等方向发展。

拓展知识:阅读 Tanenbaum 的《Lessons Learned from 30 Years of Minix》和 Denning 的《Fifty years of operating systems》。

1.3 操作系统的分类及特征

操作系统有多种分类方式,下面介绍三种主要的分类方式。

1.3.1 按作业的处理方式分类

按作业的处理方式,可将操作系统分为多道批处理操作系统、分时操作系统和实时操作系统三大类。

1. 多道批处理操作系统

多道批处理操作系统的工作方式是:用户将作业交给操作员,操作员将每个用户的作业依次存储在外存上组成一个后备作业队列。计算机在操作系统的控制下从外存的后备队列中将一个或多个作业调入内存运行,作业的运行结果存储在外存中,作业运行结束后退出。整个过程均由系统自动控制,从而形成了一个自动转接的连续的作业流。作业的运行结果由操作员交给用户。

多道批处理操作系统向用户提供一种脱机操作方式，即用户与作业之间没有交互作用，用户将作业交给操作员后等待操作员返回结果。一旦用户的作业进入系统，即使是操作员也不能干预或控制用户作业的运行。

在多道批处理操作系统中，机器的利用率很高。因为作业的输入、作业调度等完全由系统控制，并允许多道程序同时投入运行，只要作业搭配的合理，譬如把计算量大的作业和输入/输出量大的作业搭配在一起，就可以充分利用系统的资源。

多道批处理系统具有以下特征：

(1)并发性。在内存中可以同时驻留多个程序，这些程序可以并发执行，从而有效地提高了资源利用率和系统吞吐量。

(2)调度性。一个作业由开始提交给操作系统，直到这个作业完成，需要经过作业调度和进程调度这两个调度过程。前者将作业由外存后备队列中调度到内存，后者从内存中选中该作业，并将处理器分配给它。

(3)无序性。作业完成的先后顺序和它们进入内存的先后顺序之间没有任何关系，先进入的可能后完成，后进入的可能先完成。

(4)无交互能力。用户一旦把作业提交给操作员后，直至操作员把结果返回给用户，其间，用户无法与自己的作业进行交互，更无法修改和调试程序。

拓展知识：SPOOLing(Simultaneous Peripheral Operation On-Line)中文意思是外围设备联机并行操作。SPOOLing 技术是在通道技术和多道程序设计基础上产生的，它由主机和相应的通道共同承担作业的输入、输出工作，利用磁盘作为后援存储器，实现外围设备同时联机操作。在多道批处理系统中，可以利用一道程序来模拟脱机输入时的外围机的功能，即把低速 I/O 设备上的数据传送到高速磁盘上，再用另一道程序来模拟脱机输出时外围机的功能，即把数据从磁盘传送到低速 I/O 设备上。这样，便在主机的直接控制下，实现脱机输入、输出功能。所以，我们把这种在联机情况下实现的同时与 I/O 设备联机操作的技术称为 SPOOLing 技术或假脱机技术。使用该技术，用户可以与系统之间进行简单的交互，比如向系统提交自己的作业，接收来自系统运行作业的结果等，但用户仍然无法直接控制自己作业的运行。

2. 分时操作系统

Lisp 语言发明者、"人工智能之父"John McCarthy 在 1959 年提出将计算机批处理方式改造成分时方式，这使得计算机能同时允许数十甚至上百用户使用。第一个分时操作系统 CTSS(Compatible Time Sharing System)是由麻省理工学院于 1961 年开发，它运行在 IBM 7094 大型计算机上。在该系统中，将 CPU 分配给一个用户时，用户的程序和数据装入内存并运行。系统每 200 ms 产生一个时钟中断。当时钟中断产生时，系统将抢占当前用户的处理器分配给下一个用户。为了使被抢占用户可以在自己的下一个时间片恢复程序的运行，程序和数据将保存到磁盘上。利用内存与外存信息交换技术，使各用户作业轮流在 CPU 上运行，实现计算机系统资源的共享。

直到 20 世纪 70 年代分时操作系统才流行起来。分时操作系统可支持多个用户通过带有键盘和显示器的终端设备同时与计算机系统进行交互。分时操作系统是允许多个联机用户同时使用一台计算机进行处理的系统。系统将 CPU 的工作时间划分成若干个片段，每个片段称为一个时间片。操作系统以时间片为单位，轮流为每个终端用户服务。分时操作系统着重于实现公平的处理器共享的策略。由于时间片非常短，所以每个用户感觉不到其他用户的存在，好像自己"独占"了一台计算机。

分时操作系统的主要目标是为了方便用户使用计算机系统,并在尽可能的情况下提高系统资源的利用率。分时操作系统的主要特征如下:

(1)多路性。若干个终端连接到计算机上,系统按分时原则为每个用户服务。宏观上多用户同时工作,共享系统资源。微观上,每个用户作业轮流在 CPU 上运行。

(2)独立性。各用户独立地使用一台终端工作,彼此互不干扰。用户感觉自己在独占使用计算机。

(3)及时性。用户的请求能在较短时间内得到响应。分时系统的响应时间指用户发出终端命令到系统响应,做出应答所需要的时间。此时间需要在用户能接受的范围之内,通常为2 至 3 秒。

(4)交互性。在分时系统中,用户能与计算机进行对话,以交互的方式进行工作。用户可联机对文件进行编辑,对源程序进行编译、链接,对程序进行调试、运行等活动。

分时操作系统为用户提供了友好的接口,它的出现促进了计算机的普及和应用。使用分时操作系统便于资源共享,为软件开发和工程设计提供了良好的环境。

拓展知识:资源共享一般有两种方式:时分共享(Time Sharing)和空分共享(Space Sharing)。例如,将 CPU 按时间片依次分配给每个用户就属于时分共享,将内存按块分配给每个用户或进程就属于空分共享。

3. 实时操作系统

实时操作系统(Real Time Operating System,RTOS)是指使计算机能及时响应外部事件的请求,在规定的时间内完成对该事件的处理,并控制所有实时设备和实时任务协调一致地工作的操作系统。例如,VxWorks 和 QNX 等都是著名的实时操作系统。

实时操作系统对响应时间的要求比其他操作系统高,一般要求秒级、毫秒级甚至微秒级的响应时间,对响应时间的具体要求由被控对象确定。目前实时系统有两类典型的应用形式,即实时控制系统和实时信息处理系统。

(1)实时控制系统

实时控制系统是指以计算机为中心的生产过程控制系统,又称为计算机控制系统。在实时控制系统中,要求计算机实时采集现场数据,并对它们进行及时处理,进而自动地控制相应的执行机构,使某些参数(如温度、压力、湿度等)能按预定规律变化,以达到保证产品质量或提高产量的目的。例如,钢铁冶炼的自动控制,炼油生产过程的自动控制,飞机、导弹以及人造卫星的制导等。

(2)实时信息处理系统

在实时信息处理系统中,计算机及时接收从远程终端发来的服务请求,根据用户提出的问题对信息进行检索和处理,并在很短的时间内对用户做出正确的响应,如机票预订、情报检索、银行业务等,都属于实时信息处理系统。

实时操作系统的主要特征表现为:

(1)多路性。实时系统的多路性表现在对多个不同的现场信息进行采集以及对多个对象和多个执行机构实行控制。

(2)独立性。每个被控对象或用户独立地向实时系统提出服务请求,互不干扰。

(3)及时性。实时系统所产生的结果在时间上有着严格的要求,只有符合时间约束的结果才是正确的。在实时系统中,每个任务都有一个截止期,任务必须在这个截止期之内完成,以此来保证系统所产生的结果在时间上的正确性。对于硬实时系统来说,如果所产生的结果不符合时间约束,那么,由此带来的错误将是严重的和不可恢复的。而对软实时系统来说,虽然产生的结果不符合时间约束,但由此带来的错误还是可以接受的、可以恢复的。

(4)同时性。一般来说,一个实时系统常常有多个输入源,因此,这就要求系统具有并行处理的能力,以便能同时处理来自不同输入源的输入。

(5)可预测性。实时系统的实际行为必须在一定的限度内,而这个限度是可以从系统的定义中获得的。这意味着系统对来自外部输入的反应必须全部是可预测的,甚至在最坏的条件下,系统也要严格遵守时间约束。因此,在出现过载的时候,系统必须能以一种可预测的方式来保证它的实时性。

(6)可靠性。可靠性一方面是指系统的正确性,即系统所产生的结果不仅在数值上是正确的,而且在时间上也是正确的;另一方面是指系统的健壮性,也就是说,虽然系统出现了错误或外部环境与定义的不符合,但系统仍然可以处于可预测状态,它仍可以运行而不会出现致命错误。

1.3.2　按操作系统的规模和用途分类

按操作系统的规模和用途可将操作系统分为主机操作系统、通用操作系统和个人操作系统。

1. 主机操作系统

主机操作系统通常是指运行在 IBM 公司的大型机以及其他厂商制造的兼容主机上的操作系统。大型机与其他计算机的区别是其强大的输入/输出能力以及极高的可靠性。大型机的 I/O 吞吐量高达每秒数万兆字节以上,而系统的可用性可达 100%。为了有效地利用系统资源,大型机上的操作系统以批处理作业为主,主要用在金融、政府和大型企业的高端数据中心中,运行着各领域中最关键、最核心的那部分业务。

目前的主机操作系统有 OS/360、z/OS 等专用系统以及少数 UNIX 和 Linux 系统。

2. 通用操作系统

最常用的操作系统是通用操作系统,它是由分时系统发展而来,是分时系统与批处理系统的结合。其原则是分时优先,批处理在后,即在前台以分时方式响应用户的交互作业,在后台以批处理方式处理时间性要求不强的作业。

通用操作系统可以运行在各种具有标准化体系结构的通用机型上,包括中小型机、工作站和 PC 服务器。其应用范围覆盖了大部分的科学和商业应用。由于这类计算机都是以服务器方式运行的,所以这类操作系统也称为服务器操作系统。常用的服务器操作系统是 UNIX、Linux 和 Windows 等。

3. 个人操作系统

20 世纪 80 年代,个人计算机操作系统随着个人计算机的出现发展起来。由最初的单用户单任务操作系统(CP/M、MS-DOS)发展成为单用户多任务操作系统(Windows 98),以及多用户多任务操作系统(Linux/Windows 10)。

单用户单任务操作系统是指操作系统只能为一个用户服务,且只能控制和管理一个任务(即一个程序)的运行。单用户多任务操作系统是指操作系统虽然为一个用户服务,但可以控制和管理若干个任务的运行(可以是几个程序运行,也可以把一个程序分成若干个任务来运行）。多用户多任务操作系统是指若干用户可通过各自的终端使用同一台计算机,操作系统可同时为这些用户服务,同时每个用户可以运行多个任务。

随着计算机网络的飞速发展,个人计算机操作系统的功能越来越强,它已渗透到各行各业,广为人知。

1.3.3 按操作系统的体系结构分类

按体系结构来分,操作系统可分为网络操作系统、分布式操作系统、多处理器操作系统和嵌入式操作系统等。

1. 网络操作系统

现代计算机的发展可以归结为三个阶段:20世纪70年代为分时计算阶段。那时,由于受硬件制造技术的限制,计算机不但体积庞大而且价格昂贵,许多机构只能拥有一台或几台大型机。为了共享和使用这种计算机,人们需要通过终端和调制解调器连接到中央主机,并通过分时系统共享主机的处理能力。20世纪80年代由于微型计算机的出现,计算机的发展进入个人计算机时代,每一个用户独占一台计算机进行工作。20世纪90年代以来,随着计算机技术和通信技术的发展和融合,计算机网络得到迅猛的发展,使得在一台计算机上可以使用其他机器上的资源或与其他计算机进行通信,计算机的发展进入分布式计算阶段。多台计算机可以同时为一个用户提供服务,用户感觉就像使用一台计算机一样。

为了对计算机网络进行有效的管理,在操作系统中应增加网络管理功能,因此,网络操作系统(Network Operating System,NOS)应运而生。网络操作系统是按照网络体系结构的各种协议来完成网络的通信、资源共享、网络管理和安全管理的系统软件。

网络操作系统除了应具有的处理器管理、存储器管理、设备管理、文件管理和用户接口等功能外,还应提供以下功能:

(1)实现网络各节点机之间的通信。

(2)实现网络中硬、软件资源的共享。

(3)提供多种网络服务功能,如:远程登录作业并进行处理的服务功能;文件传输服务功能;电子邮件服务功能;远程打印服务功能等。

网络操作系统可以构架于不同的操作系统之上,通过网络协议实现网络资源的统一配置,在大范围内构成网络操作系统。在网络操作系统中并不能对网络资源进行透明的访问,而需要显式地指明资源位置与类型,对本地资源和异地资源的访问区别对待。

2. 分布式操作系统

在通用计算机系统中,其处理和控制功能都高度地集中在一台主机上,所有的任务都由主机处理,这样的系统称为集中式处理系统。

通过高速的互联网络将许多台计算机连接起来形成一个统一的计算机系统,可以获得极高的运算能力及广泛的数据共享,我们称这种系统为分布式系统(Distributed System)。通俗地讲,就是将系统中的每台计算机看作一个处理单元,使系统的处理和控制功能被分散在各个处理单元上,同时将系统中的所有任务,动态地分配到各个处理单元上去,使它们并行执行以实现分布处理。

配置在分布式系统上的操作系统称为分布式操作系统。分布式操作系统的特征是:统一性,即分布式系统中的所有计算机使用的是相同的操作系统;共享性,即所有的分布式系统中的资源是共享的；透明性，其含义是用户并不知道分布式系统是运行在多台计算机上，在用户眼里整个分布式系统像是一台计算机，对用户来讲是透明的；自治性，即处于分布式系统中的多台计算机都可独立工作。

分布式系统的优点是一方面可以使用许多低成本的计算机通过分布计算获得较高的运算性能；另一方面，由于拥有较多的分布在各地的计算机，因此当一台计算机发生故障时，整个系统仍旧能够工作。

网格计算（Grid Computing）是分布式操作系统发展的一个里程碑。网格一词来源于人们熟悉的电力网（Power Grid）。网格计算的最终目的是希望用户在使用计算机解决问题时像使用电力一样方便，不用考虑得到的服务来自哪个地理位置，由什么样的计算设施提供。也就是说，网格给用户最终提供的是一种通用的计算能力。网格计算把整个 Internet 整合成一台巨大的超级计算机，实现计算资源、存储资源、数据资源、信息资源、知识资源和专家资源的全面共享。

3. 多处理器操作系统

一个计算机系统包含多个 CPU，依据其连接和共享方式的不同，可将这样的系统称为多处理器系统或并行计算机系统。目前的多核处理器也属于多处理器范畴。我们把管理多处理器系统的操作系统称为多处理器操作系统。

多处理器操作系统一般分为主从式和对称式，主从式操作系统主要驻留并运行在一台主处理器上，它控制所有的系统资源，将整个任务分解成多个子任务分配给其他的从处理器执行，并且还要协调这些从处理器的运行过程；对称式系统在每个处理器中都配有操作系统，它管理和控制本地资源和过程的运行，该类系统在一段时间内可以指定一台或几台处理器来执行管理程序，并协调所有处理器的运行。现代操作系统如 UNIX、Linux 和 Windows 都支持多处理器管理的功能。

4. 嵌入式操作系统

20 世纪 70 年代，随着微处理器的出现，计算机的发展出现了历史性的变化。以微处理器为核心的微型计算机由于其小型、价廉、高可靠性等特点，使得它在智能化控制领域中得到迅速而广泛的应用，这使计算机失去了原来的形态与通用计算机的功能。为了区别于原有的通用计算机系统，把嵌入对象体系中实现对象体系智能化控制的计算机，称为嵌入式计算机系统，简称嵌入式系统。

嵌入式操作系统（Embedded Operating System，EOS）是运行在嵌入式系统环境中，对整个系统以及它所控制的各种部件、装置等资源进行统一协调、调度和控制的系统软件。嵌入式操作系统具有高可靠性、实时性、占有资源少和成本低等优点，其系统功能可针对需求进行裁减、调整和编译生成，以满足最终产品的设计要求。

从 20 世纪 80 年代起，国际上就开始了商用嵌入式系统和专用操作系统的研发。其中涌现出一批著名的嵌入式操作系统，例如：WinCE 是从整体上为有限资源的平台设计的多线程、完整优先权、多任务的操作系统；VxWorks 是目前嵌入式系统领域中使用广泛、市场占有率非常高的系统，支持多种处理器，而且大多数的 VxWorks 应用程序接口是专用的；pSOS 是模块化、高性能的实时操作系统，专为嵌入式微处理器设计，提供一个完全多任务环境，在定制的或商业化的硬件上提供高性能和高可靠性；PalmOS 在 PDA 市场上占有很大的份额，具有开放的操作系统应用程序接口，开发商可以根据需要自行开发所需要的应用程序。

目前,专用操作系统均属于商业化产品并且价格昂贵。由于它们各自的源代码不公开,使得每个系统上的应用软件与其他系统都无法兼容。这种封闭性还导致了商业嵌入式系统在对各种设备的支持方面存在很大的问题,使得它们的软件移植变得很困难。Linux 作为开源系统的出现,丰富了嵌入式操作系统市场。除了智能数字终端领域以外,Linux 在移动计算平台、智能工业控制和金融业终端系统,甚至军事领域也都有着广泛的应用前景。这些 Linux 统称为"嵌入式 Linux"。

嵌入式 Linux 是开源项目,有着许多优秀的功能,比如优良的网络功能,稳定的性能,内核的"精悍",运行时所需资源少,支持的硬件数量庞大等,因此吸引了许多开发商的目光,成为嵌入式操作系统的新宠。国际上比较有名的嵌入式 Linux 包括以实时为目标的RT-Linux、小型化的 μCLinux、专门化的嵌入式 Linux 版本 Embedix 以及号称世界最小的 XLinux 等。

在智能终端上用的 Symbian、Android 和 iOS 等系统也属于嵌入式操作系统。

Symbian 系统是塞班公司为手机设计的操作系统。2008 年 12 月 2 日,塞班公司被诺基亚收购。2011 年 12 月 21 日,诺基亚官方宣布放弃塞班(Symbian)品牌。由于缺乏新技术支持,塞班的市场份额日益萎缩。截至 2012 年 2 月,塞班系统的全球市场占有量仅为 3%。2012 年 5 月 27 日,诺基亚彻底放弃开发塞班系统,但是服务将一直持续到 2016 年。2013 年 1 月 24 日晚间,诺基亚宣布,今后将不再发布塞班系统的手机,意味着塞班这个智能手机操作系统,在长达 14 年的历史之后,迎来了谢幕。2014 年 1 月 1 日,诺基亚正式停止了 Nokia Store 应用商店内对塞班应用的更新,也禁止开发人员发布新应用。

Android 是一种基于 Linux 的自由及开放源代码的操作系统,主要使用于移动设备,如智能手机和平板电脑,由 Google 公司和开放手机联盟领导及开发。Android 操作系统最初由 Andy Rubin 开发,主要支持手机。2005 年 8 月由 Google 收购注资。2007 年 11 月,Google 与 84 家硬件制造商、软件开发商及电信营运商组建开放手机联盟共同研发改良 Android 系统。随后 Google 以 Apache 开源许可证的授权方式,发布了 Android 的源代码。第一部 Android 智能手机发布于 2008 年 10 月。Android 逐渐扩展到平板电脑及其他领域,如电视、数码相机、游戏机等。2011 年第一季度,Android 在全球的市场份额首次超过 Symbian 系统,跃居全球第一。2013 年的第四季度,Android 平台手机的全球市场份额已经达到 78.1%。目前,Android 不但在移动设备上广泛使用,在平板电脑等多种智能设备上也有广泛的应用。

iOS 是由苹果公司开发的移动操作系统。苹果公司最早于 2007 年 1 月 9 日的 Macworld 大会上公布这个系统,最初是为 iPhone 设计的,后来陆续应用到 iPod touch、iPad 以及 Apple TV 等产品上。iOS 与苹果的 Mac OS X 操作系统一样,属于类 UNIX 的商业操作系统。原本这个系统名为 iPhone OS,因为 iPad、iPhone、iPod touch 都使用 iPhone OS,所以 2010 WWDC 大会上宣布改名为 iOS(iOS 为美国 Cisco 公司网络设备操作系统注册商标,苹果改名已获得 Cisco 公司授权)。目前,iOS 广泛应用于移动设备和平板电脑上。

1.3.4　操作系统的特征

尽管操作系统种类繁多,功能差别很大,但它们仍然具有一些共同的特征,如操作系统具有并发性、共享性、虚拟性和异步性。

1. 并发性

从一般意义来说,并发性是指两个或多个事件在同一时间间隔内发生。在多道程序环境下,并发是指在一段时间内,宏观上有多个程序在同时运行。这种允许多道程序并发运行的系统称为并发系统。多道与并发是同一事物的两个方面,多道程序设计的实现,导致了多个程序的并发执行;而程序的并发执行又使得多个程序竞争一台处理器。在单处理器系统中,每一时刻仅能有一道程序执行,故微观上这些程序只能是分时地交替执行。而在分布式系统或多处理器系统中,多个计算机或处理器的并存使程序的并发特征得到了更充分的体现,因为每个计算机或处理器上都可以有程序执行,实现了并行执行,即多个程序可同时执行。

操作系统也是一个并发系统,其本身就是与用户程序一起并发执行的。

2. 共享性

共享是指系统中的所有资源不再为一个程序所独占,而是供同时存在于系统中的多道程序共同使用。根据资源属性的不同(分为共享资源与独占资源),对资源的共享可分为以下两种共享方式。

(1)互斥共享方式。系统中的独占资源,如音频设备、打印机,虽然它们可以提供给多个程序使用,但在一段时间内资源分配给某个程序后到使用完毕释放前,不能被其他程序所用。即这类资源只能用互斥方式来共享。

(2)同时访问方式。系统中还有另一类资源,如磁盘设备、可重入代码等,在同一段时间内可以由多个程序同时对它们进行访问。这里所谓的同时往往是宏观上的,而在微观上,这些程序可能是交替地对该资源进行访问,但交替访问的顺序不会影响执行的结果。如磁盘是典型的共享设备,在一段时间内可以有多个程序进行读写,而在任意时刻只能有一个程序访问磁盘。

3. 虚拟性

操作系统向用户提供了比直接使用裸机简单得多的高级抽象服务,从而为程序员隐藏了对硬件操作的复杂性,这就相当于在原先的物理计算机上覆盖了一个多层系统软件将其改造成一台功能更强大而且易于使用的扩展机或虚拟机。例如,在单处理器分时系统中,通过多道程序技术和分时技术可以把一个物理 CPU 虚拟为多台逻辑上独立的 CPU,使每个终端用户都认为有一台"独立"的 CPU 为他运行,用户感觉到的 CPU 是虚拟 CPU。

用于实现虚拟的技术称为虚拟技术。虚拟是操作系统管理系统资源的重要手段,它能大大提高资源的利用率。

4. 异步性

在操作系统之上,宏观上同时运行的程序有多个,这些程序(连通操作系统)是交替执行的。交替的切换点是中断,中断可使 CPU 从正在执行用户程序代码切换到执行操作系统代码,也可以使 CPU 正在执行某一段操作系统代码切换到执行另一段操作系统代码,而中断的发生时刻是不确定的,因而操作系统的运行轨迹是异步的、不可预知的。

操作系统的并发性、共享性、虚拟性和异步性四个特征不是相互独立的,而是密切相关的。共享性和并发性是操作系统的两个最基本的特征,它们互为依存。一方面,资源的共享是因为进程的并发执行而引起的,若系统不允许进程的并发执行,系统中就没有并发活动,自然就不存在资源共享问题;另一方面,若系统不能对资源共享实施有效的管理,必然会影响到进程的并发执行,甚至使进程无法并发执行,操作系统也就失去了并发性,导致整个系统效率下降。虚拟性和异步性是操作系统的两个重要特征。虚拟技术为共享提供了更好的条件,而并发与共享是导致异步性的根本原因。

1.4　操作系统的结构

操作系统是一个十分复杂、庞大的系统软件。比如,Linux 2.6.23 版本的代码大约 800 万行,而 Windows 2000 的代码超过 2900 万行。它由许多完成操作系统功能的系统程序组成。将这些系统程序组织起来则形成操作系统的结构。采用良好的结构来实现操作系统,是保证操作系统质量的重要技术。在操作系统的发展历程中,其结构随着程序设计技术和计算机体系结构的发展而不断地演变。演变的过程经历了整体式结构、分层式结构、虚拟机结构和微内核结构。目前,在操作系统设计中普遍采用或趋向采用微内核结构,同时还结合分层结构等设计思想。

1.4.1　整体式结构

操作系统的整体式结构又叫单体内核结构(Monolithic Kernel Structure),它的主要设计思想是将总体功能划分为若干子功能,子功能再往下细分,直至最基本的功能为止。实现每个子功能的程序称为模块。整个系统就是由接口将所有模块连接起来的一个整体,因此称它为整体式结构。早期操作系统大多采用整体式结构设计方法。在整体式结构的操作系统中,允许任一子程序调用其他子程序,图 1-4 所示为整体式结构操作系统模型。

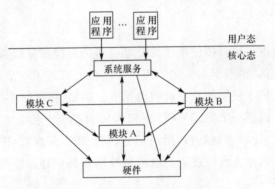

图 1-4　整体式结构操作系统模型

整体式结构的特点是:模块是以功能划分,数据作为全程量使用;不同模块间可以不加限制地互相调用和转移,模块间信息传递方式可以随意约定。整体式结构的优点是:结构紧密、接口简单、系统效率高。它的主要缺点是:模块独立性差,模块之间牵连过多,形成复杂的调用关系,甚至有很多循环调用,造成系统结构不清晰,正确性难以保证,可靠性降低,系统功能的增、删、改都很困难。随着系统规模的扩大,采用整体式结构的系统复杂性迅速增长,这就促使人们去研究新的操作系统结构及设计方法。

早期的 UNIX 系统和目前的 Linux 系统都是采用整体式结构的操作系统。

1.4.2　分层式结构

为了能让操作系统的结构更加清晰,使其具有较高的可靠性,较强的适应性,易于扩充和移植,在整体式结构的基础上产生了分层式结构的操作系统。所谓分层式结构,就是把操作系统的所有功能模块,按功能的调用次序,分别排列成若干层,各层之间的模块只能是单向依赖或单向调用关系,即低层为高层服务,高层可以调用低层的功能,反之则不能。这样系统结构不但清晰,而且不会构成循环调用。

第一个分层式系统是 E. W. Dijkstra 和他的学生在 1968 年开发的 THE 系统。该系统共有 6 层,如图 1-5 所示。

层　号	功　能
5	操作员
4	用户程序
3	输入/输出管理
2	操作系统-控制台通信
1	内存和磁鼓管理
0	处理器分配和多道程序设计

图 1-5　THE 操作系统的结构

第 0 层负责处理器的分配,当定时器到时或发生中断时进行进程切换,从而提供了基本的多道程序设计环境。用现代术语来描述,这一层实现了调度程序的功能。第 1 层执行内存和磁鼓管理,用来为进程分配存储空间和磁鼓上的空间。第 2 层处理操作系统与控制台之间的通信。第 3 层对连接到计算机上的所有 I/O 设备进行管理,包括管理来自不同设备的缓冲信息。第 4 层是用户程序层,用户程序不必考虑进程、内存、控制台或 I/O 设备等细节。第 5 层是用户,即操作员。

这种分层的概念后来体现在 MULTICS 系统中,但它不是层,而是一系列同心环,且内层环比外层环有更多的权利。当外环中的过程想调用内环过程时,它必须通过一个特殊的接口(比如,系统调用)才能访问。这种环机制的优点是易于扩充用户子系统。例如,教师可编写一个程序对学生写的程序进行测试和评分。教师的程序在 n 层环中运行,学生的程序在 n+1 层环中运行,学生在 n+1 层环中无法篡改教师给他们评的分数。著名的 UNIX System V 的核心层就采用了分层式结构。

分层式结构的优点是便于操作系统的维护和功能的扩充。然而,该结构是分层单向依赖的,必须要建立模块(进程)间的通信机制,因此,系统花费在通信上的开销较大,就这一点来说,系统的效率也就会降低。

1.4.3　虚拟机结构

在裸机上提供一层软件,该软件采用多道程序设计技术向上层提供若干台虚拟机,这些虚拟机并不是具有文件管理等优良特征的扩展计算机,而是精确复制的裸机,包括核心态/用户态、I/O 功能、终端等其他真实硬件所具有的功能。由于每台虚拟机都与裸机相同,所以在每台虚拟机上都可以运行一台裸机能够直接运行的任何类型的操作系统。不同的虚拟机可以运行不同的操作系统。

CP/CMS(Control Program/Conversational Monitor System)系统是 IBM 公司 20 世纪 60 年代末和 70 年代初开发的一套著名的分时操作系统,后来发展为 VM/370,它是最早采用虚拟机结构的系统。此系统的后继产品仍然在 IBM OS/390 等大型机上广泛使用。图 1-6 配有 CMS 的 VM/370 结构。该系统的核心是 VM/370,它被称作虚拟机监控器(Virtual Machine Monitor),它在裸机上运行并且具备了多道程序设计功能,它向上层提供了若干台虚拟机。会话监控系统 CMS 是一个交互式系统,供分时用户使用。CMS 最早是 Cambridge Monitor System 的缩写,后来改为 Console Monitor System,但在 VM/370 中命名为 Conversational Monitor System。当一个 CMS 程序执行系统调用时,它的系统调用陷入其虚拟机中的操作系统,而不是调用 VM/370,就像在真实的计算机上一样。当 CMS 发出普通的硬件 I/O 指令来完成某些操作时,这些 I/O 指令才被 VM/370 捕获,并由 VM/370 执行这些指令。

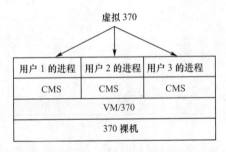

图 1-6　配有 CMS 的 VM/370 结构

目前,虚拟机的思想大量应用在不同的场中,比如在 Intel 公司在 Pentium CPU 上提供了虚拟 8086 模式,在该模式下可运行 MS-DOS 程序。Sun 公司在发明 Java 语言时,也同时发明了称为 JVM(Java Virtual Machine)的虚拟机。Java 编译器为 JVM 生成代码,这些代码可以由 JVM 软件解释器执行。

1.4.4　微内核结构

现代操作系统结构的发展趋势是尽可能地将代码移出内核,只保留一个很小的微内核。微内核的目标是将系统服务与系统的最基本操作分开。按照这种目标,OS 被分成服务器和 OS 核心两部分。服务器可由若干进程构成,每一个进程实现一种服务,例如内存服务、进程服务、网络服务等。服务进程运行在用户态。OS 核心只执行很少的任务,称之为微核或微内核(Microkernel),它运行在核心态。图 1-7 所示为微内核操作系统模型。

服务进程的任务是检查是否有客户进程提出服务请求,若有,则将请求的结果返回。而客户进程可以是另一个服务进程,也可以是一个应用程序。客户进程与服务进程之间采用消息机制通信,这是因为每个进程属于不同的虚拟地址空间,它们之间不能直接通信,必须通过微内核进行,而微内核则是被映射到每个进程的虚拟地址空间中,它可以操纵所有进程。客户进程发出消息,微内核将消息传给服务进程。服务进程执行相应的操作,其结果又通过微内核以发消息的方式返回给客户。使用微内核模型有如下几个好处:

(1)简化了操作系统核心。把很多功能(例如文件管理)作为独立的服务进程移出核心。

(2)改进了独立性和可靠性。每个服务进程在自己的地址空间中独立运行,因而防止了其他进程的干扰。某个服务器失败可能产生问题,但不会引起系统其他服务器和系统其他部分

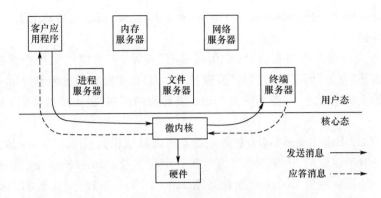

图 1-7　微内核操作系统模型

的损坏或崩溃。此外，由于服务进程运行在用户态，它们不能直接访问硬件，从而提高了系统的可靠性。

（3）微内核结构支持多处理器运行，适用于分布式系统。

微内核结构的操作系统存在一个潜在的缺点，即消息的发送和接收需要花费一定的时间，所有的进程只能通过微内核进行通信，因此，在一个通信频繁的系统中，微内核系统往往不能提供高效率的系统服务。采用微内核结构的操作系统有卡内基·梅隆大学研制的 Mach 系统和安德鲁·坦尼鲍姆设计的 MINIX 操作系统等。

1.5　Linux 操作系统的介绍

1.5.1　Linux 操作系统发展史

1984 年，面对美国电话电报公司启动的 UNIX 商业化计划和程序开发的封闭模式，麻省理工学院的 Richard M. Stallman 发起了一项国际性的源代码开放的 GNU（GNU's Not UNIX）计划，力图完成一个名为 GNU 的"Free UNIX"，重返 20 世纪 70 年代利用基于开放源码从事创作的美好时光。为了保证程序源码不会再受到商业性的封闭式利用，Stallman 制定了一项 GNU 通用公共许可证（General Public License，GPL）条款，称其为 Copyleft 的版权模式。

到 20 世纪 90 年代初，GNU 计划已经完成质量和数量都十分可观的系统工具。这些工具广泛应用在当时各种工作站的 UNIX 系统上。但由于种种原因，GNU 一直没有开发操作系统内核。正当 Stallman 为操作系统内核伤脑筋的时候，Linux 出现了。Linux 正好填补 GNU 计划中的内核空缺，并随着 GNU 计划快速发展起来。Linux 是一套版权彻底与 UNIX 无关的类 UNIX 系统。它的发展与 Minix（mini-UNIX）密切相关。Minix 是 1987 年荷兰计算机科学家 Andrew S. Tanenbaum 专门为入门者学习操作系统而写的一个简化的类 UNIX 系统。1991 年，芬兰赫尔辛基大学的大学生 Linus Torvalds 在使用 Minix 时，不满其提供的功能，于是决定编写一个自己的 Minix 内核，最初命名为"Linus' Minix"，后来改名为 Linux。1991 年 10 月，Linus Torvalds 第一次把 Linux 0.02 放在互联网上。这是一个偶然事件，但很快就被 GNU 计划的追随者们看中，"加工"成了一个功能完备的操作系统。所以，Linux 确切的叫法应该是 GNU/Linux。1994 年，Linux 发布标志性的 1.0 版本。

1995 年 1 月，Bob Young 创办了 RedHat（红帽公司），以 Linux 为核心，集成了 400 多个

源代码开放的程序模块，冠以 RedHat Linux 品牌在市场上出售。这种称为 Linux "发行版"的经营模式是一种创举。

其实，Linux 发行商并不拥有自己的"版权专有"技术，但他们给用户提供技术支持和服务。他们经营的是"方便"而不是自己的"专有技术"。Linux 发行商的经营活动是 Linux 在世界范围内传播的主要途径之一，各品牌的 Linux 发行版的出现，极大地推动了 Linux 的普及和应用。

1998 年 2 月，以 Eric Raymond 为首的一批开源人员认识到 GNU/Linux 体系产业化道路的本质是由市场竞争驱动的，于是创办了开放源代码促进会（Open Source Initiative），在互联网世界展开了一场历史性的 Linux 产业化运动。在以 IBM、英特尔、惠普和诺威尔等为首的一大批国际性重型信息技术企业对 Linux 产品及其经营模式进行投资并提供全球性技术支持下，催生了一个正在兴起的基于源代码开放模式的 Linux 产业。

Linux 最初是为 Intel 80386 体系结构开发的，但由于其卓越的可移植性，很多厂商开始基于 Linux 来支持自己的平台。目前，Linux 可以支持 Intel 80x86、SPARC、MIPS、Alpha、PowerPC、ARM 及 IA64 等多种平台。可以说 Linux 是目前运行硬件平台最多的操作系统，可以运行在个人计算机、服务器、中型机、大型机和超级计算机上，几乎涵盖了所有的计算机平台。

由此可以看出，Linux 的诞生具有偶然性，但又具有必然性。由于 UNIX 的商业化，1992 年美国电话电报公司的 UNIX 系统实验室起诉 BSD 侵犯了其 UNIX 系统的知识产权，BSD 的发展因此受到严重阻碍，为 Linux 的诞生和发展提供了机遇。同样，Linux 的快速发展也具有偶然性和必然性。1991～1993 年 Linux 刚起步时，适逢 POSIX 标准的制定处于最后定稿时期，所以 POSIX 标准为 Linux 提供了极为重要的信息，使得 Linux 能够与绝大多数 UNIX 系统兼容，便于应用的迁移。微软在操作系统，特别是桌面领域形成的垄断地位和强硬营销策略，使得世界很多国家政府以及各大软硬件厂商为打破垄断而大力支持 Linux 的发展。

目前，各大主流硬件厂商包括 IBM、英特尔、惠普、Sun 和戴尔等公司都已成为 Linux 的支持者。而基于 Linux 的各类商用软件也已经就绪，中间件领域有 IBM 的 WebSphere、甲骨文的 Oracle 10g、BEA 的 WebLogic 和 Sun 公司的 N1 等。数据库领域有 IBM 的 DB2、甲骨文的 Oracle Database 10g、Sybase 的 ASE36 等，可以说，除微软 SQL Server 外，几乎所有主流数据库都对 Linux 提供了良好的支持。在信息技术管理领域的厂商冠群、惠普和 BMC 等，在应用领域的 SAP、甲骨文、PeopleSoft 等著名应用软件厂商都把 Linux 纳入其产品发展路线图中，为用户提供全线解决方案。

Linux 能得到如此大的发展，受到各方面的如此青睐，是由它的特点决定的：

1. Linux 是免费的，而且源代码开放。

2. Linux 可以长期连续运行而无须重启，具有出色的稳定性。

3. Linux 支持多种硬件平台。Linux 能在笔记本、PC 机、工作站，甚至大型机上运行，并能在多种处理器上运行。

4. 友好的用户界面。Linux 提供了类似 Windows 图形界面的 X-Windows 系统，用户可以使用鼠标很方便快捷地进行操作。

5. Linux 具有强大的网络功能。网络是 Linux 的生命，完善的网络支持是 Linux 与生俱来的能力，所以 Linux 在通信和网络功能方面优于其他操作系统。Linux 支持所有通用的网络协议，它既可以作为一个客户端操作系统，也可以作为服务器操作系统。

6. Linux 是多用户、多任务的操作系统,可以支持多个使用者同时使用并共享系统的磁盘、外设和处理器等系统资源。Linux 的保护机制使每个应用程序和用户互不干扰,一个任务崩溃,其他任务仍然照常运行。

7. Linux 应用程序众多,而且大部分是免费软件。硬件支持广泛,程序兼容性好。由于 Linux 支持 POSIX 标准,因此大多数 UNIX 用户程序也可以在 Linux 下运行。另外,为了使 UNIX System V 和 BSD 上的程序能直接在 Linux 上运行,Linux 还增加了部分 UNIX System V 和 BSD 的系统接口,使 Linux 成为一个完善的 UNIX 程序开发系统。Linux 也符合 X/Open 标准,具有完全自由的 X-Window 实现。现有的大部分基于 X 的程序不需要任何修改就能在 Linux 上运行。Linux 的 DOS"仿真器"DOSEMU 可以运行大多数MS-DOS 应用程序。Windows 程序也能在被称为 WINE 的 Linux 的 Windows"仿真器"的帮助下,在 X-Windows 的内部运行。Linux 的高速缓存能力,使 Windows 程序的运行速度得到很大提高。

目前,在网站服务器、嵌入式系统、超级计算机中常用 Linux 作为其操作系统。在智能手机中,基于 Linux 内核开发而成的 Android 系统已经成为与 iOS、Symbian OS、Windows Mobile 系统并列的操作系统。Linux 操作系统的应用范围越来越广泛。

拓展知识:POSIX 是基于 UNIX 的可移植操作系统接口标准,它定义了操作系统应该为应用程序提供的接口标准,意在期望获得源代码级的软件的可移植性。

1.5.2 Linux 版本

Linux 的版本可分为两类:内核版本和发行版本。

内核是系统的心脏,是运行程序和管理像磁盘和打印机等硬件设备的核心程序,它提供了一个在裸机设备与应用程序间的抽象层。内核的开发和规范一直是由 Linus 领导的开发小组控制着,版本也是唯一的。开发小组每隔一段时间公布新的版本或其修订版,从 1991 年 10 月 Linus 向世界公开发布的内核 0.0.2 版本到目前最新的内核版本,Linux 的功能越来越强大。Linux 内核版本号按"A、B、C"格式设计,它们分别表示主版本号、次版本号和修正号。A 和 B 标志着重要的功能变动,C 表示一些 bug 修复,安全更新,新特性等。一般情况下,数字越大表示版本越高。(注:在 Linux 内核版本 3.0 之前,B 还有一个特殊的属性,当其为偶数时表示稳定版,为奇数时表示开发版。)

仅有内核而没有应用软件的操作系统是无法使用的,所以许多公司或社团将内核与应用软件和文档包装起来,并提供一些安装界面、系统设置与管理工具,这样就构成了发行版本。Linux 发行版本大体可分为两类,一类由商业公司维护,比如 RedHat(RHEL),一类由社区组织维护,比如 Debian。常见的发行版本有 Red Hat Linux、Ubuntu 和 Debian Linux 等。

Linux 发行版本一般提供两种操作界面,即图形界面和文本界面。本书中的所有实验均在文本界面下进行。

拓展知识:为什么选择在文本界面下进行实验? 由于在图形界面中使用计算机简单、方便,有时基本上不用多想即可完成任务,这使得很多人不去思考从单击图标到程序的运行,计算机到底做了哪些工作,有人甚至不知道什么是相对路径、绝对路径等基本概念。因此,我们强调学习操作系统的读者最好在文本界面下进行实验,仔细观察、体会操作系统是如何工作的,输入的每条命令系统是如何处理的,表现的结果是什么,等等。只有多思考、多练习,才能慢慢地认识和了解操作系统。

1.5.3　Linux 内核的结构

从结构上来看,Linux 内核采用整体式结构,即所有的内核模块都包含在一个大的内核软件中。当然,Linux 系统也支持可动态装载和卸载模块结构,利用这些模块,可方便地在内核中添加新的组件或卸载不再需要的组件。Linux 内核结构框图如图 1-8 所示。

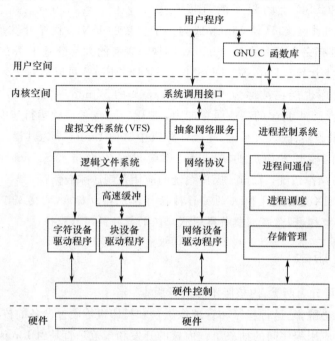

图 1-8　Linux 内核结构框图

用户程序通过函数库(高级语言)或直接调用(汇编语言)系统调用进入内核。内核中的进程管理和存储管理模块负责进程的同步、进程间通信、进程调度和存储管理。文件子系统管理文件,它通过缓冲机制同块设备交互,也可在无缓冲机制干预下与字符设备交互。硬件控制接口是所有功能模块与硬件的接口。

1.6　典型例题分析

例 1:讨论操作系统可以从哪些角度出发,如何把它们统一起来?

答:讨论操作系统可以从以下角度出发:(1)从用户角度出发,操作系统为用户提供使用计算机的界面;(2)从资源管理者的角度出发,操作系统是计算机资源的管理者;(3)从系统结构角度出发,操作系统是扩展机或虚拟机。

上述这些观点彼此并不矛盾,分别代表了从不同角度对同一事物(操作系统)的观点。每种观点都有助于理解、认识、分析和设计操作系统。

例 2:设计操作系统与哪些硬件器件有关?

答:操作系统的重要功能之一是对硬件资源的管理,因此设计操作系统时应考虑下述计算机硬件资源:

(1)CPU 指令的长度与 CPU 的执行方式;

（2）内存、缓存和高速缓存等存储装置；

（3）各类寄存器，包括各种通用寄存器、控制寄存器和状态寄存器；

（4）中断机构；

（5）外部设备与 I/O 控制装置；

（6）内部总线与外部总线；

（7）对硬件进行操作的指令集。

例 3：什么是多道程序设计技术？多道程序设计技术的主要特点是什么？

答：多道程序设计技术是指在计算机内存中同时存放几道相互独立的程序，使它们在管理程序控制下，共享系统中的各种资源，并发地在处理器上运行。

多道程序设计技术的主要特点如下：

（1）多道，即计算机内存中同时存放多道相互独立的程序。

（2）在单 CPU 环境中，宏观上，多道程序并行执行；微观上，多道程序串行执行，即多道程序在单 CPU 上轮流交替地执行。在多 CPU 或多核环境中，多道程序可以真正地并行执行。

例 4：如何理解虚拟机的概念？

答：一台仅由硬件组成的计算机称为"裸机"，不易使用。所谓虚拟，是指把一个物理上的实体变为若干个逻辑上的对应物。前者是实际存在的，而后者是虚拟的，但这只是用户的一种感觉。在单处理器的计算机系统中能同时运行多道程序，好像每个程序都独享一个 CPU，这就是虚拟。操作系统为用户使用计算机提供了许多服务，因而把一台难于使用的裸机改造成了功能强大、使用方便的计算机系统，这种计算机系统称为虚拟机。操作系统由若干层构成，每层完成特定的功能，从而形成一个虚拟机系统。下层的虚拟机为上层的虚拟机提供服务，这样逐层扩充以完成操作系统的功能。

习题 1

1. 选择题

（1）操作系统负责管理计算机系统（　　　　），其中包括处理器、内存、I/O 设备和文件。

A. 程序　　　　　　　B. 文件　　　　　　　C. 资源　　　　　　　D. 进程

（2）现代操作系统的基本特征有（　　　　）、共享性、虚拟性和不确定性。

A. 多道程序设计　　　　　　　　　　B. 中断处理

C. 并发性　　　　　　　　　　　　　D. 实现分时与实时处理

（3）多个用户在终端设备上以交互方式输入、排错和控制其程序的运行，该操作系统是（　　　　）。

A. 分时操作系统　　　B. 实时操作系统　　　C. 批处理操作系统　　D. 网络操作系统

（4）在分时系统中，当时间片一定时，（　　　　），响应时间越长。

A. 内存越多　　　　　B. 用户数越多　　　　C. 后备队列越短　　　D. 用户数越少

（5）操作系统是一组（　　　　）。

A. 文件管理程序　　　B. 中断处理程序　　　C. 资源管理程序　　　D. 设备管理程序

（6）计算机系统中配置操作系统的目的是提高计算机的（　　　　）和方便用户使用。

A. 速度　　　　　　　B. 利用率　　　　　　C. 灵活性　　　　　　D. 兼容性

（7）实时操作系统追求的目标是（　　　　）。

A. 高吞吐率　　　　　B. 充分利用内存　　　C. 快速响应　　　　　D. 减少系统开销

(8)下列关于多任务操作系统的描述中,正确的是(　　　)。

Ⅰ.具有并发和并行的特点;Ⅱ.需要实现对共享资源的保护;Ⅲ.需要运行在多 CPU 的硬件平台上。

A.仅Ⅰ　　　　　　　B.仅Ⅱ　　　　　　　C.仅Ⅰ、Ⅱ　　　　　　　D.Ⅰ、Ⅱ、Ⅲ

(9)下列关于批处理系统的叙述中,正确的是(　　　)。

Ⅰ.批处理系统允许多个用户与计算机直接交互

Ⅱ.批处理系统分为单道批处理系统和多道批处理系统

Ⅲ.中断技术使得多道批处理系统的 I/O 设备可与 CPU 并行工作

A.仅Ⅱ、Ⅲ　　　　　B.仅Ⅱ　　　　　　　C.仅Ⅰ、Ⅱ　　　　　　　D.仅Ⅰ、Ⅲ

(10)与单道程序相比,以下 4 个优点中,(　　　)是多道程序系统的优点。这 4 个优点是:Ⅰ.CPU 利用率高;Ⅱ.系统开销小;Ⅲ.系统吞吐量大;Ⅳ.I/O 设备利用率高。

A.仅Ⅰ、Ⅲ　　　　　B.仅Ⅰ、Ⅳ　　　　　C.仅Ⅱ、Ⅲ　　　　　　　D.仅Ⅰ、Ⅲ、Ⅳ

2. 填空题

(1)操作系统的五大功能是处理器管理、_____、文件管理、_____和用户接口。

(2)_____和_____是操作系统最重要的两个目标。

(3)计算机操作系统是方便用户、管理和控制计算机_____的系统软件。

(4)批处理系统旨在提高系统的_____和系统_____,其中_____是指系统在单位时间内所完成的总工作量。

(5)操作系统的基本类型有:_____、_____和_____。

(6)推动分时系统形成和发展的主要动力是_____。

(7)在分时系统中,当用户数目为 100 时,为保证响应时间不超过 2 秒,此时时间片最大应为_____。

3. 问答题

(1)简述操作系统的概念。

(2)什么是批处理系统?为什么要引入批处理系统?

(3)什么叫多道程序设计技术?试述多道程序设计技术的基本思想,为什么对作业进行多道批处理可以提高系统效率?

(4)何为分时操作系统?简述其特点。

(5)分时操作系统和实时操作系统有何不同?

(6)实现多道程序需解决哪些问题?

(7)简述 UNIX、Linux 或 Windows 操作系统的发展历史。

(8)在相同的硬件条件下,为什么一个程序可以在 Windows 上运行却不能在 UNIX 上运行。

第2章

用户界面

········

　　用户界面是操作系统的重要组成部分,它负责用户与操作系统之间的交互。通常,操作系统向用户提供命令控制接口和程序接口,如图 2-1 所示。用户可以利用命令控制接口来组织和控制作业或程序的执行;编程人员可以利用程序接口请求操作系统的服务。

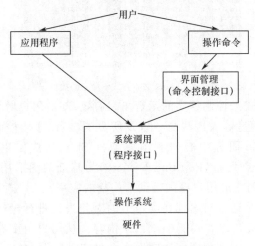

图 2-1　用户与操作系统之间的接口

2.1　作业的概念及命令控制接口

操作系统用户
接口及特点

2.1.1　作业的概念

　　作业是指用户在一次计算或事务处理过程中要求计算机系统所做工作的总和,它是用户向计算机系统提交一项工作的基本单位。作业是早期批处理系统引入的一个概念。分时系统用户在一次登录后所进行的交互序列也常被看成作业。一个作业通常由程序、数据和工作流程书等三部分组成。计算机系统一旦接收到作业后,就会依据工作流程书所规定的动作完成对作业的处理。通常,我们把工作流程书称为作业说明书,作业说明书体现用户对作业的控制意图。

　　作业可分为几个独立的子任务,每个子任务称为作业步。作业步之间具有顺序或并发关系。一个作业步通常由一个进程来完成,这样一个作业在内存处理时通常与多个进程相对应,即作业与进程之间具有一对多的关系。例如,一个作业可分为编译、链接、装入和运行这四个作业步,前一个作业步的输出往往是后一个作业步的输入。

2.1.2   命令控制接口

命令控制接口是操作系统面向普通用户的接口,它包括命令界面和图形用户界面。使用命令界面进行作业控制的主要方式有两种,即脱机控制方式和联机控制方式。脱机控制方式是指用户将对作业的控制要求以作业说明书的方式提交给系统,由系统按照作业说明书的规定控制作业的执行。联机控制方式是指用户利用系统提供的一组键盘命令或其他操作命令和系统会话,交互式地控制程序的执行。其工作过程是用户通过控制台或终端输入操作命令,向系统提出各种服务要求。用户每输入完一条命令,控制权就转入操作系统的命令解释程序,由命令解释程序对输入的命令进行解释执行以完成指定功能。之后,控制权又回到控制台或终端,此时系统等待用户输入下一条命令。图 2-2 所示为 Linux 文本方式下命令的执行。

```
os@ubuntu:~$ ls -l /usr
total 48
drwxr-xr-x   2 root root 20480 Dec  8 18:29 bin
drwxr-xr-x   2 root root  4096 Oct 16 00:46 games
drwxr-xr-x  31 root root  4096 Dec  8 18:24 include
drwxr-xr-x  51 root root  4096 Dec  8 18:24 lib
drwxr-xr-x  10 root root  4096 Dec  8 18:07 local
drwxr-xr-x   2 root root  4096 Dec  8 18:17 sbin
drwxr-xr-x  97 root root  4096 Dec  8 18:17 share
drwxr-xr-x   4 root root  4096 Dec  8 18:08 src
```

图 2-2   Linux 文本方式下命令的执行

通过命令控制界面方式来控制程序的运行虽然有效,却给用户增加了很大的负担,即用户必须记住各种命令,并从键盘输入这些命令以及所需的参数,才能控制程序的运行。20 世纪 70 年代中后期 Xerox Palo 研究中心研制出原型机 Star,形成了以窗口(Windows)、图标(Icons)、菜单(Menu)和指点设备(Pointing Devices)为基础的图形用户界面,也称 WIMP 界面。20 世纪 80 年代中后期图形用户界面得到了广泛的应用。

图形用户界面的目标是通过对出现在屏幕上的对象直接进行操作,以控制和操纵程序的运行。图 2-3 所示在 Linux 图形方式下/usr 目录内容。从用户角度看,使用图形用户界面至少两点好处,一是直观化,可视化图标比输入命令更容易操作;二是人性化,几乎所有对话框都有撤销功能,允许用户反悔,但是这些好处是需要代价的,它们需要更贵的图形显示系统、更大的内存空间、磁盘空间、更快的处理器以及更复杂的软件来支持。

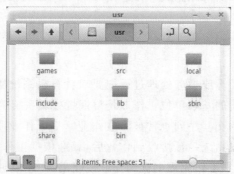

图 2-3   Linux 图形方式下/usr 目录内容

2.2   程序接口

程序接口是操作系统面向程序员的接口,它是由一组系统功能调用命令(简称系统调用)组成。系统调用把应用程序的请求传给内核,内核调用相应的内核函数完成所需的处理,并将处理结果返回给应用程序。如果没有系统调用和内核函数,用户将不可能编写出功能强大的应用程序。从这个角度可以认为内核的主体是系统调用的集合,它是一组特殊的公共子程序。在高级语言中,往往提供与系统调用相对应的库函数或 API(Application Programming Interface,应用程序接口),应用程序通过调用库函数或 API 来间接地使用系统调用。

实际上,系统调用不仅可以供用户程序使用,还可以供系统程序使用,以此实现各类系统功能。对于每个操作系统而言,其所提供的系统调用命令条数、格式以及所执行的功能等都不尽相同,即使是同一个操作系统,其不同版本所提供的系统调用命令条数也会有所增减。通常,一个操作系统提供的系统调用命令有几十乃至上百条之多,它们各自有一个唯一的编号或助记符。这些系统调用按功能大致可分为如下几类:

(1)进程管理。该类系统调用完成进程的创建、撤销、阻塞及唤醒等功能。

(2)进程通信。该类系统调用完成进程之间的消息传递或信号传递等功能。

(3)内存管理。该类系统调用完成内存的分配、回收以及获取作业占用内存区大小及起始地址等功能。

(4)设备管理。该类系统调用完成设备的请求或释放,以及设备启动等功能。

(5)文件管理。该类系统调用完成文件读、写、创建及删除等功能。

2.3 CPU 工作状态

2.3.1 程序状态字

程序状态字(Program Status Word,PSW)是用来控制指令执行顺序并且保留和指示与程序有关的系统状态。每个系列的处理器都有自己特定的 PSW,下面以 IBM 370 为例,介绍其 PSW。

在 IBM 370 中,PSW 是一个 64 位的寄存器,主要包含以下信息。

(1)程序计数器——下一条要执行的指令的存储地址。

(2)管态/目态——运行级别。操作系统运行在管态(supervisor mode),用户程序运行在目态(object mode)。管态也称为核心态(kernel mode),目态也称为用户态(user mode)。

(3)条件码——用来记录指令执行结果的状态信息。

(4)中断屏蔽位——允许/禁止某个中断事件发生。

(5)中断码——与中断事件相对应,记录当前的中断源。

(6)运行/等待——处理器执行指令/处理器处于等待状态。

(7)存储保护密钥(4 位)——当未设置保护时,其值为 0,当设置保护时,这 4 位密钥与欲访问的主存区域的存储锁必须匹配才可访问。

2.3.2 核心态和用户态

在计算机系统中常常有多个程序在运行。为了构造一个可靠的系统保证程序之间能够正常运行而不相互破坏,CPU 至少应该有两种工作状态,即核心态和用户态。这两种工作状态可由一个触发器标识,它通常属于程序状态字的一部分,即由 PSW 中的某一位标识。

当 CPU 执行操作系统代码时所处的状态即为核心态。CPU 处于核心态时可以执行硬件所提供的全部指令。我们把只允许在核心态下执行的指令,称为特权指令,特权指令涉及以下几个方面的操作：

(1)改变机器状态的指令。

(2)修改特殊寄存器的指令。

(3)涉及外部设备的输入/输出指令。

既可以在核心态也可以在用户态下执行的指令称为非特权指令。

由于操作系统可以利用特权指令修改程序状态字 PSW,而 CPU 工作状态是 PSW 的一部分,因而在核心态下操作系统可以改变 CPU 的工作状态,即在核心态下可以通过执行特权指令使 CPU 的工作状态由核心态转变为用户态。

用户态是指用户程序执行时 CPU 所处的状态。处于用户态的 CPU 只能执行机器指令的一个子集,即非特权指令。如果用户程序试图在用户态下执行特权指令,则 CPU 将其视为非法指令,并产生异常,由操作系统捕获处理。由于处于用户态的程序不能执行特权指令修改 CPU 的工作状态,因此,可以防止用户有意或无意地侵入系统,从而起到保护系统的作用。

简单地讲,一个进程由于执行系统调用而开始执行内核代码,我们称该进程处于核心态中。一个进程执行应用程序自身代码则称该进程处于用户态。CPU 在处理中断或异常时也处于核心态。

Intel 80x86 架构的 CPU 分为 4 个运行级别,0 级为最高级别,3 级为最低级别。CPU 在执行每条指令时都会对指令所具有的级别做相应的检查,比如说传统的输入、输出指令 in 和 out,在 0 级下可以执行,但在 3 级下就不能执行,所以,指令 in 和 out 可以看作是特权指令,若在 3 级下执行特权指令就会产生异常。操作系统正是利用这个特点,当操作系统运行自己的代码时,CPU 就切换成 0 级,当运行用户的程序时就让它在 3 级运行,这样即使用户程序想对系统进行破坏,但它无法执行特权指令而受到限制。另外,低级别的程序是无法把自己升级到高级别的,除非操作系统帮忙,利用这个特性,操作系统就可以控制所有的程序的运行,确保系统的安全。

在下列情况下,CPU 的工作状态可由用户态转变为核心态。

(1)用户程序执行系统调用时。一般是通过用户程序执行访管指令由用户态进入核心态。访管指令是一条可以在用户态下执行的指令。在用户程序中,因要求操作系统提供服务而有意识地使用访管指令,从而产生一个中断事件(自愿中断),将操作系统转换为核心态,称为访管中断。访管中断由访管指令产生,程序员使用访管指令向操作系统请求服务。

(2)当 I/O 设备产生中断事件或 CPU 内部出现异常(比如程序运行出现零除错误,或非法执行特权指令等),运行着的程序被中断,CPU 转向中断处理程序或异常处理程序时。

这两种情况都通过中断机制发生,可以说,中断和异常是用户态到核心态转换的途径。操作系统初始化程序在初始化系统时将中断向量中的 PSW 相应标识设置为核心态。当中断发生后,系统响应中断时,由硬件中断机构自动保存 CPU 现场,并将该中断对应的中断向量中保存的程序状态字送到 PSW 寄存器中,这样就实现了从用户态到核心态的转换。该中断完成后进行新旧 PSW 的转换,并自动返回到中断前的状态,即用户态。

2.4　中断技术

每当用户程序执行系统调用以求获得系统的服务和帮助或操作系统管理 I/O 设备和处理各种内部和外部事件时,都需要通过中断机制进行处理。因此,中断机制是操作系统的重要组成部分之一。没有中断机制,操作系统就无法获得系统的控制权,无法实现多道程序设计技术,也无法将处理器资源分配给不同的进程。可以说操作系统是靠中断驱动的。

2.4.1　中断的概念

中断是指程序运行过程中出现某个突发事件,必须中止当前正在运行的程序,转去执行处理该事件的服务程序,等该事件处理完毕后恢复原来运行的程序。现代计算机系统都具有处理突发事件的能力,这种处理突发事件的能力是由硬件和软件协作完成的。硬件部分称为中断装置,软件部分称为中断处理程序。中断装置和中断处理程序统称为中断系统。

中断装置的职能是发现并响应中断,具体步骤是:识别中断源、保存现场和引出中断处理程序。引起中断的事件称为中断源。中断源向 CPU 发出的请求中断处理信号称为中断请求。对出现的事件进行处理的程序称为中断处理程序。

2.4.2　中断的类型

从中断事件的性质出发,可将中断分为强迫性中断和自愿性中断两大类。

强迫性中断事件包括硬件故障中断、程序性中断、外部中断和输入/输出中断等。硬件故障中断是由机器故障造成的,例如电源故障、主存储器出错等。程序性中断是由于程序执行到某条机器指令时可能出现的各种问题而引起的中断,例如定点溢出、除数为 0、地址越界,目态下的用户程序执行了特权指令等,由于这类中断反映程序执行中发现的例外情况,所以又称异常。外部中断是由各种外部事件引起的中断,例如时钟的定时中断。输入/输出中断是指输入/输出控制系统发现 I/O 设备完成了输入/输出操作而引起的中断,或在执行输入/输出操作时通道或 I/O 设备产生错误而引起的中断。

自愿性中断事件是由正在运行的进程执行一条访管指令用以请求系统调用而引起的中断,这种中断也称为访管中断。在一些资料中把访管中断和程序性中断称为陷入(trap)。

一般情况下,中断的优先级高低顺序依次为:硬件故障中断、自愿性中断、程序性中断、外部中断和输入/输出中断。自愿性中断的断点是确定的,而强迫性中断的断点可能发生在任何位置。

2.4.3　中断响应

自愿性中断事件是由处理器执行指令时根据指令中的操作码捕获到的。强迫性中断事件是由硬件的中断装置发现的。通常在处理器执行完一条指令后,硬件的中断装置立即检查有无强迫性中断事件的发生。无论发生哪类中断事件,都由硬件的中断装置暂停现行进程的运行,而让操作系统的中断处理程序占用处理器,这一过程称为中断响应。

2.4.4　中断处理

中断处理程序对中断事件的处理可分两步进行。第一步是保护好被中断进程的现场信息,即把被中断进程的通用寄存器和控制寄存器内容以及被中断进程的 PSW 保护起来,这些信息可以保存在被中断进程的进程控制块(Process Control Block,PCB)中或保存在当前运行进程的堆栈中。其目的是保证被中断的进程再次运行时能恢复到被中断之前的状态继续运行。第二步是根据被中断进程的 PSW 中指示的中断事件进行具体处理。

操作系统对各类中断事件需进行不同处理,对同一类中不同事件的处理也可能是不同的。中断处理程序分析引起中断原因后,在某些情况下可转交适当的例行程序来处理该中断。

各类中断事件的处理原则大致如下:

1. 硬件故障中断事件的处理

一般来说,这种事件是由硬件的故障产生的,排除这种故障必须进行人工干预。中断处理能做的工作一般是保护现场,防止故障蔓延,报告给操作员并提供故障信息以便维修和校正,以及对程序中所造成的破坏进行估价和恢复。

2. 程序性中断事件的处理

处理程序性中断事件大体上有两种办法。对于那些纯属程序错误而又难以克服的事件,例如非法使用特权指令,企图访问一个不允许其使用的主存储器单元等,操作系统只能将出错程序的名字、出错地点和错误性质报告给操作员并请求干预。对于其他一些程序性中断,例如定点溢出、阶码下溢等,不同的用户往往有不同的处理要求。所以,操作系统可以将这种程序性中断事件转交给用户程序自行处理。如果用户程序对发生的中断事件没有提出处理办法,那么操作系统将进行标准处理。

3. 外部中断事件的处理

时钟定时中断以及来自控制台的信息都属外部中断事件,它们的处理原则如下:

(1)时钟中断事件的处理

在所有外部中断中,时钟中断起着特殊的作用。因为 CPU 是以精确的时间进行数值运算和数据处理的,最基本的时间单元是时钟周期,例如取指令、执行指令、存取内存等。时钟中断是由系统定时器产生,它是一种能以固定频率产生中断的可编程硬件芯片。CPU 接收到时钟中断后交由时间中断处理程序来完成系统时间更新、执行周期性任务等。可以说时钟中断是整个操作系统活动的动力,如让分时进程做时间片轮转、让实时进程定时发出或接收控制信号、系统定时唤醒或阻塞一个进程、对用户进程进行记账、周期性地对资源进行管理等。

时钟可以分成绝对时钟和间隔时钟(即闹钟)两种。利用时钟中断可有效地防止应用程序长期占用 CPU。例如,陷入死循环的进程最终因时间片耗尽会被迫让出处理器。

系统设置一个绝对时钟寄存器,计算机的绝对时钟定时(例如每 10 ms)地将该寄存器内容加 1。只要开机时操作员设置好开始时间,以后就可推算出当前的时间。

间隔时钟是定时将一个间隔时钟寄存器的内容减 1,当间隔时钟寄存器的内容为 0 时,就产生一个间隔时钟中断。所以,只要在间隔时钟寄存器中放一个预定的值,那么就可起到闹钟的作用,每当产生一个间隔时钟中断,就意味着预定的时间到了。操作系统经常利用间隔时钟做控制调度。

(2)I/O 中断的处理

输入/输出中断事件分为 I/O 正常结束和 I/O 异常结束。被启动的 I/O 设备在完成一次数据传送后都要形成一个 I/O 正常结束事件,若在数据传送过程中出现了错误或特殊情况,则形成一个 I/O 异常结束事件。对 I/O 事件的处理详见第 6 章设备管理。

4. 自愿性中断事件的处理

这类中断是由于系统程序或用户程序执行访管指令(例如,UNIX 中用的 trap 指令,MS-DOS 中用的 int 指令)而引起的,表示运行程序对操作系统功能的调用,所以也称系统调用。我们可以将系统调用看作是机器指令的一种扩充。

访管指令包括操作码和访管参数两部分,前者表示这条指令是访管指令,后者表示具体的访管要求。硬件在执行访管指令时,把访管参数作为中断字并入程序状态字,同时将它送入主存指定单元,然后转向操作系统处理。中断处理过程如图 2-4 所示。

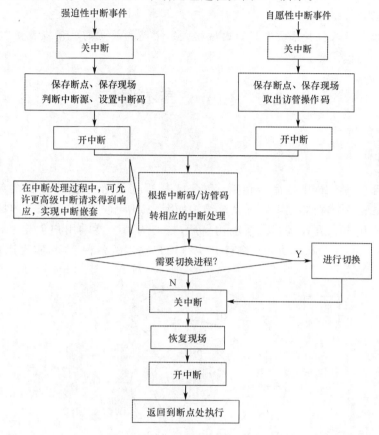

图 2-4　中断处理过程

从指令集的角度,或者说从硬件角度(CPU 状态)来看,访管指令属于非特权指令,可在用户态执行,执行后进入核心态,CPU 置相应标志表明当前处于核心态。CPU 进入核心态可以执行特权指令和非特权指令。

综上所述,在多数情况下,中断处理程序只需做一些保护现场、分析事件性质等原则性的处理,而具体的处理可由适当的例行程序来完成。因此,中断处理程序可以创建一些处理事件的进程,具体的处理就由这些进程来实现。

知识拓展:在很多资料中称外部中断为中断,自愿中断为软中断,程序性中断为异常。但"陷阱(trap)"在不同计算机上的定义不同,有指任何中断,有指任何同步中断,有指与输入/输出无关的任何中断,有指 trap 或 int 指令引起的中断,等等。所以,请读者在阅读资料时仔细辨别。

在计算机系统中,外部中断的发生完全是"异步"的,根本无法预测到此类中断会在什么时候发生。因此,CPU(或者软件)对于此类外部中断完全是"被动"的。不过,软件可以通过关中断/开中断的形式来关闭/打开对中断的响应,即可以把"反映情况"的途径掐断/打通。

软中断是专设的中断指令,比如 trap 或 int,在程序中有意地进行设置,它是主动地、同步地发生。只要 CPU 执行一条 trap 或 int 指令,就知道在开始执行下一条指令之前一定要先进入中断服务程序。

异常多半是由于"不小心"犯了规才发生的。例如,当在程序中发出一条除法指令 div,而除数为零时就会发生异常,异常的发生常常是由于软件错误而引起的,因此也是被动的。

异常和中断是打断用户进程正常执行的两大类事件,它们的发生会引起 CPU 从执行用户进行的用户模式转入执行系统进程的内核模式。中断和异常的共同点就是"不可预知性",而软中断是"有意为之"的。

2.5 Linux 基本操作

2.5.1 Shell

在 Linux 系统中,Shell 是命令语言、命令解释程序及程序设计语言的统称。如果把Linux 内核想象成一个球体,则 Linux 系统结构如图 2-5 所示。Shell 不属于内核部分,而是围绕在内核之外以用户态方式运行。系统初启后,核心为每个终端用户创建一个进程来执行Shell 解释程序。Shell 的基本功能是解释并执行用户输入的各种命令,实现用户与 Linux 内核的接口。

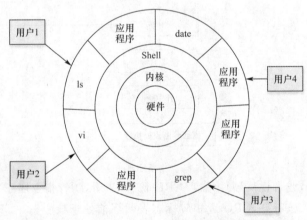

图 2-5 Linux 系统结构

Shell 拥有自己内建的 Shell 命令集,Shell 也能被系统中其他应用程序所调用。用户在提示符下输入的命令都先由 Shell 解释然后传给 Linux 内核。Shell 可执行的命令分为两大类——内置命令和实用程序。为提高执行效率把部分常用命令放在 Shell 中,这些命令称为内置命令,比如改变工作目录命令 cd,显示当前工作目录 pwd 等。实用程序包括 Linux 命令程序,应用程序,Shell 脚本,用户程序等。例如显示指定目录所含文件及子目录的命令 ls 和显示或设定系统的日期与时间命令 date 等都是存放在文件系统中某个目录下单独可执行的程序。对用户而言,不必关心一个命令是 Shell 内置命令还是实用程序。当用户输入一个命令时,Shell 首先检查该命令是否为内置命令,若不是则在可搜索路径里寻找实用程序(搜索路径是指一个能找到实用程序的目录列表,一般在环境变量 PATH 中给出)。如果键入的命令不是一个内置命令并且在可搜索路径里没有找到相应的实用程序,Shell 将会显示一条错误信息。如果找到命令,将执行该内置命令或实用程序。

Shell 的另一个重要特性是它自身就是一个解释型的程序设计语言,Shell 程序设计语言支持绝大多数在高级语言中能见到的程序元素,如函数、变量、数组和程序控制结构。Shell 编程语言简单易学,任何在提示符中能键入的命令都能放到一个可执行的 Shell 程序中。当普通用户成功登录,系统将执行一个称为 Shell 的程序,并输出命令行提示符。在默认情况下,普通用户的提示符为"＄",超级用户(root)的提示符为"♯"。一旦出现了 Shell 提示符,就可以键入命令及命令所需要的参数,Shell 将执行这些命令。当一条命令在执行期间可以从键盘按 Ctrl＋C 发出中断信号来结束其运行。当用户想结束登录对话时,可以键入 logout 命令、exit 命令或 Ctrl＋D(文件结束符,EOF)结束登录。

Linux 中的 Shell 有多种类型,其中最常用的几种是 Bourne Shell(Bsh)、C Shell(Csh)和 Korn Shell(Ksh)。这三种 Shell 各有优缺点。Bsh 在 20 世纪 70 年代中期诞生于新泽西的 AT&T 贝尔实验室,具有较强的脚本编程功能,最初在 UNIX 中使用,并且可以在各种版本的 UNIX 上都可以使用。Bsh 在 Shell 编程方面相当优秀,但在处理与用户的交互方面做得不如其他几种 Shell。Csh 在 20 世纪 80 年代由 Bill Joy 在 Berkeley 开发,因 Csh 在程序语言结构上和 C 语言相似,故称为 C Shell,它的系统提示符为"％"。Ksh 结合了 Bsh 和 Csh 两者的功能优势,兼有 Bsh 的语法和 Csh 的交互特性。Linux 操作系统缺省的 Shell 是 Bourne Again Shell,它是 Bsh 的扩展,简称 Bash,与 Bsh 向后兼容,并且在 Bsh 的基础上增加、增强了很多特性。Bash 放在/bin/bash 中,有许多特色,可以提供如命令补全、命令编辑和命令历史表等功能,它还包含了很多 Csh 和 Ksh 中的优点,有灵活和强大的编程接口,同时又有很友好的用户界面。

用 help 命令可以查看所有 Shell 内置命令。

用 ls /bin 命令可以列出 Linux 系统最基础、所有用户都能使用的命令程序。

用 ls /sbin 命令可以列出只有 root 用户才能使用的、管理 Linux 系统的命令程序。

用 ls /usr/bin 或 ls /usr/local/bin 命令可以列出所有用户都能使用的可执行程序目录。

用 ls /usr/sbin、ls /usr/local/sbin 或 ls /usr/X11R6/bin 命令可以列出只有 root 用户才能使用的、涉及系统管理的可执行程序目录。

2.5.2　文件名与文件权限

1. 文件名

Linux 文件名的最大长度为 255 个字符,通常文件名可以包含除"/ ＊ ｜ ＜ ＞ ？\＼＇＂"(在 Linux 系统中它们有着特殊的含义)这些符号之外的任何字符。另外不能将字符"～"作为文件名的开头,且最好不要将字符"-"作为文件名的开始符号。常用的特殊符号功能如下:

＊:通配符,匹配零个或多个任意字符。

?:通配符,匹配一个任意字符。

｜:管道操作符,即前一个命令的输出是后一个命令的输入。

＞:定向输出,可将该符号前的命令执行结果输出到该符号后的文件中,如果该文件原来就存在,则将原有内容清除,写入新的内容。

＞＞:定向输出,可将该符号前的命令执行结果附加到该符号后的文件后面,原文件内容不会被清除。

＜:将该符号后的文件内容作为该符号前的命令的输入源。

2. 文件权限

为了提高系统的安全性能,每一个目录和文件都有一个所有者、所属组和一系列存取权限。存取权限又对应着所有者、所属组和其他用户等三个部分。使用长格式文件列表命令(ls

-l)列文件目录时出现在第一列的数据就是文件的存取权限。这列数据可以被分解为 10 个标志位,其中第一位是文件类型标志位,剩下的 9 位,每三位为一组,分别对应所有者、所属组和其他用户。

(1)文件类型标志位

存取权限数据段的第一位,或者第一个字符表示该文件的文件类型,它们的含义如下:

-:普通文件,通常是流式文件。

d:目录文件。

l:符号链接文件,实际上它指向另一个文件,用于不同目录下文件的共享。

s:套接字文件,该文件类型与网络通信有关。

c:特殊的文件,指字符设备,如键盘、字符终端等设备。

b:特殊的文件,指块设备,如磁盘、光盘或 U 盘等。

p:管道文件。

(2)存取权限三位组

存取权限的其余部分每三位一组,分为三组,如图 2-6 所示。文件类型位后面的第一个三位组定义了其所有者的存取权限;第二个三位组定义了其所属组的用户的存取权限;第三个三位组则说明了系统中其他用户的存取权限。每一个三位组都是由三个不同的数据位组成的,其中 r 表示读权限,w 表示写权限,x 表示可执行权限。

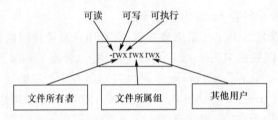

图 2-6   Linux 文件属性表示方法

这些标志位永远都按照同一个顺序显示为 rwx 的形式。区别某个标志位是处于允许(on)还是禁止(off)的状态就要看该标志位是显示为一个字母还是一个连字符(-)。例如,rw-表示具有读和写的权限,而无可执行权限。在 Linux 中,还可以使用数字来表示这些权限,其中 r、w、x、-分别对应的数字为 4、2、1、0。例如,权限 rwxr-x---用数字表示就是 750(可将该数看作一个八进制数)。

知识拓展:文件描述符是非负整数,当打开现存文件或新建文件时,Linux 内核会返回一个文件描述符,系统程序或应用程序可通过文件描述符对文件进行读写操作。在 Linux 系统中,一切皆文件,即设备也是文件。当执行一个程序时系统会自动为其打开三个标准文件,即标准输入文件(stdin)、标准输出文件(stdout)和标准错误输出文件(stderr)。标准输入文件通常对应的是键盘,后两个标准文件通常对应的是显示器。这三个标准文件的文件描述符分别是 0、1和 2。进程将从标准输入文件中得到输入数据,将正常输出数据输出到标准输出文件,而将错误信息送到标准错误文件中。我们可以利用系统提供的重定向功能来改变这三个标准文件。

2.5.3   系统的启动与退出

1. 启动 Linux 系统

启动 Linux 系统很简单,只需直接加电就行了。启动后需要输入用户的帐号和口令。在系统安装过程中可以创建以下两种帐号:

root：超级用户帐号（供系统管理员使用），使用这个帐号可以在系统中做任何事情。

普通用户：这个帐号供普通用户使用，可以进行有限的操作。

一般的 Linux 使用者均为普通用户，而系统管理员则使用超级用户帐号完成一些系统管理的工作。如果只需完成一些由普通帐号就能完成的任务，建议不要使用超级用户帐号，以免无意中破坏系统，影响系统的正常运行。

用户登录分为两步：第一步，输入用户的登录名，系统根据该登录名识别用户；第二步，输入用户的口令，该口令是用户自己设置的一个字符串，在登录时系统根据用户输入的口令来辨别真假用户。

本书提供了在 Windows 系统环境下运行的 VMware－player 虚拟机＋CentOS 实验平台，所提供的实验软件包可到网络自行搜索、下载。软件包下载解压后可用 VMware－player 打开运行。本实验平台仅提供文本界面操作方式，读者可以使用超级帐户 root 登录，口令是 operating。

注意：在文本方式下输入口令时，光标不移动，也不出现"＊"号，口令输入完毕后键入回车键即可进入系统。当用户正确地输入用户名和口令后进入系统。屏幕会显示：

```
root@localhost：~ #
```

在 Linux 系统中，当使用超级用户帐号 root 登录时，命令提示符后面是一个"＃"。用普通用户帐号登录时，命令提示符后面是一个"＄"。当用户以普通用户帐号登录系统后，他的权限要比 root 用户的权限少很多，当需要处理一些事情需要拥有更高权限时，普通用户需要在执行的命令之前加 sudo 命令来提高自己的权限。在第一次使用 sudo 时，系统会给出提示信息，输入普通用户的口令，口令输入正确后才可以执行命令。

2. 关机

一般情况下，当我们不再使用计算机时，就要关机。有些用户会采用直接断掉电源的方式来关闭 Linux，这是很危险的操作。因为 Linux 与其他一些系统不同，其后台运行着许多进程，强制关机可能导致进程的数据丢失，使系统处于不稳定的状态，甚至会对硬件设备造成损坏。另外，Linux 是一个多用户多任务系统，如果在多用户使用计算机的情况下，直接断掉电源，会给其他正在使用计算机的用户造成无法弥补的损失。所以，必须使用正确的命令关机。

比较简单的关机命令有 halt、poweroff 和 init 0 等（注：在某些发行版中这几个命令并不是都能用），在使用这几个命令时需慎重，因为系统接收到命令后马上执行关机，因此，为了保证其他用户的安全需小心使用。比较正式的关机命令是 shutdown，其命令格式是：

shutdown ［选项］ 时间 ［警告］

说明：shutdown 命令可以安全地关闭或重启 Linux 系统，它在系统关闭之前给系统上的所有登录用户提示一条警告信息。该命令还允许用户指定一个时间参数，可以是一个精确的时间，也可以是从现在开始的一个时间段。精确时间的格式是 hh:mm，表示小时和分钟；时间段由"＋"和分钟数表示。系统执行该命令后，会自动进行数据同步的工作。

时间：关闭系统的时间。关于完整的时间格式，请参考用户手册。

警告：向所有用户发出警告信息。

常用选项说明：

-t n：在向进程发出警告信号和关闭信号之间等待 n 秒。

-k：不真正关闭系统，只向每人发送警告信息。

-r：关闭后重新启动计算机。

-h：关闭后同时关闭电源。

-n：快速关机，在重新启动和停机之前不做磁盘同步。

-f：快速重新启动，重新启动时不检查所有文件系统。

-c：取消已经运行的关闭命令。在本选项中，不能给出时间变量，但可以在命令行输入一个说明信息传给每个用户。例：

shutdown -h now	//立即关机
shutdown -h 10	//10 分钟后自动关机，可用 shutdown -c 命令取消关机

shutdown 关机命令的执行过程是传送信号给 init 进程，要求它改变运行级别，以此来关机。init 是所有进程的祖先，它的进程号为 1。注：在一些发行版的 Linux 系统中，已经用 systemd 进程替代了 init 进程。

3. 重启命令

下列命令可以让计算机重新启动：

reboot	//立即重启
shutdown -r now	//立即重启
shutdown -r 10	//过 10 分钟后自动重启
shutdown -r 20：35	//在时间为 20：35 时重启

如果是通过 shutdown 命令设置重启的话，可以用 shutdown -c 命令取消重启。

注意：以上命令的执行都需要管理员权限，普通用户想运行这些命令，必须有相应的权限，且在执行的命令前加 sudo 来完成。当多个用户使用系统时，请注意在关机或重启系统时千万不要立即关机或立即重启，如果执行了这样的命令，正在机器上编辑修改文件的其他用户来不及保存文档，系统就执行了关机或重启操作，这会给其他用户造成损失。

2.5.4　常用命令用法

1. man——查询命令手册页

Linux 操作系统中的许多命令都带有扩展文档。获得帮助最快的方法是使用 man（英文 manual 的缩写）命令。

命令格式：man［命令名称］

说明：显示命令的手册页。例如：执行命令 man ls，则显示与 ls 相关的手册页。由于手册页内容很多，我们可以用 page up 和 page down 按键上下翻页，按 q 键退出。

注意：Linux 对大小写字母敏感，命令一般用小写字母。

2. ls——显示目录内容命令

命令格式：ls［选项］［目录或文件］

说明：对于每个目录，该命令将列出其中的所有子目录与文件。对于每个文件，ls 将输出其文件名及其所要求的其他信息。当未给出目录名或文件名时，则显示当前目录的信息。常用选项说明：

-a：显示指定目录下所有子目录与文件，包括隐藏文件。在 Linux 系统中规定以"."开头的文件为隐藏文件。

-i：在输出的第一列显示文件的索引号（i-node 号）。

-R：递归显示指定目录的各个子目录中的文件。

-l：以长格式显示文件的详细信息。这个选项最常用。每行显示的信息依次为：文件类型与权限、链接数、文件所有者、文件属组、文件大小、建立或最近修改的时间、文件名。对于符号链接文件,显示的文件名之后有"—＞"和引用文件路径名。对于设备文件,其"文件大小"字段显示的是主、次设备号。

-A:显示所有文件和目录(它比-a 少显示"."和".."两项,其中"."表示当前目录,".."表示父目录)。

例:

```
ls /usr
ls -a /usr
ls -l /usr/lib | more              //符号"|"为管道操作,将 ls 的输出作为 more 的输入
ls -al /usr/lib                    //参数的混合使用
```

注:命令、选项、参数之间必须由空格隔开,多个选项可以用一个"-"连起来,例如命令 ls -a -l /usr/lib 与 ls -al /usr/lib 相同。

3. mkdir——建立目录命令

命令格式:mkdir[选项]目录 1　目录 2…

说明:该命令在指定位置创建目录。要求创建目录的用户必须对所创建的目录的父目录具有写权限。并且,所创建的目录不能与其父目录中的目录和文件名重名,即同一个目录下不能有同名的文件或目录。

常用选项说明:

-m:对新建目录设置存取权限,也可以用 chmod 命令修改该权限。

-p:所创建的目录可以是一个路径名称。若路径中的某些目录尚不存在,使用该选项后,系统将自动建立那些尚不存在的目录,即一次可以建立多级目录。

例如,在当前目录下建立 data1、data2、data1/Adir 和 data3 四个子目录。

```
mkdir data1 data2 data1/Adir data3
```

4. cd——改变当前工作目录命令

命令格式:cd[路径名]

说明:该命令将当前目录改变至路径名所指定的目录。若没有指定路径名,则回到用户主目录。为了改变到指定目录,用户必须拥有对指定目录的执行和读权限。该命令可以使用通配符。

例:

```
cd ..                //切换到上一级目录
cd /                 //切换到根目录
cd ～                //切换到用户的主目录
cd data1/Adir
```

注:Linux 系统是一个多用户多任务的分时操作系统,任何一个要使用系统资源的用户,都必须首先向系统管理员申请一个帐号,然后以这个帐号的身份进入系统。用户的帐号一方面可以帮助系统管理员对使用系统的用户进行跟踪,并控制他们对系统资源的访问;另一方面也可以帮助用户组织文件,并为用户提供安全性保护。每个用户帐号都拥有一个唯一的用户名和各自的口令。用户在登录时键入正确的用户名和口令后,就能够进入系统和自己的主目录。默认情况下,root 用户的主目录是/root,普通用户的主目录是/home/＜用户名称＞,比如用户名为 bob,则其主目录为/home/bob。在命令中用符号"～"表示用户的主目录,用户的主目录也称家目录。

5. rmdir——删除目录的命令

命令格式:rmdir[选项]目录 1　目录 2…

说明:使用该命令可以从某个目录中删除一个或多个子目录项。

需要特别注意的是,在删除一个目录之前必须先将该目录下的所有文件和子目录删除后才可以进行,也即被删除的目录必须是个空目录。

常用选项说明:

-p:递归删除目录,当子目录被删除后,其父目录为空时,也一同被删除。如果整个路径被删除或者由于某种原因保留部分路径,则系统在标准输出上显示相应的信息。

例:

```
cd ～ //切换到用户的主目录
rmdir data1/Adir
```

注:如果要删除含有文件或子目录的目录,用 rm 命令更方便。

6. cp——复制文件的命令

命令格式:cp［选项］源文件或目录 目标文件或目录

说明:该命令是把指定的源文件复制到目标文件或把多个源文件复制到目标目录中。

常用选项说明:

-a:该选项通常在拷贝目录时使用。它保留链接、文件属性,并且复制所有子目录。

-f:若目标文件已存在,则覆盖目标文件而不加提示。

-i:和 f 选项相反,在覆盖目标文件之前会给出提示并要求用户确认。回答 y 时目标文件将被覆盖。

-r:若给出的源文件是一目录文件,此时 cp 将递归复制该目录下所有的子目录和文件。此时目标文件必须为一个目录名。

例:

```
cp /etc/up* data1 //将/etc 目录下的以 up 开头的文件复制到目录 data1 中
cp /etc/*conf data2 //将/etc 目录下的以 conf 结尾的文件复制到目录 data2 中
```

7. rm——删除文件或目录命令

命令格式:rm［选项］文件…

说明:该命令的功能为删除一个目录中的一个或多个文件或目录,它也可以将某个目录及其下的所有文件及子目录全部删除。

常用选项说明:

-f:忽略不存在的文件,不给出提示。

-r:指示 rm 递归删除参数中列出的全部目录及其子目录。如果没有使用-r 选项,则 rm 不会删除目录。

-i:进行交互式删除。使用 rm 命令要特别小心。因为一旦文件被删除,它是不能被恢复的。为了防止这种情况的发生,可以使用 i 选项来逐个确认要删除的文件。

8. mv——移动或更改文件名命令

命令格式:mv［选项］源文件或目录 目标文件或目标目录

说明:在 mv 命令中根据第二个参数类型的不同 mv 命令将文件重命名或将其移至一个新的目录中。当第二个参数是一个不存在的文件或目录时,源文件只能是一个,它可以是一个具体的文件名,也可以是一个具体的目录名,它将所给的源文件或目录重命名为给定的目标文件名。当第二个参数是一个已存在的目录时,第一个参数可以使用通配符来描述,mv 命令可以将一至多个源文件或目录移至目标目录中。当第二个参数是一个已存在的文件时,源文件只能是一个具体的文件名,mv 命令先删除目标文件,然后将源文件重命名为给定的目标文件名。

常用选项说明：

-i：询问方式操作。如果 mv 操作导致对已存在的目标文件的覆盖，此时系统会询问是否重写，并要求用户回答 y 或 n，这样可以避免错误覆盖文件。

-f：禁止询问操作。在 mv 操作要覆盖某个已有的目标文件时不给予任何提示，指定此选项后，i 选项将不再起作用。

例：

```
mv -f data2/* data1          //将 data2 目录中的所有文件移动到 data1 目录中
```

9. cat——显示文件内容命令

命令格式：cat［选项］文件列表

说明：连续显示各文件的内容。各文件之间没有标志，也没有空行。也可以使用通配符显示多个文件内容。

常用选项说明：

-b：计算所有非空输出行，开始为 1。

-n：计算所有输出行，开始为 1。

-s：将相连的多个空行用单一空行代替。

-E：在每行末尾显示 $ 符号。

例：

```
cat data1/up *          //显示 data1 目录下的以 up 开头的文件的内容
```

10. more——按屏显示文件内容命令

命令格式：more［选项］文件名

说明：与 cat 类似，但它适合显示文件清单或者文本清单，可以一次一屏或者一个窗口的方式显示。按空格键继续显示下一页，按 B 键显示上一页。

常用选项说明：

-n：n 是整数，用于建立大小为 n 行长的窗口。窗口大小是在屏幕上显示多少行。

-p：不滚屏，代替它的是清屏并显示文本。

例：

```
more -15p data1/up *
```

一般情况下 more 命令与别的命令用管道符配合使用。例如：

```
ls -l | more
```

11. pwd——显示当前工作目录命令

命令格式：pwd

12. file——显示文件类型命令

命令格式：file 文件名

13. find——寻找文件与目录的命令

命令格式：find［起始目录］［查找条件］［操作］

常用选项说明：

-name pattern：告诉 find 要找什么文件，pattern 可以使用通配符（ * 和 ?）。

例：

```
find / -name yp.conf //全盘查找一个名为 yp.conf 的文件
```

14. grep——在文件中寻找符合条件的字符串

命令格式:grep［选项］［查找模式］［文件列表］

常用选项说明:

-v:列出不匹配字符串的行。

-c:对匹配的行计数。

-l:只显示包含匹配的文件的文件名。

-n:每个匹配行只按照相对的行号显示。

-i:产生不区分大小写的匹配,缺省状态是区分大小写。

例:

grep HOST data1/* //在 data1 目录下查找所有文件中是否有字符串 HOST

15. chmod——修改文件权限的命令

命令格式:chmod［who］［+｜-｜=］［mode］文件名

常用选项说明:

操作对象 who 可以是下述字母中的任一个或者它们的组合。

u:表示"用户(user)",即文件或目录的所有者。

g:表示"同组(group)用户",即与文件属主有相同组 ID 的所有用户。

o:表示"其他(others)用户"。

a:表示"所有(all)用户"。它是系统默认值。

操作符号可以是:

+:添加某个权限。

-:取消某个权限。

=:赋予给定权限并取消其他所有权限(如果有的话)。

设置 mode 所表示的权限可用下述字母的任意组合:

r:可读。

w:可写。

x:可执行。

u:与文件所有者拥有一样的权限。

g:与文件所有者同组的用户拥有一样的权限。

o:与其他用户拥有一样的权限。

权限也可以使用数字进行设定:0 表示没有权限,1 表示可执行权限,2 表示可写权限,4 表示可读权限,然后将其相加。所以数字属性的格式应为 3 个从 0 到 7 的八进制数,其顺序是(u)(g)(o)。例如,如果想让某个文件的属主有"读/写"二种权限,用八进制表示为:4(可读)+2(可写)=6(读/写)。

例:

chmod ug＝rwx ex.sh   //设置文件 ex.sh 的用户和同组用户权限为可读可写可执行

chmod 774 ex.sh   //除与上条命令功能相同之外,还设置文件 ex.sh 的其他用户仅有只读权限

16. clear——清除屏幕命令

2.5.5   vi/vim 文本编辑

vi 是 Linux/UNIX 中比较常用的全屏幕文本编辑器,vim 是 vi 的增强版,它们都工作在字符模式下。下面以 vim 为例介绍它的用法。

1. 进入 vim

若要编辑文件 myfile.c,执行如下命令即可。

```
vim myfile.c
```

也可以直接输入 vim,但在退出 vim 时以另存文件的方式将编辑的内容以文件的形式存入磁盘中。

若被编辑的文件存在,可看到该文件的第 1 页内容,若文件是新的,可在屏幕底部看到新创建的文件的信息。在文本的末尾可看到以符号"～"开头的行,它表示文件的结尾。

vim 有三种状态,分别是命令模式、编辑模式和末行模式,这三种状态可以相互转换,如图 2-7 所示。在进入 vim 编辑环境时,vim 的工作模式是命令模式。

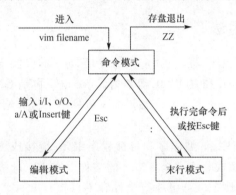

图 2-7　vim 三种状态的相互转换

2. 命令模式下的常用命令

vim 命令模式下的命令非常丰富,本书仅介绍一些常用的命令。

i 或 Insert/Ins 按键——插入命令。该命令改变 vim 的工作模式为编辑模式。将输入的字符插入光标处。

R——覆盖命令。该命令改变 vim 的工作模式为编辑模式。输入的字符替换光标处的字符。

/exp——在光标之后查找字符串 exp,不改变 vim 工作模式。

?exp——在光标之前查找字符串 exp,不改变 vim 工作模式。

dd——删除光标所在行。

$n$dd——从光标所在行开始向下删除 n 行。

yy——复制光标所在行。

$n$yy——复制光标所在行开始的向下 n 行。

p——将缓冲区内的字符粘贴到光标之后(可与 yy 或 dd 配合使用)。

P——将缓冲区内的字符粘贴到光标之前(可与 yy 或 dd 配合使用)。

u——撤销上一个动作。

U——将光标所在行恢复到上一个状态。

ZZ——将当前编辑的文件存盘然后退出。注意,要使该命令有效,需要在执行 vim 时,带上文件名,否则,提示"E32：No file name"错误信息。

3. 编辑模式

在编辑模式中,可以对文本进行编辑。要退出编辑模式可以按 Esc 键返回到命令模式。

4. 末行模式

在命令模式下按":"可以进入末行模式。常用末行命令有:

:wq<cr>——存盘并退出。<cr>指回车符。

:w filename<cr>——将编辑的内容以文件名 filename 存盘,不改变 vim 工作模式。

:wq filename<cr>——将编辑的内容以文件名 filename 存盘并退出 vim。

:q! <cr>——不存盘退出。

:set nu<cr>——显示行号,不改变 vim 工作模式。

:set nonu<cr>——不显示行号,不改变 vim 工作模式。

:set ts=4<cr>——设 TAB 宽为 4 个空格,注:ts 是 tabstop 的缩写。

2.5.6　gcc 编译器用法

起初,gcc 是指 GNU C 编译器,经过多年的发展,gcc 不仅能支持 C 语言,还支持 C++、Ada、Java、Objective C、Pascal 和 COBOL 等语言。gcc 也不再是 GNU C Compiler 的意思了,而是 GNU Compiler Collection,即 GNU 编译器家族。本书仅介绍 gcc 的 C 编译器。

1. gcc 规定的文件类型

gcc 编译器能将 C 源程序、汇编程序和目标程序编译、链接成可执行文件,如果没有给出可执行文件的名字,gcc 将生成一个名为 a. out 的文件。在 Linux 系统中,可执行文件没有统一的后缀,系统从文件的属性来区分可执行文件和不可执行文件。而 gcc 则通过后缀名来区别输入文件的类别,下面我们介绍 gcc 所遵循的部分约定规则。

以.c 为后缀的文件为 C 语言源代码文件。

以.h 为后缀的文件为程序所包含的头文件。

以.o 为后缀的文件为编译后的目标文件。

以.s 为后缀的文件为汇编语言源代码文件。

以.S 为后缀的文件为经过预编译的汇编语言源代码文件。

2. gcc 基本用法与选项

gcc 编译器的基本格式:

gcc [选项] [文件名]…

其中,gcc 用于编译 C 源程序。在使用 gcc 编译器的时候,必须给出一系列必要的选项和文件名称。gcc 编译器的选项有 100 多个,其中多数选项我们可能根本用不到,这里只介绍其中最基本、最常用的选项。

-c:只编译形成目标文件,编译器只是将 C 源代码文件生成.o 为后缀的目标文件,通常用于编译不包含主程序的子程序文件。

-o output_filename:编译生成文件名为 output_filename 的可执行程序。注意:该文件名不能与源文件同名。如果不给出这个选项,gcc 产生的可执行文件名为 a. out。

-g:产生符号调试工具(GNU 的 gdb)所必要的调试信息。

-Ldirname:指定 gcc 链接时搜索库文件的路径。

-lname:在链接时,装载名字为"libname. a"的函数库,该函数库位于系统预设的目录或者由-L 选项确定的目录下。例如,-lm 表示链接文件名为 libm. a 的函数库。

例:假定有一个程序名为 test. c 的 C 源代码文件,要生成一个可执行文件,最简单的办法就是使用下面的命令:

```
gcc test. c
```

如果编译成功,gcc 会自动生成一个名为 a. out 的可执行文件。在实际工作中,我们不赞成不给出可执行文件名的编译方法。因此,一般使用下面的命令生成 test 可执行文件:

```
gcc -o test test. c
```

3. 使用 gcc 编译 C 程序

在使用 gcc 编译 C 程序之前,先介绍几个 Linux 系统调用。

(1)创建子进程的系统调用 fork

在程序设计中,使用 fork 可创建一个新进程,它的原型为:

```
# include <unistd. h>

pid_t fork(void);
```

该函数原型在 unistd. h 头文件中定义。注:头文件默认的目录为/usr/include。其中,pid_t 描述进程内部标识号 PID,一般它是一个整数类型。

调用 fork 的进程称为父进程。在正常情况下,父进程在调用 fork 时,内核会建立一个新的进程,该新进程称为子进程,所建的子进程是父进程的副本。也就是说,子进程与父进程运行一样的程序,其中的变量也与父进程中的变量具有相同的值。利用 fork 创建子进程时,其返回值若小于 0,说明创建子进程失败。创建成功时,返回值为非负整数,对于父进程来说该值大于 0,它是子进程的内部标识号,对于子进程来说该值为 0。父子进程可根据 fork 的返回值判断各自的运行空间。

(2)getpid()

getpid()返回进程的进程标识号。它的原型为:

```
# include <sys/types. h>

# include <unistd. h>

pid_t getpid(void);
```

(3)getppid()

getppid()返回父进程的进程标识号。它的原型为:

```
# include <sys/types. h>

# include <unistd. h>

pid_t getppid(void);
```

(4)exit()

exit()是进程结束时最常调用的函数,在 main()中执行 return 语句,最终也是调用 exit()。这些都是进程的正常终止。在正常终止时,exit()返回进程结束状态。exit()原型为:

```
# include <stdlib. h>

void exit(int status);
```

status 为进程结束状态。

下面编写一个程序,由父进程创建一个子进程,然后父子进程各输出各自的信息。

C 源程序代码如下:

```
01 / * Filename:ex2-1. c  * /
02 # include <stdio. h>
03 # include <unistd. h>
04 # include <sys/types. h>
05 # include <stdlib. h>
```

```
06 int main()
07 {
08     pid_t pid；
09     printf("Parent：My pid is %d.\n",getpid());
10     printf("Please press the Enter key to continue.\n");
11     getchar();
12     pid=fork();
13     if (pid<0) {
14         printf("Create the child process failure!\n");
15         exit(1);
16     }
17     if (pid) {
18         printf("Parent：I'm the parent process!\n");
19         printf("Parent：My child's pid is %d\n",pid);
20         sleep(1);      /＊父进程睡眠 1 秒＊/
21     } else {
22         printf("\tChild：I'm child process! my pid is %d\n",getpid());
23         printf("\tChild：My parent's pid is %d\n",getppid());
24     }
25     printf("My pid is %d, please press the Enter key to end.\n",getpid());
26     getchar();
27     return 0;
28 }
```

使用编译命令：gcc -o ex2-1 ex2-1.c

编译通过后执行程序：./ex2-1

图 2-8 所示为程序的运行结果，请读者对照程序分析。

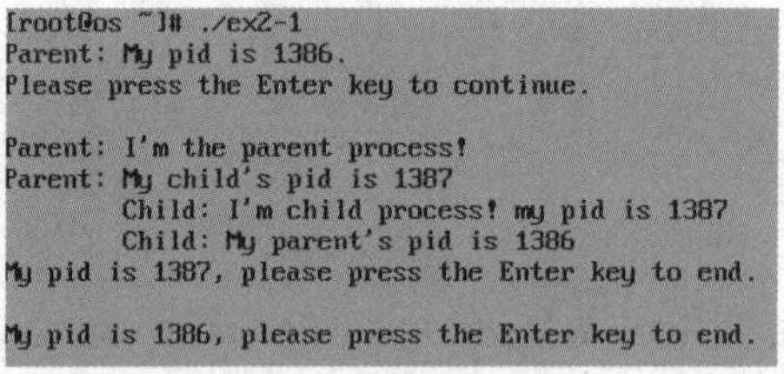

图 2-8 程序的运行结果

思考：参考图 2-8 程序的运行结果，分析源程序 ex2-1.c，在 ex2-1 运行时，第 11 行执行了几次？第 26 行执行了几次？为什么？

再次运行 ex2-1 程序，观察它的运行情况。观察方法如下：

1．按 Alt＋F2 组合键切换到第二个终端，以 root 用户名登录。

2．按 Alt＋F1 组合键切换到第一个终端，运行 ex2-1，当出现"Please press the Enter key to continue."提示信息后切换到第二个终端，使用命令 ps -a 查看系统中与终端相关的所有进程信息。图 2-9 所示两个终端的运行情况，在第二个终端中可以观察到 PID 为 1388 的命令名为 ex2-1。

```
[root@os ~]# ./ex2-1                    [root@os ~]# ps -a
Parent: My pid is 1388.                   PID TTY        TIME CMD
Please press the Enter key to continue.  1388 tty1     00:00:00 ex2-1
                                         1409 tty2     00:00:00 ps
```

图 2-9　在按回车键之前两个终端的运行情况

3. 切换到第一个终端，按回车键后，程序运行情况如图 2-10 所示。

```
[root@os ~]# ./ex2-1
Parent: My pid is 1388.
Please press the Enter key to continue.

Parent: I'm the parent process!
Parent: My child's pid is 1410
            Child: I'm child process! my pid is 1410
            Child: My parent's pid is 1388
My pid is 1410, please press the Enter key to end.
My pid is 1388, please press the Enter key to end.
```

图 2-10　在按回车键后在第一个终端上的程序运行情况

4. 切换到第二个终端，执行命令 ps -af，其运行结果如图 2-11 所示，可以看到 PID 为 1410 的进程，其程序名为 ex2-1，PPID 为 1388，即其父进程的 PID 为 1388。

```
[root@os ~]# ps -af
UID        PID  PPID  C STIME TTY          TIME CMD
root      1388  1369  0 16:38 tty1     00:00:00 ./ex2-1
root      1410  1388  0 16:40 tty1     00:00:00 ./ex2-1
root      1411  1392  0 16:41 tty2     00:00:00 ps -af
```

图 2-11　在按回车键后在第二个终端上观察到的运行结果

5. 切换到第一个终端，按回车键后再切换到第二个终端，执行命令 ps -af，其运行结果如图 2-12 所示，PID 为 1410 的进程，其状态为＜defunct＞，它表示该进程已运行结束，等待其父进程回收其占用的资源。在 Linux/UNIX 系统中将这类进程称为僵尸进程。在本例中，由于父进程在执行程序第 20 行 sleep(1)时进入睡眠状态，但其不影响子进程的执行，所以子进程先于父进程执行第 26 行，当子进程接收到回车键时结束运行。在 Linux 系统中，当子进程运行结束时，需要等待父进程为其处理收尾工作，在此期间子进程为僵尸进程。

```
[root@os ~]# ps -af
UID        PID  PPID  C STIME TTY          TIME CMD
root      1388  1369  0 16:38 tty1     00:00:00 ./ex2-1
root      1410  1388  0 16:40 tty1     00:00:00 [ex2-1] <defunct>
root      1412  1392  0 16:42 tty2     00:00:00 ps -af
```

图 2-12　按第二个回车键后在第二个终端上观察到的运行结果

6. 切换到第一个终端，按回车键后再切换到第二个终端，执行命令 ps -af，其运行结果如图 2-13 所示，可以观察到父子进程都结束了。

```
[root@os ~]# ps -af
UID        PID  PPID  C STIME TTY          TIME CMD
root      1413  1392  0 16:43 tty2     00:00:00 ps -af
```

图 2-13　按第三个回车键后在第二个终端上观察到的运行结果

2.6　典型例题分析

例 1：系统调用与用户程序、库函数和用户函数有何区别？

答：系统调用是操作系统提供给程序设计人员的唯一接口。程序设计人员在源程序一级利用系统调用动态请求和释放系统资源，调用系统中已有的系统功能来完成那些与机器硬件部分相关的工作以及控制程序的执行等。因此，系统调用就像一个黑箱子，对用户屏蔽了操作系统的具体动作而只提供有关的功能。系统调用与用户程序、库函数和用户函数这四者的主要区别如下。

(1)所处的层次不同：系统调用运行在核心态，用户程序、库函数和用户函数运行在用户态。用户程序调用与其同样处于用户空间的用户函数和库函数，当然，用户函数也可以调用用户函数或库函数，库函数最终再调用系统调用完成特定的功能。用户程序、库函数和用户函数可以通过执行系统调用完成其功能。反之，系统调用则不能调用库函数或用户函数。

(2)进入方式不同。在用户程序、库函数和用户函数中通常通过 int 或 trap 指令进入系统调用中。而用户程序调用库函数或用户函数，用户函数调用库函数或用户函数，库函数调用库函数时通常通过 call 或 jump 指令进入被调函数中。

(3)返回方式不尽相同。用户程序在调用库函数或用户函数，或用户函数调用用户函数或库函数，或库函数调用库函数时，在函数执行结束后会回到调用点继续往下执行。而系统调用执行完后不一定回到原调用点继续执行，有可能让给另一个进程来运行。比如在抢占式调度方式的系统中，当一个系统调用完成任务后，发现系统中有更高优先级的进程需要紧急处理，此时，系统调用结束后应该将处理器让给该进程运行。

例 2：简述系统调用的执行过程。

答：系统调用的执行过程因系统而异，但由用户程序进入系统调用的步骤及执行过程大体相同。首先，将系统调用所需的参数（如功能号）或参数区首址装入指定寄存器中；然后，在用户程序中适当的位置安排一条调用系统功能指令。当用户程序执行到系统调用功能的指令，即一条软中断指令或陷入指令时，就引起处理器中断转到系统调用的处理程序执行。其过程如下：

(1)为执行系统调用命令做准备，即将用户程序的"现场"保存起来，同时把系统调用命令的功能号等参数放入约定的寄存器或存储单元中。

(2)根据系统调用命令的功能号查找系统调用入口表，找到相应系统调用子程序的入口地址，然后转到该子程序执行。当该子程序执行完毕，相应的结果通常返回给参数，这些参数放在约定的寄存器或存储单元中。

(3)系统调用执行完毕后的处理，包括恢复用户程序执行的"现场"信息，同时把系统调用的返回参数或参数区首址放入指定的寄存器中，以供用户程序使用。

例 3：硬件将处理器划分为两种状态，即核心态（管态）和用户态（目态），这样做给操作系统设计带来什么好处？

答：硬件将处理器划分为核心态和用户态两种状态是为了便于设计安全可靠的操作系统。核心态和用户态是计算机硬件为保护操作系统免受用户程序的干扰和破坏而引入的两种状态。通常操作系统在核心态下运行，可以执行所有机器指令；而用户程序在用户态下运行，只能执行非特权指令。如果用户程序企图在用户态下执行特权指令，将会引起保护性中断，由操作系统终止该程序的执行，从而保护了操作系统。

例 4：何谓特权指令？举例说明之。如果允许用户进程执行特权指令会带来什么后果？

答：在现代计算机中，一般都提供一些专门供操作系统使用的特殊指令，这些指令只能在内核态执行，称之为特权指令。这些指令包括开关中断、置程序状态寄存器等。用户程序不能执行这些特权指令，如果允许用户程序执行特权指令，它将不仅影响当前运行的程序，而且还有可能影响操作系统的正常运行，甚至有可能使整个系统崩溃。比如，某个用户程序只执行了关中断的特权指令而没执行开中断特权指令，此时，CPU 则处于闭目塞听状态，任由该用户程序控制整个系统。

2.7　Linux 系统基本操作实验

1. 实验内容

学习 Linux 常用命令,vim 编辑器以及 gcc 编译器的使用。

2. 实验目的

掌握 Linux 常用命令的用法、vim 编辑器及 gcc 编译器的用法。

习题 2

1. 选择题

(1)系统调用是(　　)。

A. 一条机器指令　　　　　　　　　　B. 中断子程序

C. 用户子程序　　　　　　　　　　　D. 提供编程人员的接口

(2)操作系统的(　　)是评价其优劣的重要指标,它包括操作接口和程序接口两种方式。

A. 用户界面　　　B. 运行效率　　　C. 稳定性　　　D. 安全性

(3)下列选项中,操作系统提供给应用程序的接口是(　　)。

A. 系统调用　　　B. 中断　　　C. 库函数　　　D. 原语

(4)本地用户通过键盘登录系统时,首先获得键盘输入信息的程序是(　　)。

A. 命令解释程序　　　　　　　　　　B. 中断处理程序

C. 系统调用服务程序　　　　　　　　D. 用户登录程序

(5)当定时器产生时钟中断后,由时钟中断服务程序更新的部分内容是(　　)。

Ⅰ. 内核中时钟变量的值;Ⅱ. 当前进程占用 CPU 的时间;Ⅲ. 当前进程在时间片内的剩余执行时间。

A. 仅Ⅰ、Ⅱ　　　B. 仅Ⅱ、Ⅲ　　　C. 仅Ⅰ、Ⅲ　　　D. Ⅰ、Ⅱ、Ⅲ

(6)计算机开机后,操作系统最终被加载到(　　)。

A. BIOS　　　B. ROM　　　C. EPROM　　　D. RAM

(7)下列指令中,不能在用户态执行的是(　　)。

A. 软中断指令　　　B. 跳转指令　　　C. 压栈指令　　　D. 关中断指令

(8)Windows 操作系统提供给程序员的接口称为(　　)。

A. 进程　　　B. API　　　C. 库函数　　　D. 系统程序

(9)执行系统调用的过程包括的主要操作有:①返回用户态;②执行陷入(trap)指令;③传递系统调用参数;④执行相应的服务程序。这些操作的正确执行顺序是(　　)。

A. ②→③→①→④　　　　　　　　　B. ②→③→④→①

C. ③→②→④→①　　　　　　　　　D. ③→④→②→①

(10)下列选项中,会导致用户进程从用户态切换到核心态的操作是(　　)。

Ⅰ. 整数除以零;Ⅱ. sin( )函数调用;Ⅲ. read 系统调用。

A. 仅Ⅰ、Ⅱ　　　B. 仅Ⅰ、Ⅲ　　　C. 仅Ⅱ、Ⅲ　　　D. Ⅰ、Ⅱ和Ⅲ

(11)下列关于系统调用的叙述中,正确的是(　　)。

Ⅰ. 在执行系统调用服务程序的过程中,CPU 处于内核态

Ⅱ.操作系统通过提供系统调用避免用户程序直接访问外设

Ⅲ.不同的操作系统为应用程序提供了统一的系统调用接口

Ⅳ.系统调用是操作系统内核为应用程序提供服务的接口

A.仅Ⅰ、Ⅳ　　　　　B.仅Ⅱ、Ⅲ　　　　　C.仅Ⅰ、Ⅱ、Ⅳ　　　　　D.仅Ⅰ、Ⅲ、Ⅳ

(12)下列与中断相关的操作中,由操作系统完成的是(　　)。

Ⅰ.保存被中断程序的中断点;Ⅱ.提供中断服务;Ⅲ.初始化中断向量表;Ⅳ.保存中断屏蔽字。

A.Ⅰ,Ⅱ　　　　　B.Ⅰ,Ⅱ,Ⅳ　　　　　C.Ⅲ,Ⅳ　　　　　D.Ⅱ,Ⅲ,Ⅳ

(13)若一个用户进程通过 read 系统调用读取一个磁盘文件中的数据,则关于此过程的叙述有:Ⅰ.若该文件的数据不在内存,则该进程进入睡眠等待状态;Ⅱ.请求 read 系统调用会导致 CPU 从用户态切换到核心态;Ⅲ.read 系统调用的参数应包含文件的名称。则正确叙述是(　　)。

A.仅Ⅰ、Ⅱ　　　　　B.仅Ⅰ、Ⅲ　　　　　C.仅Ⅱ、Ⅲ　　　　　D.Ⅰ、Ⅱ 和 Ⅲ

2.填空题

(1)操作系统为用户提供两种类型的使用接口,它们是_____和_____。

(2)用户程序执行时,若 CPU 取到一条"访管指令",则 CPU 应该从_____态转到_____态。

(3)Shell 不仅是用户命令的解释器,同时也是一种功能强大的_____语言。

(4)在 Linux 中,若某文件的权限是 644,且该文件类型是目录,则用字符表示的权限为_____。

3.问答题

(1)什么是核心态与用户态? 为什么需要区别出这两种状态? 系统如何区分这两种状态?

(2)什么是系统调用? 在用户程序中如何执行系统调用?

(3)下面哪些指令只能在核心态下运行?

①屏蔽所有的中断

②读取时钟日期

③改变时钟日期

④改变内存映射

⑤清空内存

(4)系统调用与过程调用在功能及实现上有什么相同点和不同点?

(5)试说明特权指令和系统调用之间的区别与联系。

第 3 章

处理器管理

处理器管理是操作系统的重要组成部分,它负责管理、调度和分配计算机系统的重要资源,并控制程序执行。由于处理器管理是操作系统的核心部分,无论是应用程序还是系统程序,最终都要在处理器上执行以实现其功能,因此处理器的优劣直接影响系统的性能。

程序是以进程的形式来占用处理器和系统资源,进程是计算机操作系统中最重要的概念之一,它是对正在运行着的程序的抽象。处理器管理中最重要的是处理器调度,即进程调度,它是控制、协调进程对处理器的竞争。本章首先介绍程序的并发执行与进程的相关概念,分析进程的状态及其转换过程,介绍线程的概念以及进程通信,然后详细介绍作业调度和进程调度,最后以 Linux 为例介绍其进程管理及进程调度。

3.1 程序的执行

在单道批处理系统中,计算机工作时,内存中只有一道程序在运行,该
程序占用了整个计算机系统资源,我们把单道批处理环境下程序执行的方
式称为顺序执行。在引入多道程序设计技术后,内存中存放多道程序,这些程序在单处理器环境下可交替运行,即并发执行;在多处理器环境下可同时运行,即并行执行。无论是在单处理器环境中还是在多处理器环境中,只要这些程序都已开始运行,并处在各自的起点和终点之间的某一处,则称这些程序是并发执行。例如,我们在使用计算机时,可以同时用它来听音乐,从网上下载资料,还可以编辑文本文件等。我们把能够参与并发执行的程序称为并发程序。引入程序并发执行是为了充分利用系统资源,提高计算机的处理能力。

微课

进程并发及其特点

注意:在多核或多处理器系统出现之前,大多数计算机是单处理器系统,进程调度程序通过快速切换系统内的进程,使系统呈现出并行运行的假象,但这些程序是并发运行而非并行运行。

3.1.1 程序的顺序执行

在单道批处理系统或单任务系统中,每次只允许一个程序运行。当该程序运行时,它将独占整个计算机系统中所有软件、硬件资源。当它运行结束后才可以让下一个程序运行。我们把一个具有独立功能的程序独占处理器运行直至得到最终结果的过程称为程序的顺序执行。

例如有 n 个作业,每个作业都有输入、计算和输出三个程序段。若我们用节点代表各程序段的操作,用箭头指示操作的先后次序,则程序的顺序执行过程可以用图 3-1 表示,其中节点 I 代表输入数据,节点 C 代表计算,节点 P 代表输出结果。

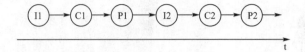

图 3-1   程序的顺序执行过程

显然,程序的顺序执行具有下述特征。

1.资源的独占性。程序执行时独占整个系统资源。

2.程序执行的顺序性。处理器的操作严格按照程序所规定的顺序执行,即每一个操作必须在下一个操作开始之前结束。

3.环境的封闭性。程序一旦开始运行,其执行结果不受外界因素影响。因为程序在运行时独占系统的各种资源,故这些资源的状态(除初始状态外)只有本程序才能改变。

4.过程的可再现性。只要程序执行时的初始条件和执行环境相同,当程序多次重复执行时,不论它是从头到尾不停顿地执行,还是停停走走地执行,都将获得相同的结果(即程序的执行结果与时间无关)。

顺序程序的资源的独占性,程序执行的顺序性、环境的封闭性和过程的可再现性表明程序及其执行(计算)是一一对应的,为程序的编制和调试带来很大方便,其缺点是计算机资源利用率低。为此,人们引入了多道程序设计技术。

3.1.2   多道程序设计技术

多道程序设计是指在内存中同时存放多道程序,在管理程序的控制下交替执行。这些程序共享 CPU 和系统中的其他资源。从宏观上看,多道程序都处于运行过程中,但都未运行完毕;从微观上看,各道程序轮流占用 CPU,交替执行。例如:设有两个程序 A 和 B,它们在 CPU 上计算时间以及 I/O 操作时间分别为:

A:计算 10 ms,I/O 60 ms,计算 20 ms。

B:计算 20 ms,I/O 70 ms,计算 10 ms。

如图 3-2 所示,程序 A 和程序 B 在单道与多道批处理系统中的运行情况(假设 A 先运行,B 后运行,并且 A 和 B 所用 I/O 设备不同)。在单道批处理系统中运行 A 和 B 共需要 190 ms,从图 3-2(a)中可以看出,CPU 与 I/O 设备、I/O 设备之间的操作都是串行工作,CPU 在 10 ms 至 70 ms、110 ms 至 180 ms 之间都处于空闲状态。在多道批处理系统中运行 A 和 B 仅需要 110 ms。从图 3-2(b)中可以看出,CPU 与 I/O 设备、I/O 设备之间都可以并行工作。当 A 运行 10 ms 后执行 I/O 操作时,CPU 可运行 B,此时,CPU 与 I/O-A 设备处于并行工作。B 运行 20 ms 后也要进行 I/O 操作,此时,I/O-A 与 I/O-B 两台外设处于并行工作。从图中还可以看出,CPU 仍有空闲时间。所以,只要有足够的资源,可以在内存中增加第三道作业,进一步提高 CPU 及外设的利用率。

注意:程序需要在管理程序的控制下运行,比如 A 停下而让 B 运行时,这之间需要由管理程序负责保存 A 的运行环境,然后恢复 B 的运行环境,即切换 A 和 B 的运行环境。我们假设管理程序所用时间忽略不计,因此,在图 3-2 中没有标出管理程序所需时间。

综上所述,多道程序运行的特征如下:

1.多道。计算机内存中同时存放几道相互独立的程序,从而提高了内存的利用率。

2.宏观上并行。在内存中的几道程序都处于运行过程中,即它们先后开始了各自的运行,但都未运行完毕。

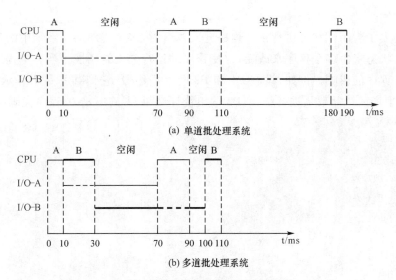

图 3-2　单道与多道批处理系统运行情况

3. 微观上串行。从微观上看,内存中的多道程序轮流或分时地占用处理器,它们交替地执行(单处理器情况)。

3.1.3　程序的并发执行

引入多道程序设计技术后,程序的执行不再是顺序的,一个程序未执行完而另一个程序便已开始执行,程序和计算不再一一对应。图 3-3 所示程序在并发执行时输入操作、计算操作和输出操作三者之间的执行示意图。对于任一个作业 i,存在着 $I_i \rightarrow C_i \rightarrow P_i$ 的执行顺序,但对于多个程序来说,则存在着并发执行。例如第 3 个作业的输入操作 I_3、第 2 个程序的计算操作 C_2 和第 1 个程序的输出操作 P_1 为并发执行。

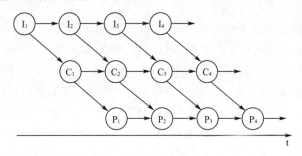

图 3-3　程序的并发执行示意图

程序的并发执行虽然提高了系统的处理能力,改善了系统资源的利用效率,但也带来了一些新问题,即产生了一些与顺序执行时不同的特征。

1. 程序执行时共享系统资源。程序在并发执行时,系统中的硬件、软件资源不再被单个程序所独占,而由若干道程序共同使用。

2. 程序之间产生相互制约。程序在并发执行时,由于它们共享资源或为完成同一项任务而相互合作,致使并发程序之间形成了相互制约关系。例如在图 3-3 中,若 C_1 未完成则不能进行 P_1,致使程序 1 不能启动输出操作,这是由相互合作完成同一项任务而产生的直接制约关系;若 I_1 未完成则不能进行 I_2,致使作业 2 的输入操作不能开始运行,这是由共享输入设备而产生的间接制约关系。这种相互制约关系将导致并发程序具有"执行-暂停-执行"这种间断性的活动规律。

3.程序失去了封闭性和可再现性。程序并发执行时,多个程序共享系统中的各种资源,因而这些资源的状态将由多个程序来改变,致使程序的运行失去封闭性。当一个程序运行时,必然会受到其他程序的影响。例如,设有 P1 和 P2 两个程序段,它们共享一个表示产品个数的变量 n,P1 对生产的产品数量进行统计,P2 输出统计结果,并对 n 清 0,程序代码如下:

```
01 int n=0；  /＊n 为共享变量＊/
02 main ( ) {
03      cobegin
04          P1 ( );
05          P2 ( );
06      coend
07 }
08 P1 ( ) {
09      while(1) {
10          生产出一个产品;
11          n++; /＊统计产品件数＊/
12      }
13 }
14 P2( ){
15      while (1) {
16          sleep(T);          /＊延迟一段时间 T,即 P2 睡眠一段时间＊/
17          printf("%d\n",n); /＊输出统计结果＊/
18          n=0; /＊n 清 0＊/
19      }
20 }
```

在上述程序中,cobegin 与 coend 之间的代码可以并发执行,即 P1 和 P2 能够并发执行。根据代码可以看出,P1 生产出一个产品后进行统计,使变量 n 加 1;P2 睡眠一段时间后,输出变量 n 的值,并将变量 n 清 0。现在,我们来分析这两个程序段在某个时刻的执行情况。

假设在某个时刻,n 的值为 10,P1 生产出的每一个产品,都需要进行统计。因为 P1 和 P2 是并发执行的,并且每一个程序段都按自己的速度向前推进,这就有可能使得 P1 的 n++;语句在 P2 的 printf("%d\n",n);与 n=0;这两条语句之前、之后或中间执行。对于上述三种情况,P2 的输出值分别是 11、10、10,当 P2 重新睡眠且 P1 在生产下一个产品前,变量 n 的值对应上述三种情况分别是 0、1、0。分析这三种结果可知前两种是正确的,第三种是错误的,它少统计了一件产品。由于程序的并发执行失去了封闭性,也将导致其运行结果的不可再现性。在上例中,在某一时刻,n 的值为 10 时,P2 输出的结果可能是 11 或 10。

3.2　进程概述

3.2.1　进程的定义

由于程序并发执行产生了一系列新的特征,程序与计算已不再一一对应,无法用程序这一概念描述程序的活动过程。为此,20 世纪 60 年代中期由麻省理工学院在开发 MULTICS 系统时首先引入了"进程"(Process)这一概念,IBM 公司则在 CTSS/360 系统中使用"任务"(Task)这个术语,而 Univac 公司则称为活动(Active)。尽管名字不同,但其含义却类似。

"进程"是操作系统中最基本、最重要的概念,它对理解、描述和设计操作系统都具有非常重要的意义。人们从不同角度对"进程"下过各种定义,其中较能反映进程实质的定义有:

1. 进程是程序执行时的一个实例。

2. 进程是可以与其他计算并发执行的计算。

3. 进程是一个程序与其使用的数据在处理器上执行时所发生的活动。

4. 进程是程序在一个数据集合上的运行过程,它是系统进行资源分配和调度的一个独立单位。

5. 进程是一个抽象实体,当它执行一个任务时,将要申请和释放资源。

上述这些定义都体现了进程的动态特性,但侧重点不同。为了便于理解和体会进程的含义,综合上述几种进程的定义对进程描述如下:进程是具有一定独立功能的程序关于某个数据集合上的一次运行活动,它是系统进行资源分配和调度的一个基本单位。

进程的引入对于提高系统资源的利用率、实现程序的并发执行有很大的好处。但引入进程之后,为了对进程进行管理,系统也增加了一些额外的开销。第一是空间上的开销。为了管理进程,需要建立相应的数据结构及控制机制,而这些数据结构和控制机制要占用一定的存储空间。第二是时间上的开销。为了完成进程的并发执行,系统需要对进程进行调度,进程并发运行时需要在处理器上进行切换,即 A 进程暂停让 B 进程运行时,则需要保存 A 进程的运行环境,并恢复 B 进程的运行环境。这些工作需要花费处理器一定的时间。我们把操作系统用于系统管理所花费的空间和时间称为系统开销。因此,在引入进程后虽然提高了系统资源的利用率但也增加了系统开销。

3.2.2 进程的特性

进程的基本特性可归纳如下:

1. 动态性。进程的实质是程序的一次执行过程,它由系统创建而产生,能够被调度而执行,因申请的共享资源被其他进程占用而无法获得时暂停,完成任务后被撤销。每个进程都有一个从产生到死亡的生命周期。例如:在 Linux 终端上输入 ls 命令,按回车键后,系统会为这条命令创建一个进程,并将 ls 程序调入内存运行,该命令执行的结果是将当前目录下的文件目录显示出来,然后该进程从系统中消失。但 ls 对应的程序仍存储在磁盘上。

2. 并发性。多个进程实体共存于内存中,它们处于并发执行。并发性是进程的重要特性,也是操作系统的重要特性。引入进程这一概念的目的也是为描述程序的并发性。

3. 独立性。在传统的操作系统中,进程是一个能够独立运行的基本单位,可以申请拥有系统资源的独立单位。在现代操作系统中,当既有进程又有线程时,系统独立运行的单位变成线程,进程虽然不再是一个可执行的实体,但仍然是一个拥有资源的独立单位。

4. 异步性。每一个进程都是一个独立的运行体,它们都按各自独立的、不可预知的速度向前推进。但进程之间存在相互制约,例如,在图 3-3 中如果 I_3 没有完成,即使 C_2 完成了,C_3 仍无法开始运行,即进程的执行具有间断性。为了保证进程之间能协调运行和共享资源,系统必须提供某些设施,来控制各进程的推进速度。例如,3.1.3 节所举的两个进程 P1 和 P2 共享变量 n 的例子,必须限定这两个进程对 n 的互斥使用才能保证运行结果的正确性。

5.结构性。为了便于系统控制和描述进程的活动过程,并使之能正确运行,在操作系统的内核中为每个进程设置了一个专门的数据结构,称为进程控制块 PCB,进程控制块也称为进程表(Process table)。在 PCB 中记录了进程的描述信息和控制信息。从静态的角度观察进程,可知进程是由程序段、数据段和 PCB 三部分组成,因此,进程具有结构性。

3.2.3　进程与程序的联系及区别

从进程的定义可以看出,进程和程序是两个不同的概念,它们既有联系又有区别。

1.进程是动态的,程序是静态的。进程是程序的一次执行,它是一个动态的概念;程序是完成某个特定功能的指令的有序序列,它是一个静态的概念。比如:厨师按菜谱来做菜,菜谱说明了做菜的各道工序,它相当于程序。厨师按菜谱描述的工序加工菜的过程是动态的,加工菜的过程就相当于一个程序的活动,即进程。再如,课表相当于一个程序,一个同学按照课表上课的过程就是一个进程的活动,若干个同学按课表上课的过程就是若干个进程的活动。

2.进程有生命期,程序可永久存在。进程是程序的一次执行过程,它是临时的,有生命期的,由创建而产生,完成任务后撤销。程序可以作为一种软件资源长期保存。例如,菜谱可以永久保存,而厨师按菜谱加工菜的过程有始有终,当菜装盘后便宣告菜的加工结束。

3.程序是进程的重要组成部分。从静态角度看,进程是由程序段、数据段和 PCB 构成,没有程序,也就没有进程。

4.进程具有动态性、并发性、独立性、异步性和结构性,程序则不具备这些特性。

5.进程与程序是多对多的关系。一个程序可以对应多个进程。例如,在 Windows 中,我们用记事本同时打开若干个文本文件,那么记事本这个程序就对应若干个进程,每个进程处理不同的数据集。一个进程也可以包含多个程序,比如主程序执行时可以调用子程序。

3.2.4　进程的状态

在多道程序系统中,虽然各个进程可以并发执行,但在系统中进程的数量往往要超过计算机系统中 CPU 的个数,所以,并不是所有的进程都占用 CPU 而处于运行状态,尤其在单处理器系统中,任何时刻最多只能有一个进程处于运行状态。因此,进程的状态最少应该有运行和等待状态。处于运行状态的进程占用处理器执行程序,处于等待状态的进程正在等待处理器或者等待其他事件的发生。但是,当处理器空闲时,只有等待处理器的进程才能得到运行,而等待其他事件发生的进程即使把处理器分配给它也不能运行,因为它的执行条件没有得到满足。因此,我们将等待状态的进程进一步细分,把正在等待处理器的进程的状态称为就绪状态,等待其他事件发生的进程状态称为阻塞进程。

1.进程的三种基本状态及其转换

运行状态(Running):当一个进程获得必要的资源并正在处理器上执行时,该进程所处的状态为运行状态。处于运行状态的进程数目不能大于处理器的数目,在单处理器系统中处于运行状态的进程最多只有一个。

微课

进程状态的转换

就绪状态(Ready):一个进程已获得除 CPU 以外的所有必要的资源后,只要再获得 CPU 就可以运行的状态称为就绪状态。在一个系统中,处于就绪状态的进程可能有多个,为了便于管理,一般将就绪进程放在就绪队列中。

阻塞状态(Blocked):又称等待态(Wait)或睡眠态(Sleep)。指进程因等待某种事件的发生(例如等待某一输入、输出操作完成,等待其他进程发来的信号等)而暂时不能运行的状态。处于阻塞状态中的进程不能参与竞争 CPU,即使 CPU 空闲,也不能将 CPU 分配给处于阻塞状态的进程。同样阻塞进程也可以用队列来管理,形成等待队列。

进程在存活期间,经常要求与其他进程共享资源,并发执行过程中相互之间会产生一定的制约关系,使进程的状态不断变化。通常,可以用一个进程状态转换图来说明系统中每个进程可能具备的状态,以及这些状态发生转换的可能原因。图 3-4 给出了进程的三种基本状态转换图。各状态变迁的原因描述如下:

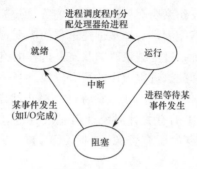

图 3-4　进程的三种基本状态转换图

就绪→运行:处于就绪状态的某一个进程被进程调度程序选中后,该进程的状态就由就绪状态变为运行状态,并获得 CPU,这样该进程就投入运行。此时该进程处于真正活动中。一般情况下,我们将处于运行状态的进程称作当前进程。

运行→阻塞:如果当前进程在运行过程中,因某种条件未满足而放弃对 CPU 的占用(例如该进程要求读入文件中的数据,在数据读入内存之前,该进程无法继续执行下去),则该进程由运行状态转变为阻塞状态,并进入某一个等待队列之中。

阻塞→就绪:处于阻塞状态的进程所等待的事件发生了,例如读数据的操作完成,系统就把该进程从等待队列中移出来,改变其状态为就绪并放到就绪队列中,然后与就绪队列中的其他进程竞争 CPU。

运行→就绪:当前进程因系统分配给它的时间片耗尽或在抢占调度方式中有一个更高优先级的进程到达就绪队列而抢占当前运行进程的 CPU,而当前进程并未运行结束,则该进程从运行状态变为就绪状态,被安排进入就绪队列之中。当进程调度程序再次选中它时,即可继续运行。因进程的时间片耗尽或进程被抢先都是靠中断驱使的,因此在图 3-4 中标注运行状态到就绪状态的转换原因为中断。

2. 进程状态转换举例

下面以一个例子说明进程的状态转换。假如某班举行一个讨论会,讨论议题是如何学好操作系统。老师作为主持人,在准备好发言的同学中挑选一位同学到讲台上发言,每个同学发言时间不能超过三分钟。老师、同学和讲台相当于进程调度程序、进程和 CPU。同学的状态有三种:发言、思考和准备好发言,相当于进程的运行、阻塞和就绪三个状态。当某一个同学准备好发言时,就由思考状态转换为准备好发言状态。老师发现有准备好发言的同学,就采用一定的策略选择其中一个同学到讲台上发言,此时该同学的状态由准备好发言状态转变为发言状态。当一个同学发言三分钟还没讲完时应该走下讲台等待下一次发言,若一个同学在发言中发生"卡壳",此时,该同学应走下讲台,继续思考,思考好后再准备发言。仅能有一个同学处于发言状态,而处于思考状态、准备好发言的同学可有多个。每一个同学都在这三种状态之间变换角色。

3. 进程的五种状态及其转换

除了进程的三种基本状态外,进程还有一些短暂的状态,如创建状态和终止状态。引入创建状态和终止状态有利于进程的管理。

(1)创建状态。创建一个进程一般要分为两步完成:一是为一个新进程申请一个 PCB 并填写必要的管理信息,二是为该进程分配必需的资源,并将其状态改变为就绪状态,然后插入就绪队列之中。处于创建状态的进程并没有被提交执行,而是在等待操作系统完成创建进程的必要操作。必须指出的是,操作系统会根据系统性能或系统资源的使用情况决定是否创建进程。例如,若可用主存容量不能满足一个被创建进程的需要,则会推迟该进程的创建工作。

(2)终止状态。终止状态是指进程结束时的状态。进程的终止也分为两步完成:一是等待操作系统进行善后处理,二是释放该进程占用的所有资源。当一个进程正常执行完毕后,或者出现了无法克服的错误而被操作系统终止时,它将进入终止状态。进入终止状态的进程不再被调度执行,当该进程的 PCB 中的有关计时统计信息或其他表格中的信息被其他进程收集后,操作系统将释放该进程占有的所有资源,包括 PCB,该进程被系统撤销,最终从系统中消失。

创建状态可看作为进程的"生命"的开始,终止状态则是其"生命"的终止。对于任何一个进程来说,它只能有一次处于创建和终止状态,但可以在运行状态、就绪状态和阻塞状态之间进行多次转换。

图 3-5 是在图 3-4 的基础上增加了创建和终止两个状态,新增加的状态变迁过程描述如下:

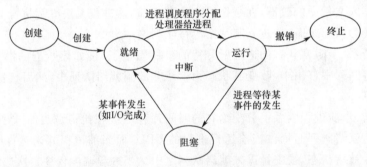

图 3-5 具有五种状态的进程状态转换图

创建→就绪:创建者进程通过创建原语创建一个新的进程,并使其状态由创建状态转换为就绪状态。

运行→终止:如果当前正在运行的进程已完成任务,则它将通过执行撤销系统调用将自己撤销。一个进程在撤销时其所占用的资源全部归还给系统。撤销后,进程调度程序会选择另一个处于就绪状态的进程来运行。

就绪→终止与阻塞→终止:这两种状态变化没有在状态转换图中标出,但在有的系统中支持这两种状态的变化。通常,在操作系统中对进程的管理是以家族树来实现的,当一个进程被撤销时,常采用两种方法处理它的子孙进程。一是将其子孙进程一起撤销。但其子孙进程有的处于就绪状态,有的处于阻塞状态,因此,就存在就绪→终止与阻塞→终止这两种状态的转换。二是不撤销其子孙进程,而是在子进程中选一个进程替代被删除进程,或将其子孙进程过继给系统中的某个特殊的进程。在这种情况下,就无须这两种状态的转换。

4. 具有挂起状态的进程状态转换

由于进程的不断创建,系统资源已不能满足进程运行的要求,尤其内存不足时,此时需要将暂时不运行的进程换出主存至磁盘交换区(Swap)中,将需要内存资源的进程装入主存并让其运行。一般情况下,进程控制块 PCB 常驻内存,换出换进的是进程的程序段和数据段。

通过内存与外存信息的交换可缓解内存资源紧张的矛盾。由于处于交换区的进程,不能用前面所提进程的三种状态来描述,为此,将处于交换区的进程的状态称为挂起(Suspend)状态,具有挂起状态的进程状态转换图如图 3-6 所示。与图 3-5 相比增加了两个新状态:就绪挂起和阻塞挂起。如果一个进程原来处于阻塞状态,因挂起操作而转变为阻塞挂起状态;处于阻塞挂起状态的进程,若其所等待的事件发生后,由原来的阻塞挂起状态转变为就绪挂起状态;如果一个进程原来处于就绪状态或运行状态,它因挂起操作而转变为就绪挂起状态;当主存又有空闲区域时,则通过解挂原语,可将进程重新装入主存,其状态变为就绪状态或阻塞状态。运行中的进程也可以将自己挂起,以便用户进行程序的调试操作。处于挂起状态的进程不能参与进程调度,由此可起到平滑系统操作负荷的目的。

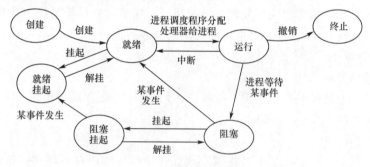

图 3-6　具有挂起状态的进程状态转换图

3.2.5　进程控制块

在进程的三个组成部分中,第一部分是程序段,主要用于描述进程所要完成的功能,是进程所依附的实体。第二部分是数据段,它包含两方面的内容,一是进程运行时所需要的数据部分,是进程可修改的部分;二是堆栈,包括系统堆栈和用户堆栈。程序段和数据段是进程完成所需功能的物质基础。第三部分是 PCB,它描述了进程标识、进程的状态和资源使用等信息,是进程动态特性的集中反映,是进程存在的唯一标志。操作系统通过 PCB 来控制和管理进程的活动。

在系统创建进程时,为每一个进程设置了一个 PCB。当进程被撤销时,系统收回其 PCB。PCB 所包含的内容随具体操作系统的不同而异,但一般都包括以下基本信息:

1. 进程的标识信息

(1)进程标识符:系统内部用于唯一标识进程的整数,以区别系统内部的其他进程。在进程创建时,由系统为进程分配唯一的进程标识符。

(2)进程的"家族"关系:创建进程的父进程和被创建的子进程之间有一个"家族"关系。PCB 中应记录本进程的父进程是谁,以及本进程又创建了哪几个子进程等家族信息。

(3)用户标识:每个进程都隶属于某个用户,用户标识有利于资源共享和保护。

2. 进程的控制信息

(1)进程当前状态:说明进程的当前状态,以作为进程调度程序分配处理器的依据。

（2）进程优先级：由于系统中进程的个数往往多于CPU个数，系统无法同时满足各进程对CPU的要求，于是根据进程要求CPU的紧迫程度规定一个优先级，进程调度程序可以根据进程优先级的高低进行调度，优先级是系统分配CPU资源的重要依据。

（3）程序和数据的地址：它是指该进程所对应的程序和数据所在的内存或外存地址。

（4）通信信息：说明该进程在运行过程中与别的进程所发生的信息交换情况。

（5）进程队列指针：为了对PCB进行管理，一般将处于同一状态的进程链接成一个队列，如就绪队列、等待队列。其队首指针和各PCB的链接指针都记录于此。

3. 资源管理信息

（1）资源清单：它是一张列出了除CPU以外的进程所需的全部资源及已经分配给该进程的资源清单。

（2）程序共享信息：共享程序段的大小及起始地址。

4. CPU现场信息保护区

当进程因某事件的发生而暂停运行时，CPU的现场信息需要保存在PCB的一定区域内，以便在重新获得CPU时，能很快恢复现场继续执行。在实际的操作系统中，CPU现场信息往往保存在进程的堆栈中，当进程因某事件的发生而暂停运行时，只需要将进程的堆栈信息保存在进程的PCB中即可。

5. PCB的组织方式

在系统内每一个进程都有一个PCB，为了便于管理，需要合理地组织PCB。目前常用的组织方式有以下四种：

（1）线性表方式

不管进程的状态，将所有的PCB连续存放在一个特定的内存区域中。这种方式最简单，容易实现，适用于系统中进程数目不多的情况。它的缺点是调度进程时往往要查找所有的PCB，包括空闲的PCB。

（2）链接方式

将系统中所有处于就绪状态的进程的PCB组成一个就绪队列链表，将系统中处于阻塞状态的进程的PCB按阻塞原因组织成不同的等待队列链表，如图3-7所示。

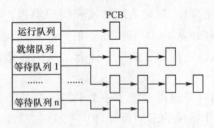

图3-7   链接方式

（3）索引方式

利用索引表记载相应状态进程的PCB地址。对具有相同状态的进程，分别设置各自的PCB索引表，表明PCB在PCB表中的地址，如图3-8所示。

（4）散列表方式

当进程数过多，查找某个进程需要花费很多时间，因此，在设计系统时可以采用散列表的方式，通过计算散列函数找到PCB所在位置。但利用散列表记录PCB需要解决冲突问题，有关散列问题可参看数据结构课程中的相关内容。

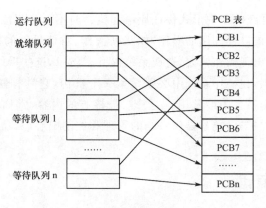

图 3-8　索引方式

在 Linux 系统中,对 PCB 的管理有双向循环链表、进程可运行队列链表、散列表和等待队列链表等多种组织形式。其目的就是合理组织 PCB,快速找到 PCB。比如知道进程的 PID (进程标识符),就能通过散列函数快速地在 PID 散列表中找到与它对应的 PCB。在 Linux 系统中,采用链地址法来处理 PID 散列表的冲突。

3.2.6　进程上下文切换

一个进程的 CPU 运行环境,即所有寄存器中的值、各个变量和数据、进程打开的文件、内存信息等称为该进程的上下文(Context)。当一个进程从运行状态转换为非运行状态时,需要保护它的 CPU 运行环境于内存中,而另一个进程从就绪状态到运行状态转换时需要从内存中恢复它原来的 CPU 运行环境,这种在 CPU 与内存之间进行信息交换的过程,称为上下文切换(Context Switch)。

操作系统在处理中断、异常事件,或在执行系统调用过程中可能引发进程的调度。例如,当一个时钟中断产生后,执行时钟中断处理时,发现当前运行的进程其时间片已耗尽,此时就会引起进程的调度;当前运行中的进程由于程序的错误,比如遇到 0 除时发生异常,此时操作系统会终止该进程的执行,并调用进程调度程序选择另一个就绪进程运行。当处理中断、异常事件或执行系统调用时,处理器都是处于核心态工作的,也就是说进程的上下文切换必定在核心态而非用户态发生。

3.3　进程控制

进程控制是进程管理中的一项最基本内容。系统中的进程不断地产生和消亡,每一个进程都有它自己的生命期。进程的整个活动过程是由进程控制实现的。所谓进程控制,是指系统使用一些具有特定功能的程序段来创建、撤销进程以及完成进程各状态间的转换,从而达到多进程高效率并发执行、协调和实现资源共享的目的。

3.3.1　原　　语

所谓原语(Primitive)是由若干条机器指令构成的用于完成特定功能的一段程序,它是操作系统内核提供的可以调用的函数或过程。为了保证原语操作的正确性,原语在执行期间不可分割,即原语一旦开始执行,直到完毕之前,是不允许中断的,所以原语操作具有原子性。现代操作系统往往是通过屏蔽中断的形式保证原语在执行时不可分割性。

在操作系统中,某些被进程调用的操作,如队列操作、对信号量的操作等,一旦开始执行,就不能被中断,否则就会出现操作错误,造成系统混乱。所以,这些操作要用原语来实现。

为了对进程进行控制,在操作系统中必须设置一个机构,它具有创建进程,撤销进程以及其他管理功能。这是操作系统中最常用、最关键、最核心的内容,常称为内核(Kernel)。内核是基于硬件的第一次软件扩充,它是操作系统的管理和控制中心,其功能往往是通过执行各种系统原语来实现的。

3.3.2　进程控制原语

进程控制的功能是对系统中的全部进程进行有效的管理,其主要表现是对进程进行创建、撤销和进程状态的转换控制。用于进程控制的主要原语有:创建原语、撤销原语、阻塞原语、唤醒原语等。

1. 创建原语

由于执行任务的需要,一个进程可以创建一个新的进程。被创建的进程称为子进程,而创建的进程称为父进程。而子进程又可以创建自己的子进程,从而形成一个树型结构的进程家族。

系统中的进程可以分为两类,一类是系统进程,在系统生成时,由操作系统创建这些进程;另一类是用户进程,这些进程可由创建原语来创建。

创建原语的主要任务是为新创建的子进程初始化 PCB。创建一个进程的过程如下:

(1)扫描系统的 PCB 链表,申请一个空闲的 PCB;

(2)为新进程分配内存等系统资源;

(3)初始化 PCB 内容,包括进程标识、初始状态(常设为就绪状态)、优先级、程序地址、父进程 PCB 指针等;

(4)将新进程的 PCB 插入就绪队列中等待进程调度程序的调度。

例如,在 UNIX/Linux 操作系统中,利用 fork( )系统调用创建子进程。在 Windows 系统中,所创建的每个进程都从调用 API 函数 CreateProcess( )开始,该函数的任务是在对象管理器子系统内初始化进程对象。

2. 撤销原语

导致进程撤销的原因很多,一般分为以下三种情况。

(1)正常撤销。一个进程完成自己的任务,请求操作系统删除自己。

(2)异常终止。在进程的运行过程中,如果出现某些错误或故障,会导致进程撤销。

(3)外部干扰。外部干扰包括系统操作员或操作系统的干预。产生的原因:一是由于出现死锁,或者系统操作员或操作系统自身撤销该进程。二是由于父进程撤销。在有的操作系统中进程管理规定当父进程撤销时操作系统自动撤销其所有子孙进程。

撤销原语的功能是在 PCB 集合表中寻找所要撤销的进程是否存在。若存在,再检查该进程是否有子孙进程,若有,则先将各个子孙进程撤销。之后,操作系统收回该进程所占用的所有可用的资源(PCB、内存、I/O 设备等),从而该进程及其子孙进程不再存在。需要注意的是在某些操作系统中,当撤销一个进程时,并不撤销其子孙进程,例如,在 Linux 系统中,当父进程被撤销时,其子进程过继给指定的进程。

3. 阻塞原语

处于运行状态的进程,在其运行过程中期待某一事件发生,如读写磁盘、接收其他进程的数据或等待其他进程发送一个信息等。当被等待的事件还没有发生时,由进程自己调用阻塞原语将自己阻塞起来,主动让出处理器。

阻塞原语的操作过程是:停止该进程的执行,保存该进程的 CPU 现场信息,并修改 PCB 的有关信息,比如将它的状态改为阻塞状态。然后将该进程插入等待队列中,接着调用进程调度程序从就绪队列中选择一个进程投入运行。需要说明的是,进程的阻塞是一种主动行为,它不是由其他进程实现的,而是进程自己调用了阻塞原语阻塞了自己。

4. 唤醒原语

当某进程期待的事件已经到来时,发现者调用唤醒原语将其唤醒。具体操作过程是:在等待队列中找到该进程,将它从该队列中删除,并设置其状态为就绪状态,然后插入就绪队列中。发现者将该进程唤醒后,它要么继续执行,要么被该唤醒的进程抢先。这主要取决于进程调度方式以及被唤醒进程的优先级,关于这一点,我们将在后续的章节中加以讨论。

值得注意的是,一个进程由阻塞状态转变为就绪状态,是由发现者调用唤醒原语实现的。发现者与被唤醒进程可能是合作进程,也可能是因资源而关联的进程。当然,发现者也可能是时钟中断处理程序,当某个处于运行状态的进程想睡眠一段时间时,可设置睡眠时间然后去睡眠,当时钟中断处理程序发现该进程的睡眠时间到时立即将其唤醒。

3.4 线程概述

自从 20 世纪 60 年代提出进程概念之后,计算机资源的利用率得到极大的提高。但在进一步研究进程并发性时,发现进程在创建、撤销、进程上下文切换时,系统为之付出的时间开销太大。为了进一步提高系统的效率,减少系统开销,研究者在 20 世纪 80 年代中期提出了比进程更小的能独立运行的基本单位——线程(Thread),并试图用它来提高系统内程序并发执行的程度。

3.4.1 线程的定义

引入进程的目的是为了程序并发执行,以改善资源利用率及提高系统的吞吐量。传统的进程有两个基本属性:

(1)进程是一个可拥有资源的独立单位。一个进程被分配一个虚拟地址空间以容纳进程映像,一个进程映像主要包括四个部分:用户数据、用户程序、系统堆栈和 PCB。

(2)进程是一个可被处理器独立调度的分配单位。

这两个属性构成了程序并发执行的基础。为了使进程并发执行,操作系统还需进行一系列操作:创建进程、撤销进程、进程切换。在进行这些操作时,操作系统必须为之付出较多的时间开销。正因为如此,在系统中进程不宜设置过多,进程间的切换也不宜频繁,从而限制了并发程度的进一步提高。为解决这一问题,人们想到将进程的两个基本属性分开,即对作为调度和分派的基本单位不同时作为独立分配资源的单位;对拥有资源的单位,不对之进行频繁地切换。因而线程的思想便产生了。

在许多应用中,一些执行流之间具有内在的逻辑关系,涉及相同的代码或数据。如果将这些执行流放在同一个进程框架下,则这些执行流之间的切换便不涉及地址空间的变化,这也是线程产生的主要动力。引入线程的另一个推动力是线程能较好地支持对称多处理器系统（Symmetric Multiprocessor,SMP）。

关于线程的定义与进程类似,也存在多种提法。这些提法从不同角度、不同层面对线程进行描述,现罗列如下:

（1）线程是进程体内的一个执行单元。

（2）线程是进程体内的一个可调度实体。

（3）线程是进程中相对独立的一个控制流序列。

（4）线程是执行的上下文,其含义是执行的现场数据和其他调度所需的信息等。

综上所述,可将线程定义为:线程是进程内的一个相对独立的、可调度的执行单元。

根据线程的定义可知,线程具有以下性质:

（1）线程是进程的一个相对独立的可执行单元。

（2）线程是操作系统中的基本调度单位,在线程中包含调度所需的信息。

（3）一个进程中可有若干个的线程,但至少应该有一个线程。

（4）线程可共享和使用包含它的进程所拥有的资源。因为共享进程资源,所以需要同步机制来实现进程内多个线程之间的通信。

（5）线程在需要时也可创建其他线程。线程同样在自己的生命期中表现出各种状态,且按一定的规律在状态之间发生转变。

在引入线程后,可以把传统的进程看作是只有一个线程的进程,这样进程和线程的关系用图 3-9 表示,图的左边是传统的进程,图的右边是引入线程的进程。

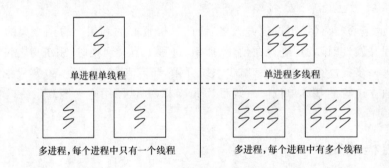

图 3-9   进程与线程的关系

3.4.2   线程的结构

1. 传统进程与多线程进程模型

图 3-10 为传统进程与多线程进程的内部结构。在传统进程模型中,PCB 记录进程的所有信息,进程拥有一个用户地址空间,一个用户栈用于执行用户程序,一个核心栈用于执行核心程序。在多线程进程模型中,除了 PCB 和用户地址空间外,每个线程拥有一个线程控制块（Thread Control Block, TCB）,每个线程都有一个用户栈和核心栈。

线程只拥有其在运行时必不可少的资源（如程序计数器、一组寄存器和栈）,一个进程中的所有线程可共享该进程的地址空间和它拥有的系统资源。如果一个线程修改了一个数据项,其他线程可以了解和使用该数据项。一个线程打开并读一个文件时,同一进程中的其他线程也可以对此文件进行读操作。

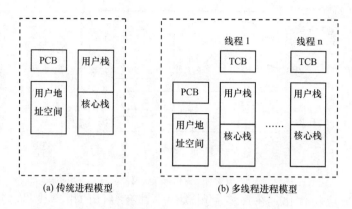

图 3-10 传统进程与多线程进程的内部结构

2.线程控制块

线程控制块 TCB 类似于进程控制块 PCB,是标志线程存在的数据结构,其中包含系统对于线程进行管理所需要的全部信息。

不过一般 TCB 中的内容较少,因为有关资源分配等多数信息已经记录于所属进程的 PCB 中。TCB 中包含的信息主要有:

(1)线程标识信息:系统内唯一的标识符。

(2)线程状态(如运行、就绪等)和调度信息。

(3)现场信息:主要是 CPU 内各个寄存器的内容。

(4)线程私有存储区:系统栈和用户栈的指针。

(5)指向 PCB 的指针:该线程归属于哪个进程,使用哪个进程的资源。

3.4.3 线程的实现

线程已在许多系统中实现,但实现的方式并不完全相同。最自然的方法是由操作系统内核提供线程的控制,在只有进程概念的操作系统中可由用户程序利用函数库提供线程的控制机制。还有一种做法是同时在操作系统内核和用户程序两个层次提供线程控制机制。这就构成了内核级线程、用户级线程和混合式线程这三种线程的实现方式。

1.内核级线程(Kernel-Level Thread,KLT)

内核级线程是通过系统调用由操作系统内核完成线程的创建和撤销工作。Windows、Linux、Mac OS X 和 Solaris 等操作系统都支持内核级线程。图 3-11 所示为内核级线程模型。在支持内核级线程的操作系统中,内核维护进程和线程的上下文信息并完成线程的切换工作。如果一个内核级线程由于 I/O 操作而阻塞时,不会影响其他线程的运行,这时处理器时间分配的对象是线程,所以有多个线程的进程将获得更多处理器时间。

内核级线程的优点是并发性好,在多 CPU 环境中同一进程中的多个线程可以真正并行执行。内核级线程的缺点是线程控制和状态转换需要在核心态完成,系统开销比较大。

2.用户级线程(User-Level Thread,ULT)

用户级线程是指不依赖于操作系统核心,是由用户进程利用线程库提供的创建、同步、调度和管理线程的函数来控制的线程。如图 3-12 所示为用户级线程模型。由于用户级线程的维护由用户进程完成,不需要操作系统内核了解用户线程的存在,所以它可用于不支持内核级线程的多进程操作系统,甚至是单用户操作系统。用户级线程切换不需要内核特权,用户级线

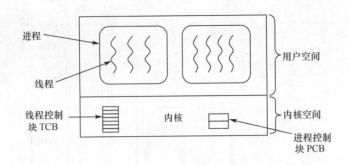

图 3-11　内核级线程模型

程调度算法可针对应用优化。在许多应用软件中都有自己的用户线程,例如,数据库系统 Informix。

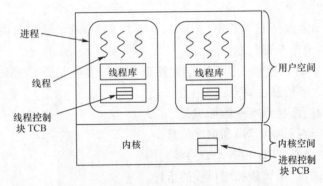

图 3-12　用户级线程模型

用户级线程的优点:

(1)线程不依赖于操作系统,可以采用与问题相关的调度策略,灵活性好。

(2)同一进程中的线程切换不需进入内核态,而是在用户态进行切换,因而实现效率较高。

用户级线程的缺点:

(1)同一进程中的多个线程不能真正并行。

(2)由于线程对操作系统不可见,调度在进程级别,若某进程中的一个线程通过系统调用进入操作系统受阻,该进程的其他线程也不能运行。

(3)处理器时间片是分配给进程的,进程内有多个用户级线程时,每个线程的执行时间相对就少。

用户级线程和内核级线程的主要区别如下:

(1)内核级线程是操作系统内核可感知的,而用户级线程是操作系统内核不可感知的。

(2)用户级线程的创建、撤销和调度不需要操作系统内核的支持,是在语言这一级处理的;而内核级线程的创建、撤销和调度都需操作系统内核提供支持,而且与进程的创建、撤销和调度大体是相同的。

(3)某个用户级线程执行系统调用时将导致其所属进程中的所有线程不能被调度执行,而某个内核级线程执行系统调用指令时,不会影响其他线程的执行。

(4)在只有用户级线程的系统内,CPU 调度还是以进程为单位,处于运行状态的进程中的多个线程,由用户程序控制线程的轮换运行;在有内核级线程的系统内,CPU 调度则以线程为单位,由操作系统的线程调度程序负责线程的调度。

3. 混合式线程

用户级线程和内核级线程实现方式各有其优缺点,若操作系统提供上述两种实现方式,则既有利于用户编写并行程序又能够最大限度地发挥多处理器的并行性。因此,如果将两种方法结合起来,则可得到两者的全部优点。内核支持多线程的建立、调度与管理,同时在系统中又提供线程库,允许应用程序建立、调度和管理用户级的线程。

3.4.4 POSIX 线程

为实现线程程序的可移植性,IEEE 在 IEEE std 1003.1c-1995 中定义了线程的标准。它定义的标准线程库称作 Pthreads,大部分类 UNIX 系统都支持该标准。Pthreads 定义了一套 C 语言的类型、函数与常量,以 pthread.h 头文件和一个线程库实现。

Pthreads API 中大致有 100 个函数,这些函数全以 "pthread_" 开头,可将这些函数分为四类:

(1)线程管理,例如创建线程、等待(join)线程、查询线程状态等。

(2)互斥锁(Mutex):创建、撤销、锁定、解锁、设置属性等操作。

(3)条件变量(Condition Variable):创建、撤销、等待、通知、设置与查询属性等操作。

(4)使用了互斥锁的线程间的同步管理。

下面以 Linux 操作系统为例介绍 pthread_create() 和 pthread_join() 两个函数的用法。

1. pthread_create() 函数

pthread_create() 函数用来创建一个线程,其原型为:

```
int pthread_create (pthread_t * THREAD,
pthread_attr_t * ATTR,
void * ( * START_ROUTINE)(void * ),
void * ARG);
```

该函数原型在 pthread.h 头文件中定义,其中,pthread_t 是线程的标识符类型,在头文件/usr/include/bits/pthreadtypes.h 中定义:

```
typedef unsigned long int pthread_t;
```

第一个参数是 pthread_t 类型的指针 THREAD,用于指向线程标识号 id;第二个参数是 pthread_attr_t 的指针,用于说明要创建的线程的属性,NULL 表示使用缺省属性;第三个参数指明了线程的入口,是一个只有一个(void *)参数的函数;第四个参数是传给线程入口函数的参数。当创建线程成功时,函数返回 0,若不为 0 则说明创建线程失败,常见的错误返回代码为 EAGAIN 和 EINVAL。前者表示系统限制创建新的线程,例如线程数目过多时;后者表示第二个参数代表的线程属性值非法。创建线程成功后,新创建的线程则运行参数三和参数四确定的函数,原来的线程则继续运行下一行代码。

2. pthread_join() 等待一个线程的结束

函数 pthread_join() 用来等待一个线程的结束。函数原型为:

```
int pthread_join (pthread_t __th, void * * __thread_return);
```

该函数原型在 pthread.h 头文件中定义。其中,第一个参数为被等待的线程标识号,第二个参数为一个用户定义的指针,它可以用来存储被等待线程的返回值。这个函数是一个线程阻塞的函数,调用它的函数将一直等到被等待的线程结束为止,当函数返回时,被等待线程的资源被收回。

3.4.5　线程与进程的比较

在引入线程的操作系统中,一个进程至少要有一个以上的线程。线程与进程密切相关,下面将从地址空间、调度、拥有资源、并发性、系统开销和通信等方面对进程和线程进行比较以加深理解。

1. 地址空间

不同进程的地址空间是相对独立的,而同一进程的各线程共享同一地址空间。一个进程中的线程在另一个进程中不可见。

2. 调度

在传统的操作系统中,以进程作为拥有资源和独立调度的基本单位。在引入线程的操作系统中,线程是独立调度的基本单位,进程是资源拥有的基本单位。在同一进程中,线程的切换不会引起进程切换。在不同的进程中进行线程切换,如从一个进程内的线程切换到另一个进程中的线程时,将会引起进程切换。

3. 拥有资源

不论是传统操作系统还是设有线程的操作系统,进程都是拥有资源的基本单位,而线程一般不拥有系统资源,但线程可以访问其所隶属进程的系统资源。

4. 并发性

在引入线程的操作系统中,不仅进程之间可以并发执行,而且同一进程内的多个线程之间也可以并发执行,从而使操作系统具有更好的并发性,且提高了系统的吞吐量。

5. 系统开销

进程切换时的时空开销很大,而线程切换时,只需保存和设置少量寄存器内容,因此开销很小。

6. 通信

进程间通信必须使用操作系统提供的进程间通信机制,而同一进程的各线程间可以通过直接读写进程数据段(如全局变量)来进行通信。当然,同一进程中各线程间的通信也需要同步和互斥机制以保证通信的正确性。

3.4.6　线程的应用举例

许多计算任务和信息处理任务在逻辑上涉及多个控制流,这些控制流具有内在的并发性,当其中一些控制流被阻塞时,另外一些控制流仍然可继续。在没有线程支持的条件下,只能采用单进程或多进程模式。单进程不能表达多控制流,多进程开销大而且在无共享内存空间的条件下进程间通信困难。采用多线程模式优势明显:第一,可以提高应用程序的并发执行;第二,程序设计简洁清晰;第三,在多 CPU 系统中,可实现真正的并行运行。

例如,考虑一个字处理程序。该程序在运行时需要接收用户的输入信息,实现与用户的交互,并对输入的文本进行词法检查,同时还需要定时保存文件,以防发生意外而丢失信息。另外,假设该字处理程序是按照所见即所得的方式对文字进行排版处理,即在屏幕上看到的排版结果和在打印机上输出的结果一致。这就要求字处理程序具有自动排版的功能,当插入字符或删除字符时随时进行排版,比如插入(删除)一个换行符或插入(删除)一个换页符时,字处理程序应立即改变显示结果。显然,该程序涉及四个相对独立的控制流:接收键盘的输入、对文本进行词法检查、定时保存文本和对文本进行排版处理,这四个控制流共享内存缓冲区中的文本信息,在一个进程中用四个线程分别描述和处理这四个控制流是最恰当的模型。

又如,对于某个 Web 服务器,它可以同时为许多 Web 用户服务,对应每个 Web 请求,Web 服务器将为其建立一个相对独立的控制流。在 Web 服务器中有两种类型的控制流对应两种线程。一种线程称为分派线程,在系统中有一个;另一种线程称为工作线程,在系统中有多个。分派线程一直监听网络中是否有请求任务;工作线程在有任务时工作,无任务时阻塞。当分派线程从网络中读入用户请求,在检查请求之后,要将一个处于阻塞状态的工作线程唤醒,并将请求的任务提交给它,由它对请求进行服务。当一个工作线程完成任务后,再次进入阻塞状态,等待下一个请求的到来。

知识拓展:在前面介绍用户级线程的概念时,我们说用户级线程是由用户进程利用线程库提供的创建、同步、调度和管理线程的函数来控制线程。但在常用的线程库中并没有提供用户级的线程库,比如 Linux 系统使用的 POSIX 线程库只提供了对内核级线程的支持。那么,如何实现用户级线程呢?那就得由协程(Coroutine)来替代。

进程和内核级线程是操作系统级的实现,而协程是编译器级上的实现。有时称协程为微线程、纤程或用户态的轻量级线程。协程的调度完全由用户控制,协程拥有自己的寄存器上下文和栈。协程调度切换时,将寄存器上下文和栈保存到指定地方,在切换回来的时候,恢复先前保存的寄存器上下文和栈。因协程的切换不需要在内核中实现,所以其切换速度非常快。

目前的协程框架一般都设计成 1:N 模式,即将一个内核线程作为一个容器,在该容器里面放置多个协程。对于协程的切换与具体的编译器有关,所以在采用协程编制程序时一定要熟悉所使用的编译器对协程的调度机制,避免协程长期占用处理器的问题。

3.5　进程间通信

在多任务环境中,多个进程之间协同完成同一任务,它们之间可能需要共享一些数据或交换大量数据,此时,可以通过进程间通信机制来完成。我们把进程之间相互交换信息的工作称为进程间通信(InterProcess Communication,IPC)。实现进程间通信主要有三种基本方法:消息传递、共享存储和管道通信。

3.5.1　消息传递通信

在消息传递通信中,进程间的数据交换以消息为单位,程序员直接利用系统提供的一组命令(原语)来实现通信。操作系统隐藏了通信的实现细节,简化了通信程序编写的复杂性,因而获得了广泛的应用。

消息传递通信可分为两种方式:

(1)消息缓冲通信方式。发送进程直接把消息发送给接收进程,并将它挂在接收进程的消息缓冲队列上,接收进程从消息缓冲队列中取得消息,类似于一个手机用户向另一位手机用户发送短消息。

(2)信箱通信方式。发送进程把消息发送到某个中间实体中,接收进程从中间实体中获得消息。这种中间实体一般称为信箱,这种通信方式称为信箱通信方式。

在消息传递通信方式中,由系统的消息通信机构统一管理一组空闲的消息缓冲区,一个进程要向另一个进程发送消息先要向系统申请一个缓冲区,填写了消息正文和其他有关消息的特征和控制信息后,通过消息通信机构将该消息送到接收进程的消息队列中。接收进程在一个适当时机从消息队列中移出一个消息读取所有的信息后再释放消息缓冲区。

为了支持消息的发送和接收,操作系统需要提供发送消息的系统调用 msgsend 和接收消息的系统调用 msgrcv。发送进程通过 msgsend 系统调用完成发送消息之后,可以继续向前执行,也可以阻塞自己等待接收进程发送回答消息后再继续向前执行。接收进程通过 msgrcv 系统调用接收消息,msgrcv 系统调用的主要工作是检查消息链上是否有消息,若无,则阻塞等待消息的到来或直接返回;若有,则将消息接收到接收区,如果有发送进程等待接收进程的回答消息,那么接收进程还需要向发送进程发送应答消息。

在信箱通信方式中,系统为每个进程设立一个信箱。每个信箱可容纳多封信件。此信箱的信件由系统执行发送原语将信件投入指定信箱,由接收者自行接收信件并进行处理。发送进程使用 send(A,Msg) 系统调用将一封信 Msg 发送到信箱 A,接收进程使用 receive(A,Msg) 从信箱 A 中接收一封信件 Msg。

当发送信件时,若指定的信箱未满,则将信件送入由指针指示的信箱位置;若有等待该信箱中信件的接收者,则将其唤醒;若指定的信箱已满,则发送者等待,直到信箱有空位置为止。当接收进程通过 receive(A,Msg) 要求接收信件时,若指定信箱中有信,则取走一封,并检查是否有发送者在等待,若有则将其唤醒;否则等待,直到信箱中有信件时为止。

3.5.2 共享存储通信

共享存储通信方式的基本思想是在相互通信进程间设有公共内存,一组进程向该公共内存中写,另一组进程从公共内存中读,通过这种方式实现两组进程间的信息交换。图 3-13 所示为共享存储通信方式。

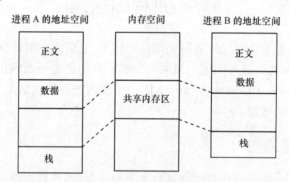

图 3-13 共享存储通信方式

共享存储通信方式需要解决两个问题:一个问题是如何确定共享内存区在内存中的位置;另一个问题是进程怎样发送和接收数据。因此,操作系统需要提供创建、附接和断接共享分区等系统调用。

1. 创建共享分区

在通信之前,进程通过创建共享分区系统调用向系统申请共享内存区中的一个名为 key 的分区。该系统调用的实现步骤是:在共享内存区中查找关键字为 key 的分区,若该分区已存在(已由其他进程创建),则返回该分区描述符;否则,在共享内存区中创建一个名为 key 的分区,并返回该分区描述符。

2. 附接共享分区

申请进程使用附接系统调用,把创建的分区附接到自己的地址空间中,作为进程地址空间的一部分。进程对该分区的访问就像使用普通内存一样,可以直接读/写该分区来进行通信。

3. 断接共享分区

进程已完成通信任务,不再需要创建的分区,此时可利用断接系统调用,把该分区从进程的地址空间中分离出来,断开与进程的连接。此后,进程不能再使用该分区进行通信。

一个共享分区创建后可以附接到多个进程的地址空间中,通过该共享分区来实现诸进程间的通信。

在共享存储过程中,操作系统一般只提供要共享的内存空间,处理进程间的互斥关系则需要程序开发人员来保证。

3.5.3　管道通信

管道通信最早在 UNIX 操作系统中使用,由于管道通信方式方便且能有效传输大量信息,因此许多操作系统也引入了管道通信技术。

管道通信方式又称共享文件方式,它利用一个打开的共享文件连接两个相互通信的进程,如图 3-14 所示。管道允许进程按"先进先出"方式传送数据,写进程以字符流形式把大量数据送入管道,读进程从管道中接收数据。

图 3-14　管道通信示意图

管道通信是借助文件系统的机制实现的,包括管道文件的创建、打开、关闭和读写。进程对通信机构的使用应该互斥,一个进程正在使用某个管道写入或读出数据时,另一个进程就必须等待。发送者和接收者必须能够知道对方是否存在,如果对方已经不存在,就没有必要再发送信息。管道长度有限,发送信息和接收信息之间要实现正确的同步关系。因为管道的长度对读、写操作会有影响。如果进行写操作且管道有足够空间,则写进程把数据写入管道后立即返回。但如果管道空间不够,本次写操作若会引起管道溢出,则写进程必须等待,直到其他进程从管道中读出数据后将其唤醒,以便继续写入。同样,当读进程访问空管道时也必须等待,直到写进程把数据写入管道后将其唤醒。

由于管道通信是利用辅存来进行数据通信,因此,能够有效地进行大量信息的传输,且信息的保存期长。但是在通信过程中 I/O 操作的次数较多,通信速度较慢,而且读/写进程之间需要相互协调,实现较为复杂。

管道通常用于有共同祖先的进程间的信息交换。

3.6　处理器调度

处理器调度就是合理有效地把 CPU 分配给作业(进程)。在多道程序设计系统中,当 CPU 空闲时,只要有两个或两个以上的进程或线程处于就绪状态,它们就会同时竞争 CPU。如果只有一个 CPU 可用,就必须把 CPU 分配给其中一个进程或线程来运行。在操作系统中,完成这项任务的程序称为调度程序(scheduler),该程序使用的算法称为调度算法(scheduling algorithm)。

在早期的单道任务操作系统中,由于一个作业独占 CPU 资源,因此不存在处理器的分配和调度问题。但随着多道程序设计技术和不同类型的操作系统的出现,形成了不同的调度层次。在有的系统中仅采用一级调度,而在另一些系统中则采用两级或三级调度,在执行调度时所采用的调度算法也可能不同。一般来说,作业从进入系统到最后完成,可能要经历三级调度,这三级调度分别是作业调度、交换调度和进程调度。

3.6.1 作业调度

作业调度也称为长程调度。在多道批处理系统中,一般采用两级调度,即作业调度和进程调度。而在其他类型的操作系统中,通常不需要配置作业调度。

作业调度程序的任务是从后备作业队列中挑选作业,为选中的作业分配必需的资源(如内存空间),建立相应的进程插入进程就绪队列中,等待进程调度程序对其执行调度。作业调度为作业分配的是一台虚拟的逻辑处理器,进程调度为进程分配的是真实的物理处理器。

1. 作业的状态与转换

作业是指用户在一次计算过程中或一个事务处理中要求计算机系统所要完成工作的集合,它是用户向计算机提交一项工作的基本单位。进程则是具体完成用户任务的运行实体和分配计算机资源的基本单位。一个作业可以包含一个或多个进程。例如,Linux 命令 cat /etc/syslog.conf | grep log |more 可以看作是一个作业,该作业同时启动了三个进程 cat、grep 和 more。

一个作业从进入系统到运行结束,一般要经历提交、后备、执行和完成这几个阶段。即作业在系统中处于提交、后备、执行和完成这四个不同的状态。作业的状态转换如图 3-15 所示。

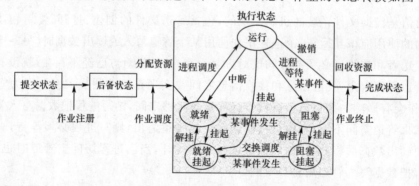

图 3-15 作业的状态转换

(1)提交状态

用户为了解题或进行某项事务处理,必须事先准备好自己的作业,然后经过输入设备向系统提交自己的作业,系统将用户的作业存储在外存中,这个过程称为作业的提交状态。

(2)后备状态

当一个作业全部信息都进入系统后,由作业注册程序负责为进入系统的作业建立作业控制块(Job Control Block,JCB),并把它插入后备作业队列中,等待作业调度程序的调度。此时,这个作业所处的状态称为后备状态。

(3)执行状态

一个处于后备状态的作业一旦被作业调度程序选中,且分配了必要的资源,并建立相应的进程后,该作业就进入了执行状态。宏观上,处于执行状态的作业就在执行过程中。微观上,它可能处于三种状态:或者在处理器上正在运行;或者因等待处理器而处于就绪状态;或者因等待 I/O 操作的完成而处于阻塞状态。运行、就绪和阻塞是进程的三种基本状态。

（4）完成状态

当作业正常执行结束或异常终止时,作业就处于完成状态。此时,由作业终止程序对该作业进行善后处理工作。其主要工作是将作业的运行结果存入输出文件并调用有关设备进行输出,然后回收该作业所占用的系统资源,以及撤销作业的作业控制块。

当一个作业执行结束后,系统根据当时资源的分配情况和调度策略,从后备队列中重新选择其他作业投入执行。

2. 作业调度功能和性能指标

（1）作业调度功能

在多道批处理操作系统中,作业是用户要求计算机完成的一项相对独立的工作。作业调度的主要功能是按照某种原则从后备作业队列中选取作业进入内存,并为作业做好运行前的准备工作和作业完成后的善后处理工作。完成这种功能的程序称为作业调度程序。作业调度程序主要完成以下工作:

①记录进入系统的各个作业情况。为了挑选作业投入执行并且在执行中对作业进行管理,作业调度程序需要掌握进入系统的作业情况,并随时记录作业在运行阶段的变化情况。这些信息记录在作业控制块中。通常,系统为每个作业建立一个作业控制块,它是作业存在的唯一标志。系统通过作业控制块感知作业的存在。系统在作业进入后备状态时为作业建立作业控制块,当作业运行完毕进入完成状态之后,系统释放该作业占用的有关资源并撤销该作业,同时撤销其作业控制块。

②从后备作业中挑选一些作业投入执行。一般来说,系统中处于后备状态的作业较多,有几十个甚至几百个。后备作业个数的多少取决于存储后备作业的空间大小。但是只有部分作业处于执行状态(不是真正在 CPU 上执行),因此作业调度程序的一个重要职能就是在适当的时候按确定的调度策略从后备作业中选取若干个作业进入执行状态。

③为被选中的作业做好执行前的准备工作。作业调度程序在让一个作业从后备状态进入执行状态之前,必须为该作业建立相应的进程,分配其运行所需要的资源,主要包括内存、磁盘空间和外设等。

④在作业运行结束时或运行过程中因某种原因需要撤销时,作业调度程序还要完成作业的善后处理工作。例如作业调度程序要把相应作业的一些信息(如运行时间,作业执行情况)进行必要的输出,然后收回该作业所占用的一切资源,撤销与作业有关的全部进程和该作业的作业控制块。

（2）作业调度的性能指标

衡量作业调度性能指标主要有等待时间、周转时间、吞吐量和设备利用率。如果作业 i 提交给系统的时刻是 s_i,被作业调度程序选中时刻是 k_i,完成时刻是 f_i,那么该作业的等待时间为 $w_i = k_i - s_i$,周转时间为 $t_i = f_i - s_i$。实际上,周转时间是作业在系统里的等待时间 w 与系统为作业提供服务的时间 r 之和。系统为作业提供的服务时间是指作业需要的运行时间。

在实际应用中,主要使用平均等待时间和平均周转时间 T 来衡量系统的调度性能。设系统中有 n 道作业,则平均等待时间 W 和平均周转时间 T 可分别用下列式子计算。

$$W = \frac{1}{n} \sum_{i=1}^{n} w_i$$

$$T = \frac{1}{n} \sum_{i=1}^{n} t_i$$

从操作系统的角度来说,平均等待时间和作业的平均周转时间这两个数值越小越好。因为,它们的值越小,意味着这些作业在系统内停留时间就越短,系统资源的利用率就越高。

注:衡量作业调度性能的指标还有带权周转时间和平均带权周转时间。带权周转时间是指作业的周转时间 t 与系统为作业提供服务的时间 r 之比,平均带权周转时间是各道作业的带权周转时间的平均值。

3. 作业调度算法

作业调度算法可以有单道批处理方式和多道批处理方式,不过多道批处理方式是以单道批处理为基础并综合系统设计目标和系统特性而设计。下面以单道批处理方式为例研究常用的作业调度算法。

作业调度算法

(1)先来先服务算法

先来先服务(First Come First Served,FCFS)算法是按照作业提交给系统的先后顺序来选择作业执行,即先提交的作业首先被执行。这种算法简单、容易实现,但它只考虑了作业的等待时间,而忽视了作业的运行时间,不利于短作业的执行。

例 1:表 3-1 给出了 4 个作业 J1、J2、J3 和 J4 的提交时间和运行时间,试采用 FCFS 调度算法求该批作业的平均等待时间和平均周转时间。

表 3-1   4 个作业的提交时间和运行时间表

作业名	提交时间	运行时间/h
J1	8:00	1.5
J2	8:18	1.0
J3	8:48	0.5
J4	9:00	0.8

采用 FCFS 作业调度算法时,根据这 4 个作业提交作业的先后顺序依次运行,每个作业的等待时间和周转时间见表 3-2,即 FCFS 调度算法性能表。

表 3-2   FCFS 调度算法性能表

作业名	提交时间	服务时间/h	开始运行时间	完成时间	等待时间/h	周转时间/h
J1	8:00	1.5	8:00	9:30	0	1.5
J2	8:18	1.0	9:30	10:30	1.2	2.2
J3	8:48	0.5	10:30	11:00	1.7	2.2
J4	9:00	0.8	11:00	11:48	2.0	2.8

作业的平均等待时间 $W = (0+1.2+1.7+2.0)/4 = 1.225 \text{ h}$

作业的平均周转时间 $T = (1.5+2.2+2.2+2.8)/4 = 2.175 \text{ h}$

(2)短作业优先算法

短作业优先(Shortest Job First,SJF)算法是以进入系统的作业所提出的"服务时间"为标准,总是优先选取服务时间最短的作业执行。与 FCFS 算法相比,SJF 算法具有较短的平均周转时间和平均周转率,具有较好的调度性能,但该算法对长作业不利,长作业往往不能得到及时处理。

采用 SJF 作业调度算法时,例 1 的每个作业的等待时间和周转时间见表 3-3,即 SJF 调度算法性能表。

表 3-3　　　　　　　　　　　SJF 调度算法性能表

作业名	提交时间	服务时间/h	开始运行时间	完成时间	等待时间/h	周转时间/h
J1	8:00	1.5	8:00	9:30	0	1.5
J2	8:18	1.0	10:48	11:48	2.5	3.5
J3	8:48	0.5	9:30	10:00	0.7	1.2
J4	9:00	0.8	10:00	10:48	1.0	1.8

作业的平均等待时间 $W=(0+2.5+0.7+1.0)/4=1.05$ h

作业的平均周转时间 $T=(1.5+3.5+1.2+1.8)/4=2.0$ h

(3)响应比高者优先算法

响应比高者优先(Highest Response Ratio Next,HRRN)算法是先来先服务算法和短作业优先算法的一种折中算法,它既有利于短作业的运行,又不使长作业等待时间过长。

作业响应时间等于作业进入系统后的等待时间与作业服务时间之和,因此,响应比的计算采用如下方法:

$$响应比=\frac{作业的响应时间}{作业的服务时间}=\frac{作业在系统中的等待时间+作业的服务时间}{作业的服务时间}$$

$$=1+\frac{作业在系统中的等待时间}{作业的服务时间}$$

该算法不仅考虑了短作业的要求,也兼顾了长作业的要求,但每次调度都要计算作业的响应比,会增加系统的开销。

采用 HRRN 作业调度算法时,例 1 的每个作业的等待时间和周转时间见表 3-4,即 HRRN 调度算法性能表。

表 3-4　　　　　　　　　　　HRRN 调度算法性能表

作业名	提交时间	服务时间/h	开始运行时间	完成时间	等待时间/h	周转时间/h
J1	8:00	1.5	8:00	9:30	0	1.5
J2	8:18	1.0	10:00	11:00	1.7	2.7
J3	8:48	0.5	9:30	10:00	0.7	1.2
J4	9:00	0.8	11:00	11:48	2.0	2.8

当时间为 8:00 时,系统中仅有作业 J1,J1 先运行。当作业 J1 结束后,此时系统中存在 3 个作业 J2、J3、J4,它们的响应比分别为 2.2、2.4、1.625。由于作业 J3 的响应比最高,因此作业 J3 先运行。当作业 J3 结束后,系统中剩下 J2 和 J4 两个作业,此时,J2 的响应比为 2.7,比作业 J4 的响应比 2.25 高,所以作业 J2 运行。作业 J2 运行结束后作业 J4 运行。作业的平均等待时间和平均周转时间分别为:

作业的平均等待时间 $W=(0+1.7+0.7+2.0)/4=1.1$ h

作业的平均周转时间 $T=(1.5+2.7+1.2+2.8)/4=2.05$ h

需要指出的是,在 SJF 和 HRRN 这两种调度算法中,需要用户提供作业的服务时间,由于用户难于准确地估算出作业的服务时间,致使这两种算法很难真实地反映出作业的调度性能。

(4)优先级调度算法

优先级调度算法是为作业规定一个优先级,根据优先级大小来选取作业,每次总是选择优先级高的作业。规定用户作业优先级的方法:一种是由用户自己提出作业的优先级;另一种是由系统综合考虑有关因素来确定用户作业的优先级。

(5)均衡调度算法

均衡调度算法是预先按一定原则把作业分类排成多个后备队列,例如:长作业、短作业、I/O 型作业等。作业调度时,每个作业后备队列中挑选一个,以达到均衡使用系统资源和兼顾大小作业的目的。另外,作业调度时还可以根据作业的轻重缓急为作业设置不同的优先级,从而照顾到同类作业中不同作业的先后执行顺序。

3.6.2　交换调度

在操作系统中,当一个进程在执行期间需要 I/O 操作时,操作系统会将该进程从运行状态改为阻塞状态,并让进程等待 I/O 完成。当一个进程完成其 I/O 操作时,再回到就绪队列中,我们把这种调度称为中程调度,中程调度是交换调度的一部分。

交换调度的主要功能是在内存使用紧张时,将一些暂时不能运行的进程从内存对换到外存上等待,当以后有足够的空闲内存空间时,再将适合的进程调入内存。

引入交换调度的主要目的是为了起到平滑和调整系统负荷、提高内存的利用率和系统吞吐量的作用。交换调度实际上就是存储管理中的交换功能,它主要用于采用虚拟存储技术的系统或分时系统。

3.6.3　进程调度

进程调度是指按照某种策略在系统中所有的就绪进程中选择一个合适的进程,并将 CPU 分配给它。进程调度又称低层调度,在支持内核级线程的操作系统中,称作线程调度。在分时操作系统中,一般没有作业调度,但有进程调度,一般还会采用交换调度;在实时系统中,一般只有进程调度。

在操作系统中,进程调度工作是通过进程调度程序来完成的。它是操作系统最为核心的部分之一,其工作十分繁忙。调度程序所使用的调度策略的优劣直接影响到整个系统的性能。它主要实现两个功能,第一个功能是挑选一个可获得处理器资格的进程。即按照系统规定的调度策略从就绪队列中选择一个进程占有 CPU。进程调度究竟采用什么调度策略是与整个系统的设计目标相一致的。对于不同的系统,则有不同的设计目标,通常采用不同的调度算法。比如,在批处理系统中,系统的设计目标是增加系统吞吐量和提高系统资源的利用率,常采用短作业优先算法,以减少各作业的周转时间;而分时系统则保证系统在每个用户能容忍的时间内对用户做出响应,因此,更多地采用时间片轮转法,公平公正地对待各用户进程;对于实时系统,更多地采用优先级调度算法,以实现更紧急、更重要的事情优先得到处理。调度程序的第二个功能是实现进程的切换。当进程调度选中一个进程占有 CPU 时,进程调度程序要做的主要工作是完成进程上下文的切换:将正在运行进程的上下文保留在该进程的 PCB 中,以便以后该进程恢复时执行;将刚选中进程的运行现场恢复,并将 CPU 的控制权交给被选中进程使其运行。

1. 进程调度方式

进程调度方式是指当一个进程正在处理器上执行时,若有某个更为重要或紧迫的进程需要进行处理(即有优先级更高的进程进入就绪队列),应如何分配处理器。通常有两种进程调度方式:非抢占方式和抢占方式。

(1)非抢占方式(Nonpreemptive Mode):又称非剥夺方式或非抢先方式。这种调度方式是指调度程序一旦把 CPU 分配给某一进程后便让它一直运行下去,直到进程完成或发生某事件而不能运行时,才让出 CPU。它的主要优点是易于实现、系统开销小。

(2)抢占方式(Preemptive Mode):又称可剥夺方式或抢先方式。它与非剥夺方式不同,这种方式规定,当一个进程正在执行时,若有某个更为重要或紧迫的进程需要使用处理器,则立即暂停正在执行的进程,将处理器分配给更重要或紧迫的进程。这种调度方式通常用在实时系统中,以便及时响应各进程的请求。

2. 进程调度时机

所谓进程调度时机是指在什么情况下将引起进程调度程序进行工作。进程调度的时机与进程调度方式有关。引起进程调度的主要原因有以下几种:

(1)运行中的进程提出 I/O 请求,执行睡眠原语,或等待子进程结束时,从运行状态进入阻塞状态时。

(2)正在执行的进程正确完成或由于某种错误而终止运行。

(3)在采用时间片轮转调度算法中,分配给进程的时间片耗尽时。

(4)当中断处理程序结束后,运行中的进程状态转换为就绪状态。

(5)当一个进程完成 I/O 操作,其状态从阻塞状态变换为就绪状态时。

当情况为(1)、(2)或(3)时,且就绪队列中存在进程,则调度程序必须选择一个新的进程来运行。如果调度程序只是在情况(1)、(2)或(3)时发生调度,我们称这种调度方式是非抢占方式,如果在上述所有情况下都会发生调度,则调度方式是抢占方式。

3. 常用进程调度算法

(1)先来先服务算法

先来先服务算法(FCFS)是最简单的调度算法,其基本思想是把处理器分配给最先进入就绪队列的进程。该算法属于非抢占式调度,简单、易于实现,但服务质量欠佳,忽视了紧急进程或者短进程对处理器的请求。

(2)优先级调度算法

这是最常用的一种进程调度算法。为了能反映出系统中各种进程的重要和紧迫程度,系统赋予每一个进程一个优先级数,用优先级数表示该进程的优先级。当发生进程调度时,将 CPU 分配给就绪队列中优先级最高的进程。根据已占有 CPU 的进程是否可被抢占,把优先级调度法分为可抢占式优先级调度算法和非抢占式优先级调度算法;根据进程的优先级是否可变,分为静态优先级调度算法和动态优先级调度算法。

静态优先级是在进程创建时进程的优先级就已确定,在其运行期间该优先级保持不变。可以从很多角度出发来确定一个进程的静态优先级。比如:依据进程的类型,是用户进程还是系统进程,通常赋予系统进程较高优先级;依据进程申请资源的多少,申请资源量少的赋予较高优先级;依据 I/O 繁忙程度,I/O 繁忙的进程只要求较短的处理器时间,为它分配较高的优先级,让该类进程能尽快地运行完毕,释放所占的系统资源,能使外部设备更充分地运转,提高 CPU 与外部设备的并行工作程度。

静态优先级算法适合实时系统,因为在实时系统中计算机所处理的所有事件都是可预知的,故其优先级可根据事件的紧迫程度事先设定。

静态优先级算法最大优点是简单,但不能动态反映进程特征。另外,该算法可能使一些优先级较低的进程长期得不到处理器而处于静止状态。

为了克服静态优先级的缺点,采用动态优先级。所谓动态优先级是指,进程在开始创建时,根据某种原则确定一个优先级后,随着进程执行时间的变化,其优先级不断地进行动态调整。有关动态优先级确定的依据有多种,通常根据进程占用 CPU 时间的长短或等待 CPU 时间的长短动态调整。UNIX 系统进程优先级正是采用这种方法实现的。进程占用 CPU 时间越长,其优先级越低。

动态优先级调度算法虽可获得良好的调度性能,但需要系统计算更新进程的动态优先级,增加了系统的开销。

(3)时间片轮转调度算法

把 CPU 划分成若干时间片,并且按顺序赋给就绪队列中的每一个进程,进程轮流占有 CPU。当时间片耗尽时,即使进程未执行完毕,系统也要剥夺该进程的 CPU,将该进程排在就绪队列末尾,同时系统选择另一个进程运行。这样,依次轮流地调度就绪队列中的各个进程,使得每一个进程都有机会获得处理器。

该算法多用于分时系统中,如何合理地确定时间片的大小是该算法的一个难点。根据应用可选择固定时间片和可变时间片。时间片轮转调度算法体现了公平公正的调度思想。

(4)多级反馈队列轮转调度算法

该调度算法是上述三种算法的综合。在系统中设置多个就绪队列,并赋予每个就绪队列不同的优先级和时间片,优先级越高,时间片越短,反之,优先级越低,时间片越长。同一个就绪队列中的进程具有相同的优先级,并按先来先服务的原则排队。进程调度时,按优先级大小选择就绪队列,对同一就绪队列中的进程按先来先服务原则进行调度,仅当队列为空时,才轮到下一级就绪队列,依此类推。当处理器正在为第 I 级就绪队列服务时,有新的就绪进程进入高一级的就绪队列中,若系统采用可抢占式调度方式,则会引起进程调度;若系统采用不可抢占式调度方式,只有当前进程运行时间片到,或受阻而放弃 CPU 时,才会引起进程调度。

当一个进程被创建后首先放在优先级最高的就绪队列中;当一个进程受阻后被唤醒时,进入原来的就绪队列;当一个进程运行一个时间片后仍未完成,则该进程放弃 CPU,回到下一级队列,即优先级降低。图 3-16 所示为多级反馈队列轮转调度算法调度示意图。

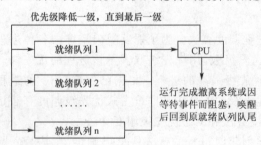

图 3-16   多级反馈队列轮转调度算法调度示意图

思考:我们可以把进程分为计算密集型进程和 I/O 密集型进程。计算密集型进程是指以计算为主,在进程的整个生命期中,大部分时间在 CPU 上进行计算,很少使用 I/O 设备。I/O 密集型进程正好相反,在进程的整个生命期中,大部分时间在进行 I/O 操作。还有一些进程时而以计算为主时而以 I/O 为主。以上只是粗略地对进程进行了分类。请思考,在采用多级反馈队列调度算法的系统中,计算密集型进程和 I/O 密集型进程优先级在其生命期中如何变化?

(5)实时操作系统中常用的调度算法

实时系统广泛应用在工业、国防等领域,如生产过程控制、机器人控制、自动导航、火炮控制等。实时操作系统是实时系统中最重要的部分之一,它负责在用户要求的时限内进行事件处理和控制。实时调度算法在实时操作系统中的作用非常关键,它强调的是任务(在实时系统或嵌入式系统中,通常用任务这一概念代替进程(或线程),它是实时操作系统调度的基本单位)的时间约束,即每个实时任务都必须在规定的时间期限内完成。实时调度的目标就是合理地安排这些任务的执行次序,使之满足各个实时任务的时间约束条件。

在实时系统中,计算机响应和控制的事件可分为周期性事件和非周期性事件,系统可能需要处理多种周期性事件流。计算机能否及时处理所有的事件,取决于事件的发生周期和需要处理的时间。

例 1:对于 m 个周期任务,如任务 i 的发生周期为 T_i,所需 CPU 的处理时间为 C_i 秒,那么,这 m 个任务可调度的必要条件为:

$$\sum C_i/T_i \leqslant 1 \ (i = 1, \cdots, m)$$

当其值等于 1 时,处理器已经达到最大利用率(100%),这是理想调度算法可以达到的最好的结果。对于某些算法,上述公式并非可调度的充分条件。

实时调度算法可以分为静态实时调度算法和动态实时调度算法两类,前者指静态优先级调度算法,后者指动态优先级调度算法。下面介绍几种经典的实时调度算法。

①比率单调调度算法

1973 年,Liu 和 Layland 在 ACM 上发表了题为"Scheduling Algorithms for Multiprogramming in a Hard Real-Time Environment"的论文,该论文奠定了实时系统所有现代调度算法的理论基础。比率单调调度算法(Rata-Monotonic Scheduling,RMS)即在该文中被提出来。RMS 面向周期性实时任务,将任务的周期作为调度参数,其发生频度越高,则调度级别越高。RMS 是一个静态优先级调度算法。Liu 和 Layland 已经证明,RMS 算法可调度的条件如下:

$$\sum_{i=1}^{n} \frac{C_i}{T_i} \leqslant n(\sqrt[n]{2} - 1)$$

当 n 等于 1、2、3、4、5、6 时,RMS 算法可调度的上界值分别是:1.0、0.828、0.780、0.757、0.743、0.735。随着任务数的增加,调度的上界值趋近于 $\ln 2 \approx 0.693$。

例 2:实时系统中存在 4 个任务,其处理时间和发生周期见表 3-5,问这 4 个任务是否满足可调度条件,并图示其执行情况。

表 3-5　　　　　　　　　　任务的处理时间和周期时间表

任务	处理时间 $C_i(s)$	发生周期 $T_i/(s)$
1	1	5
2	5	20
3	8	50
4	12	100

解:由于

$$\frac{C_1}{T_1} + \frac{C_2}{T_2} + \frac{C_3}{T_3} + \frac{C_4}{T_4} = \frac{1}{5} + \frac{5}{20} + \frac{8}{50} + \frac{12}{100} = 0.2 + 0.25 + 0.16 + 0.12 = 0.73$$

$$\leqslant 4(\sqrt[4]{2} - 1) \approx 0.757$$

因而可知 RMS 能够满足所有任务的调度要求。具体执行情况如图 3-17 所示。

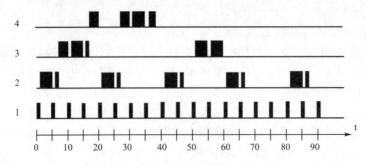

图 3-17 例 2 任务执行情况

②最早截止期优先调度算法

对于静态调度算法,任务的优先级不会发生变化。在动态调度中,任务的优先级可根据需要进行改变,也可能随着时间按照一定的策略自动发生变化。

RMS 调度算法的 CPU 使用率比较低,在任务比较多的情况下,可调度上限为 69.3%。Liu 和 Layland 又提出了一种采用动态调度的、具有更高 CPU 使用率的调度算法——最早截止期优先(Earliest Deadline First, EDF)调度算法。在介绍该算法之前,我们先学习几个概念。

实时任务产生并可以处理的时间称为到达时间;实时任务最迟完成时间称为完成截止期;完成截止期与到达时间的差为实时任务的绝对截止期;绝对截止期与任务到达后在系统中经历的时间差为实时任务的相对截止期。

在 EDF 调度算法中,任务的优先级根据任务的相对截止期来确定。任务的相对截止期越短,任务的优先级越高;任务的相对截止期越长,任务的优先级越低。EDF 调度算法是最优的单处理器动态调度算法,其可调度上限为 100%。在 EDF 调度算法下,对于给定的一组任务,任务可调度的充分必要条件为:

$$\sum C_i/T_i \leqslant 1 \ (i = 1, \cdots, n)$$

例 3:实时系统中存在 3 个任务,其到达时间、处理时间、完成截止期及绝对截止期见表 3-6,问这 3 个任务是否满足可调度条件,并图示其执行情况。假定发生周期等于绝对截止期。

表 3-6　　　　任务的到达时间、处理时间、完成截止期及绝对截止期

任务	到达时间	处理时间	完成截止期	绝对截止期
1	0	9	30	30
2	4	4	14	10
3	5	7	29	24

解:由于

$$\frac{C_1}{T_1} + \frac{C_2}{T_2} + \frac{C_3}{T_3} = \frac{9}{30} + \frac{4}{10} + \frac{7}{24} \approx 0.3 + 0.4 + 0.292 = 0.992 \leqslant 1$$

因而可知 EDF 能够满足所有任务的调度要求。具体执行情况如图 3-18 所示。图中的竖线表示任务到达但不能立即执行的时刻。

从图 3-18 中可知,当 t=14 时,任务 2 到达,任务 3 正在运行,但此时 3 个任务的相对截止期分别为 30-14=16、10、24-9=15,因此任务 2 抢占任务 3 优先执行。

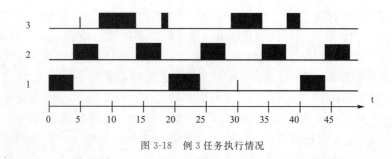

图 3-18　例 3 任务执行情况

3.7　Linux 中的进程

本节以 Linux 2.6 内核为例介绍 Linux 操作系统。Linux 系统对线程和进程并不特别区分,线程只不过是一种特殊的进程而已。

3.7.1　Linux 进程控制块

为了管理 Linux 系统中的进程,每个进程的 PCB 用一个 task_struct 类型的数据结构来表示,在 Linux 系统中,该数据结构称作进程描述符(Process Descriptor)。进程描述符中包含的数据能反映一个进程在其生命期中的活动情况。

task_struct 数据结构包含了以下信息:

1. 状态:进程所处的状态。

2. 调度信息:Linux 调度进程所需要的信息,比如一个进程是普通进程还是实时进程,它的优先级大小等。

3. 标识号:每个进程有一个唯一的进程标识号,还有用户标识号和组标识号。组标识号用于给一组用户指定资源访问特权。

4. 进程间通信信息。

5. 进程链接信息:每个进程都有一个到它的父进程的链接以及到它的兄弟进程的链接和到所有子进程的链接。

6. 时间和计时器信息:包括进程创建时间和进程所消耗的处理器时间总量。一个进程可能还有一个或多个间隔计时器,它通过一个系统调用定义一个间隔计时器,其结果是当计时器期满时,给进程发送一个信号。计时器可以单独使用或周期使用。

7. 文件系统:包括指向被该进程打开的任何文件的指针和指向该进程当前目录和根目录的指针。

8. 虚拟内存管理信息:定义进程的虚存空间。

9. 处理器专用上下文:在进程的运行过程中,随着系统状态的改变将影响进程的执行。当调度程序选择了一个新进程运行时,旧进程从运行状态切换为就绪状态,它的运行环境如寄存器、堆栈等必须保存在上下文中,以便下次恢复运行时使用。

10. 其他信息:在 task_struct 结构中还有其他的一些信息,比如页面管理信息、对称多处理器信息等,读者可参阅相关资料。

3.7.2　Linux 进程状态及其转换

在 Linux 系统中,进程状态的数量会随着 Linux 的发展而增减。在 Linux 2.6 版本中进程状态有七种，它们分别是：

1. TASK_RUNNING——可执行状态 R。处于该状态的进程或者正在运行，或者在就绪队列中等待运行。进程调度程序会选择优先级最高的处于 TASK_RUNNING 状态的进程来运行。在多核或多处理器系统中，会有多个处于该状态的进程运行。

2. TASK_INTERRUPTIBLE——可中断阻塞状态 S。处于该状态的进程因为等待某事件的发生而阻塞。当等待的事件发生（由外部中断触发或由其他进程触发）时被唤醒。

3. TASK_UNINTERRUPTIBLE——不可中断阻塞状态 D。与 TASK_INTERRUPTIBLE 状态类似，处于该状态的进程因为等待某事件的发生而阻塞。这两种状态的主要区别是处于 TASK_INTERRUPTIBLE 状态的进程可以被信号或唤醒系统调用 wake_up() 唤醒，而处于 TASK_UNINTERRUPTIBLE 状态的进程只能被 wake_up() 唤醒。

在进程对某些硬件进行操作时可能需要让进程处于 TASK_UNINTERRUPTIBLE 状态，以避免进程与设备交互的过程中被打断，造成设备陷入不可控的状态。通常，一个进程处于 TASK_UNINTERRUPTIBLE 状态是非常短暂的。

4. TASK_STOPPED——暂停状态 T。当一个进程接收到一个 SIGSTOP 信号时，它就会响应该信号进入 TASK_STOPPED 状态（除非该进程本身处于 TASK_UNINTERRUPTIBLE 状态而不响应信号）。当进程接收到一个 SIGCONT 信号时，它就可以从 TASK_STOPPED 状态恢复到 TASK_RUNNING 状态。

5. TASK_TRACED——调试状态 T。当进程正在被跟踪时，它处于 TASK_TRACED 这个特殊的状态。"正在被跟踪"指的是进程暂停下来，等待跟踪它的进程对它进行操作。比如在 gdb 中对被跟踪的进程执行到下一个断点，进程就在断点处停下来，此时进程就处于 TASK_TRACED 状态。而在其他时候，被跟踪的进程还是处于前面提到的那些状态。对于进程本身来说，TASK_STOPPED 和 TASK_TRACED 状态很类似，都是表示进程暂停下来。而 TASK_TRACED 状态相当于在 TASK_STOPPED 之上多了一层保护，处于 TASK_TRACED 状态的进程不能响应 SIGCONT 信号而被唤醒。只能等到调试进程通过 ptrace 系统调用执行 PTRACE_CONT、PTRACE_DETACH 等操作（通过 ptrace 系统调用的参数指定操作），或调试进程退出，被调试的进程才能恢复 TASK_RUNNING 状态。

6. EXIT_ZOMBIE——僵尸状态 Z。进程已被终止，但其 task_struct 数据结构仍存在。当一个进程退出时，将其状态设置为 EXIT_ZOMBIE，然后发送信号给父进程，由父进程统计其中的一些数据后，才释放它的 task_struct 数据结构。

7. EXIT_DEAD——最终状态 X。将进程从系统中删除时，进程进入此状态。

Linux 进程状态转换图如图 3-19 所示。

3.7.3　Linux 进程控制

Linux 提供了许多用于对进程进行控制的系统调用，如创建一个新进程的 fork()；让进程等待的 wait()；进程自我终止的 exit()；进程删除的 kill() 等。

Linux 启动时，最初调用 cpu_idle 进行初始化，产生第一个进程，即初始化进程 idle_task，它是一个内核进程，它的进程标识号为 0。该进程首先创建一个内核进程，即 init 进程，然后进入空循环状态。

在早期的 Linux 版本中，idle_task 进程要参与调度，所以将其优先级设为最低放在可运行队列中，当没有其他进程可以运行时，才会调度执行 idle_task。而目前版本的 idle 并不在可

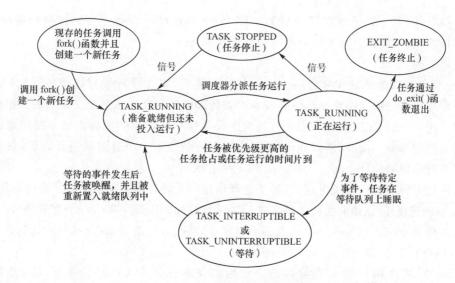

图 3-19　Linux 进程状态转换图

运行队列中,而是在可运行队列结构中含有指向 idle_task 进程的指针,在调度器发现运行队列为空的时候来运行它。idle_task 进程的核心是一个 while(1)循环,在循环中它将会调用 schedule 函数以便在可运行队列中有新进程加入时切换到新进程上。

init 进程的进程标识号是 1,它完成内核后续的初始化工作后,通过系统调用 execve 装入可执行程序/sbin/init,这时,init 进程就变成一个普通的用户进程。init 进程是所有用户进程的祖先,除 idle 进程和它本身之外的所有进程都是从 init 进程派生出来的。

当用户登录系统时,init 进程为用户创建一个 Shell 进程,用户在 Shell 下创建的进程一般都是 Shell 的子进程。当用户注销时,Shell 进程也被注销。

1. 进程创建

在创建进程时,很多操作系统先在新的地址空间里创建进程并读入可执行文件,然后开始执行。而 Linux 采用了与众不同的实现方式,它把上述步骤分解到两个单独的函数中去执行:fork()和 exec()。首先,fork()通过复制当前进程创建一个子进程,子进程与父进程的区别仅在于进程标识号 PID(每个进程唯一)、父进程的进程标识号 PPID 和某些资源以及统计量等。当 fork()创建进程结束时,在返回点这个相同位置上,父进程恢复执行,子进程开始执行。

fork()从内核返回两次:一次回到父进程,另一次回到新诞生的子进程。exec()负责读取可执行文件并将其载入地址空间开始运行。把这两个系统调用组合起来使用的效果跟其他系统使用的单一系统调用的效果相同。

Linux 的 fork()采用写时拷贝(copy-on-write)技术加快进程的创建。写时拷贝是一种可以推迟甚至避免拷贝数据的技术。创建子进程时内核并不复制整个进程的地址空间,而是让父子进程共享同一个地址空间。当发生写入操作时才进行地址空间的复制,从而使各个进程拥有各自的地址空间。这种技术使地址空间上的页的拷贝被推迟到实际发生写入的时候。在页根本不会被写入的情况下,例如,fork()调用后立即执行 exec(),地址空间就无须被复制了。fork()的实际开销就是复制父进程的页表以及给子进程创建一个进程描述符。

Linux 通过 do_fork()实现 fork()。这个函数通过一系列的参数来指明父、子进程需要共享的资源,调用 do_fork()来完成创建进程的大部分工作。

如果 do_fork()成功返回,将新创建的子进程唤醒并让其投入运行。内核是倾向于选择子进程首先执行,因为一般子进程都会马上调用 exec(),这样可以避免写时拷贝的额外开销。如果父进程首先执行的话,有可能会开始向地址空间写入。

2.线程实现

Linux 实现线程的机制非常独特。从内核的角度看,它并没有线程这个概念。Linux 把所有的线程都当作进程来实现。内核并没有准备特别的调度算法或是定义特别的数据结构来表征线程。相反,线程仅仅被视为一个与其他进程共享某些资源的进程。每个线程都拥有唯一隶属于自己的 task_struct,所以在内核中,它看起来就像是一个普通的进程,只是该进程和其父进程具有相同的地址空间。

一般使用 fork()创建普通进程,它为子进程创建一个具有全新上下文的独立的地址空间。使用 clone()创建线程,创建的线程共享父进程的地址空间。fork()与 clone()都调用 do_fork()执行创建进程的操作。而 fork()的形参中不指定克隆标志,其调用 do_fork()的语句是:

do_fork(SIGCHLD, regs.esp, &regs, 0, NULL, NULL);

而 clone()可由用户指定克隆标志。常用的克隆标志有 CLONE_VM、CLONE_FS、CLONE_FILES 和 CLONE_SIGHAND 等,这些克隆标志分别对应相应的进程共享机制,它们的含义描述如下:

(1)CLONE_VM:父子进程共享同一个 mm_struct 结构(描述进程的虚拟内存管理的信息),这个克隆标志用以创建一个线程。由于两个进程都使用同一个 mm_struct 结构,于是这两个进程的指令、数据都共享,也就是将线程视为同一个进程的不同执行上下文。

(2)CLONE_FS:父子进程共享同一个文件系统。

(3)CLONE_FILES:父子进程共享所打开的文件。

(4)CLONE_SIGHAND:父子进程共享信号处理函数。

clone()调用 do_fork()的语句是:

do_fork(clone_flags, newsp, &regs, 0, parent_tidptr, child_tidptr);

其中变量 clone_flags 为克隆标志。例如 clone_flags 的值可以为:

CLONE_VM + CLONE_FS + CLONE_FILES + CLONE_SIGHAND

内核经常需要在后台执行一些操作,这种任务可以通过内核线程来完成。内核线程和普通进程间的区别在于内核线程没有独立的地址空间。它们只在内核空间中运行,从来不切换到用户空间。内核线程和普通线程一样可以被调度、被强占。

内核线程只能由其他内核线程创建,方法如下:

int kernel_thread(int (* fn)(void *),void * arg,unsigned long flags);

kernel_thread()是通过 clone()来创建新的内核线程,在 kernel_thread()返回时,父线程退出,并且返回一个指向子线程 task_struct 的指针。子线程开始运行 fn 指向的函数,arg 是传递的参数,通常为 CLONE_KERNEL,等同于 CLONE_FS + CLONE_FILES + CLONE_SIGHAND。

3.进程的退出与消亡

通过系统调用 exit(),便可以使进程终止执行。exit()会执行内核函数 do_exit()。该函数将释放进程代码段和数据段占用的页面,关闭进程打开的所有文件,执行与撤销进程相关的操作。当一个进程被撤销时系统将其退出的消息以发信号的方式通知其父进程,如果父进程由于执行了 wait()或 waitpid()系统调用处于等待状态,则唤醒父进程。如果被撤销进程有子进程,则将该进程的所有子进程都转让给 init 进程,成为 init 进程的子进程,如果本进程的某个子进程已经处于僵尸状态,则替该进程发退出信号给 init 进程,以便释放该进程的 task_struct 数据结构。

在进程执行 wait()系统调用时:

①将自己插入等待队列 wait_chldexit 中。

②遍历所有的子进程,若有僵尸进程,则将其 task_struct 数据结构释放,销毁僵尸进程。

③若要等待的进程尚未退出,将自身状态置为 TASK_INTERRUPTIBLE,调用调度程序。恢复运行时,跳转到第②步。

④否则,将自身从等待队列 wait_chldexit 中移出,返回。

父进程执行 wait()系统调用或父进程结束前,会销毁处于僵尸状态的子进程。在父进程结束后才变为僵尸的子进程,init 进程会处理这些僵尸进程。

3.7.4　Linux 2.6

1.进程的调度策略

Linux 2.6 中,进程分为实时进程和非实时进程。Linux 系统对进程的调度方法有三种类型,一种类型是 SCHED_NORMAL,它是针对普通进程,即非实时进程进行调度的。另外两种类型是针对实时进程进行调度的,它们是 SCHED_FIFO 和 SCHED_RR。SCHED_FIFO 采用先进先出调度策略对实时进程进行调度;SCHED_RR 采用时间片轮转(Round Robin)调度策略对实时进程进行调度。

在用户程序中可通过函数 setscheduler()改变进程的调度策略。SCHED_FIFO 调度类型适合于时间要求比较强,但每次运行所需时间比较短的进程;SCHED_RR 调度类型按进程的优先级大小进行调度,被调度的进程运行一个时间片后将让出 CPU,进入就绪队列末尾,以保证其他实时进程有机会运行;SCHED_NORMAL 适合于普通分时进程的调度,调度原则是由优先级的大小决定。实时类进程的优先级高于非实时类进程的优先级。在默认的情况下,实时进程的优先级范围是 0 到 99(包含 99),非实时进程的优先级范围是 100 到 139。数值越小表示优先级越大。

2.Linux 2.6 进程调度

在 Linux 2.6 中,就绪队列的数据结构由 struct runqueue 定义,每一个 CPU 都将维护一个与自己相关的就绪队列,Linux 2.6 调度程序的算法复杂度为 O(1),其关键技术与数据结构 runqueue 有关。在 runqueue 数据结构中,有两个就绪队列,分别通过类型为 prio_array 的 active 指针和 expired 指针访问,我们把由 active 指针访问的队列,称作活动队列,由 expired 指针访问的队列,称为过期队列。在活动队列中的进程是由时间片没有用完的进程组成,它是当前可被调度的就绪进程;在过期队列中的进程是由时间片已用完的就绪进程组成。队列的结构用 struct prio_array 表示如下:

```
struct prio_array {
    unsigned int nr_active;              //队列中的进程总数
    unsigned long bitmap[BITMAP_SIZE];   //优先级位示图
    struct list_head queue[MAX_PRIO];    //优先级队列
};
```

其中 nr_active 表示该队列中存在的进程总数。MAX_PRIO 定义为 140,即优先级分为 140 级,分别为 0 至 139,queue[MAX_PRIO]是表示共有 140 个队列,每个队列的优先级为

queue 的下标，即进程按优先级的大小放在不同的队列中，相同优先级的进程在同一队列中。bitmap[BITMAP_SIZE] 表示队列的位图，它对应 140 级队列，若某一队列中有进程，则该队列对应位为 1，否则为 0。通过 bitmap 可快速确定在 140 级队列中，最高优先级的进程所在的队列。当活动队列中的非实时进程将时间片用完后，就被放到过期队列中，并设置好新的初始时间片。当活动队列中无就绪进程时，即所有进程用完时间片，或进程的状态发生了改变离开了该队列，这时，活动和过期两队列进行对换，重新开始下一轮的调度过程。

对于实时进程来说，只要它们是 TASK_RUNNING 状态就不会离开活动队列。它们的优先级在运行过程中不会动态地改变。SCHED_FIFO 进程没有时间片，获得 CPU 的 FIFO 进程，除非有更高优先级进程进入运行队列外，否则该进程将保持运行至阻塞、退出或自愿放弃 CPU。如果一个 SCHED_FIFO 进程被阻塞，当它被解除阻塞的时候，将返回到同样优先级的活动队列中。SCHED_RR 进程虽然有时间片的限制，但它们从来不移到过期队列中。当一个 SCHED_RR 进程用完了自己的时间片后，它将重新获得相同的时间片，并返回到具有同样优先级的运行队列的末尾。Linux 2.6 根据优先级大小进行调度，普通进程的优先级随进程的运行时间、等待时间、是否为交互式进程而动态地改变。

Linux 2.4 进程调度程序在进程调度时，主要工作是计算就绪队列中每个进程的优先级，并从中找出优先级最高的进程，因此，它的调度算法的时间复杂度为 O(n)。而 Linux 2.6 调度程序不需要查找，因为就绪进程已经按优先级大小进行了排队，直接从中选择优先级最高的进程即可，所以 Linux 2.6 进程调度程序的算法复杂度为 O(1)。

3.8　Linux 中进程间通信

进程间通信（Interprocess Communication，IPC）就是在不同进程之间传播、交换、共享信息，比如一个进程将自己的数据发送给另一个进程；或几个进程共享数据，当一个进程对共享数据进行了修改，其他进程立刻知道；或一个进程向另一个或一组进程发送消息，通知它（它们）发生了某种事件等。那么不同进程之间存在着哪些双方都可以访问的介质呢？进程的用户空间是互相独立的，一般而言是不能互相访问的，唯一的例外是共享内存区。但是，系统空间却是"公共场所"，所以内核显然可以提供这样的条件。除此以外，那就是通信双方都可以借助于外设实现通信，例如，两个进程可以通过磁盘上的普通文件交换信息，或者通过数据库中的某些表项和记录交换信息。广义上这也能实现进程间的通信，但是一般不把这种方法算作"进程间通信"。

在 UNIX System V 中引入了几种进程通信方式，即消息队列（Message Queues）、信号量（Semaphores）和共享内存（Shared Memory），统称为 UNIX System V IPC。

UNIX System V IPC 一个显著的特点是它的具体实例在内核中是以对象的形式出现的，我们称之为 IPC 对象。每个 IPC 对象在系统内核中都有一个唯一的标识符。通过标识符内核可以正确地引用指定的 IPC 对象。Linux 几乎支持所有的 UNIX 下常用的进程间通信方法，比如管道、消息队列、共享内存、套接字、信号和信号量等。

1. 管道

在 Linux 系统中管道是一种很重要的通信方式，它包括无名管道和有名管道两种，前者用于父子进程或者兄弟进程之间（具有亲缘关系的进程）的通信，后者用于在同一台机器中的任意两个或多个进程间的通信。

管道是单向的、先进先出的、无结构的、固定大小的字节流。从本质上说，管道是文件，用户进程在使用管道时就像使用文件一样。无名管道由 pipe() 函数创建。pipe() 函数返回两个文件描述符，一个文件描述符用于读管道，另一个文件描述符用于写管道。一个进程通过 write() 函数将数据写入管道，另一个进程通过 read() 函数将数据读出。当一个进程创建一个子进程时，子进程继承了父进程已打开的管道。只有相关的进程，即发生 pipe() 函数调用的进程及其子进程才能共享管道。实质上无名管道是一块缓冲区，内核必须对管道的操作进行同步，为此，内核使用了锁、等待队列和信号。

使用管道时，一个进程的输出可成为另一个进程的输入。当写进程利用 write() 函数向管道中写入数据时，系统根据库函数传递的文件描述符，可找到写入缓冲区的地址。在向缓冲区写入数据之前，检查缓冲区是否有足够的空间可容纳所有要写入的数据，以及缓冲区是否被读管道操作锁定。如果缓冲区有足够的空间且没有锁定，写入函数才锁定缓冲区，然后从写进程的地址空间中复制数据到缓冲区。否则，写入进程到相应的等待队列中等待直到符合条件被唤醒。当数据写入缓冲区之后，缓冲区被解锁，如果有读进程在等待读数据时需要唤醒读进程。

管道的读过程和写过程类似。但是，读管道进程可以在没有数据或缓冲区被锁定时立即返回错误信息，而不被阻塞，也可以在读管道端的等待队列中等待写进程写入数据，这依赖于管道的打开模式。当所有的进程完成了管道操作之后，可以关闭管道，共享缓冲区同时被释放。

有名管道也称命名管道或 FIFO 文件，即给管道取一个文件名，允许一组进程使用该文件名对管道进程共享。当一个进程使用有名管道时，管道是系统范围内的资源，可被任何进程使用。在程序中使用 mkfifo() 函数创建有名管道，有名管道创建好后，其他进程可以打开该有名管道，进行读管道或写管道操作。

2. 消息队列

消息队列，就是一些消息的列表，用户可以在消息队列中添加消息和读取消息等。消息队列用于运行于同一台机器上的进程间通信，与有名管道活 FIFO 很相似，但是它可以实现消息的随机查询，比有名管道有更大的优势。同时，消息队列以消息链表的形式存在于系统内核中，由"队列 ID"来标识。我们可以把消息看作一个记录，具有特定的格式以及特定的优先级。对消息队列有写权限的进程可以向其中按照一定的规则添加新消息，对消息队列有读权限的进程则可以从消息队列中读走消息。

3. 共享内存

共享内存是运行在同一台机器上的进程间通信最快的方式，因为数据不需要在不同的进程间复制。通常由一个进程创建一块共享内存区，其余进程对这块内存区进行读写。共享内存的虚拟内存页面出现在每个共享进程页表中，但此页面并不一定位于所有共享进程虚拟内存的相同位置。共享内存往往与其他通信机制（如信号量）结合使用来达到进程间的同步及互斥。

4. 套接字

套接字(Socket)编程是实现 Linux 系统和其他大多数操作系统中进程间通信的主要方式之一。我们熟知的 WWW 服务、FTP 服务、Telnet 服务等都是基于套接字编程来实现的。采用套接字方式不但可以实现在同一台计算机内的进程间通信，还可以实现在不同计算机进程间通信。一个套接字可以看作是进程间通信的端点(End Point)，每个套接字的名字是唯一的，其他进程可以访问、连接和进行数据通信。

5.信号和信号量

信号（Signal）是 UNIX 系统中使用的古老进程间通信的方法之一。操作系统通过信号来通知某一进程发生了某一种预定好的事件,接收到信号的进程可以选择不同的方式处理该信号,一是可以采用默认处理机制——进程中断或退出;一是忽略该信号;还有就是自定义该信号的处理函数,执行相应的动作。

信号量又称为信号灯,它是一种计数器,可以控制进程内多个线程或者多个进程对资源的同步访问。有关信号和信号量的详细内容请看第 4 章 Linux 系统的同步一节。

3.9   典型例题分析

例 1:程序的并发将导致最终结果失去封闭性。这句话对所有的程序都成立吗? 试举例说明。

答:并非对所有程序均成立。例如下面的程序:

```
01 #include <stdio. h>
02 int main()
03 {
04     int x;
05     x = 10;
06     printf("x = %d\n",x);
07     return 0;
08 }
```

上述程序中 x 是局部变量,不可能被外部程序访问,因此这段程序的运行不会受外部环境影响。

例 2:试比较作业和进程的区别。

答:进程是一个程序对某个数据集的执行过程,是分配资源的基本单位。作业是用户需要计算机完成某项任务,而要求计算机所做工作的集合。它们之间的主要区别如下:

(1)作业是用户向计算机提交任务的实体。在用户向计算机提交作业之后,系统将作业存储在外存中的作业等待队列中等待作业调度。而进程则是作业执行的实体,是向系统申请分配资源的基本单位。任一进程,只要它被创建,总有相应的部分存在于内存中。

(2)作业调度属于高级调度,进程的调度属于低级调度。

(3)作业是从外存调入内存的一个过程,它可以包含一个或多个进程,且至少由一个进程组成,但一个进程不能同时属于多个作业。

(4)作业的概念主要用在批处理系统中。像 UNIX 这样的分时系统中,则没有作业概念。而进程的概念则用在几乎所有的多道程序系统中。

例 3:进程上下文切换由哪几部分组成? 描述进程上下文切换过程。

答:进程上下文切换由以下 4 个步骤组成:

(1)决定是否上下文切换以及是否允许上下文切换,包括对进程调度原因的检查分析,以及当前执行进程的资格和 CPU 执行方式的检查等。在操作系统中,上下文切换程序并不是每时每刻都需要检查和分析是否进行上下文切换,操作系统总是选择适当的时机进行上下文切换。

(2)保存当前运行进程的上下文。这里所说的当前运行进程,实际上是指调用上下文切换程序之前的处于运行状态的进程。如果上下文切换不是被当前运行进程所调用,且不属于该进程,则所保存的上下文应是先前执行进程的上下文,或称为"老"进程上下文。显然,上下文切换程序不能破坏"老"进程的上下文结构。

(3)使用进程调度算法,选择一处于就绪状态的进程。

(4)恢复或装配所选进程的上下文,使其状态变为运行状态,然后将 CPU 控制权交给所选进程,让其运行。

例 4:为什么说中断是进程切换的必要条件,但不是充分条件?

答:进程切换之前系统一定对中断进行了响应。系统由运行一个进程转去运行另一个进程的前提条件是必须处于核心态,因为处于用户态时系统不可能将 CPU 的使用权直接交给另一个进程,而中断是从用户态转换为核心态的必要条件,即中断是进程切换的必要条件。但发生中断时未必发生进程切换。如果中断处理完后原进程不再具有继续运行的条件,则会发生进程切换,反之,如果中断处理完后原进程仍具有继续运行的条件,则可能会发生进程切换,也可能不发生进程切换,这与处理器调度策略有关。

例 5:设在内存中有三道程序 A、B 和 C,它们在 CPU 上运行时间以及 I/O 时间分别为:

A:计算 30 ms,I/O 40 ms,计算 10 ms

B:计算 60 ms,I/O 30 ms,计算 10 ms

C:计算 20 ms,I/O 40 ms,计算 20 ms

假设,这三道程序的优先级从高到低排列为 A、B、C,在多道程序运行时,系统采用可剥夺式优先级高者优先调度算法,即在系统中始终运行优先级最高的能够运行的程序。

要求:(1)试画出按多道程序运行的时间关系图(调度程序的执行时间忽略不计),完成这三道程序共花多少时间? 比单道运行节省多少时间?(假定运行环境为单处理器,每个程序所用的 I/O 设备相同)

(2)若调度程序每次调度需要 1 ms 进行程序状态转换,试画出在处理器调度程序管理下各程序的时间关系图。

答:(1)若采用单道方式运行这三道程序,总运行时间为:30+40+10+60+30+10+20+40+20 = 260 ms。若采用多道方式运行这三道程序,其运行时间关系如图 3-20(a)所示,CPU 运行时间为:30+40+10+20+20+10+20 = 150 ms,CPU 空闲时间为:10+30 = 40 ms,所以,三道程序总的运行时间为:150+40=190 ms,比单道运行节省了 70 ms。

(2)当调度程序每次调度需要 1 ms 进行程序状态转换时,其程序运行时间关系如图 3-20(b)所示,因在整个执行过程中执行了 7 次调度程序,故需要 7 ms,所以,这三道程序的总运行时间为:190+7=197 ms。

例 6:某分时系统中的进程可能出现如图 3-21 所示的状态变化,请回答下列问题:

(1)根据图 3-21,该系统应采用什么调度策略?

(2)请把图 3-21 中的数字 1,2,…,6 标出的状态变化的可能原因写出来。

答:(1)该分时系统采用的进程调度算法是时间片轮转法。

(2)状态变化的原因如下:

①进程被选中,由就绪态转变为运行态到 CPU 上运行。

②时间片到,运行的进程转变为就绪态插入就绪队列尾部。

③运行中的进程因需要从文件中读取数据,故启动磁盘机后,将自己阻塞起来,并到等待磁盘读文件队列中等待磁盘机完成数据的读取任务。

④运行中的进程需要将运算结果写入文件,它先将输出的数据送到输出缓冲区中,再启动磁盘机,然后将自己阻塞起来,并到等待磁盘写文件队列中等待磁盘机完成数据写入任务。

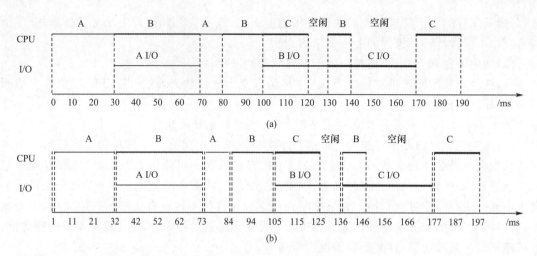

图 3-20　三道程序运行时间关系图

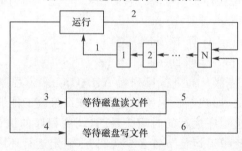

图 3-21　进程状态变化

⑤当磁盘读文件操作完成后,磁盘机会向 CPU 发送一个中断,CPU 响应中断并执行中断处理程序后,将等待完成数据读取任务的进程唤醒,并将它放到就绪队列尾部,等待调度。

⑥当磁盘写文件操作完成后,磁盘机会向 CPU 发送一个中断,CPU 响应中断并执行中断处理程序后,将等待完成数据写入任务的进程唤醒,并将它放到就绪队列尾部,等待调度。

例 7:某系统采用动态分区分配管理主存,为作业提供了 200 KB 主存容量和 5 台磁带机。若外设采用静态分配策略,作业调度采用先来先服务算法,进程调度采用短进程优先算法(非剥夺),作业在主存中不能移动,且忽略用户作业的 I/O 时间,那么,针对表 3-7 所示的作业序列,请回答:(1)各作业的开始执行时间和完成时间。(2)计算系统的平均周转时间。

表 3-7　　　　　　作业的提交时间、估计运行时间和所需资源表

作业名	提交时间	估计运行时间/m	需要主存量/KB	磁带机需求量
J1	10:00	40	40	3
J2	10:20	25	120	1
J3	10:30	35	110	2
J4	10:35	20	30	3
J5	10:50	10	50	1

答:分析:

10:00 J1 到达,此时系统中只有 J1,资源丰富,获得 3 台磁带机,由作业调度,然后再由进程调度,开始运行。

10:20 J2 到达,资源仍然丰富,系统为其分配 1 台磁带机,由作业调度,并进入就绪队列中等待运行。

10:30 J3 到达,但此时系统资源仅剩下 40 KB 内存和 1 台磁带机,无法满足 J3 所需的 110 KB 内存和 2 台磁带机的要求,J3 等待。

10:35 J4 到达,由于作业的调度采用的策略是 FCFS,因 J3 还没有被调度,J4 需要排队等待。

10:40 J1 完成,释放资源,此时,可用磁盘机有 4 台,可满足 J3,但内存中有 2 块可用的存储块,大小均为 40 KB,无法满足 J3,则 J3 继续等待,此时,只能由 J2 运行。

10:50 J5 到达,按作业的 FCFS 调度策略,J3、J4 还没有被调度,J5 需要等待。

11:05 J2 完成,释放资源,此时,作业调度程序按 FCFS 调度策略调度 J3 与 J4,此时,5 台磁带机都发配给 J3 和 J4,内存中有 60 KB 的可用空间,但由于无足够的磁带机导致 J5 无法被作业调度程序调度。此时,进程调度程序按照短作业优先算法选择 J4 运行。

11:25 J4 完成,释放资源,J5 获得磁带机,被作业调度,因与 J3 相比,J5 是短作业,J5 被进程调度程序选中运行。

11:35 J5 完成,释放资源,J3 运行。

12:10 J3 运行结束,释放资源。

(1)作业的开始运行时间和完成时间见表 3-8。

表 3-8　　　　　　　　　　作业的开始运行时间和完成时间

作业名	提交时间	估计运行时间/m	开始执行时间	完成时间
J1	10:00	40	10:00	10:40
J2	10:20	25	10:40	11:05
J3	10:30	35	11:35	12:10
J4	10:35	20	11:05	11:25
J5	10:50	10	11:25	11:35

(2)作业的执行顺序为 J1,J2,J4,J5,J3,它们的周转时间分别为:40 m,45 m,50 m,45 m 和 100 m,系统的平均周转时间=(40+45+50+45+100)/5 = 56(m)。

3.10　实验 1:进程管理

1. 实验内容

熟练使用 Linux 操作系统提供的用于进程管理的命令。

2. 实验目的

通过使用 Linux 进程管理命令,体会 Linux 操作系统对进程管理的方法和技术。

3. 实验准备

(1)程序的执行

让一个程序运行有两个主要途径:手工启动和调度启动。调度启动是事先进行设置,根据用户要求自行启动。手工启动又分为前台启动和后台启动。前台启动是最常用的方式,一般用户输入一个命令就启动了一个进程,而且是一个前台的进程。前台启动的一个特点是进程不结束,终端不出现"♯"或"$"提示符,所以用户不能再执行其他的任务。后台启动的一种方法是用户在输入的命令后面加"&"字符,后台进程常用于进程耗时长、用户不着急得到结果的场合。用户在启动一个后台进程后,终端会出现"♯"或"＄"提示符,而不必等待进程结束,用户可以继续执行其他任务。下面以 yes 命令为例介绍程序的前台和后台执行。

命令格式:yes［字符串］… 或 yes 选项

说明:yes 命令重复输出给定的字符串直到终止它,如果没有指定字符串,也没有选项,则重复输出字符'y'。若只有选项,则选项可为--help 或--version,--help 显示帮助信息,--version 显示版本信息。字符串可以用单引号或双引号引起来,若想输出单引号或双引号,需要使用转义符'\',例如:yes \'abc,则重复输出'abc。

例:

```
yes                      //yes 在前台运行,重复显示 y, 直到按 Ctrl＋C 键终止
yes ＞ /dev/null &       //yes 在后台运行
```

将一个作业放到后台运行的一种方法是在命令后面加"&"字符。输入命令以后,出现一个数字,该数字是该进程的标识号 PID。这时,用户可以看到 Shell 的提示符又回到屏幕上,用户可以继续其他工作。

注:上面将 yes 命令定向输出到虚拟设备/dev/null,我们可以把/dev/null 看作"黑洞",它等价于一个只写文件,所有写入它的内容都会永远丢失。因为 yes 命令的默认标准输出设备是屏幕,如果不改变它的输出,则它的运行结果要显示在屏幕上,干扰用户继续其他工作。

(2)进程管理命令

①ps 命令——查看系统中进程的状态(process status)

命令格式:ps［选项］

常用选项说明:

无选项:只列出在当前终端上启动进程。

-A:显示所有进程的信息。

-l:以长格式显示进程的信息。

-a:显示系统中与终端相关的(除会话组长之外)所有进程的信息。

-u:显示面向用户的格式(包括用户名、CPU 及内存使用情况等信息)。

-x:显示无控制终端的进程信息。

例:

```
ps                       //显示当前终端的进程信息
ps -A                    //显示所有进程的信息
ps -au                   //详细显示所有的与终端相关的进程的信息
```

ps -au 命令的执行屏幕截图如图 3-22 所示。

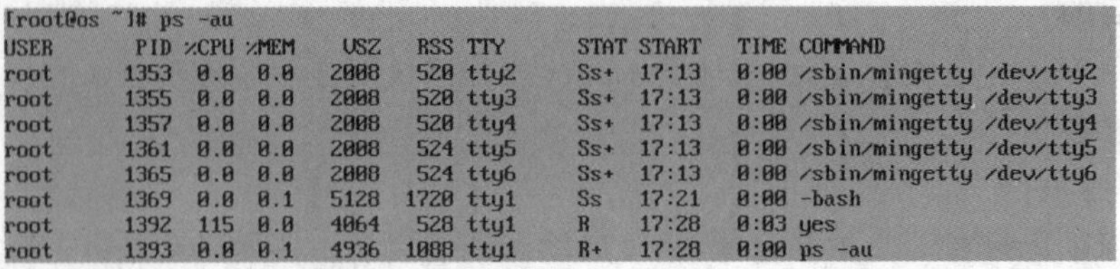

```
[root@os ~]# ps -au
USER       PID %CPU %MEM    VSZ   RSS TTY       STAT START   TIME COMMAND
root      1353  0.0  0.0   2008   520 tty2      Ss+  17:13   0:00 /sbin/mingetty /dev/tty2
root      1355  0.0  0.0   2008   520 tty3      Ss+  17:13   0:00 /sbin/mingetty /dev/tty3
root      1357  0.0  0.0   2008   520 tty4      Ss+  17:13   0:00 /sbin/mingetty /dev/tty4
root      1361  0.0  0.0   2008   524 tty5      Ss+  17:13   0:00 /sbin/mingetty /dev/tty5
root      1365  0.0  0.0   2008   524 tty6      Ss+  17:13   0:00 /sbin/mingetty /dev/tty6
root      1369  0.0  0.1   5128  1720 tty1      Ss   17:21   0:00 -bash
root      1392  115  0.0   4064   528 tty1      R    17:28   0:03 yes
root      1393  0.0  0.1   4936  1088 tty1      R+   17:28   0:00 ps -au
```

图 3-22　ps -au 命令的执行屏幕截图

其输出格式说明如下:

USER:进程拥有者。

PID:进程标识号。

%CPU:占用 CPU 资源百分比。

%MEM:占用物理内存百分比。

VSZ:占用的虚拟内存量(KB)。

RSS:占用的固定内存量(KB)。

TTY:占用的终端号。tty1 至 tty6 是本机上面的登录者运行的进程,pts/0 等则表示为网络连接到本机运行的程序。

STAT:该进程的状态,常见的表示状态的符号有:

D——不可中断阻塞状态(常用于 I/O 操作)

R——运行状态或可执行状态

S——可中断阻塞状态

T——暂停状态或调试状态

Z——僵尸状态

对于 BSD 格式和使用统计关键字时,可能会出现附加的字符,其意义是:

<——高优先级

N——低优先级

s——会话组长(在它之下有子进程)

+——位于前台的进程组

START:进程开始时间。

TIME:执行的时间。

COMMAND:所执行的命令。

②kill 命令——给进程发送信号

kill 能够发送的信息较多,每个信号都有对应的数值,比如 SIGKILL 的信号值是 9,SIGHUP 的信号值是 1。当某个进程在前台进程运行时,可以按 Ctrl+C 键来终止它,在后台进程无法使用这种方法终止其运行,但可以使用 kill 命令给进程发送强行终止信息,使其终止运行。例如,中止图 3-22 中进程标识号 PID 为 313 的进程 yes,可用下列命令:

kill -9 313   //通过进程号终止进程

可用 kill -l 显示 kill 能发送的信息种类。

③top 命令——实时监控进程

top 命令与 ps 命令不同,top 可以实时监控进程的状况,它默认自动 5 秒刷新一次,也可用"top -d 30",使得 top 每 30 秒刷新一次。

④bg 命令——将作业放到后台执行

在手工启动前台进程时,如果进程没有执行完毕,则可以按 Ctrl+Z 键暂停进程的执行,然后使用 bg 命令将进程放到后台执行。

例:运行 vim abc,进入 vim 编辑环境中,按 Ctrl+Z 键,暂停运行,注意[ ]中的数字表示暂停任务的编号。运行 yes > /dev/null,按 Ctrl+Z 键,暂停运行。屏幕截图如图 3-23 所示。

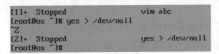

图 3-23　屏幕截图 1

现在让 yes 在后台运行,执行 bg 2 即可,此处的 2 是指处于暂停状态的 2 号任务。我们用 ps au 命令可以查看当前各进程的状态,可以看到 vim 处于暂停状态(T),yes 处于运行状态 (R),执行命令的屏幕截图如图 3-24 所示。

```
[root@os ~]# bg 2
[2]+ yes > /dev/null &
[root@os ~]# ps au
USER       PID %CPU %MEM    VSZ   RSS TTY      STAT START   TIME COMMAND
root      1353  0.0  0.0   2008   520 tty2     Ss+  17:13   0:00 /sbin/mingetty /dev/tty2
root      1355  0.0  0.0   2008   520 tty3     Ss+  17:13   0:00 /sbin/mingetty /dev/tty3
root      1357  0.0  0.0   2008   520 tty4     Ss+  17:13   0:00 /sbin/mingetty /dev/tty4
root      1361  0.0  0.0   2008   524 tty5     Ss+  17:13   0:00 /sbin/mingetty /dev/tty5
root      1365  0.0  0.0   2008   524 tty6     Ss+  17:13   0:00 /sbin/mingetty /dev/tty6
root      1369  0.0  0.1   5128  1724 tty1     Ss   17:21   0:00 -bash
root      1419  0.0  0.3  10112  4120 tty1     T    17:56   0:00 vim abc
root      1420  8.2  0.0   4064   528 tty1     R    17:56   0:08 yes
root      1421  0.0  0.1   4936  1080 tty1     R+   17:58   0:00 ps au
[root@os ~]#
```

图 3-24　屏幕截图 2

注:ps 命令兼容 UNIX 和 BSD 语法:在 UNIX 中,命令选项可以组合在一起,并且选项前必须有"-"号。BSD 是 UNIX 的一个分支,它的命令选项可以组合在一起,但是在选项前不能有"-"号。图 3-24 所示的 ps 命令的选项就没有使用"-"号。

⑤jobs 命令——查看当前会话中的作业状态

接上例,执行 jobs 时,屏幕截图如图 3-25 所示。说明 vim 处于暂停状态,yes 在后台运行。

```
[root@os ~]# jobs
[1]+  Stopped                 vim abc
[2]-  Running                 yes > /dev/null &
[root@os ~]#
```

图 3-25　屏幕截图 3

⑥fg 命令——将作业放到前台执行或让暂停运行的作业继续运行

接上例,执行 fg 1 可让 vim 继续在前台运行,执行 fg 2 可让 yes 在前台运行。

(3)作业调度命令

有时候需要对系统进行一些比较费时而且占用资源的维护工作,这些工作适合在深夜进行,这时候用户就可以事先进行调度安排,指定任务运行的时间或者场合,到时候系统会自动完成这些工作。

①at 命令——在指定时刻执行指定的命令序列

例:在 3 天后的下午 5 点钟执行/bin/ls。使用 at 命令,首先进入 at 编辑界面,编辑完后按 Ctrl+D 键退出。注意:在 at 编辑界面输入的命令要使用绝对路径。例如,输入"/bin/ls"而不是"ls"。屏幕截图如图 3-26 所示。

```
[root@os ~]# at 5pm +3days
at> /bin/ls
at> <EOT>
job 2 at 2019-03-27 17:00
[root@os ~]# _
```

图 3-26　屏幕截图 4

at 命令时间格式说明:

• 时间格式为 hh:mm(小时:分钟)。如果在设置时该时间已经过去,那么就在第二天的这个时间执行。用户还可以采用 12 小时计时制,即在时间后面加上 AM 或 PM 来说明是上午还是下午,如 at 5:20 AM /bin/date。

• 指定命令执行的具体日期。指定格式为 month day(月日)、mm/dd/yy 或者 dd. mm. yy。指定的日期必须跟在指定时间的后面。

- 相对计时法。指定格式为 now ＋ count time-units，"now"就是当前时间，"time-units"是时间单位，这里可以用 minutes(分钟)、hours(小时)、days(天)、weeks(星期)等。count 是时间的数量。
- 直接使用 today(今天)、tomorrow(明天)来指定完成命令的时间。

例如：指定在今天下午 5：30 执行某命令。假设现在时间是中午 12：30，日期是 2020 年 8 月 21 日，其命令格式有如下几种：

```
at 5：30pm
at 17：30
at 17：30 today
at now ＋ 5 hours
at now ＋ 300 minutes
at 17：30 21.8.20
at 17：30 8/21/20
at 17：30 Aug 21
```

以上这些命令表达的意义是完全一样的，所以在安排时间的时候完全可以根据具体情况自由选择。

②at 命令——删除指定的作业序列

执行 at -d 1 命令可删除作业序号为 1 作业。查询作业序列使用命令 atq，也可使用 atrm 命令删除作业序列。

③crontab 命令——在指定时刻执行指定的命令序列

at 命令用于安排运行一次的作业较方便，但如果要重复运行程序，比如每周三凌晨 1 点进行数据备份，则使用 crontab 命令更为方便。关于 crontab 的具体用法，请读者参考其他资料。

3.11　实验 2：进程通信

1. 实验内容

利用 pipe() 创建一个或两个无名管道后，应用 fork() 创建一个子进程，实现父子进程之间的单向或双向通信。

2. 实验目的

深刻理解进程的概念，掌握进程的创建及管道通信方式。

3. 实验准备

进程与其子孙进程之间可用其创建的无名管道进行通信，而其他进程之间可通过有名管道进行通信。本实验要求使用无名管道实现父子进程之间的通信。

①pipe()——创建无名管道

pipe 函数原型为：

```
＃include ＜unistd.h＞
int pipe(int fildes[2]);
```

其中，fildes[2]是供进程使用的文件描述符数组，fildes[0]用于读，fildes[1]用于写。

创建管道正确返回 0，错误返回-1。

管道文件创建后，可以被 fork() 创建的子进程共享。

②close 函数

close 函数用来关闭指定的文件。在使用文件时,首先要打开,使用结束后要关闭。close 函数原型为:

```
# include <unistd.h>
int close(int fildes);
```

其中,fildes 为文件的文件描述符。

函数返回值:成功时为 0,失败时为 -1。

③读文件函数 read 和写文件函数 write

任何文件在读写之前,必须先打开。文件被成功打开时,返回文件的描述符,例如,在打开无名管道时,返回两个文件描述符,分别用于读和写。读和写文件使用 read 和 write 函数,这两个函数的原型为:

```
# include <unistd.h>
ssize_t read(int fildes,void * buf,size_t nbytes);
ssize_t write(int fildes,const void * buf,size_t nbytes);
```

其中,fildes 为文件的描述符,buf 为读出或写入文件数据的字节数组,第三个参数是要传送的字节个数。

函数返回值:正确时返回读写的字节数;错误时返回 -1,并设置 errno。注意返回值类型是 ssize_t,表示有符号的 size_t,这样既可以返回正的字节数(表示读写的字节数)、0(表示到达文件末尾)也可以返回负值 -1(表示出错)。size_t 表示无符号整数类型。errno 是在头文件 errno.h 中声明的一个全局整型变量,系统中发生的各种错误都有对应的错误码,错误码存放在变量 errno 中。

4. 实验参考程序示例

(1)利用管道实现单向通信 C 源程序清单

```
01 / * Filename：ex3-1.c   * /
02 # include <unistd.h>
03 # include <stdio.h>
04 # include <stdlib.h>
05 # include <sys/types.h>
06 # define MAXIMUM   80
07 int main()
08 {
09     int fd[2];
10     pid_t pid;
11     char line[MAXIMUM];
12     if (pipe(fd)<0) {
13         printf("Failed to create the pipe. \n");
14         exit(1);
15     }
16     if ((pid=fork()) < 0) {
17         printf("Failed to create the child process. \n");
18         close(fd[0]);
```

```
19          close(fd[1]);
20          exit(2);
21      }
22      if (pid>0) {
23          close(fd[0]);   /* 父进程关闭管道的读口 */
24          write(fd[1],"How are you? \n",15);
25          printf("Parent: Successfully! \n");
26          close(fd[1]);
27          sleep(1);
28      }else{
29          close(fd[1]);   /* 关闭子进程管道的写口 */
30          read(fd[0],line, MAXIMUM);
31          printf("Child: Read from the pipe:%s",line);
32          close(fd[0]);
33      }
34      return 0;
35 }
36 /* 编译命令 gcc -o ex3-1 ex3-1. c   */
37 /* 运行命令 ./ex3-1                 */
```

程序运行截图如图 3-27 所示。

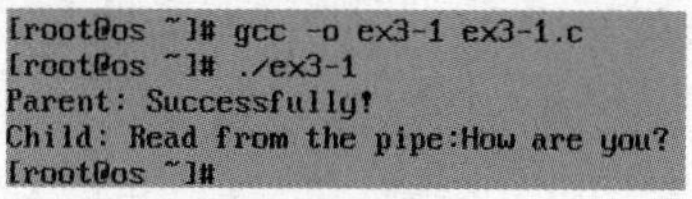

```
[root@os ~]# gcc -o ex3-1 ex3-1.c
[root@os ~]# ./ex3-1
Parent: Successfully!
Child: Read from the pipe:How are you?
[root@os ~]#
```

图 3-27　程序运行截图

(2)利用管道实现双向通信的 C 源程序清单

```
01 /* Filename: ex3-2. c   */
02 # include <unistd. h>
03 # include <stdio. h>
04 # include <stdlib. h>
05 # include <sys/types. h>
06 # define MAXLINE 80
07 int main()
08 {
09     int fd1[2], fd2[2],n;
10     pid_t pid;
11     char line[MAXLINE];
12     if (pipe(fd1)<0) {
13         printf("Failed to create the pipe1. \n");
14         exit(0);
15     }
16     if (pipe(fd2)<0) {
17         printf("Failed to create the pipe2.   \n");
```

```
18          close(fd1[0]);
19          close(fd1[1]);
20          exit(0);
21      }
22      pid=fork();
23      if (pid>0) {
24          close(fd1[0]);
25          close(fd2[1]);
26          write(fd1[1],"How are you? \n",15);
27          printf("Parent: Successfully! \n");
28          read(fd2[0], line, MAXLINE);
29          printf("Parent: Read from the pipe: %s",line);
30          close(fd1[1]);
31          close(fd2[0]);
32          sleep(1);
33      }
34      if (pid==0) {
35          close(fd1[1]);
36          close(fd2[0]);
37          read(fd1[0],line,MAXLINE);
38          printf("Child: Read from the pipe: %s",line);
39          write(fd2[1], "I'm fine, and you? \n", 30);
40          printf("Child:Successfully! \n");
41          close(fd1[0]);
42          close(fd2[1]);
43      }
44      if (pid<0) {
45          printf("Failed to create the child process. \n");
46          close(fd1[0]);
47          close(fd1[1]);
48          close(fd2[0]);
49          close(fd2[1]);
50      }
51      return 0;
52 }
53 /* 编译命令 gcc -o ex3-2 ex3-2.c   */
54 /* 执行程序 ./ex3-2                  */
```

程序运行截图如图 3-28 所示。

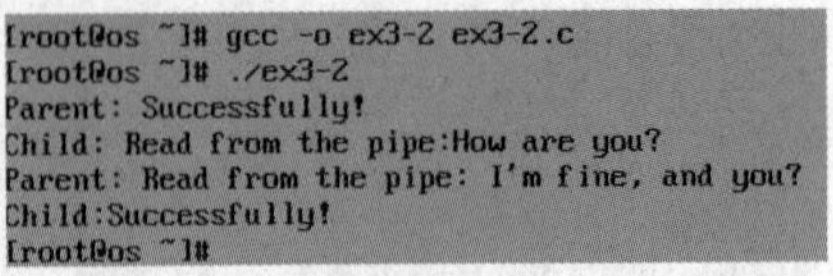

图 3-28   程序运行截图

3.12 实验 3：进程调度

1. 实验内容

设计适用于某种调度算法的进程控制块结构，建立进程就绪队列，模拟实现进程调度算法。

实现的进程调度算法可以是静态优先级调度算法、动态优先级调度算法或时间片轮转调度算法，也可选择某种已知算法，或自设计一种调度算法。

2. 实验目的

理解进程控制块、进程队列的概念，掌握进程调度算法的处理逻辑。

3. 实验参考程序示例

下列程序实现了一个以动态优先级调度的算法。进程每运行一个时间片，其时间片增加一个运行单位，其优先级降一个等级，直到最低优先级 69 为止。

```
01 /* Filename：ex3-3.c */
02 #include <stdio.h>
03 #include <stdlib.h>
04 #include <string.h>
05 #define OUTPUT p—>name,p—>prio,p—>round,p—>cputime,p—>needtime,p—>state,p
—>count
06 /* 定义进程控制块结构 */
07 typedef struct node {
08      char name[20];/* 进程的名字 */
09      int prio；/* 进程的优先级 */
10      int round；/* 时间片 */
11      int cputime；  /* CPU 执行时间 */
12      int needtime；/* 进程执行所需要的时间 */
13      char state；/* 进程的状态,R——就绪态,X——执行态,F——完成态 */
14      int count；/* 记录执行的次数 */
15      struct node * next；/* 链表指针 */
16 } PCB;
17
18 PCB * ready=NULL,* run=NULL,* finish=NULL；/* 定义就绪、执行和完成队列 */
19
20 void Output() {   /* 输出队列信息 */
21      PCB * p；
22      printf("NAME\tPRI\tSLICE\tTIME\tNEED\tSTATE\tCOUNTER\n")；
23      p = ready—>next；
24      while(p! =ready) {
25          printf("%s\t%d\t%d\t%d\t%d\t%c\t\t%d\n", OUTPUT)；
26          p = p—>next；
27      }
28      p = run；
```

```
29        if (p) printf("%s\t%d\t%d\t%d\t%d\t%c\t\t%d\n", OUTPUT);
30        p = finish->next;
31        while(p! = finish) {
32            printf("%s\t%d\t%d\t%d\t%d\t%c\t\t%d\n", OUTPUT);
33            p = p->next;
34        }
35 }

37
38 void InsertPrio(PCB * in){  / * 就绪队列,按优先级大小排列,规定优先级数越小优先级越高 * /
39     PCB * p1 = ready->next, * p2 = ready;
40     while ((p1 ! = ready && p1 -> prio <= in -> prio)) {
41         p2 = p1;
42         p1 = p1 -> next;
43     }
44     in -> next = p1;
45     p2 -> next = in;
46     in -> state = 'R';   / * 进程状态设置为就绪状态 * /
47 }

48
49 void PrioCreate(int num)   { / * 创建进程,并初始化 PCB * /
50     PCB * tmp;
51     int i;
52     printf("Enter process name, execution time, and priority. \n");
53     printf("The input format is: name time priority\n");
54     for(i = 0;i < num; i++) {
55         if((tmp = (PCB * )malloc(sizeof(PCB))) ==NULL) {
56             perror("malloc");
57             exit(1);
58         }
59         scanf("%s %d %d",tmp->name, &(tmp->needtime), &(tmp ->prio));
60         tmp ->cputime = 0; / * 进程已运行时间 * /
61         tmp ->round = 1;   / * 时间片为1      * /
62         tmp ->count = 0;   / * 调度次数为0   * /
63         InsertPrio(tmp);   / * 按照优先级大小插入就绪队列中 * /
64     }
65 }

66
67 void GetFirst() { / * 取得第一个就绪队列进程 * /
68     if(ready ! = ready -> next) {   / * 就绪队列不空 * /
69         run = ready -> next;   / * 从就绪队列中移出第一进程,使其为运行态 * /
70         ready -> next = run ->next;
71         run -> next = NULL;
72         if (run -> needtime < run -> round)
```

```
73          run -> round = run ->needtime;/ * 设置时间片 * /
74          run ->state = 'X';    / * 改变进程的状态为运行态 * /
75      }
76 }
77
78 void InsertFinish() { / * 将进程插入完成队列尾部 * /
79      PCB * p1 = finish->next, * p2 = finish;
80      while (p1 ! = finish) {
81          p2 = p1;
82          p1 = p1 -> next;
83      }
84      run -> next = p1;
85      p2 -> next = run;
86      run ->state = 'F';   / * 进程状态为完成状态 * /
87 }
88
89 void Priority() {   / * 按照优先级调度,每次执行一个时间片 * /
90      GetFirst();
91      while(run ! = NULL) { / * 当有进程运行时 * /
92          Output();   / * 输出每次调度时各进程的情况 * /
93          run->cputime += run->round;       / * CPU 时间片加 1 * /
94          run->needtime -= run -> round;/ * 进程剩余时间 * /
95          run->count++; / * 进程调度次数 * /
96          run -> prio = (run->prio+1) % 70;/ * 优先级降级 * /
97          run -> round ++; / * 时间片递增 * /
98          if(run->needtime == 0) { / * 进程完成 * /
99              InsertFinish();   / * 插入完成队列中 * /
100         } else { / * 将进程状态置为就绪状态,并插入就绪队列 * /
101             InsertPrio(run);
102         }
103         run = NULL;
104         GetFirst();/ * 继续从就绪队列中取进程执行 * /
105     }
106 }
107
108 int main(void)
109 {
110     int num;
111     // 初始化队列
112     ready = (PCB * )malloc(sizeof(PCB)); ready->next = ready;
113     finish = (PCB * )malloc(sizeof(PCB)); finish->next = finish;
114
115     printf("Please enter the number of processes to be created：");
```

```
116    scanf("%d",&num);
117    PrioCreate(num);
118    Priority();
119    Output();
120    return 0;
121  }
122  /* 编译命令 gcc -o ex3-3 ex3-3.c   */
123  /* 执行程序 ./ex3-3               */
```

习题 3

1. 选择题

(1) 当(   )时,进程从执行状态转变为就绪状态。

A. 进程被调度程序选中   B. 时间片到

C. 等待某一事件   D. 等待的事件发生

(2) 在进程状态转换时,下列(   )转换是不可能发生的。

A. 就绪态→运行态   B. 运行态→就绪态

C. 运行态→阻塞态   D. 阻塞态→运行态

(3) 下列各项工作步骤中,(   )不是创建进程所必需的步骤。

A. 建立一个 PCB   B. 作业调度程序为进程分配 CPU

C. 为进程分配内存等资源   D. 将 PCB 链入进程就绪队列

(4) 下列有可能导致一进程从运行变为就绪的事件是(   )。

A. 一次 I/O 操作结束   B. 运行进程需作 I/O 操作

C. 运行进程结束   D. 出现了比现运行进程优先级高的就绪进程

(5) 一个进程释放一种资源将有可能导致一个进程(   )。

A. 由就绪变运行   B. 由运行变就绪

C. 由阻塞变运行   D. 由阻塞变就绪

(6) 一个进程的读磁盘操作完成后,操作系统针对该进程必做的是(   )。

A. 修改进程状态为就绪态   B. 降低进程优先级

C. 为进程分配用户内存空间   D. 增加进程的时间片大小

(7) 下列关于管道(pipe)通信的叙述中,正确的是(   )。

A. 一个管道可实现双向数据传输

B. 管道的容量仅受磁盘容量大小限制

C. 进程对管道进行读操作和写操作都可能被阻塞

D. 一个管道只能有一个读进程或一个写进程对其操作

(8) 进程和程序的本质区别是(   )。

A. 存储在内存和外存   B. 顺序和非顺序执行机器指令

C. 分时使用和独占使用计算机资源 D. 动态和静态特征

(9) 一个进程被唤醒意味着(   )。

A. 该进程重新占有了 CPU   B. 它的优先级变为最大

C. 其 PCB 移至等待队列队首   D. 进程变为就绪状态

(10)单处理器系统中,可并行的是( )。

Ⅰ.进程与进程 Ⅱ.处理器与设备 Ⅲ.处理器与通道 Ⅳ.设备与设备

A.Ⅰ、Ⅱ和Ⅲ   B.Ⅰ、Ⅱ和Ⅳ   C.Ⅰ、Ⅲ和Ⅳ   D.Ⅱ、Ⅲ和Ⅳ

(11)下列选项中,导致创建新进程的操作是( )。

Ⅰ.用户登录成功 Ⅱ.设备分配 Ⅲ.启动程序执行

A.仅Ⅰ和Ⅱ   B.仅Ⅱ和Ⅲ

C.仅Ⅰ和Ⅲ   D.Ⅰ、Ⅱ和Ⅲ

(12)在支持多线程的系统中,进程P创建的若干个线程不能共享的是( )。

A.进程P的代码段   B.进程P中打开的文件

C.进程P的全局变量   D.进程P中某线程的栈指针

(13)下列关于进程和线程的叙述中,正确的是( )。

A.不管系统是否支持线程,进程都是资源分配的基本单位

B.线程是资源分配的基本单位,进程是调度的基本单位

C.系统级线程和用户级线程的切换都需要内核的支持

D.同一进程中的各个线程拥有各自不同的地址空间

(14)下列有关基于时间片的进程调度的叙述中,错误的是( )。

A.时间片越短,进程切换的次数越多,系统开销也越大

B.当前进程的时间片用完后,该进程状态由执行态变为阻塞态

C.时钟中断发生后,系统会修改当前进程在时间片内的剩余时间

D.影响时间片大小的主要因素包括响应时间、系统开销和进程数量等

(15)一个多道批处理系统中仅有P1和P2两个作业,P2比P1晚5 ms到达,它们的计算和I/O操作顺序如下:

P1:计算 60 ms,I/O 80 ms,计算 20 ms

P2:计算 120 ms,I/O 40 ms,计算 40 ms

若不考虑调度和切换时间,则完成两个作业需要的时间最少是( )。

A.240 ms   B.260 ms   C.340 ms   D.360 ms

(16)从资源管理的角度看,进程调度属于( )。

A.I/O 管理   B.文件管理   C.处理器管理   D.存储器管理

(17)进程的控制信息和描述信息存放在( )。

A.JCB   B.PCB   C.AFT   D.SFT

(18)进程控制块是描述进程状态和特性的数据结构,一个进程( )。

A.可以和其他进程共用一个进程控制块

B.可以有多个进程控制块

C.只能有唯一的进程控制块

D.可以没有进程控制块

(19)为了照顾紧迫型作业,应采用( )。

A.先来服务调度算法   B.短作业优先调度算法

C.时间片轮转调度算法   D.优先级调度算法

(20)在采用动态优先级的优先级调度算法中,如果所有进程都具有相同优先级初值,则此时的优先级调度算法实际上和( )相同。

A. 先来先服务调度算法　　　　　　　B. 短作业优先调度算法

C. 时间片轮转调度算法　　　　　　　D. 长作业优先调度算法

(21)作业从后备作业到被调度程序选中的时间称为(　　)。

A. 周转时间　　　　　　　　　　　　B. 响应时间

C. 等待调度时间　　　　　　　　　　D. 运行时间

(22)下列进程调度算法中,综合考虑进程等待时间和执行时间的是(　　)。

A. 时间片轮转调度算法　　　　　　　B. 短进程优先调度算法

C. 先来先服务调度算法　　　　　　　D. 高响应比优先调度算法

(23)下列选项中,降低进程优先级的合理时机是(　　)。

A. 进程的时间片用完

B. 进程刚完成 I/ O,进入就绪列队

C. 进程长期处于就绪列队中

D. 进程从就绪态转为运行态

(24)下列选项中,满足短任务优先且不会发生饥饿现象的调度算法是(　　)。

A. 先来先服务　　　　　　　　　　　B. 高响应比优先

C. 时间片轮转　　　　　　　　　　　D. 非抢占式短任务优先

(25)若某单处理器多进程系统中有多个就绪进程,则下列关于处理器调度的叙述中错误的是(　　)。

A. 在进程结束时能进行处理器调度

B. 创建新进程后能进行处理器调度

C. 在进程处于临界区时不能进行处理器调度

D. 在系统调用完成并返回用户态时能进行处理器调度

(26)下列调度算法中,不可能导致饥饿现象的是(　　)。

A. 时间片轮转　　　　　　　　　　　B. 静态优先级调度

C. 非抢占式短作业优先　　　　　　　D. 抢占式短作业优先

(27)某单处理器系统中有输入和输出设备各 1 台,现有 3 个并发执行的作业,每个作业的输入、计算和输出时间均为 2 ms、3 ms 和 4 ms,且都按输入、计算和输出的顺序执行,则执行完 3 个作业需要的时间最少是(　　)。

A. 15 ms　　　　　　B. 17 ms　　　　　　C. 22 ms　　　　　　D. 27 ms

(28)下列关于线程的描述中,错误的是(　　)。

A. 内核级线程的调度由操作系统完成

B. 操作系统为每个用户级线程建立一个线程控制块

C. 用户级线程间的切换比内核级线程间的切换效率高

D. 用户级线程可以在不支持内核级线程的操作系统上实现

(29)下列选项中,可能将进程唤醒的事件是(　　)。

Ⅰ. I/O 结束　Ⅱ. 某进程退出临界区　　Ⅲ. 当前进程的时间片用完

A. 仅Ⅰ　　　　　　B. 仅Ⅲ　　　　　　C. 仅Ⅰ、Ⅱ　　　　　D. Ⅰ、Ⅱ、Ⅲ

(30)系统采用二级反馈队列调度算法进行进程调度。就绪队列 Q1 采用时间片轮转调度算法,时间片为 10 ms;就绪队列 Q2 采用短进程优先调度算法;系统优先调度 Q1 队列中的进程,当 Q1 为空时系统才会调度 Q2 中的进程;新创建的进程首先进入 Q1;Q1 中的进程执行一

个时间片后,若未结束,则转入 Q2。若当前 Q1、Q2 为空,系统依次创建进程 P1、P2 后即开始进程调度,P1、P2 需要的 CPU 时间分别为 30 ms 和 20 ms,则进程 P1、P2 在系统中的平均等待时间为(　　)。

A. 25 ms　　　　　　B. 20 ms　　　　　　C. 15 ms　　　　　　D. 10 ms

(31)下列与进程调度有关的因素中在设计多级反馈队列调度算法时需要考虑的是(　　)

Ⅰ. 就绪队列的数量;Ⅱ. 就绪队列的优先级;Ⅲ. 各就绪队列的调度算法;Ⅳ. 进程在就绪队列间的迁移条件。

A. Ⅰ,Ⅱ　　　　　　B. Ⅲ,Ⅳ　　　　　　C. Ⅱ,Ⅲ,Ⅳ　　　　　　D. Ⅰ,Ⅱ,Ⅲ,Ⅳ

(32)下列关于父进程与子进程的叙述中错误的是(　　)

A. 父进程与子进程可以并发执行

B. 父进程与子进程共享虚拟地址空间

C. 父进程与子进程有不同的进程控制块

D. 父进程与子进程不能同时使用同一临界资源

2. 填空题

(1)从静态角度看,操作系统中的进程是由程序段、_____ 和 _____ 组成。

(2)若干个事件在同一时刻发生称为 _____,若干个事件在同一时间间隔内发生称为 _____。

(3)在操作系统中,进程是一个 _____ 的基本单位,也是一个独立运行和 _____ 的基本单位。

(4)正在执行的进程需要等待 I/O 操作,其状态将由运行状态变为 _____ 状态。

(5)常用的进程通信方式有管道、_____ 和消息传递通信。

(6)_____ 是指从作业进入系统开始,直至其完成并退出为止所经历的时间。

(7)在采用响应比高者优先的作业调度算法中,当各个作业等待时间相同时,_____ 的作业将得到优先调度;当各个作业要求运行的时间相同时,_____ 的作业将得到优先调度。

(8)采用交换方式在将进程换出时,应首先选择处于 _____ 且优先权低的进程换出内存。

(9)一个作业从提交给系统后到运行结束,一般要经历 _____、执行和完成三个不同状态。

(10)进程调度的方式通常有 _____ 和 _____ 两种方式。

(11)某操作系统采用高响应比优先调度算法,进程 A 从进入内存到 t 时刻已等待 3 ms,预计执行时间为 6 ms,则 t 时刻进程 A 的响应比为 _____。

(12)系统中共有 8 个用户进程,且当前 CPU 在用户态下执行,则最多可有 _____ 个用户进程处于就绪状态,最多可有 _____ 个用户进程处于阻塞状态。若当前在核心态下执行,则最多可有 _____ 个用户进程处于就绪状态。

3. 问答题

(1)简述进程和程序之间的区别和联系。

(2)为什么将进程划分成运行、就绪和阻塞三个基本状态?

(3)PCB 的作用是什么?它主要包含哪些内容?

(4)简述创建进程的大致过程。

(5)为何引入线程?线程与进程的关系是什么?

(6)何谓进程通信?试列举几种进程通信方式。

(7)进程的三个基本的转换如图 3-29 所示,图中 1、2、3、4 分别代表某种类型状态变迁,请

分别回答:

①什么事件引起各状态之间的变迁?

②系统中常常由于某一进程的状态变迁引起另一进程也产生状态变迁,试判断变迁 3——1、2——1、3——2、4——1、3——4 是否存在因果关系?

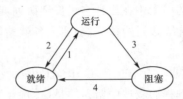

图 3-29　进程三个基本状态之间的转换图

(8)设在内存中有三道程序 A、B 和 C,并按 A、B、C 的次序运行,其在 CPU 上运行时间以及 I/O 时间分别为:

A:计算 30 ms,I/O 40 ms,计算 10 ms

B:计算 30 ms,I/O 50 ms,计算 10 ms

C:计算 20 ms,I/O 40 ms,计算 20 ms

试画出按多道程序运行的时间关系图(调度程序的执行时间忽略不计),完成这三道程序共花多少时间? 比单道运行节省多少时间? (假定运行环境为单处理器,每个程序所用的 I/O 设备相同,且在按多道程序运行时调度策略采用非剥夺方式,即一道程序在 CPU 上运行时,如果它不主动放弃 CPU,则其他程序不能抢占)

(9)引起进程调度的主要因素有哪些?

(10)某进程调度程序采用基于优先级(priority)的调度策略,即选择优先级数最小的进程运行,进程创建时由用户指定一个 nice 作为静态优先级数。为了动态调整优先级数,引入运行时间 cpuTime 和等待时间 waitTime,初值均为 0。进程处于执行状态时,cpuTime 定时为 1,且 waitTime 置 0;进程处于就绪状态时,cpuTime 置 0,waitTime 定时加 1。请回答下列问题。

①若调度程序只将 nice 的值作为进程的优先级,即 priority＝nice,则可能会出现饥饿现象,为什么?

②使用 nice、cpuTime 和 waitTime 设计一种动态优先级计数方法,以避免产生饥饿现象,并说明 waitTime 的作用。

(11)在采用动态优先级的进程调度算法中,有以 I/O 操作为主的进程和以计算为主的进程,请问,系统如何动态改变它们的优先级?

(12)举例说明,多道程序的引入提高了系统资源的利用率,同时也使操作系统复杂化。

(13)表 3-8 给出了 4 个作业 J1、J2、J3、J4 的提交时间和服务时间,试分别采用 FCFS、SJF 和 HRRN 调度算法,求出在各种作业调度算法下作业的平均等待时间和平均周转时间。

表 3-8　　　　　　　　　　4 个作业 J1、J2、J3、J4 的提交时间和服务时间

作业名	提交时间	服务时间/h
J1	10:00	2
J2	10:18	1
J3	10:48	0.5
J4	11:00	0.8

(14)在一个单道批处理系统中,有 4 个作业进入系统,提交时间及需计算时间见表 3-9。现忽略系统开销的时间,并规定 9:30 开始作业调度。

表 3-9　　　　　　　　　4 个作业的提交时间及需计算时间

作业	提交时间	需计算时间/分钟
1	8:00	60
2	8:30	30
3	9:00	12
4	9:30	6

①当采用先来先服务调度算法时,填表并计算平均周转时间。

②当采用计算时间短的作业优先调度算法时,填表并计算平均周转时间。

(15)有一个具有两道作业的批处理系统,作业调度采用短作业优先调度算法,进程调度采用以优先级数为基础的抢占式调度算法。现有作业序列见表 3-10,作业优先级数即为进程优先级,优先级数越小优先级越高,忽略系统调度时间。

表 3-10　　　　　5 个作业的提交时间、估计运行时间和优先级数表

作业	到达时间	估计运行时间	优先级数
A	10:00	40 分钟	5
B	10:20	30 分钟	3
C	10:30	50 分钟	4
D	10:50	20 分钟	2
E	11:00	30 分钟	1

①请列出所有作业进入内存时间、结束时间、周转时间。

②请计算平均周转时间(单位:分钟)。

第4章

进程互斥、同步与死锁

在多道程序环境下,计算机系统中存在着多个进程,这些进程在运行时并非毫不相干,它们彼此之间往往会存在一定的联系。一方面,进程间互相竞争系统中的有限资源;另一方面,有些进程之间必须相互协作,共同完成某一任务。这种进程间的既竞争又合作的关系表现为进程间的互斥与同步关系。如果系统资源分配不当,将会出现若干个进程相互等待被对方占用的资源,而无法继续运行下去,系统产生死锁。本章主要讨论进程同步的概念、临界资源与临界区的概念、经典同步问题、信号量机制,分析死锁产生的原因以及处理死锁的相关策略。最后简要介绍 Linux 操作系统的同步机制。

4.1 进程互斥与同步

微课

进程同步的概念

4.1.1 进程间的关系

在多道程序设计系统中,多个进程的并发执行使得这些进程之间存在着两种基本的交互关系,即竞争关系与协作关系。

1. 竞争关系

竞争关系是指系统中的多个进程之间彼此无关,它们并不知道其他进程的存在,也不受其他进程执行的影响。这类进程我们可称其为独立进程。但由于这些独立进程共享了计算机系统资源,因而,必然会出现多个独立进程竞争资源的问题。当多个独立进程竞争共享硬件设备、存储器、处理器和文件等资源时,操作系统必须协调好它们对资源的争用,因为多个进程同时使用某个资源,可能导致数据的不一致性。但对资源的竞争会产生两个问题,即死锁(Deadlock)和饥饿(Starvation)。例如,一组进程中的某个进程获得了部分资源,但还想申请其他进程所占用的资源,如果该组中的每一个进程都像该进程一样,那么最终所有的进程都无法继续运行下去导致死锁现象的出现;一个进程由于其他进程总是优先于它而被无限期拖延执行,可能使某些进程在较长时间内得不到服务,但死锁并没有发生,该进程出现饥饿现象。

2. 协作关系

协作关系是指系统中某些进程为完成同一任务需要分工协作,由于合作的每一个进程都是独立地以不可预知的速度推进,这就需要相互协作的进程在某些协调点上协调各自的工作。当合作进程中的一个进程到达协调点后,在尚未得到其伙伴进程发来的消息或信号之前应阻塞自己,直到其合作进程发来协调信号或消息后方被唤醒并继续执行。

4.1.2　进程间的互斥

进程间的互斥是指由于共享资源所要求的排他性,进程间要相互竞争来使用这些资源。例如,进程 P1 和 P2 在运行中都要使用打印机,如果允许这两个进程同时向一台打印机输出数据,那么它们的输出就会交织在一起,为了避免此类情况发生,就需要一种特殊的机制来协调控制,保证两个进程互斥地使用打印机。这种由于资源共享而引起进程间产生的关系称为间接制约关系,又称为互斥关系。

引起进程间互斥的共享资源既可以是硬件资源,如打印机、绘图仪等,也可以是软件资源,如变量、文件、数据结构等。

例如:有两个进程 P1 和 P2,它们共享一个变量 n,程序描述如下。

```
01 int n=0;  /* n为共享变量 */
02 P1( )
03 {
04      while(n<5) {
05        n++;
06      }
07      printf("A=%d", n);
08 }
09 P2( )
10 {
11      while(n<5) {
12        n++;
13      }
14      printf("B=%d", n);
15 }
```

这两个进程如果按顺序执行,即 P1 执行结束后 P2 执行,或 P2 执行结束后 P1 执行,当两个进程都执行结束后,P1 的输出结果是 A=5,P2 的输出结果是 B=5。

若这两个进程并发执行,则输出的结果就不确定了。由于这两个进程共享变量,又并发执行,使得 P1 可能输出 A=5 或 A=6,P2 可能输出 B=5 或 B=6,所以,这两个进程并发时可能的输出结果是下列 4 组结果之一。

1. P1 输出 A=5,P2 输出 B=5。
2. P1 输出 A=5,P2 输出 B=6。
3. P1 输出 A=6,P2 输出 B=5。
4. P1 输出 A=6,P2 输出 B=6。

进程的并发执行导致错误的运行结果,这肯定不是我们所希望的。这种错误的发生是由于并发执行时多个进程竞争使用某些共享资源,如果没有相应的规则来加以约束进程对共享资源的使用方法,则其执行结果是不确定的。为了解决这类问题,我们先引入临界资源和临界区的概念。

一次仅允许一个进程使用的资源称为临界资源。临界资源既可以是硬件资源,也可以是软件资源,比如打印机、绘图仪、变量、数据、表格、队列等。在每个程序中,对临界资源访问的那段程序称为临界区(Critical Region)或临界段(Critical Section)。临界区是由 E. W. Dijkstra 于 1965 年首先提出的。

在上述例子中,进程 P1 与 P2 的临界资源是变量 n。若能保证一次仅允许一个进程使用临界资源,即保证只有一个进程进入临界区,就不会产生错误的结果。

注意:临界区是对某一临界资源而言的,对于不同临界资源的临界区,它们之间不存在互斥。如有程序段 A,B 是关于变量 X 的临界区,而 C,D 是关于变量 Y 的临界区,那么,A,B 之间需要互斥执行,C,D 之间也要互斥执行,而 A 与 C,B 与 D 之间就不需要互斥执行。

为了禁止两个及两个以上进程同时进入对同一个临界资源访问的临界区内,可以采用硬件、软件或系统提供的同步机构来实现。但是,不论用什么办法都要遵循以下解决临界区互斥的准则:

1. 空闲让进。当无进程在临界区时,允许一进程立即进入。

2. 忙则等待。若某个进程已进入对临界资源 A 访问的临界区时,其他试图对临界资源 A 访问的进程必须等待。如果预计进程长时间不能访问该临界资源,那么它需要将处理器资源让其他进程占用,这叫作"让权等待"。在多核或多处理器系统中,如果进程预计它能很快进入临界区,那么它将在处理器上等待。例如,运行在多处理器或多核系统中的 Linux 可以利用自旋锁实现进程在处理器上等待进入临界区。

3. 有限等待。每个进入临界区的进程只能在临界区内逗留有限的时间,当进程退出临界区时,若有等待进入临界区的进程,则允许其中一个进程立即进入临界区。

在采用优先级调度算法的系统中,还要考虑优先级反转问题,即当高优先级的进程 P2 获得运行资格后,发现它所需要的临界资源被某低优先级的进程 P1 占用,则 P2 被阻塞。而 P1 一直被中等优先级的进程抢先而无法运行,致使 P2 进程无法获得被 P1 进程所占用的临界资源而迟迟得不到运行。解决这个问题的方案是提高 P1 的优先级,使其与 P2 的优先级相同或大于 P2 的优先级,这样,P1 就可以优先运行。当 P1 退出临界区时恢复到原来的优先级,P2 即可进入临界区。

4.1.3　进程间的同步

进程间的同步是指多个进程中发生的事件存在某种时序关系,必须协同动作,相互配合来共同完成一个任务。在运行过程中,这些进程可能要在某些同步点上需要等待协作者发来信息后才能继续运行。例如,一项工作由 A、B、C 三个进程来完成,A 进程用于输入数据,B 进程对输入的数据进行处理,C 进程输出结果。这三个进程之间就需要同步,当 A 进程完成数据输入后,B 进程才可运行,B 进程计算出结果后,C 进程才可输出结果。进程之间的这种制约关系称作直接制约关系,又叫同步关系。

在多任务系统中,进程之间存在着相互依赖又相互制约、相互合作又相互竞争的关系,我们把进程间的这种关系称为进程的同步。

4.2　进程互斥的实现

微 课

用硬件方法
实现进程的互斥

进程互斥的解决方法有两种,一是由竞争资源的各方平等协商;二是引入进程管理者,由管理者来协调竞争各方对互斥资源的使用。通过平等协商方式实现进程间互斥的方法有软件和硬件方法。通过引入管理者方式实现进程间的同步与互斥的方法有信号量机制和管程。下面分别介绍硬件方法和信号量机制,有关平等协商实现互斥的方法可参看其他文献。

4.2.1　进程互斥的硬件解决方法

由于机器指令在一个指令周期内执行,不会受到其他指令的干扰,也不会被中断,因此,利用机器指令来实现进程间互斥的方法简单方便。能够实现这种功能的机器指令有三种:关/开中断指令、测试与设置指令和交换指令。

1.关/开中断指令

在单处理器环境中,并发进程之间只能交替运行,当进程进入临界区之前禁止中断后,所有外部中断都被屏蔽,这样当前运行的进程就能一直运行下去,直到退出临界区时打开中断。这一段时间能保证进程快速、完整地对临界资源进行访问。但该方案并不好,因为把禁止中断的权力交给用户进程是不明智的,若用户进程禁止中断后,不再打开中断,其结果如何? 若在多用户计算机系统中,除发出禁止中断的用户的进程在运行外,其他用户的进程都将停止运行。

禁止中断这种方式也不能用于多处理器系统,因为关闭中断仅对执行该指令的处理器起作用,而其他处理器照常运行,也不能保证对临界资源的互斥使用。如果禁止中断的方式应用到系统的所有处理器,禁止中断的开销会很大,导致系统效率降低。

2.测试和设置 TS 指令

测试和设置 TS(Test and Set)指令,其功能是读出指定标志后并把该标志置为 TRUE。为了使用这条指令,要求为临界资源设置一个公共布尔变量 W,以指示资源当前的状态。当 W 的值为 FASLE 表示资源空闲可用,为 TRUE 表示资源被占用。W 的初值为 FASLE。

进程要使用一临界资源时,执行该指令。它测试变量 W 的值,如果 W 为 FASLE,则将 W 的值置为 TRUE,表示执行该指令的进程获得了使用该临界资源的权力;如果 W 为 TRUE,则表示该类资源已被别的进程占用。一旦资源被别的进程占用,它将重复执行这条指令,测试 W 直到 W 变为 FASLE,然后,将 W 设置为 TRUE,进入临界区。当进程退出临界区时,置 W 的值为 FASLE,以表示资源空闲。TS 指令的功能可用下面的函数描述。

```
01 boolean TS(boolean * W) {
02      boolean old;
03      old = * W;
04      * W = TRUE;
05      return old;
06 }
```

"测试和设置"是一条机器指令,故其执行不可被中断,从而保证 W 测试和设置的完整性。

在 Intel 80x86 CPU 中有位测试,设置指令 BTS 和位测试并复位指令 BTC,它们的格式是:

BTS OPRD1,OPRD2

BTC OPRD1,OPRD2

其中 OPRD1 是寄存器或存储器,OPRD2 是寄存器或立即数。

BTS 的功能是把操作数 OPRD1 的第 OPRD2 位送标志位 CF,并且把该位置 1。BTC 的功能是把操作数 OPRD1 的第 OPRD2 位送标志位 CF,并且把该位清 0。

利用这两条指令实现两个进程 P1、P2 互斥使用临界资源的描述如下:

```
         进程 P1                                进程 P2
         ……                                   ……
   L1：BTS W,0   /*变量 W 的第 0 位*/   L2：BTS W,0
       JC L1                               JC L2
       CS1          /*进程 P1 的临界区*/      CS2          /*进程 P2 的临界区*/
       BTC W,0                             BTC W,0
       ……                                   ……
```

变量 W 的初值为 0,P1 和 P2 利用变量 W 的第 0 位,实现了两个进程的互斥。指令"BTS W,0"执行的结果是将 W 的第 0 位送入标志位 CF,并设置 W 的第 0 位为 1。指令"BTC W,0"执行的结果是将 W 的第 0 位送入标志位 CF,并设置 W 的第 0 位为 0。例如,若进程 P1 已进入了临界区 CS1,则 W 的第 0 位为 1,当 P2 想进入临界区 CS2 时,要执行指令"BTS W,0",获得标志位 CF 为 1,此时 P2 执行指令"JC L2"时条件成立,转 L2 循环测试等待,直到 P1 退出临界区,并执行了"BTC W,0"指令后,将 W 的第 0 位清 0,此时,P2 才能进入临界区 CS2。显然,通过这两条指令可实现进程之间的互斥。

3. 交换指令(Swap 或 Exchange)

交换指令的功能是交换两个字(字节)的内容。可用下面的函数描述交换指令的功能。

```
01 void Swap(int * a, int * b) {
02     int temp;
03     temp = * a;
04     * a = * b;
05     * b = temp;
06 }
```

利用交换指令实现的进程互斥的算法描述如下:

①为某个临界资源设置一个公共布尔变量 W,其初值为 FASLE;

②每个进程设置一个私有布尔变量 key,初值为 TRUE,用于与 W 间进行信息交换;

③在进入临界区之前利用 Swap 指令交换 W 与 key 的值,然后检查 key 的值。若 key 的值为 TRUE,说明有进程在临界区中,此时重复执行该步,直到 key 的值为 FALSE 为止;

④当 key 的值为 FASLE 时,进程进入临界区。当它退出临界区时,直接设置 W 为 FASLE 即可。

在 Intel 80x86 CPU 中提供的指令是 XCHG,其格式是:

XCHG OPRD1,OPRD2

其中 OPRD1 是寄存器,OPRD2 可以是寄存器,也可以是存储器,执行该指令后两个操作数的值进行了交换。

利用指令 XCHG 实现进程的 P1 和 P2 互斥的描述如下:

```
         进程 P1                                进程 P2
         ……                                   ……
   L1：MOV CX,1 /*设置 key 为 TRUE*/   L2：MOV CX,1 /*设置 key 为 TRUE*/
       XCHG CX,W                            XCHG CX,W
       CMP CX,1                             CMP CX,1
       JZ L1                               JZ L2
       CS1                                 CS2
       MOV CX,0                             MOV CX,0
       XCHG CX,W                            XCHG CX,W
       ……                                   ……
```

变量 W 的初值为 0。

例如,若进程 P1 进入了临界区,则 W 的值为 1,当 P2 想进入临界区时,执行指令"XCHG CX,W",将得到的 CX 值为 1,此时执行指令"JZ L2"时条件成立,转 L2 继续循环测试,直到 P1 退出临界区,并将 W 清 0 后,P2 才可设置 W 为 1,并进入临界区 CS2。

采用测试与设置指令和交换指令能很好地把修改和检查结合成一个不可分割的整体而具有明显的优点。具体而言,它们的优点体现在以下几个方面:

①适用范围广。测试与设置指令和交换指令适用于任意数目的进程,在单处理器和多处理器环境中完全相同。

②简单。这两条指令简单,含义明确,容易验证其正确性。

③支持多个临界区。在一个进程内若有多个临界区时,只需为每个临界资源设置一个布尔变量即可。

使用这两种机器指令实现互斥存在的主要缺点是:当一个进程正在临界区中执行时,其他想进入临界区的进程,必须一直占用 CPU 不停地循环测试布尔变量 W 的值,这就造成了 CPU 的浪费,这种现象称为"忙等"。采用这两种指令实现互斥都没有遵循"让权等待"的原则。

上述两种方法若用高级语言描述则易于理解。

设变量 W,用它表示一把锁,锁有两种状态:开锁状态和关锁状态。用 0 表示开锁状态,1 表示关锁状态。在开锁状态下,资源可用,在关锁状态下资源不可用。当某个进程想进入临界区时对 W 执行关锁原语 LOCK(W),关锁原语 LOCK(W) 的主要功能是测试锁的状态,若锁是开锁状态,则将锁关闭,然后允许进程进入临界区;若锁是关锁状态,则循环等待锁的打开。当一个进程从临界区退出时对 W 执行开锁原语 UNLOCK(W),将锁打开。

LOCK(W) 和 UNLOCK(W) 两个原语描述如下。

```
01 LOCK(W)
02 {
03     while (W==1);
04     W=1;
05 }
06 UNLOCK(W)
07 {
08     W=0;
09 }
```

利用 LOCK(W) 和 UNLOCK(W) 可以解决并发进程对临界区访问的互斥问题。例如使用锁变量 W 实现 3.1.3 节进程 P1 和 P2 的互斥算法描述如下。

```
01 int n=0;               /* n 为共享变量 */
02 lock W=0;              /* W 为锁变量,初值为 0,表示锁为开锁状态 */
03 main( )
04 {
05     cobegin
06         P1( );
07         P2( );
08     coend
09 }
```

```
10 P1( ) {
11      while(1) {
12          生产出一个产品;
13          LOCK(W);              /*执行关锁原语*/
14          n++;                 /*产品生产出来,进行统计*/
15          UNLOCK(W);            /*执行开锁原语*/
16      }
17 }
18 P2( ) {
19      while (1) {
20          sleep(T);            /*延迟一段时间 T,即 P2 睡眠一段时间*/
21          LOCK(W);             /*执行关锁原语*/
22          printf("%d\n",n);    /*输出统计结果*/
23          n=0;                 /*n 清 0*/
24          UNLOCK(W);           /*执行开锁原语*/
25      }
26 }
```

思考:在单处理环境中使用测试和设置指令、交换指令可以实现进程之间互斥地访问临界资源,请思考在多处理环境下这类指令是否可以有效地实现多进程之间互斥地进入临界区。

使用测试和设置指令、交换指令实施互斥有以下优点:

①适用于在单处理器或共享内存的多处理器上的任何数目的进程。

②非常简单且易于证明。

③可用于支持多个临界区,每个临界区可以用它自己的变量定义。

有以下缺点:

①使用了忙等待。当一个进程正在等待进入临界区时,它会一直消耗处理器的时间。

②可能会产生饥饿现象。当一个进程离开一个临界区并且有多个进程正在等待时,选择哪一个等待进程进入临界区与调度程序有关,若调度程序采用优先级调度算法则可能使得某些进程被无限地拒绝进入临界区。

③可能产生死锁。在单处理器中可能会出现下列情况,进程 P1 进入临界区,然后进程 P1 被中断并把处理器让给更高优先级的进程 P2,若 P2 试图使用与 P1 相同的临界资源,由于互斥机制,它将被拒绝访问。因此,它将会进入忙等待循环。但是,由于 P1 比 P2 的优先级低,它将永远不会被调度执行,这样,P1 和 P2 将无法完成任务,系统出现类似死锁状况。

4.2.2* 实现进程互斥的软件方法

通过平等协商方式实现进程互斥的最初方法是软件方法。其基本思路是在进入临界区时通过检查标志的状态决定是否进入,在退出临界区时修改标志。其中的主要问题是设置什么标志和如何检查标志。下面我们讨论几种用软件方法实现的互斥方法。

(1)算法 1:有两个进程 P0、P1 可以并发执行。设一公用整型变量 turn,其初值为 0,用来描述允许进入临界区的进程标识。每个进程都在进入区循环检查变量 turn 是否允许它进入,即 turn 为 0 时,P0 可进入,turn 为 1 时,P1 可进入,否则循环检查该变量,直到 turn 变为本进程的标识。在退出临界区时修改标识 turn,允许另一个进程进入临界区。

进程 P0 和 P1 的程序结构描述如下：

```
01 P0(){                                      01 P1() {
02    do {                                    02    do {
03       while (turn! =0);/ * 等待进入 * /      03       while (turn! =1);
04       CS0;/ * P0 的临界区 * /                04       CS1;/ * P1 的临界区 * /
05       turn=1;  / * 改变标识 * /              05       turn=0;
06       remainder section; / * 剩余区 * /      06       remainder section;
07    } while (1);                            07    } while (1);
08 }                                          08 }
```

这一算法使用单一标志,实现简单。其缺点是:强制各进程轮流进入临界区,没有考虑进程的实际需要,容易造成资源利用不充分。

(2)算法 2:算法 1 只记住哪个进程能进入临界区,没有足够的信息保留进程的状态。为解决这个问题,定义标志数组 int flag[N]代替变量 turn。用 flag[0]标识进程 P0 是否在临界区中,flag[0]初值为 false,表示 P0 不在临界区中,flag[0]为 true,表示 P0 处于临界区中。用 flag[1]来标识进程 P1 是否在临界区中,flag[1]初值为 false,表示 P1 不在临界区中,flag[1]为 true,表示 P1 处于临界区中。进程 P0 和 P1 的结构描述如下:

```
01 P0(){                                      01 P1() {
02    do {                                    02    do {
03       while(flag[1]== true );              03       while (flag[0] == true);
04          flag[0] = true;                   04          flag[1] = true;
05          CS0;                              05          CS1;
06          flag[0]= false;                   06          flag[1]= false;
07          remainder section;                07          remainder section;
08       }while (1);                          08    } while (1);
09 }                                          09 }
```

这一算法设置双标志,采用在进入临界区时先检查另一个进程是否在临界区,不在时修改本进程在临界区的标志为 true。在退出临界区时将本进程的标志设置为 false。

优点:与算法 1 比较,各进程不用交替进入临界区,进程可连续多次使用临界资源。

缺点:P0 和 P1 可能同时进入临界区。例如,当 P0 发现(flag[1] == true)成立,而 P1 也发现(flag[0] == true)成立,此时,两个进程都进入临界区。这是由于对标志检查和修改操作分开进行而造成的。

(3)算法 3:与算法 2 类似,其区别在于先修改标志后再检查是否可以进入。这一算法可防止算法 2 存在的多个进程同时进入临界区的问题。

```
01 P0(){                                      01 P1() {
02    do {                                    02    do {
03    flag[0] = true;                         03       flag[1] = true;
04       while (flag[1] == true);             04       while (flag[0] == true);
05       CS0;                                 05       CS1;
06       flag[0]= false;                      06       flag[1]= false;
07       remainder section;                   07       remainder section;
08    }while (1);                             08    } while (1);
09 }                                          09 }
```

该算法的缺点是 P0 和 P1 可能都进入不了临界区。当 P0 将 flag[0]设置为 true 的同时 P1 也将 flag[1]设置为 true,此时,两个进程都无法进入临界区。

(4)算法 4:Dekker 互斥算法

Dekker 互斥算法是由荷兰数学家 Dekker 大约在 1962 年之前提出的一种解决并发进程 互斥与同步的软件实现方法。通俗地讲:有两个进程 P0 和 P1,谁要访问临界区,就先设置其 标志值为真,相当于"举手示意我要访问",然后判断另一个进程是否也要访问,若另一个进程 也要访问则等待,否则即刻进入临界区。

两个全局共享的状态变量 flag[0]和 flag[1],表示临界区状态及哪个进程想要占用临界 区,初始值为 false。全局共享变量 turn(值为 1 或 0)表示能进入临界区的进程序号,初始值任 意,一般为 0。

```
01 P0() {
02   do {
03     flag[0] = true;//举手示意访问 CS0
04     while(flag[1]) {//P1 是否也举手了
05       if(turn==1){//先轮到谁呢?
06         flag[0]=false;//轮到 P1,P0 放下手
07         while(turn==1);//等 P1 退出 CS1
08         flag[0]=true;//P0 再举手
09       }
10     }
11     CS0;//访问临界区
12     turn=1;//退出 CS0,可轮到 P1 访问 CS1
13     flag[0]=false;//P0 放下手
14   }
15 }
```

```
01 P1() {
02   do{
03     flag[1]=true;//举手示意访问 CS1
04     while(flag[0]) {//P0 是否也举手了
05       if(turn==0){//先轮到谁呢?
06         flag[1]=false;//轮到 P0,P1 放下手
07         while(turn==0);//等 P0 退出 CS0
08         flag[1]=true;//P1 再举手
09       }
10     }
11     CS1;//访问临界区
12     turn=0;//退出 CS1,可轮到 P0 访问 CS0
13     flag[1]=false;//P1 放下手
14   }
15 }
```

缺点:若两个进程同时想进入 CS,则要按程序所规定的次序依次进入。

(5)算法 5:(Peterson's Algorithm)算法。1981 年,G. L. Peterson 发现了一种简单得多 的互斥算法,结合算法 1 和算法 3,先修改后检查,后修改者等待算法。进程 P0 和 P1 的程序 结构描述如下。

```
01 P0(){
02   do {
03     flag[0] = true;
04     turn=1 ;
05     while(flag[1]==true&&turn==1);
06     CS0;
07     flag[0]= false;
08     remainder section;
09   }while (1);
10 }
```

```
01 P1() {
02   do {
03     flag[1] = true;
04     turn=0 ;
05     while(flag[0]==true&&turn==0);
06     CS1;
07     flag[1]= false;
08     remainder section;
09   } while (1);
10 }
```

当无进程在临界区时,P0 想进入,则设置 flag[0]为 true,turn 为 1,此时条件((flag[1] == true) && turn==1)为假(因 flag[1]的值为 false),P0 进入它的临界区。P0 在临界区时, P1 无法进入,因为条件((flag[0]==true)&&turn==0)为真,需要循环等待。

当两个进程都想进入临界区时，都各自设置了 flag 的值为 true，然后
设置 turn 的值。此时，谁最后设置 turn 的值谁就等待，因它在执行循环
语句时条件是真需要等待。先设置 turn 值的进程进入临界区。

4.2.3　利用信号量机制实现进程互斥

用信号量实现进程的互斥

信号量的概念是由 Dijkstra 在 1965 年提出的，当时，Dijkstra 和他的团队正在为
Electrologica X8 开发一款称为 THE 多道程序系统，他提出了用 P、V 操作实现进程的同步与
互斥。P 和 V 分别取自荷兰语的测试（Proberen）和增加（Verhogen）的首字母。最初，
Dijkstra 提出的是二元信号量（互斥），后来推广到一般信号量（多值，同步）。

信号量是一个确定的二元组（v,q），其中 v 是一个具有非负初值的整型变量，q 是一个初
始状态为空的队列。v 表示系统中某类资源的数目，当其值大于 0 时，表示系统中当前可用资
源的数目；当其值等于 0 时，表示系统中当前无可用资源；当其值小于 0 时，其绝对值表示系统
中因请求该类资源而被阻塞的进程数目。除信号量的初值外，信号量的值仅能由 P 操作和 V
操作改变。操作系统利用它的值对进程和资源进行管理。

P、V 操作是定义在信号量机制上的两种操作，且它们在操作中的每一步是不可分的，即
P、V 操作应是原语。目前，常用 wait 和 signal 来替代 P 和 V 操作。

P、V 操作表示的物理意义是：执行一次 P 操作，意味着向系统请求分配一个单位的资源；
执行一次 V 操作，意味着向系统释放一个单位的资源。

P、V 操作原语描述如下：

```
01 void P(SEMAPHORE s)   /* s 为信号量 */
02 {
03     s.v = s.v - 1;
04     if (s.v<0) {
05         block(s.q); // 进程将自己阻塞，并插入信号量的等待队列 s.q 中等待
06     }
07 }
08 void V(SEMAPHORE s)
09 {
10     s.v = s.v + 1;
11     if (s.v <= 0) {
12         wakeup(s.q); // 从信号量的等待队列 s.q 中唤醒一个进程
13     }
14 }
```

利用 P、V 操作实现进程 P1 和 P2 互斥的算法描述如下：

```
01 SEMAPHORE mutex=1; /* mutex 为互斥信号量，其初值为 1，表示资源可用 */
02 main()
03 {
04     cobegin
05         P1();
06         P2();
07     coend
08 }
```

```
09 P1( )
10 {
11     ……
12     P(mutex);
13     CS1;
14     V(mutex);
15     ……
16 }
17 P2( )
18 {
19     ……
20     P(mutex);
21     CS2;
22     V(mutex);
23     ……
24 }
```

注：为了书写方便，上面给信号量赋初值时的代码并不规范，我们约定在定义信号量变量时，如 SEMAPHORE mutex＝1 的意思是对 mutex.v 赋初值为 1，并初始化 mutex.q 队列为空。下面讲到信号量 mutex 的初值为 1 是指 mutex.v 的值为 1。

信号量 mutex 的初值为 1，它的值在定义信号量时确定。对于两个并发进程，互斥信号量的值仅取 1、0 和 −1 三个值。若 mutex ＝1，表示没有进程进入临界区；若 mutex ＝0，表示有一个进程进入临界区；若 mutex ＝−1，则表示一个进程进入临界区，而另一个进程等待进入。

如要 P1 先运行，那么当它执行 P(mutex)后，由于 mutex＝0，P1 进入临界区。在 P1 退出临界区之前，P2 想进入临界区时，就要执行 P(mutex)，因此时 mutex＝−1，进程 P2 被迫进入等待队列。直到 P1 退出临界区执行 V(mutex)时将 P2 唤醒，P2 才可进入临界区。

当有 N 个并发进程对同一个临界资源进行共享，用信号量实现它们之间的互斥时，信号量的取值范围是 1～1−N。当信号量的值为 1 时，表明无进程进入临界区；当其值为 0 时，表示有一个进程进入临界区；当其值为 1−N 时，表示有一个进程进入临界区，其他所有进程等待进入临界区。

4.3　进程同步的实现

进程同步是进程之间相互协作的体现，在此过程中同样可能出现进程的阻塞或唤醒的过程。利用信号量能够很好地解决并发进程间的同步问题。有关同步问题可分为两类：一类是保证一组合作进程按确定的次序执行；另一类保证共享缓冲区的合作进程的同步。

进程同步的实现

4.3.1　合作进程的执行次序

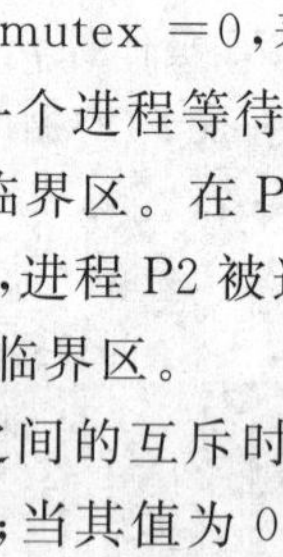

若干个进程为了完成一个共同任务而并发执行，在这些进程中，有些进程之间的执行有次序的要求，如图 4-1 所示 3 个进程 P1、P2 和 P3，当 P1 和 P2 执行结束后 P3 才可运行。图中有三个节点，其中 s 表示任务的开始，f 表示任务的终止，a 表示中间节点。可用两个信

图 4-1　进程执行次序图

号量实现三个进程按一定次序执行,假设这两个信号量分别为 S1 和 S2,它们的初值均为 0。当 P1 完成任务后,对 S1 执行 V 操作,当 P2 完成任务后对 S2 执行 V 操作,而 P3 在执行之前分别对 S1 和 S2 执行 P 操作,因此,只有 P1 和 P2 完成任务并分别对 S1 和 S2 执行 V 操作后 P3 才能往下执行。下面是用两个信号量实现这三个进程同步的算法描述。

```
01 SEMAPHORE S1=0;              /* 表示进程 P1 是否执行完 */
02 SEMAPHORE S2=0;              /* 表示进程 P2 是否执行完 */
03 main()
04 {
05      cobegin
06          P1( );
07          P2( );
08          P3( );
09      coend
10 }
11 P1( )
12 {
13      ……
14      V(S1);
15 }
16 P2( )
17 {
18      ……
19      V(S2);
20 }
21 P3( )
22 {
23      P(S1);                  /* 等待 P1 执行完 */
24      P(S2);                  /* 等待 P2 执行完 */
25      ……
26 }
```

思考:在图 4-1 的基础上,假设有一个进程 P4,其开始执行于 a 结点,结束于 f 结点,请用信号量实现这 4 个进程的同步算法。

4.3.2 共享缓冲区进程的同步

设某计算进程 CP 和打印进程 PP 共用一个单缓冲区 buf,CP 进程负责不断地计算数据并将计算结果送入缓冲区 buf 中,PP 进程负责不断地从缓冲区 buf 中取出计算结果进行打印。如图 4-2 所示。

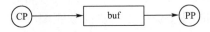

图 4-2　共享缓冲区进程的同步

对于进程 CP 来说,如果前一次的计算结果尚未取走,则当前计算结果不能往缓冲区中存放,CP 应暂停等待 PP 取走计算结果。同理,对于进程 PP 来说,若缓冲区中无准备好的计算结果,同样需要等待 CP 的计算结果。

设有两个信号量 S1 和 S2,S1 表示缓冲区中有无计算结果,S2 表示缓冲区是否空闲。S1 的初值为 0,表示初始情况下缓冲区中无数据;当 S1 的值为 1 时,表示缓冲区中有数据。S2 的初值为 1,表示初始情况下缓冲区是空闲的;当 S2 的值为 0 时,表示缓冲区被占用。两个进程的同步算法描述如下:

```
01 SEMAPHORE S1=0;        /*表示缓冲区中有无计算结果*/
02 SEMAPHORE S2=1;        /*表示缓冲区是否空闲*/
03 main()
04 {
05      cobegin
06          CP();
07          PP();
08      coend
09 }
10 CP()
11 {
12      do{
13          得到一个计算结果;
14          P(S2);              /*判断缓冲区是否空闲,若空闲,继续运行,否则等待*/
15          将计算结果送入缓冲区 buf 中;
16          V(S1);              /*通知进程 PP 有计算结果可供打印*/
17      } while (计算未完成);
18 }
19 PP()
20 {
21      do {
22          P(S1);              /*判断是否有可供打印的计算结果,若有继续运行,否则等待*/
23          从缓冲区 buf 中将计算结果取出来;
24          V(S2);              /*通知进程 CP 缓冲区空闲了,可计算下一个结果*/
25          将计算结果打印输出;
26      } while (打印未完成);
27 }
```

CP 和 PP 之间存在着同步关系(一个进程的执行与另一个进程相关),当缓冲区满时,S2 =0,CP 计算出结果后,由于对 S2 执行 P 操作而阻塞。当缓冲区空时,S1=0,PP 想打印,但由于对 S1 执行 P 操作而阻塞。所以通过信号量 S1,S2 可实现这两个进程的同步,这两个进程中最多只会有一个进程处于阻塞状态,这两个进程中最多只会有一个进程处于阻塞状态。从上面的同步算法的描述中可以看到,对同步信号量 S1 的 P、V 操作,以及对 S2 的 P、V 操作出现在不同的进程中。

上述进程 CP 和 PP 之间同样存在着互斥关系,即 CP 和 PP 不能同时访问缓冲区,但算法描述中并没有出现互斥信号量,主要原因是同步信号量 S1 和 S2 能保证 CP 和 PP 互斥地访问缓冲区。

4.3.3　关于信号量的讨论

(1)信号量的物理含义。当 S>0 时,表示有 S 个资源可用;当 S=0 时,表示无资源可用;

当 S<0 时,则 S 的绝对值表示信号量 S 的等待队列 q 中的进程个数。

对信号量执行 P 操作,表示申请一个资源;对信号量执行 V 操作,表示释放一个资源。信号量的初值应该大于等于 0。

(2)P、V 操作必须成对出现,有一个 P 操作就一定有一个 V 操作。当为互斥操作时,它们同处于同一进程;当为同步操作时,一般不在同一进程中出现。

如果进程中 P(S1) 和 P(S2) 两个操作在一起,那么 P 操作的顺序至关重要,尤其是一个同步 P 操作与一个互斥 P 操作在一起时,同步 P 操作在互斥 P 操作前,而两个 V 操作的顺序无关紧要(后面介绍死锁时讨论)。

(3)P、V 操作的优缺点。

优点:利用 P、V 操作易于实现进程的同步与互斥,而且 P、V 操作表达能力强,用 P、V 操作可解决任何进程同步互斥问题。

缺点:若使用 P、V 操作不当会出现死锁;遇到复杂同步互斥问题时用 P、V 操作实现非常困难。

4.4　经典的同步问题

在进程同步问题中,有一些实例是非常经典的,比如生产者与消费者问题、读者与写者问题、哲学家进餐问题以及睡眠的理发师问题等。下面我们对生产者与消费者问题和哲学家进餐问题这两个非常重要的同步问题进行研究和学习,来帮助读者更好地理解进程同步的概念及实现方法。

4.4.1　生产者与消费者问题

1968 年 Dijkstra 提出了生产者与消费者问题,它是一个最具代表性的同步问题。计算机系统中许多进程的并发控制问题都可归结为生产者与消费者问题,它是许多相互合作进程的一种抽象模型。例如,在输入时,输入进程是生产者,计算进程是消费者;在输出时,计算进程是生产者,输出进程是消费者。

我们把具有 n(n>0) 个缓冲区的有界环形缓冲池与 m 个生产者进程 P1,P2,…,Pm 和 k 个消费者进程 C1,C2,…,Ck 联系起来,就形成了生产者与消费者问题的模型。如图 4-3 所示,每个缓冲区可存放一个产品,生产者进程将生产出的产品放入 in 所指的缓冲区中,消费者进程从 out 所指的缓冲区中取产品进行消费。

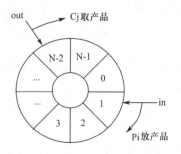

微课

生产者与消费者问题

图 4-3　生产者和消费者问题

分析：

（1）生产者与消费者之间的同步关系表现为：只要缓冲池未满，生产者进程就可以把生产出的产品放入缓冲区中；只要缓冲池未空，消费者进程就可以从缓冲区中取走产品进行消费。因此，需要设置两个同步信号量，一个说明空缓冲区的数目，用 empty 表示，初值为有界缓冲区的个数 n，另一个说明已用缓冲区的数目，即缓冲区中产品的数目，用 full 表示，其初值为 0。当系统只生产不消费时，生产者进程会很快将缓冲池放满产品，此时，full＝n，empty＝0，生产者进程继续生产时，由于对 empty 执行 P 操作而阻塞。当系统只消费不生产时，消费者进程会很快消费掉缓冲池中的产品，此时，full＝0，empty＝n，消费者进程继续消费时，由于对 full 执行 P 操作而阻塞。

（2）生产者与消费者之间还存在互斥关系。该有界缓冲池是所有进程都要访问的资源，它是一个临界资源，必须互斥地使用，所以，需要设置一个互斥信号量 mutex，其初值为 1，用它来保证进程之间互斥地访问缓冲区。

由于缓冲池由缓冲区组成，将各缓冲区进行编号，分别为 0，1，2，…，N−1。设置两个指针 in 和 out，它们分别指向将产品放入缓冲区的位置和从缓冲区中取产品的位置。初始值均为 0，即指向 0 号缓冲区。

生产者与消费者问题算法描述如下：

```
01 SEMAPHORE full=0; /*产品数目*/
02 SEMAPHORE empty=n; /*空缓冲区数目*/
03 SEMAPHORE mutex=1; /*对有界缓冲区进行保护的互斥信号量*/
04 int in=0, out=0;/*代表存取产品的位置*/
05 BUFFER Buffer;/*定义缓冲区*/
06 main()
07 {
08      创建 m 个生产者进程 Producer(i);           /*i 表示第 i 个生产者进程*/
09      创建 k 个消费者进程 Consumer(i);           /*i 表示第 i 个消费者进程*/
10 }
11
12 Producer(int i) {
13    while (1) {
14        生产产品;
15        P(empty); /*申请一个空缓冲区*/
16        P(mutex);
17        将一个产品送入缓冲区 Buffer(in);
18        in = (in +1) % n;/*以 n 为模,求余*/
19        V(mutex);
20        V(full); /*生产出一个产品,可供消费*/
21    }
22 }
23
24 Consumer(int i) {
25    while (1) {
26        P(full); /*申请一个产品*/
```

```
27          P(mutex);
28          从缓冲区 Buffer(out)中取一个产品;
29          out = (out + 1) % n;
30          V(mutex);
31          V(empty);/*空出一个缓冲区*/
32          消费一个产品;
33      }
34 }
```

注意:无论在生产者进程还是在消费者进程中,P操作的次序不能颠倒,否则有可能造成进程死锁。例如,将某个生产者进程 A 的 P 操作位置对换一下,其他生产者进程和所有消费者的 P 操作位序不变。则可能出现这种情况:缓冲区中已放满产品,并且没有进程在临界区中,此刻,信号量 empty 的值等于 0,mutex 的值等于 1。若这个时刻,生产者进程 A 生产出一件产品,想把产品放入缓冲区中,则它先对 mutex 执行 P 操作,因无进程在临界区中,故该进程对 mutex 执行 P 操作后 mutex 的值等于 0,即 mutex>=0,该进程可进入临界区。紧接着该进程对 empty 执行 P 操作而阻塞。此后,其他所有的生产者进程都会由于对 empty 执行 P 操作而阻塞,若 k>n,则有 n 个消费者进程由于对 mutex 执行 P 操作而阻塞,k-n 个消费者进程由于对 full 执行 P 操作而阻塞。若 k<=n,则有 k 个消费者进程由于对 mutex 执行 P 操作而阻塞。在无外力干预下,所有生产者进程和消费者进程都不能向前推进。同理,若某个消费者进程 B 的 P 操作位置对换,那么将会发生缓冲区中无产品时,消费者进程 B 继续消费,则它会阻塞在 full 信号量等待队列中,而其他进程阻塞在 mutex、full 或 empty 信号量等待队列中,系统出现死锁状态。

4.4.2　哲学家进餐问题

1965 年,Dijkstra 提出一个被 Tony Hoare 称之为哲学家进餐的同步问题。该问题描述如下:5 位哲学家围坐在一张圆桌旁,每位哲学家面前都有一盘通心粉,相邻两个盘子之间放有一把叉子。每位哲学家的行为是讨论与思考,感到饥饿,然后吃通心粉。由于通心粉很滑,需要两把叉子才能夹住,因此,每位哲学家必须拿到两把叉子,并且每个人只能直接从自己的左边或右边取叉子。该问题最简单的算法描述如下:

```
01 SEMAPHORE fork[5] = {1,1,1,1,1};          /*信号量数组,初值均为 1,表示叉子空闲*/
02 main()
03 {
04      创建 5 位哲学家的进程 Philosopher(i);     /*i 表示第 i 位哲学家*/
05      cobegin
06          /*5 位哲学家进程并发执行*/
07          Philosopher(0);Philosopher(1);Philosopher(2);
08          Philosopher(3);Philosopher(4);
09      coend
10 }
11 Philosopher(int i) {
12      while (1) {
13          讨论与思考;
14          感到饥饿;
```

```
15        P(fork[i]);  /* 取第一把叉子（左边）*/
16        P(fork[(i+1) % 5]);  /* 取第二把叉子（右边）*/
17        进食；
18        V(fork[i]);  /* 释放第一把叉子 */
19        V(fork[(i+1) % 5]);  /* 释放第二把叉子 */
20    }
21 }
```

该算法虽然简单，但存在死锁。当 5 位哲学家同时感到饥饿时，都拿起自己左边的叉子，但右边的叉子谁也拿不到，致使无人能够进餐。为了防止这种现象的出现可采取以下措施：

（1）最多允许 4 位哲学家同时取叉子，或者在某位哲学家左边放两把叉子，这样可保证 5 位哲学家中至少有一位能取到两把叉子。

（2）这 5 位哲学家中的主持人，比如 4 号哲学家，先取他右边的叉子，然后再取他左边的叉子外，其他哲学家取叉子的顺序不变。也可以这样描述：给所有叉子编号，要求哲学家进餐时先取他左、右编号较小的叉子，然后再取另一把叉子。当 5 位哲学家都感到饥饿时，可以保证有一位哲学家拿不到叉子，另外 4 位哲学家有 5 把叉子可取，总有一位哲学家能拿到 2 把叉子。

（3）仅当一位哲学家左右两边的叉子都可用时，才允许他取叉子。

现在，以第三种措施为例介绍避免死锁的方法。我们把哲学家的状态分为三种：讨论与思考、饥饿、进食，并且一次拿到两把叉子，否则不拿。算法描述如下。

```
01 /* 指哲学家的状态，初值为"讨论与思考" */
02 Status S[5]={讨论与思考,讨论与思考,讨论与思考,讨论与思考,讨论与思考};
03 SEMAPHORE  Ph[5]={0,0,0,0,0};   /* 每位哲学家一个信号量，其初值都为 0 */
04 SEMAPHORE mutex=1;              /* 互斥信号量，实现对状态变量 S 的互斥访问 */
05 main()
06 {
07     创建 5 位哲学家的进程 Philosopher(i);/* i 表示第 i 位哲学家 */
08     cobegin
09         /* 5 个哲学家进程并发执行 */
10         Philosopher(0);Philosopher(1);Philosopher(2);
11         Philosopher(3);Philosopher(4);
12     coend
13 }
14 void test(int i) {
15     if ((S[i]== 饥饿) && (S[(i+4)%5]! =进食) && (S[(i+1)%5]! =进食)) {
16         S[i]=进食;              /* 哲学家 i 满足进餐条件，其状态改变为进食状态 */
17         V(Ph[i]);              /* 执行 V 操作，使得哲学家 i 申请进餐时可进入 */
18     }
19 }
20 void   Philosopher(int i) {
21     while(1) {
22         讨论与思考；
23         P(mutex);         /* 对临界资源 S 互斥地使用 */
24         S[i]=饥饿；
```

```
25              test(i);        /*检查哲学家 i 两边的叉子是否空闲*/
26              V(mutex);
27              P(ph[i]);       /*若不满足进餐条件则阻塞,等待其他哲学家
28                              放下叉子并满足进餐条件时唤醒他*/
29              进食;
30              P(mutex);       /*对临界资源 S 互斥地使用*/
31              S[i]=讨论与思考;
32              test((i+4)%5);  /*判断其左边的哲学家是否饥饿,若是且满足进餐条件则唤醒他*/
33              test((i+1)%5);  /*判断其右边的哲学家是否饥饿,若是且满足进餐条件则唤醒他*/
34              V(mutex);
35          }
36  }
```

信号量 ph[i]表示哲学家 i 是否具备进餐的条件,初值为 0,表示不具备,其值为 1 表示可以进餐。S[]存储哲学家的状态,是临界资源。函数 test(int i)用来判断第 i 个哲学家是否可以进餐,当该哲学家状态为"饥饿"且其左右哲学家都不在进餐状态时,其状态可改为"进食",且对 p[i]执行 V 操作,即哲学家 i 可以进餐了。当哲学家 i 进餐完毕后,他会查看其左右哲学家是否需要进餐,如果需要且条件成立,立即让其进餐。

4.4.3　读者与写者问题

读者与写者问题是指多个进程对一个共享资源进行读写操作的问题。在两组并发执行的进程中,一组进程只要求读数据文件内容,称为读者;另一组进程要求修改数据文件内容,称为写者。对读者和写者的要求是:

(1)允许多个读者同时读,即读者可以同时读数据文件,而不需要互斥。

(2)一个写者不能和其他进程同时访问数据文件,它们之间必须互斥。

当若干读者正在读数据文件时,来了一个写者,写者需要等待所有读者的读操作结束后,才能对数据文件进行写操作。那么,当写者正在等待读者完成读操作期间,又来了新的读者,系统该如何处理呢?若允许新来的读者进行读操作,则称该处理方式为读者优先;若不允许新来的读者进行读操作,而需要等待写者写操作完成后,在没有写者时才允许其读操作,则称该处理方式为写者优先。

读者优先的思想是除非有写者正在写文件,否则没有一个读者需要等待。而写者优先的思想是一旦一个写者到来,它应该尽快对文件进行写操作,即如果有一个写者在等待,那么,就不允许新到来的读者进行读操作。这两类读者与写者问题都会导致"饥饿"现象的发生。对于前者,当有新的读者不断地到来,会使写者没有机会进行写操作;对于后者,当有新写者不断地到来,就会使新来的读者挨饿。下面我们以读者优先为例介绍读者与写者问题。

在该问题中,数据文件属于临界资源,写者与读者之间、写者与写者之间要互斥地访问该资源。读者与读者不互斥,有读者在读操作期间,写者将被阻塞,即只要第一个读者取得了读文件的权利则其他读者可以跟着读文件,所以,可以将写者与读者之间的互斥看作是写者与第一个读者之间的互斥。当最后一个读者结束读操作时,若有写者在等待,才将写者唤醒。设置互斥信号量 mutex,实现读者与写者、写者与写者之间的互斥。当一个写者完成写操作后,若有读者要读或者有其他写者要写,则唤醒其中的一个,具体唤醒哪一个与 mutex 等待队列的管理有关,一般情况下,唤醒该等待队列之首进程。设置一个变量 readcount,其初值为 0,它

代表正在读操作的读者人数。因为所有读者都要共享该变量,因此它是一个临界资源,采用互斥信号量 Rmutex 管理该变量。

读者与写者问题的同步算法描述如下。

```
01 int readcount=0;                /* 正在读的读者数 */
02 SEMAPHORE mutex=1;              /* 对数据文件进行保护的互斥信号量 */
03 SEMAPHORE Rmutex=1;             /* 对变量 readcount 进行保护的互斥信号量 */
04 main() {
05      创建 M 个读者进程 read(i);   /* i 表示第 i 个读者 */
06      创建 N 个写者进程 write(i);  /* i 表示第 i 个写者 */
07      cobegin
08          read(1);read(2);…;read(M);        /* 并发执行的 M 个读者 */
09          write(1);write(2);…;write(N);     /* 并发执行的 N 个写者 */
10      coend
11 }
12 read(int i) {/* 读者 */
13      while (1) {
14          P(Rmutex);
15          readcount++;
16          if (readcount==1)
17              P(mutex);          /* 如果该读者是第 1 位读者,则申请进入读操作,否则直接进入 */
18          V(Rmutex);
19          读数据;
20          P(Rmutex);             /* 读完后离开时,修改 readcount 变量 */
21          readcount--;
22          if (readcount==0)
23              V(mutex);          /* 当读者全部离开时,释放数据文件资源,并负责唤醒写者 */
24          V(Rmutex);
25      }
26 }
27 write(int i){/* 写者 */
28      while(1){
29          P(mutex);
30          写数据;
31          V(mutex);
32      }
33 }
```

4.4.4　理发师问题

理发师问题又是一个有趣的进程同步问题。在理发店中,有一位理发师、一把理发椅和 N 把供等候理发的顾客坐的椅子。如果没有顾客,理发师便在理发椅上睡觉;当一个顾客到来时,他必须唤醒理发师;如果理发师正在理发时又有顾客光临,那么,如果有空椅子可坐,顾客就坐下来等待,否则就离开理发店。

只有在理发椅空闲时,顾客才能坐上并等待理发师理发,而理发师只有在理发椅上有顾客时才能进行理发。如果没有顾客等待理发,理发师就睡觉,直到第一位进来的顾客将其唤醒并开始理发。因此,设置两个同步信号量 customers 和 barber,实现理发师与顾客之间的同步。customers 表示等候理发的顾客数(不包括正在理发的顾客),初值为 0。barber 用于记录正在等待顾客的理发师数,因理发师最初是睡觉的,当第一位顾客到来时才将他唤醒,所以 barber 的初值设为 0。另外,设置一个计数变量 waiting,用来记录等候理发的顾客数,初值为 0。因 waiting 是一个共享变量,需设置互斥信号量 mutex 对其管理。理发师问题描述如下。

```
01 int waiting=0; /* 等候理发的顾客数 */
02 SEMAPHORE customers=0, barber=0,mutex=1;
03 barber( ) {
04     while(1) {
05         P(customers);              /* 若无顾客,理发师睡觉 */
06         P(mutex);                  /* 对临界资源 waiting 共享 */
07         waiting--;                 /* 等候顾客数减 1 */
08         V(barber);                 /* 理发师去为一个顾客理发 */
09         V(mutex);                  /* 释放对临界资源 waiting 的使用 */
10         cut_hair( );               /* 正在理发 */
11     }
12 }
13 customer( int i) {
14     P(mutex);                      /* 对临界资源 waiting 共享 */
15     if(waiting < N) {              /* 看看有没有空椅子,共有 N 把椅子 */
16         waiting++;                 /* 等候顾客数加 1 */
17         V(customers);              /* 必要的话唤醒理发师 */
18         V(mutex);                  /* 释放对临界资源 waiting 的使用 */
19         P(barber);                 /* 等待理发师理发 */
20         get_haircut( );            /* 一个顾客坐下等待理发 */
21     } else V(mutex);               /* 理发店已满了,离开 */
22 }
```

4.5　管　程

用信号量实现进程间的同步与互斥时,对信号量的操作分散于各个进程中,其正确性很难保证,若使用不当还可能导致系统死锁。为了克服分散同步机制的缺点,在 20 世纪 70 年代,以结构化程序设计和软件工程的思想为背景,C. A. R. Hoare 和 P. B. Hansen 先后分别开发出一种新型进程同步机制——管程(Monitor)。它是一个程序设计语言结构,提供了与信号量相同的功能,更易于控制。它的主要思想是把信号量及其操作原语封装在一个对象内部,即将共享资源以及对于共享资源所能进行的所有操作集中在一个模块中。可把管程定义为关于共享资源的数据结构和能为并发进程提供一组可执行的操作所构成的软件模块,这组操作能同步进程和改变管程中的数据。管程具有以下基本特性。

1.局限于管程的数据只能被管程中的过程访问,任何外部过程都不能访问。

2.一个进程只有通过调用管程内的过程才能进入管程访问共享数据。

3.每次仅允许一个进程在管程内执行某个内部过程,即进程互斥地通过调用内部过程进入管程,其他想进入管程的进程必须在等待队列中等待。

如果不考虑第三条特性,管程的概念非常类似于面向对象语言中对象的概念,目前,管程的概念已被并行 Pascal、Pascal-plus、Modula-2、Modula-3 和 Java 等语言作为一个语言的构件或程序库予以实现。

由于管程是一个语言成分,所以管程的互斥访问完全由编译程序在编译时自动添加,无须程序员关心,而且保证正确。

为了实现进程间的同步,管程还必有包含若干用于同步的设施。例如,一个进程调用管程内的过程而进入管程,在该过程执行期间,若进程要求的某共享资源目前没有,则必须将该进程阻塞,于是必须有使该进程阻塞并且使它离开管程以便其他进程可以进入管程执行的设施;类似地,在以后的某个时候,当被阻塞的进程等待的条件得到满足时,必须使阻塞进程恢复运行,允许它重新进入管程并从断点(阻塞点)开始执行。因此在管程定义中还应包含以下一些支持同步的设施:

1. 局限于管程并仅能在管程内进行访问的若干条件变量,用于区别各种不同的等待原因。

2. 在条件变量上进行操作的两个函数 wait(c) 和 signal(c)。调用 wait(c) 函数的进程阻塞在与条件变量 c 相关的队列中,并使管程可被另一个进程使用。signal(c) 唤醒在条件 c 上阻塞的进程,如果有多个这样的进程则选择其中的一个进程唤醒,如果该条件变量 c 上没有阻塞的进程,则什么也不做。

在管程中只能有一个进程是活动的,当唤醒者进程执行 signal(c) 将一个处于阻塞状态的进程唤醒时(如 P 唤醒 Q),就出现两个进程同时处于活动状态,这是绝对不允许的。可采用两种方法防止这种现象的出现:第一种是唤醒者进程 P 等待 Q 继续,直到 Q 退出管程或等待另一个条件而阻塞;第二种是进程 Q 等待 P 继续,直到 P 等待另一个条件或退出管程。

Hoare 采用了第一种方法,而 Hansen 选择了两者的折中,他规定唤醒者进程 P 在管程中的最后一个可执行的操作是唤醒进程 Q。下面我们以 Hansen 方法解决生产者和消费者问题。

```
01  monitor boundbuffer                        /* 定义管程,其名称为 boundbuffer */
02  {
03      product  buffer[n];                     /* 缓冲区有 n 个空间,可存放 n 件产品 */
04      int nextin, nextout;                    /* 缓冲区指针,将缓冲区的 n 个空间看作环形 */
05      int count;                              /* 产品的数目 */
06      condition notfull, notempty;            /* 同步条件变量 */
07      void append(product * x) {              /* 管程中的过程 */
08          if (count==n) wait(notfull);        /* 缓冲区满,等待缓冲区空的信号 */
09          buffer[nextin] = * x;               /* 将产品放入缓冲区中 */
10          nextin = (nextin+1) % n;            /* 调整入队指针 */
11          count++;                            /* 产品个数加 1 */
12          signal(notempty);                   /* 向消费者进程发信号,有产品可供消费 */
13      }
14      void take(product * x) {
15          if (count==0) wait(notempty);       /* 没有产品,需要等待 */
16          * x = buffer[nextout];              /* 取产品 */
17          nextout = (nextout+1) % n;          /* 修改队尾指针 */
18          count--;                            /* 产品个数减 1 */
19          signal(notfull);                    /* 向生产者进程发信号,有空闲区了 */
```

```
20        }
21        monitor_main( ) { /*管程初始化程序*/
22            nextin=0;nextout=0;count=0;
23        }
24    }                              /*管程定义结束*/
25 void    producer(int i) { /*生产者进程*/
26        produce x; /*定义变量 x,表示产品*/
27        while(1) {
28            生产出一个产品 x;
29            append(&x); /*将产品放入缓冲区*/
30        }
31 }
32 void consumer(int i) {
33        product x;
34        while (1) {
35            take(&x);        /*从缓冲区中取出产品 x*/
36            对产品进行消费;
37        }
38 }
39 main( ) {                        /*主程序*/
40        cobegin
41            Producer(1);…;producer(m); /*m 个生产者*/
42            Consumer(1);…;consumer(k); /*k 个消费者*/
43        coend
44 }
```

前面用信号量实现生产者和消费者问题时需要互斥信号量。而在管程中则不需要互斥信号量,因为管程本身实现了进程的互斥。管程机制是一种靠语言编译来保证互斥正确性的机制。它的优点是减少了用户进程在互斥使用上的错误,缺点是大多数语言不支持管程。

4.6 死 锁

微课

死锁

在前面介绍的生产者与消费者问题中,若将生产者进程中的 P 操作互换,则有可能引起所有的生产者与消费者进程都被阻塞的情况。在哲学家进餐问题中,若每位哲学家在进餐之前先取左边的叉子,后取右边的叉子,也可能发生所有的哲学家都拿到其左边的叉子,而无法获得其右边的叉子。这些现象称为死锁现象。

死锁问题是由 Dijkstra 于 1965 年在研究银行家问题时提出来的。所谓死锁是指一组并发进程彼此相互等待对方所占用的资源,并且这些进程在得到对方的资源之前不会释放自己所占用的资源,从而造成这组进程都不能继续向前推进,我们将这种现象称为死锁现象,简称死锁。处于死锁状态的进程称为死锁进程。由于死锁进程占用资源,会引起更多进程的死锁。例如,死锁进程 P 占用了资源 R,系统中凡是申请 R 资源的进程都会因 R 已被进程 P 占用而阻塞。

4.6.1 产生死锁的原因和必要条件

1. 产生死锁的原因

产生死锁的原因主要是由于系统资源不足、资源分配不当以及进程推进顺序不合适等。如果系统资源充足,进程请求资源都能够得到满足,死锁出现的可能性就很低,否则就会因争夺有限的资源而陷入死锁。如果资源的分配合理,即使资源少也不会产生死锁。例如,两个人过独木桥,如果两个人都要先过,在独木桥上僵持不肯后退,则谁也过不去。但是,如果两个人上桥前先看一看对面有没有人在桥上,当对面无人在桥上时自己才上桥,那么问题就解决了。

另外,进程推进顺序不合适也会产生死锁。例如,设系统中有一个 R1 资源和一个 R2 资源,有 P1、P2 两个进程并发执行,它们互斥使用临界资源的程序结构描述如下:

进程 P1	进程 P2
……	……
申请 R1;	申请 R2;
……	……
申请 R2;	申请 R1;
……	……
释放 R1;	释放 R2;
……	……
释放 R2;	释放 R1;
……	……

如图 4-4 所示,若进程 P1 和 P2 按照下列顺序执行:P1 申请 R1 且获得 R1、P1 申请 R2 且获得 R2、P2 申请 R2 阻塞、P1 释放 R1、P2 释放 R2 且唤醒 P2、P2 获得 R2、P2 申请 R1 且获得 R1、P2 释放 R2、P2 释放 R1,则两个进程均可顺利完成,不会发生死锁。图 4-4 的路径①给出了上述执行顺序。类似地,若两个进程按照路径②所示的顺序推进也不会产生死锁,但按照路径③所示的顺序推进则会发生死锁。

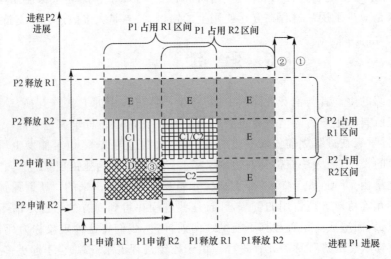

图 4-4　两个进程运行情况示意图

从图 4-4 可以看出,竖线条的区域 C1 中,表示进程 P2 已获得 R2 和 R1,进程 P1 至少获得 R1;同理,横线条的区域 C2 中,表示进程 P1 已获得 R1 和 R2,进程 P2 至少获得 R2,而这两个区域的重叠处表示 P1 和 P2 都获得了 R1 和 R2,由于只有一个 R1 和一个 R2,所以,以上这三种情况都不可能发生。因此,两个进程的运行路径不会进入区域 C1 和 C2,这样也就不会进入区域 E,但会进入 D 区。在 D 区中,进程 P1 获得 R1,进程 P2 获得 R2,当两个进程继续往前推进,肯定会发生进程 P1 申请 R2,进程 P2 申请 R1,而这两个资源都被对方进程占用导致相互阻塞,死锁就发生了。通常我们把 D 区称为危险区。

又如两个进程 Pa 和 Pb 相互之间接收和发送消息。接收消息使用 Receive(P,addr)系统调用,其中 P 指发送消息的进程,addr 指接收的消息存放的内存地址。发送消息使用 Send(P,addr)系统调用,其中 P 指接收消息的进程,addr 指发送的消息存放的内存地址。进程 Pa 接收和发送消息的执行顺序为:

Receive(Pb, M);　　　　　/ * 接收来自进程 Pb 的消息,存放在地址为 M 的存储单元 * /
Send(Pb, N);　　　　　　/ * 把地址为 N 处的消息发送给进程 Pb * /

进程 Pb 接收和发送的顺序为:

Receive(Pa, Q); / * 接收来自进程 Pa 的消息,存放在地址为 Q 的存储单元 * /
Send(Pa, R); / * 把地址为 R 处的消息发送给进程 Pa * /

如果 Receive()阻塞接收(即接收进程被阻塞直到收到消息为止),则 Pa 和 Pb 会相互等待,发生死锁。

2. 死锁产生的必要条件

1971 年 Coffman 等人总结出系统产生死锁的四个必要条件,即当发生死锁时,这四个条件都成立。它们分别是:

(1)互斥条件。任一时刻只允许一个进程使用资源。

(2)保持和请求条件。进程在请求其他资源时,不主动释放已经占用的资源。

(3)非剥夺条件。进程正在使用的资源不会被强行剥夺。

(4)循环等待条件。在发生死锁时,存在进程的循环等待链,链中的每一个进程已获得的资源被链中另一个进程所请求。

死锁不仅会发生在两个进程之间,也可能发生在多个进程之间,甚至发生在全部进程之间。此外,死锁不仅会在动态使用外部设备时发生,而且也可能在动态使用存储区、文件、缓冲区、数据库时发生,甚至在进程通信过程中发生。

当死锁出现时,这四个条件一定成立。事实上,第四个条件的成立蕴含了前三个条件的成立,但四个条件的列出有助于我们研究各种防止死锁的方法。

3. 死锁的处理方法

解决死锁一般采用两种方法,一种是设计无死锁的系统;另一种是允许死锁出现,然后排除之。

设计无死锁的系统通常采用两种途径。一种叫死锁防止,通过破坏死锁存在的必要条件来防止死锁发生;另一种叫死锁避免,每次进行资源分配时,通过判断系统状态决定这次分配资源后是否仍存在一条确保系统不会进入死锁状态的路径,若存在这样一条路径则分配,否则,即使现有资源能满足申请需要亦拒绝进行分配。

如果允许系统出现死锁,则系统应有能发现进程是否处于死锁状态的检测手段。为此,在系统中设立一个检测进程,它周期性地检查系统中是否有死锁进程,一旦发现死锁立即排除,这种排除死锁的方法称为死锁解除。

综上所述,处理死锁的主要方法有死锁预防、死锁避免和死锁检测及死锁解除。

4.6.2　死锁的预防

预防死锁是一种静态的解决死锁问题的方法。为了使系统安全可靠地运行,在设计操作系统的过程中,对资源的用法进行适当限制,预防系统在运行过程中产生的死锁。当死锁发生时,死锁的四个必要条件同时存在。所以,只要四个必要条件中有一个条件不成立,就可以达到预防死锁的目的。

1.互斥条件

如果允许系统资源都能同时使用,则系统不会进入死锁状态。但这种方法不切实际,因为有些资源若同时使用则无法保证进程运行结果的正确性。比如对临界资源的访问就必须互斥进行。由此可见,试图通过破坏互斥条件防止死锁的发生往往行不通。

2.保持和请求条件

系统在进程创建后运行之前全部满足它的资源要求,这称为资源的静态分配。这样,它运行过程中不再请求新的资源,自然不会有死锁发生。如果当时系统资源不能一次满足它的要求,该进程不能运行。这种方法既简单又安全,但降低了资源利用率。因为在每个进程所占用的资源中,并不是所有资源一开始就必须使用的,有些资源只在运行后才被使用,甚至还有一些资源只在例外的情况下才被访问,但也不得不预先统一申请,结果使得系统资源不能充分利用。以打印机为例,一个作业可能只在最后完成时才需要打印计算结果,但在作业运行前就把打印机分配给了它,那么在整个作业执行过程中打印机基本处于闲置状态。这样,就可能会出现一个进程拥有一些几乎不用的资源而使其他想用这些资源的进程长期处于等待状态,即产生了一方面资源被浪费而另一方面却存在进程"饿死"的现象。

3.非剥夺条件

可以采用以下两种方法破坏该条件。一种方法是,如占有某些资源的进程不能获得进一步的资源,该进程必须释放原先占用的资源,待以后需要时再重新申请。这就意味着某一进程已经占用的资源,在运行过程中会被暂时地释放掉,从而破坏了不剥夺条件。这种预防死锁的方法,由于要保存涉及资源释放时的现场而使系统开销加大,实现起来比较复杂。另一种方法是,如果一个进程需要申请当前正在被其他进程占用的资源,操作系统就要求占用者释放它所占用的这类资源。这种预防死锁的方法只能用在后申请资源的进程优先级较高的情况,而目前只适用于对内存资源和处理器资源的分配,并不适用于其他资源。

4.循环等待条件

为每类资源编排序号,规定每个进程只能按资源序号递增的顺序申请资源。如果进程申请的资源序号小于已占用资源的序号,那么它必须释放序号高于申请序号的已占用资源。采用这种方法,系统在任何情况下都不可能进入循环等待状态。给资源编序这一做法实现起来也很困难,主要问题是如何给系统中的资源进行编序。尤其是系统中的资源种类和数量动态变化时,也很难对资源进行合适的排序。因此,资源的有序申请策略也不是很有效的策略。

4.6.3　死锁的避免

死锁的避免是指在分配资源时判断系统是否会出现死锁,只有在确信不会导致死锁时才进行资源的分配。1965 年 Dijkstra 根据银行家为顾客贷款的思想提出了一种称为银行家的算法。1969 年 Haberman 将银行家算法推广到多类资源的环境中,形成了现在的死锁避免算法。

1. 银行家算法中的数据结构

设系统中有 n 个进程（$P_1, P_2, \cdots, P_n$）和 m 类资源（$R_1, R_2, \cdots, R_m$），并定义以下数据结构。

（1）可利用资源向量 Available。它是一个含有 m 个元素的数组，其中每一个元素代表一类资源的空闲资源数目，其初始值是系统中所配置的该类资源的数目，其值随着分配和回收而动态地变化。如果 Available[j]＝k，表示系统中有 k 个空闲的 R_j 类资源。

（2）最大需求矩阵 Max。它是一个 n×m 的矩阵，定义了系统中每一个进程对各类资源的最大需求数目。如果 Max[i,j]＝k，表示进程 P_i 需要最大数目为 k 个的 R_j 类资源。

（3）分配矩阵 Allocation。它是一个 n×m 的矩阵，定义了系统中当前已分配给每一个进程的各类资源数目。如果 Allocation[i,j]＝k，表示进程 P_i 当前已获得 k 个 R_j 类资源。

（4）需求矩阵 Need。它是一个 n×m 的矩阵，定义了系统中每一个进程还需要的各类资源数目。如果 Need[i,j]＝k，表示进程 P_i 还需要 k 个 R_j 类资源才能完成任务。

（5）进程申请资源矩阵 Request。它是一个 n×m 的矩阵，其中每一个元素代表每一个进程申请的各类资源的数目。如果 Request[i,j]＝k，表示进程 P_i 申请 k 个 R_j 类资源。

其中 Max[n,m] ＝ Allocation[n,m] ＋ Need[n,m]。

2. 银行家算法

当进程 P_i 申请资源时，其申请资源的个数存放在向量 Request[i] 中，则系统分配资源的算法描述如下：

（1）如果 Request[i]＞Need[i]，说明进程 P_i 申请的资源数目超出进程所需的资源数，则出错返回；

（2）如果 Request[i]＞Available，说明进程 P_i 申请的资源数目超出系统中可用的资源数，则出错返回；

（3）系统能满足进程 P_i 申请的资源，则假定为进程 P_i 分配它所需的资源，于是修改系统状态：

```
Available＝Available－Request[i];
Allocation[i]＝Allocation[i]＋Request[i];
Need[i]＝Need[i]－Request[i];
```

（4）调用安全状态检查算法，若系统处于安全状态，则第（3）步的资源分配变为事实，进程 P_i 申请资源成功，返回；

（5）因系统处于不安全状态，因此第（3）步的分配失败，恢复原来的资源分配状态，让进程 P_i 等待：

```
Available＝Available＋Request[i];
Allocation[i]＝Allocation[i]－Request[i];
Need[i]＝Need[i]＋Request[i];
```

（6）返回。

3. 安全状态检查算法

设 Work 为临时工作向量。初始时 Work＝Available。令 N＝{1,2,…,n}。

（1）寻求 j∈N 使其满足：Need[j]≤Work，若不存在这样的 j 则转（4）。

（2）修改参数：

```
Work ＝ Work ＋ Allocation[j];
N ＝ N－{j};
```

(3)如果 N 不为空集,则转(1)。

(4)如果 N 不为空集,则返回－1(系统不安全),否则,返回 0(系统安全)。

4. 银行家算法举例

假定系统中有 4 个进程 P1、P2、P3、P4 和 4 类资源 R1、R2、R3、R4。T0 时刻的资源分配表,见表 4-1。

表 4-1 　　　　　　　　　　　T0 时刻的资源分配表

资源 进程	Max				Allocation				Need				Available			
	R1	R2	R3	R4	R1	R2	R3	R4	R1	R2	R3	R4	R1	R2	R3	R4
P1	1	3	2	2	1	1	0	0	0	2	2	2				
P2	3	6	1	3	2	5	1	1	1	1	0	2	1	1	1	2
P3	2	3	1	4	1	2	1	1	1	1	0	3				
P4	0	4	2	2	0	0	0	2	0	4	2	0				

检查 T0 时刻系统的安全性。从分析表 4-1 可知,可用资源数能满足进程 P2,当 P2 运行结束后,释放它所占用的资源,使可用资源数目变为(3,6,2,3)。此刻,可用资源可满足其他任一进程,若将可用资源分配给进程 P1,P1 结束后,可用资源数变为(4,7,2,3)。再将可用资源分配给进程 P3,P3 结束后,可用资源数变为(5,9,3,4)。最后将可用资源分配给进程 P4,P4 结束后,可用资源数变为(5,9,3,6)。因此,系统在 T0 时刻是安全的。

在这个例子中,若在 T0 时刻之后,进程 P3 发出资源请求(1,1,0,1),即 P3 申请一个单位的 R1,一个单位的 R2 和一个单位的 R4,那么系统能否将资源分配给 P3 呢?

由于 P3 请求资源数(1,1,0,1)小于可用资源数(1,1,1,2),因此现有资源能满足 P3 的要求。系统先假定为 P3 分配资源,则可用资源数变为(0,0,1,1)。修改相关数据,P3 申请资源后的资源分配表,见表 4-2 。

表 4-2 　　　　　　　　　　　P3 申请资源后的资源分配表

资源 进程	Max				Allocation				Need				Available			
	R1	R2	R3	R4	R1	R2	R3	R4	R1	R2	R3	R4	R1	R2	R3	R4
P1	1	3	2	2	1	1	0	0	0	2	2	2				
P2	3	6	1	3	2	5	1	1	1	1	0	2	0	0	1	1
P3	2	3	1	4	2	3	1	2	0	0	0	2				
P4	0	4	2	2	0	0	0	2	0	4	2	0				

此时,可用资源数(0,0,1,1)无法满足任一进程的需要,故系统进入不安全状态,因此,系统不能为 P3 分配资源。

银行家算法可有效地避免死锁的发生,但该算法存在以下问题:第一,系统需要知道每个进程需要的各类资源的最大需求量,这个工作很难做到;第二,系统需要知道系统中的各类资源总数,且需要系统中的进程数固定不变;第三,在每次分配资源时,都要进行资源安全状态检查,浪费时间,影响系统性能;第四,当安全状态检查结果为不安全时,即使资源空闲也不能分配,资源利用率降低。

4.6.4　死锁的检测和解除

预防死锁的方法比较保守,避免死锁的方法代价较大,如果允许系统中有死锁出现,但操作系统能不断地监督进程的执行过程,判定和发现死锁,一旦发现有死锁发生,采取专门的措施加以克服,并以最小的代价使系统恢复正常,这就是检测解除死锁的方法。

在操作系统中,与死锁有关的因素通常包括进程、资源及进程对资源的操作(请求、获得和释放),所以我们可以用一张资源分配图来表示操作系统中每一时刻的系统状态,通过资源分配图检测死锁。

1. 资源分配图

资源分配图又称进程资源图,它的形式化定义和限制如下:

(1)资源分配图可定义为一个二元组,即 $G=(V,E)$。其中,V 是图 G 的顶点集合,E 是图 G 的有向边集合。

(2)顶点 V 是两个互斥的子集并集,即 $V=P \cup R$。其中,$P=\{P1,P2,\cdots,Pn\}$ 是一组进程节点,$R=\{R1,R2,\cdots,Rm\}$ 是一组资源节点。

(3)边集 E 中的每一条边 e,都连接着 P 中的一个节点和 R 中的一个节点。由进程 Pi 指向资源 Rj 的边称为资源请求边,用<Pi,Rj>表示,它代表 Pi 申请一个单位的 Rj 资源;由资源 Rj 指向进程 Pi 的边称为资源分配边,用<Rj,Pi>表示,它代表了一个单位的 Rj 资源分配给进程 Pi。

我们用方框节点表示资源,圆圈节点表示进程,由于某一类资源可能含有多个同类资源,在方框中用圆点来表示同一类资源的数目。如图 4-5(a)所示,进程 P1 已获得 R1 和 R2 资源各一个,申请 R1、R2 资源各一个。进程 P2 已获得 R1 和 R2 资源各一个,申请一个单位的 R2 资源。

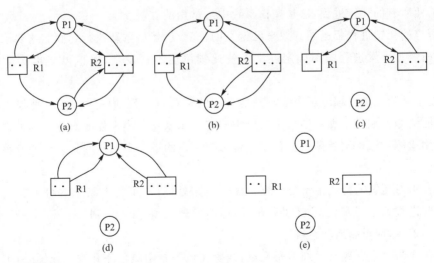

图 4-5　资源分配图及其简化过程

2. 死锁的检测

通过对资源分配图进行化简来判断是否发生死锁。要判断系统是否处于死锁状态,只需判断简化后的资源分配图中是否形成环路。

资源分配图的化简过程如下：

(1)寻找一个非孤立且没有请求边的进程节点 Pi,去除所有 Pi 的分配边使 Pi 成为一个孤立节点。重复该步,直到找不到这样的节点。

(2)寻找所有请求边均可满足的进程 Pj,将 Pj 的请求边全部改为分配边,转(1)。若找不到这样的进程,则结束。

当化简结束时,若所有节点均为孤立节点,则称资源分配图是可以完全化简的,否则称为不可完全化简的。

系统处于死锁状态的充要条件是:当且仅当该状态的资源分配图是不可完全化简的,该定理称为死锁定理。

图 4-5(a)的资源分配图化简步骤如下:

(a)满足 P2 的请求,如图 4-5(b)所示。

(b)P2 释放资源变为孤立节点,如图 4-5(c)所示。

(c)满足 P1 的请求,如图 4-5(d)所示。

(d)P1 释放资源变为孤立节点,如图 4-5(e)所示。

系统的资源分配图得到完全化简,此刻系统是安全的。那么,系统何时进行死锁检测呢?这将依赖于死锁出现的频度和当死锁出现时将影响多少个进程等因素来确定。若死锁经常出现,检测算法应经常被调用。一种可能的方法是当进程申请资源得不到满足时就进行检测。但死锁检测过于频繁,系统开销大,而检测的间隔时间如果太长,则卷入死锁的进程又会增多,使得系统资源及 CPU 的利用率大大下降。

3. 死锁的解除

一旦检测到死锁,就要解除死锁。解除死锁的基本方法是剥夺资源。以下是一些可能的方法:

(1)杀死所有的死锁进程,这是操作系统中最常用的方法。

(2)所有的死锁进程都退回到原来已定义的检测点,然后重新执行它们。这要求系统有撤回和重启机制。并发进程的不确定性常常使死锁可能不再发生,但也可能再次出现原来的死锁。

(3)逐个杀死死锁进程或逐个抢占其他进程的资源直至死锁解除。杀死进程或逐个抢占其他进程的资源的顺序根据开销最小的原则确定。每杀死一个进程或每抢占其他进程的资源后都要调用检测算法检测死锁是否存在。资源被抢占的进程必须撤回到它们拥有该资源之前的某一点。

在现实中对死锁的检测常常由计算机操作员来处理,而不是由系统本身来完成。操作员注意到一些进程处于阻塞状态,经进一步观察,若发现死锁已产生,则人工删除一些进程,释放它们占用的资源,或重新启动系统。

死锁曾作为一个课题被详细地研究过,当操作系统希望能检测和避免死锁时,可以使用本章讨论的方法,但很少有操作系统会这样做,因为检测和避免死锁的代价太高,让人无法忍受,大多数操作系统采用鸵鸟策略对待死锁。传说当鸵鸟在遇到危险时,就把头埋到沙子里,假装根本没有发生任何事情。如果当系统出现死锁而不对其进行任何处理,我们把这种解决办法称作鸵鸟策略。例如:Linux 系统允许创建的进程总数是由进程表中包含的 PCB 个数所决定,因此,PCB 资源是有限资源。如果系统中的 PCB 资源耗尽,但用户程序还在源源不断地创建新的进程,则系统可能永远处于一种等待 PCB 资源的状态。在 Linux 系统中,编译以下代码,并让其在后台运行,则用户在前台不能做任何工作。

```
01 main()
02 {
03     for ( ; ; )
04     fork(); / * 创建子进程 * /
05 }
```

死锁一旦出现,重新启动机器或者按 Ctrl＋C 终止当前进程运行即可解除死锁,当然最好不要运行上面的程序。

4.6.5　饥　饿

和死锁相似的另一个问题是"饥饿"(Starvation)。它描述了这样一种情况:一个进程由于其他进程总是优先于它运行而被无限期拖延。比如在采用短作业优先调度算法的系统中,若一个长作业在执行之前,系统不断地接纳比该长作业的执行时间还要短的作业,致使该长作业一直得不到运行。尽管这里没有产生死锁,但却出现了"饥饿",即该作业会被无限期推迟执行。

解决"饥饿"问题的最简单策略是采用先来先服务资源分配策略,在这种机制下,等待最久的进程会是下一个被调度的进程,随着时间的推移,每个进程会变成最"老"的进程,因而,能获得资源并完成任务。

4.7　Linux 系统的同步

Linux 包含了在 UNIX 系统中出现的所有并发机制,如信号、管道、消息和共享内存。除此之外,Linux 还包含一套丰富的并发机制,支持线程在内核模式下的并发性。本节对 Linux 常用的同步机制进行简要地介绍。

4.7.1　信　号

信号(又称为软中断信号)用来通知进程发生了异步事件。进程之间可以互相通过系统调用 kill 发送软中断信号。内核也用信号通知进程系统所发生的事件。例如,浮点运算溢出或者内存访问错误等信号。注意,信号只是用来通知某进程发生了什么事件,并不给该进程传递任何数据。

在 Linux 内核定义的常用信号及其功能见表 4-3。

表 4-3　　　　　常用信号及其功能

编号	信号名称	用途
1	SIGHUP	终端线路挂断信号。该信号在用户终端连接结束时发出,通知同一会话内的各个作业或进程,它们的控制终端不再与其关联
2	SIGINT	来自键盘的中断信号(Ctrl＋C),运行中的前台进程接收到该信号后终止运行

（续表）

编号	信号名称	用途
3	SIGQUIT	来自键盘的退出信号（Ctrl＋\），进程在退出时会产生 core 文件
4	SIGFPE	浮点异常信号（例如浮点运算溢出）
5	SIGKILL	进程终止信号。捕捉到该信号的进程不能忽略它，进程必须立即终止
6	SIGUSR1	用户自定义信号
7	SIGUSR2	用户自定义信号
8	SIGALRM	进程的定时器时钟到期
9	SIGTERM	进程终止信号。捕捉到该信号的进程可根据需要终止程序。在终止之前，可以处理一些事务，比如关闭打开的文件。在某些情况下，也可以忽略该信号
10	SIGCHLD	当子进程停止或退出时给父进程的信号，告诉父进程它要结束
11	SIGSTOP	来自键盘（Ctrl＋Z）或调试程序的进程，捕捉到该信号的进程暂停执行

在 Linux 环境下，可通过运行"kill -l"命令显示 Linux 支持的信号列表，也可以通过 kill 命令向某个进程发送某一个信号。例如，若要终止某一进程的运行，可执行命令"kill -s SIGKILL 2313""kill -s 9 2313""kill -SIGKILL 2313"或者"kill -9 2313"来终止进程内部标识号 PID 为 2313 的进程。上述命令中各符号代表的意义如下：-s 表示 kill 命令要求 Linux 内核发送一个信号给指定的进程。紧跟在-s 后面的是信号名称或信号的编号。-9 或-SIGKILL 是指给指定进程发送的信号。2313 是指进程内部标识号为 2313 的进程。

使用信号的两个主要目的：一是让进程知道已经发生了一个特定的事件；二是强迫进程执行它自己代码中的信号处理程序。并不是系统中所有进程都可以向其他进程发送信号，只有核心和超级用户可以。普通进程只可以向拥有相同 uid（用户标识号）和 gid（组标识号）或者在相同进程组中的进程发送信号。

当信号产生时，内核将进程 task_struct 中的信号相应标志位设置为 1，表明产生了该信号。系统对置位之前该标志位已经为 1 的情况不进行处理，这说明进程只处理最近接收的信号。进程对信号的操作可采用下列三种方式之一：

1.显式地屏蔽信号。通过设置进程的 task_struct 中的 blocked 属性，可屏蔽绝大部分信号，但 SIGKILL 和 SIGSTOP 信号不能被屏蔽。当产生可屏蔽信号时，此信号可以保持待处理状态，直到该屏蔽释放为止。

2.用户提供信号处理程序，当有信号发生时，执行相应的信号处理程序。

3.用户不提供信号处理程序而选择缺省信号处理程序。例如，SIGSTOP 信号的默认处理是把当前进程的状态改为 TASK_STOPPED 状态，然后运行调度程序选择一个新的就绪进程来运行。

信号产生后并不马上送给进程，它必须等待直到进程再一次运行时才交给它。每当进程从系统调用中退出时，内核会检查它的 signal 和 blocked 字段，查看是否有需要发送的非屏蔽信号，若有则立即发送。如果信号的处理被设置为缺省，则系统内核将会处理该信号，否则会执行用户提供的信号处理程序。

4.7.2 原子操作

在多进程/多线程的操作系统中不能被其他进程/线程打断的操作就叫原子操作,比如对文件的原子操作是指在操作文件时不能被打断。原子还有一层意思,当该次操作不能完成的时候,必须回到操作之前的状态,原子操作不可拆分。例如,C 语言语句"count++;"在未经编译器优化时生成的汇编代码(Intel 80x86 CPU)为:

```
mov eax, [count]
inc eax
mov [count], eax
```

在多处理器环境下多个进程同时执行这段代码时,就可能带来并发问题。表 4-4 中,两个进程执行"count++"语句时的情况,若出现进程 A 执行完"mov eax, [count]"之后,在执行"mov [count], eax"之前的空隙,进程 B 执行"mov eax, [count]",导致虽然两个进程都去增加计数器 count 的值,但最终 count 的值只加了 1,其中一个加法运算"丢失"了。

表 4-4 两个处理器对计数器加 1 操作

指令执行顺序	处理器 1 上的进程 A	处理器 2 上的进程 B
1	mov eax, [count]	……
2	inc eax	mov eax, [count]
3	mov [count], eax	inc eax
4	……	mov [count], eax

原子操作就是用来防止这类问题的。如果我们使用一个原子加法操作而不是常规的加法操作,执行指令的处理器会确保上面的三条指令的执行就像一条指令那样操作,成为一个原子操作。

Linux 提供了一组函数以保证对变量的原子操作,利用这些函数能够用来避免简单的竞争。在单处理器中,线程一旦启动原子操作,则此操作从开始到结束不能被中断。在多处理器中,为了实现对变量的原子操作需要锁住变量,以避免被其他线程访问,直到此原子执行完毕后才解锁变量以被其他线程访问。

在 Linux 中提供了原子操作,这些操作的实现依赖于具体的硬件。下面以 Intel 80x86 CPU 为例介绍 Linux 下实现原子操作的原理。

在单处理器环境下对整数进行的原子操作方法是将"count++;"语句翻译为单指令操作,即 inc [count]。

Intel 80x86 CPU 指令集支持内存操作数的 inc 操作,这样"count++;"语句的操作可以在一条指令内完成。因为进程的上下文切换总是在一条指令执行完成后,所以不会出现上述的并发问题。对于单处理器来说,一条处理器指令就是一个原子操作。

在多处理器环境下对整数进行的原子操作使用指令 inc [count]已不再适合。我们知道 inc [count]指令的执行过程分为三步:

1.从内存中将 count 的数据读取到 CPU 中。

2.累加读取的值。

3.将修改的值写回 count 所指内存。

这又回到前面并发问题类似的情况,只不过此时并发的主题不再是进程,而是处理器。

Intel 80x86 CPU 指令集提供了指令前缀 lock 用于锁定前端串行总线,保证了指令执行时不会受到其他处理器的干扰,所以在多处理器环境中可以加指令前缀,即 Lock inc [count],来保证指令执行的原子性。

使用 lock 指令前缀后,处理器间对 count 所指内存的并发访问(读/写)被禁止,从而保证了指令的原子性。

4.7.3　自旋锁

自旋锁(Spinlock)是专为防止多处理器并发而引入的一种锁机制,它在内核中大量应用于中断处理等部分(对于单处理器来说,防止中断处理中的并发可简单采用关闭中断的方式,不需要自旋锁)。

自旋锁最多只能被一个内核任务持有,如果一个内核任务试图请求一个已被争用(已经被持有)的自旋锁,那么这个任务就会一直进行忙循环-旋转-等待锁重新可用。要是锁未被争用,请求它的内核任务便能立刻得到它并且继续进行。自旋锁可以在任何时刻防止多于一个的内核任务同时进入临界区,因此这种锁可有效地避免多处理器上并发运行的内核任务竞争共享资源。

事实上,自旋锁的初衷就是:在短期间内进行轻量级的锁定。一个被争用的自旋锁使得请求它的线程在等待锁重新可用的期间进行自旋(特别浪费处理器时间),所以自旋锁不应该被持有时间过长。如果需要长时间锁定的话,最好使用信号量。

自旋锁的基本形式如下:

```
spin_lock(&mr_lock); /* 关锁 */
/* 临界区 */
spin_unlock(&mr_lock); /* 开锁 */
```

因为自旋锁在同一时刻只能被最多一个内核任务持有,所以一个时刻只有一个线程允许存在于临界区中,这点很好地满足了对称多处理器机需要的锁定服务。在单处理器上,自旋锁仅仅被当作一个设置内核抢占的开关。如果内核抢占也不存在,那么自旋锁会在编译时被完全剔除出内核。

简单地说,自旋锁在内核中主要用来防止多处理器并发访问临界区,防止内核抢占造成的竞争。

4.7.4　信号量

信号量是一种睡眠锁。如果有一个任务试图获得一个已被持有的信号量时,则任务阻塞并放入等待队列中等待信号量。这时处理器获得自由去执行其他代码。当持有信号量的任务将信号量释放后,在等待该信号量的队列中的某个任务将被唤醒,从而便可以获得这个信号量。

在 Linux 内核中提供了供自己使用的信号量,即在内核中的代码才能调用的信号量。内核信号量不能通过系统调用直接被用户程序访问。Linux 在内核中提供了三种信号量:二元信号量、计数信号量和读者-写者信号量。

（1）二元信号量与计数信号量

Linux 中二元信号量与计数信号量见表 4-5。函数 down() 和 up() 相当于 P 和 V 操作。

表 4-5　　　　　　　　　　Linux 中二元信号量与计数信号量

函数	描述
void init_MUTEX(struct semaphore * sem)	以计数值 1 初始化动态创建的信号量（初始为开锁状态）
void init_MUTEX_LOCKED(struct semaphore * sem)	以计数值 0 初始化动态创建的信号量（初始为关锁状态）
void sema_init(struct semaphore * sem,int count)	以指定的 count 初始化动态创建的信号量
int down(struct semaphore * sem)	试图获得指定的信号量,如果信号量不可得,就进入不可中断睡眠状态(TASK_UNINTERRUPTIBLE)
int down_interruptible(struct semaphore * sem)	试图获得指定的信号量,如果信号量不可得,就进入可中断睡眠状态(TASK_INTERRUPTIBLE)
int down_trylock(struct semaphore * sem)	试图获得指定的信号量,如果信号量不可得,就返回非零
int up(struct semaphore * sem)	释放指定的信号量

二元信号量使用 init_MUTEX() 函数或 init_MUTEX_LOCKED() 函数对信号量进行初始化,这两个函数分别将信号量的值初始化为 1 和 0。

计数信号量使用 sema_init() 函数初始化,信号量的初值大于等于 0。

down() 函数会尝试获取指定的信号量,如果信号量已经被使用了,则进程进入不可中断的睡眠状态。down_interruptible() 则会使进程进入可中断的睡眠状态。而 down_trylock() 尝试获取信号量,如果获取成功则返回 0,失败则会立即返回非 0。当退出临界区时使用 up() 函数释放信号量,如果信号量上的等待队列不为空,则唤醒其中一个等待进程。

（2）读者-写者信号量

读者-写者信号量把应用分为读者和写者,它允许多个并发的读者(没有写者),但仅允许一个写者(没有读者)。因此,读者-写者信号量是互斥型的信号量。事实上,对于读者使用的是一个计数信号量,而对于写者使用的是一个二元信号量。表 4-6 列出了 Linux 中读者-写者信号量。

表 4-6　　　　　　　　　Linux 中读者-写者信号量

函数	描述
void init_resem(struct rw_semaphore * rwsem)	初始化动态创建的信号量 rwsem,其初值为 1
void down_read(struct rw_semaphore * rwsem)	读者 down 操作
void up_read(struct rw_semaphore * rwsem)	读者 up 操作
void down_write(struct rw_semaphore * rwsem)	写者 down 操作
void up_write(struct rw_semaphore * rwsem)	写者 up 操作

在应用层中,Linux 提供了使用信号量的接口,其中使用 semget() 函数来建立新的信号量对象或者获取已有对象的标识符;使用 semop() 函数来改变信号量对象中各个信号量的状态;使用 semctl() 函数直接对信号量对象进行控制。详细内容请读者参阅 Linux 编程相关的资料。

4.8　典型例题分析

例1：为什么说互斥也是一种同步？

答：互斥指的是某种资源一次仅允许一个进程使用，即 A 进程在使用的时候 B 进程不能使用；B 进程在使用的时候 A 进程不能使用。这就是一种协调，一种"步伐"上的一致，因而也是一种同步。但是，为了求解实际问题，将"同步"与"互斥"加以区别是有好处的，因为这两种问题的求解方法是不同的。

例2：试比较 P/V 操作原语和 LOCK/UNLOCK 原语实现进程间互斥的区别。

答：互斥的加锁实现是这样的：当某个进程想进入临界区时，先判断锁的状态，如果锁是开启状态，则进入临界区。进入临界区的第一件要做的事就是关锁操作，直到它退出临界区时执行开锁原语。如果锁的状态是关闭的，则该进程要等待锁开启之后才可获准进入临界区。

用加锁的方法实现进程的互斥存在如下弊端：

（1）循环测试锁状态将损耗较多的 CPU 计算时间；

（2）产生不公平现象，谁先检测到锁状态为开启状态谁先进入临界区。

P/V 操作原语采用信号量管理相应临界区的公有资源，信号量的数值仅能由 P，V 原语操作改变，而 P，V 原语在执行期间不允许中断发生。其过程是这样的：当某个进程正在临界区内执行时，其他进程如果执行了 P 原语，则该进程并不像 LOCK 那样因进不了临界区而返回到 LOCK 的起点循环测试锁的状态，而是在等待队列中等待由其他进程做 V 操作原语释放资源后将其唤醒，然后进入临界区，这时 P 原语才算真正结束。若有多个进程做 P 原语操作而进入等待状态之后，一旦有 V 原语释放资源，则等待进程中的一个进入临界区，其余的继续等待。

总之，加锁方法采用反复测试锁状态实现互斥，存在 CPU 浪费和不公平现象，P/V 操作原语使用了信号量，克服了加锁方法的弊端。

例3：设有两个优先级相同的进程 P1 和 P2，信号量 S1 和 S2 的初值均为 0。进程 P1 和 P2 的伪代码见表 4-7。试问：P1、P2 并发执行后，x、y 和 z 各等于多少？

表 4-7　　　　　　　　　　　　进程 P1 和 P2 的伪代码

进程 P1	进程 P2
y=1，z=0；	x=1；
y=y+2；	x=x+1；
V(S1)；	P(S1)；
z=y+1；	x=x+y；
P(S2)；	V(S2)；
y=z+y；	z=x+z；

答：这两个进程共享了变量 x、y 和 z，下面我们来分析这三个变量的变化情况。

变量 x 仅在 P2 中使用，它的值与变量 y 有关。在 P1 执行 V(S1) 和 P2 执行 P(S1) 之前，x 和 y 的值分别为 2 和 3，在 P1 执行 P(S2) 和 P2 执行 V(S2) 之前，y 的值没有发生变化，所以，语句 x=x+y 执行后，x 的值等于 5，此后，x 的值没有发生变化。

变量 y：P2 仅对 y 进行了读操作，该操作没有影响到 x 的值。P1 对 y 进行了读写操作，它的值与变量 z 有关。

变量 z：P1 和 P2 均对变量 z 进行读写操作。P1 不执行 V(S1)，P2 无法写 z，因此 P1 先执行 z＝0 语句。当 P1 执行 V(S1)之后，P1 和 P2 都可以对 z 进行写操作，即 P1 和 P2 对 z 的操作是无序的。所以，z 的结果与 3 条语句（z＝y＋1；y＝z＋y；z＝x＋z；）的执行顺序有关。

当这 3 条语句按 z＝y＋1；y＝z＋y；z＝x＋z；顺序执行时，x、y 和 z 的值各等于 5、7 和 9。

当这 3 条语句按 z＝x＋z；z＝y＋1；y＝z＋y；顺序执行时，x、y 和 z 的值各等于 5、7 和 4。

当这 3 条语句按 z＝y＋1；z＝x＋z；y＝z＋y；顺序执行时，x、y 和 z 的值各等于 5、12 和 9。

例 4：某进程中有 3 个并发执行的线程 thread1、thread2 和 thread3，其伪代码见表 4-8。

表 4-8　　　　　　　　　　　　3 个可并发执行线程的伪代码

//复数的结构类型定义	thread1 {	thread3 {
typedef struct {	cnum w;	cnum w;
float a, b;		w.a = 1;
} cnum;	w = add(x, y);	w.b = 1;
cnum x, y, z; //全局变量		
	……	z = add(z, w);
//计算两个复数之和	}	
cnum add(cnum p, cnum q) {	thread2 {	y = add(y, w);
cnum s;	cnum w;	
s.a = p.a + q.a;		……
s.b = p.b + q.b;	w = add(y, z);	}
return s;	……	
}	}	

请在上表中适当位置添加必要的信号量定义和 P、V 操作，要求确保线程互斥访问临界资源，并且最大限度地并发执行。

答：从表 4-8 可知，全局变量 x、y 和 z 是临界资源，thread1 和 thread3 共享变量 y，且 thread3 写变量 y；thread2 和 thread3 共享变量 y 和 z，且 thread3 写变量 y 和 z。当一个线程在写变量时，其他线程不能读写该变量，因此，当 thread3 写变量 y 时，thread1 和 thread2 都不能读；当 thread3 写变量 z 时，thread2 不能读。thread1 和 thread2 读共享变量 y，对于系统来说，一个变量可以被多个并发线程读取。以上所述就是对这 3 个线程同步关系的分析。

根据题目要求："最大限度地并发执行"，即只要能保证 thread3 在写变量 y 时，thread1 和 thread2 不读取变量 y，thread3 在写变量 z 时，thread2 不读取变量 z 即可，同时还能保证 thread1 和 thread2 并发地读取变量 y。所以，我们定义 3 个信号量 S13y，S23y 和 S23z，分别用它们实现 thread1 和 thread3 互斥访问变量 y，thread2 和 thread3 互斥访问变量 y，thread2 和 thread3 互斥访问变量 z，它们的初值均为 1。这样就能满足上述要求。用 3 个互斥信号量实现 3 个可并发执行线程的同步伪代码见表 4-9。

用两个互斥信号量是否可以实现这 3 个线程的并发呢？ 表 4-10 给出用两个互斥信号量实现 3 个可并发执行的线程同步的伪代码，互斥访问共享变量 x、y 和 z，但它不符合"最大限度地并发执行"的要求，因为 thread1 和 thread2 需要互斥地访问变量 y。

表 4-9   用 3 个互斥信号量实现 3 个可并发执行线程的同步伪代码

//复数的结构类型定义	thread1 {	thread3 {
typedef struct {	cnum w;	cnum w;
float a, b;	P(S13y);	w. a = 1;
} cnum;	w = add(x, y);	w. b = 1;
cnum x, y, z; //全局变量	V(S13y);	P(S23z)
SEMAPHORE S13y = 1;	……	z = add(z, w);
SEMAPHORE S23y = 1;		V(S23z)
SEMAPHORE S23z = 1;	}	P(S13y)
//计算两个复数之和	thread2 {	P(S23y)
cnum add(cnum p, cnum q) {	cnum w;	y = add(y, w);
cnum s;	P(S23z)	V(S13y)
s. a = p. a + q. a;	P(S23y)	V(S23y)
s. b = p. b + q. b;	w = add(y, z);	……
return s;	V(S23z)	
}	V(S23y)	}
	……	
	}	

表 4-10   用两个互斥信号量实现 3 个可并发执行的线程同步的伪代码

//复数的结构类型定义	thread1 {	thread3 {
typedef struct {	cnum w;	cnum w;
float a, b;	P(S123y);	w. a = 1;
} cnum;	w = add(x, y);	w. b = 1;
cnum x, y, z; //全局变量	V(S123y);	P(S23z)
SEMAPHORE S123y = 1;	……	z = add(z, w);
SEMAPHORE S23z = 1;		V(S23z)
//计算两个复数之和	}	P(S123y)
cnum add(cnum p, cnum q) {	thread2 {	y = add(y, w);
cnum s;	cnum w;	V(S123y)
s. a = p. a + q. a;	P(S23z)	……
s. b = p. b + q. b;	P(S123y)	
return s;	w = add(y, z);	}
}	V(S23z)	
	V(S123y)	
	……	
	}	

    例 5：设有 3 个进程 pa、pb、pc 共享一个缓冲区，该缓冲区可存放单个数据。pa 读取一个整数放入缓冲区；进程 pb 从缓冲区中循环地读出其中的非负数并求和；进程 pc 从缓冲区中循环地读出其中的负数并求和。请使用 PV 操作，描述实现上述 3 进程的同步问题。

    答：设置三个信号量 S、NonNeg、Neg，信号量 S 表示缓冲区是否为空，其初值为 1；信号量 NonNeg 表示缓冲区是否为非正数，其初值为 0；信号量 Neg 表示缓冲区是否为负数，其初值为 0。同步描述如下。

```
01 SEMAPHORE S=1;
02 SEMAPHORE NonNeg=0;
03 SEMAPHORE Neg=0;
04 int Sum_of_NonNeg=0, Sum_of_neg=0;
05 pa() {
06     while(1){
```

```
07          从文件中取一个数 num;
08          if（读文件结束）break;
09          P(S);
10          将 num 放入缓冲区中;
11          if (num< 0)V(Neg);
12          else V(NonNeg);
13      }
14 }
15
16 pb( ) {
17      while(1){
18          P(NonNeg);
19          从缓冲区中取出非负数 a;
20          V(S); // 释放缓冲区
21          Sum_of_NonNeg = Sum_of_NonNeg + a;
22      }
23 }
24
25 pc( ) {
26      while(1){
27          P(Neg);
28          从缓冲区中取出负数 a;
29          V(S); // 释放缓冲区
30          Sum_of_Neg = Sum_of_Neg + a;
31      }
32 }
```

例 6：一座小桥（最多只能承重两个人）横跨南北两岸，任意时刻一方向只允许一人过桥，南侧段和北侧段较窄只能通过一人，桥中央一处宽敞，允许两个人通过或歇息。试用信号量和 PV 操作写出南、北岸过桥的同步算法。

答：控制"任意时刻一方向只允许一人过桥"需要设置两个信号量 south 和 north，分别表示南岸和北岸要通行的人，它们的初值均为 1，在通行之前对其执行 P 操作，通过后对其执行 V 操作。

"南侧段和北侧段较窄只能通过一人"，说明南侧段和北侧段都属于临界资源，当行人要通过时只能允许一个人通过，不管来自南岸还是北岸。设两个信号量 S_Narrow 和 N_Narrow，它们的初值均为 1，当行人要通过南侧段和北侧段时对相应信号量执行 P 操作，通过后执行 V 操作。

由于任何时刻一个方向只允许一人过桥，所以桥上最多有 2 个人，符合题意。同步算法描述如下。

```
01 SEMAPHORE south＝1, north＝1;
02 SEMAPHORE S_Narrow＝1, N_Narrow＝1;
03 SouthBank( ) { // 南岸
04     南岸的行人要过桥;
05     P(south);//若南岸无人过桥那就过,否则等
06     可以过桥了;
```

```
07        P(S_Narrow);  //南侧段可以通行吗?
08        通过南侧段;
09        V(S_Narrow);
10        进入中间宽敞处;
12        P(N_Narrow);  //北侧段可以通行吗?
13        通过北侧段;
14        V(N_Narrow);
15        V(south);  //南岸的行人过桥了
16  }
17
18  NorthBank( ) {  //北岸
19        北岸的行人要过桥;
20        P(north);  //若北岸无人过桥那就过,否则等
21        可以过桥了;
22        P(N_Narrow);  //北侧段可以通行吗?
23        通过北侧段;
24        V(N_Narrow);
25        进入中间宽敞处;
26        P(S_Narrow);  //南侧段可以通行吗?
27        通过南侧段;
28        V(S_Narrow);
29        V(north);  //北岸的行人过桥了
30  }
```

例 7:现有 5 个进程 A,B,C,D,E 共享 R1,R2,R3,R4 这四类资源,进程对资源的需求量和目前分配情况见表 4-11。若系统还有剩余资源数为 (2,6,2,1),即 R1 类资源 2 个,R2 类资源 6 个,R3 类资源 2 个和 R4 类资源 1 个,请按银行家算法回答下列问题:

(1)目前系统是否处于安全状态?

(2)现在如果进程 D 提出申请 (2,5,0,0) 个资源,系统是否能为它分配资源?

表 4-11   进程所需资源情况表

进程	进程已占资源数				最大需求量			
	R1	R2	R3	R4	R1	R2	R3	R4
A	3	6	2	0	5	6	2	0
B	1	0	2	0	1	0	2	0
C	1	0	4	0	5	6	6	0
D	0	0	0	1	5	7	0	1
E	5	3	4	1	5	3	6	2

答:(1)从表 4-11 可知,目前进程 B 已获得所需资源,而剩余资源数又可满足进程 A 所需资源数 (2,0,0,0),若系统满足进程 A 的资源请求,则 A 和 B 都可以正常运行,当 A 和 B 都完成任务后将各自占有的资源释放,则系统中的剩余资源数为 (6,12,6,1)。此时,剩余资源可满足 C、D、E 任一个进程,由此可见,系统中的所有进程都能顺利完成,所以,系统是安全的。

(2)若此时给进程 D 分配 (2,5,0,0) 个资源,系统剩余的可用资源为 (0,1,2,1)。而进程 B 所需资源已满足,它在有限时间内归还这些资源后,剩余资源数变为 (1,1,4,1),此刻,剩余资

源可满足 E。等 E 完成任务释放资源后,剩余资源数变为(6,4,8,2),此时,系统中仅剩下进程 A 和 D,而剩余资源可同时满足 A(2,0,0,0)和 D(3,2,0,0)所需资源数,因此,系统是安全的,可以按 D 的请求为其分配资源。

4.9 实验:进程同步

1. 实验内容

(1)利用 POSIX 标准的 pthread 线程库创建 3 到 5 个线程,它们共享数组 N。请实现这几个线程对数组 N 的共享。

(2)利用 POSIX 标准的 pthread 线程库创建两个线程,这两个线程共享变量 buffer(相当于一个缓冲区),其中一个线程产生一个随机数保存在 buffer 中,另一个线程从 buffer 中取出该随机数,然后打印输出。

(3)利用 POSIX 标准的 pthread 线程库创建 M 个生产者线程和 K 个消费者线程,实现这些线程缓冲区 buf 进行共享。其中,生产者线程产生随机数放入 buf 中,消费者线程从 buf 中取数据进行输出。设 buf 可存放 N 个数据。

2. 实验目的

深刻理解进程的同步与互斥概念,能够利用操作系统提供的同步机制实现进程的同步与互斥。

3. 实验准备

Linux 内核只提供了轻量级进程的支持,在 Linux 系统下通常使用遵循 POSIX 标准的 pthread 线程库。在 Linux 下编写多线程程序,需要使用头文件 pthread.h,链接时需要使用 libpthread.a 动态库,pthread 线程库是通过系统调用 clone()来实现的。

(1)clone()系统调用

clone()与 fork()都是建立子进程。fork()创建一个子进程时,子进程只是完全复制父进程的资源,这样得到的子进程独立于父进程,具有良好的并发性,但是二者之间的通信需要通过专门的通信机制,如:管道、System V IPC(消息队列、信号量和共享内存)机制等。fork()采用写时拷贝技术加快进程的创建。写时拷贝是一种可以推迟甚至避免拷贝数据的技术。创建子进程时内核并不复制整个进程的地址空间,而是让父子进程共享同一个地址空间。当发生写入操作时才进行地址空间的复制,从而使各个进程拥有各自的地址空间。这种技术使地址空间上的页的拷贝被推迟到实际发生写入的时候。在页根本不会被写入的情况下,例如,执行 fork()后立即执行 exec(),地址空间就无须被复制了。fork()的实际开销就是复制父进程的页表以及给子进程创建一个进程描述符。

clone()系统调用是 fork()的推广形式,它允许子进程共享父进程的存储空间、文件描述符和信号处理程序。clone()的返回值与 fork()类似,成功时,父进程返回子进程的内部标识号,失败时返回−1。

(2)信号量

信号量本质上是一个非负的整数计数器,它被用来控制对公共资源的访问。当公共资源增加时,调用函数 sem_post()增加信号量的值。只有当信号量值大于 0 时,才能使用公共资源,使用函数 sem_wait()可减少信号量的值。下面我们介绍与信号量有关的一些函数,它们都在头文件 semaphore. h 中定义。

信号量的数据类型为结构 sem_t,它本质上是一个长整型的数。函数 sem_init()用来初始化一个信号量。它的原型为:

```
int sem_init (sem_t * sem,
              int pshared,
              unsigned int value);
```

sem 为指向信号量结构的一个指针;pshared 不为 0 时此信号量在进程间共享,否则只能为当前进程的所有线程共享;value 给出了信号量的初始值。

函数 sem_post(sem_t * sem)用来增加信号量的值。当有线程阻塞在这个信号量上时,调用这个函数会将其中的一个线程唤醒,选择机制是由线程的调度策略决定的。

函数 sem_wait(sem_t * sem)被用来阻塞当前线程直到信号量 sem 的值大于 0,解除阻塞后将 sem 的值减 1,表明公共资源经使用后减少。

函数 sem_destroy(sem_t * sem)用来释放信号量 sem。

sem_wait(&s)和 sem_post(&s)分别相当于第 4 章介绍的 P、V 操作。其中 s 说明为 sem_t 类型的信号量。

(3)其他一些函数的用法

①srand()

srand()原型为:

```
void srand(unsigned seed);
```

用 seed 初始化随机数发生器。

②rand()

rand()原型为:

```
int rand(void);
```

该函数产生一个伪随机整数。

4. 实验参考程序示例

(1)利用信号量实现线程之间的互斥

假设创建 5 个线程,这 5 个线程分别标识为 0、1、2、3、4。线程 i(5 个线程之一)的工作可描述如下:

①线程 i 休息一段时间。

②使 N[i]加 1,N[i]记录线程 i 进入临界区的次数。

③使 N[5]加 1,记录这 5 个线程的进入临界区的总次数。

④转①。

实现这 5 个线程之间互斥的 C 源代码清单如下。

```
01 /* Filename: ex4-1. c  */
02 #include <stdio. h>
03 #include <stdlib. h>
04 #include <pthread. h>
05 #include <semaphore. h>
06 #include <unistd. h>
```

```
07 sem_t sem;
08 int N[6];
09 void Reader(int * id)
10 {
11     char preTab[5]="\t\t\t\t";
12     int j;
13     for (j=0; j<rand()%2+1 ; j++ ) {
14         sleep(rand()%2+1);
15         printf("T%d %swants to enter the CS%d. \n", * id,&preTab[4-* id], * id);
16         sem_wait(&sem);
17         printf("T%d %shas entered the CS%d\n", * id,&preTab[4-* id], * id);
18         N[ * id]++;
19         N[5] ++;
20         sleep(rand()%2+1);
21         printf("T%d %sN[%d]=%d,N[5]=%d\n", * id,&preTab[4-* id], * id,N[ * id],N[5]);
22         printf("T%d %sgoes out of the CS%d. \n", * id,&preTab[4-* id], * id);
23         sem_post(&sem);
24     }
25 }
26 int main(void)
27 {
28     pthread_t tid[5];
29     int i,targs[5];
30     srand(getpid());
31     sem_init(&sem,0,1);
32     for (i=0; i < rand()%2+3; i++) {
33         targs[i] = i;
34         pthread_create(&tid[i], NULL, (void * )Reader, &targs[i]);
35     }
36     for (--i; i>=0; i--) {
37         pthread_join(tid[i],NULL);
38     }
39     sem_destroy(&sem);
40     return 0;
41 }
42 / * 编译命令 gcc -o ex4-1 ex4-1. c -lpthread * /
43 / * 执行程序 . /ex4-1                               * /
```

（2）利用信号量实现线程之间同步的 C 源程序清单。

```
01 / * Filename：ex4-2. c   * /
02 # include <stdio. h>
03 # include <pthread. h>
04 # include <semaphore. h>
05 # include <unistd. h>
06 / * 设置两个信号量,available 表示缓冲器空,初值为 1,ready 表示缓冲器中
```

```
07  *  是否准备好数据,初值为 0。    */
08  sem_t available,ready;
09  int buffer; /* 一个缓冲区 */
10  void Write(void){      /* 产生随机数,并放入缓冲区中 */
11      int product,i;
12      for (i=0;i<4;i++){
13          sleep(rand()%3+1);
14          product = rand() % 100;
15          printf("\tWritor produces a random number: %d\n",product);
16          sem_wait(&available);        /* 申请空缓冲区   */
17          printf("\tWritor puts it to the buffer\n");
18          buffer=product;
19          sem_post(&ready);            /* 通知 Read 缓冲区中有数据了 */
20      }
21  }
22
23  void Read(void){
24      int product,i;
25      for (i=0;i<4;i++){
26          sleep(rand()%3+1);
27          printf("\t\tReader wants to get a number\n");
28          sem_wait(&ready);            /* 申请使用数据 */
29          product = buffer;
30          printf("\t\tReader gets a number:%d\n",product);
31          sem_post(&available);        /* 通知 Write 缓冲区空闲 */
32      }
33  }
34
35  int main()
36  {
37      pthread_t t1,t2;
38      srand(getpid());
39      sem_init(&available,0,1);
40      sem_init(&ready,0,0);
41      pthread_create(&t1,NULL,(void *)Write,NULL);
42      pthread_create(&t2,NULL,(void *)Read,NULL);
43      pthread_join(t1,NULL);
44      pthread_join(t2,NULL);
45      sem_destroy(&available);
46      sem_destroy(&ready);
47      return 0;
48  }
49  /* 编译命令 gcc -o ex4-2   ex4-2.c -lpthread      */
50  /* 执行程序 ./ex4-2                              */
```

（3）生产者与消费者问题的 C 源程序清单。

```
01 / * Filename： ex4-3.c * /
02 #include <stdio.h>
03 #include <stdlib.h>
04 #include <pthread.h>
05 #include <semaphore.h>
06 #include <time.h>
07 #include <unistd.h>
08 #define N 3
09 #define M 5
10 #define K 4
11 sem_t mutex, available, ready;
12 / * 设置两个同步信号量,available 表示缓冲器空,初值为 N,ready 表示缓冲器中
13  * 是否准备好数据,初值为 0,设置一个互斥信号量 mutex,初值为 1
14 * /
15 struct BUFFER {
16     int buffer[N];   / * 可容纳 N 个数据的缓冲区 * /
17     int in,out;
18 } buf;
19
20 void Producer(int * id) / * 生产者 * /
21 {
22     int product, i;
23     for (; ;) {
24         sleep(rand()%3+1);
25         product = rand() % 100;
26         for(i=0; i< * id; i++) printf("      ");
27         printf("Producer %d produces a random number：%d\n", * id,product);
28         sem_wait(&available);       / * 申请空缓冲区   * /
29         sem_wait(&mutex);            / * 申请进入临界区   * /
30         sleep(rand()%3+1);
31         for(i=0;i< * id;i++) printf("      ");
32         printf("Producer %d puts it to the buffer\n", * id);
33         buf.buffer[buf.in]=product;
34         buf.in=(buf.in+1) %N;
35         sem_post(&mutex);       / * 退出临界区   * /
36         sem_post(&ready);        / * 通知 Customer 缓冲区中有数据了 * /
37     }
38 }
39
40 void Customer(int * id)   / * 消费者 * /
41 {
42     int product, i;
43     for ( ; ; ) {
```

```
44          sleep(rand()%3+1);
45          for(i=0;i< * id;i++) printf("     ");
46          printf("Customer %d wants to get a number\n", * id);
47          sem_wait(&ready);      /* 申请到缓冲区中的有效数据 */
48          sem_wait(&mutex);      /* 申请进入临界区     */
49          sleep(rand()%3+1);
50          product=buf.buffer[buf.out];
51          buf.out=(buf.out+1) % N;
52          for(i=0;i< * id;i++) printf("     ");
53          printf("Customer %d gets a number:%d\n", * id, product);
54          sem_post(&mutex);              /* 退出临界区     */
55          sem_post(&available);          /* 通知 Producer 腾空一个单元 */
56      }
57 }
58 int main()
59 {
60      pthread_t   tp[M], tc[K];
61      int   i, idp[M], idc[K];
62      srand(getpid());
63      /* 初始化缓冲区 */
64      buf.in=0;
65      buf.out=0;
66      /* 初始化信号量 */
67      sem_init(&mutex, 0, 1);
68      sem_init(&available, 0, N);
69      sem_init(&ready, 0, 0);
70      for (i=0; i<M; i++) {
71          idp[i] = i;
72          pthread_create(&tp[i], NULL, (void * )Producer, &idp[i]);
73      }
74      for (i=0; i< K; i++) {
75          idc[i]=i;
76          pthread_create(&tc[i], NULL, (void * )Customer, &idc[i]);
77      }
78      for (i=0; i<M; i++)
79          pthread_join(tp[i],NULL);
80      for (i=0; i< K; i++)
81          pthread_join(tc[i],NULL);
82      sem_destroy(&mutex);
83      sem_destroy(&available);
84      sem_destroy(&ready);
85      return 0;
86 }
87 /* gcc -o ex4-3 ex4-3. c -lpthread */
88 /* 执行程序 ./ex4-3         */
```

习题 4

1.选择题

(1)进程依靠( )从阻塞状态过渡到就绪状态。

A. 程序员的命令   B. 系统服务

C. 等待下一个时间片到来   D. "合作"进程的唤醒

(2)下列选项中会导致进程从执行态变为就绪态的事件是( )。

A. 执行 P(wait)操作   B. 申请内存失败

C. 启动 I/O 设备   D. 被高优先级进程抢占

(3)用 P、V 操作管理临界区时,信号量的初值一般应定义为( )。

A. −1   B. 0   C. 1   D. 任意值

(4)有 m 个进程共享同一临界资源,若使用信号量机制实现对一临界资源的互斥访问,则信号量的变化范围是( )。

A. 1 至 −(m−1)   B. 1 至 m−1   C. 1 至 −m   D. 1 至 m

(5)设两个进程共用一个临界资源的互斥信号量为 mutex,若 mutex=1 时表示( )。若 mutex=−1 时表示( )。

A. 一个进程进入了临界区,另一个进程等待

B. 没有一个进程进入临界区

C. 两个进程都进入了临界区

D. 两个进程都在等待

(6)当一进程因在信号量 S 上执行 P(S)操作而被阻塞后,S 的值为( )。当一进程因在信号量 S 上执行 V(S)操作而导致唤醒另一进程后,S 的值为( )。

A. >0   B. <0   C. ≥0   D. ≤0

(7)两个进程合作完成一个任务。在并发执行中,一个进程要等待其合作伙伴发来消息,或者建立某个条件后再向前执行,这种制约性合作关系称为进程的( )。

A. 同步   B. 互斥   C. 调度   D. 执行

(8)如果信号量的当前值为 −4,则表示系统中在该信号量上有( )个进程等待。

A. 4   B. 3   C. 5   D. 0

(9)若有 4 个进程共享同一程序段,而且每次最多允许 3 个进程进入该程序段,则信号量的变化范围是( )。

A. 3,2,1,0   B. 3,2,1,0,−1   C. 4,3,2,1,0   D. 2,1,0,−1,−2

(10)如果有三个进程共享同一互斥段,而且每次最多允许两个进程进入该互斥段,则信号量的初值应设置为( )。

A. 3   B. 1   C. 2   D. 0

(11)并发进程之间( )。

A. 彼此无关   B. 必须同步   C. 必须互斥   D. 可能需要同步或互斥

(12)( )操作不是 P 操作可完成的。

A. 为进程分配处理器   B. 使信号量的值变小

C. 可用于进程的同步   D. 使进程进入阻塞状态

(13)在下列选项中,属于避免死锁的方法是(　　)。

A. 剥夺资源法　　　　　　　　　　B. 资源分配图简化法

C. 资源随意分配　　　　　　　　　D. 银行家算法

(14)在下列选项中,属于检测死锁的方法是(　　)。

A. 银行家算法　　　　　　　　　　B. 消进程法

C. 资源静态分配法　　　　　　　　D. 资源分配图简化法

(15)在下列选项中,属于解除死锁的方法是(　　)。

A. 剥夺资源法　　　　　　　　　　B. 资源分配图简化法

C. 银行家算法　　　　　　　　　　D. 资源静态分配法

(16)资源静态分配法可以预防死锁的发生,它使死锁四个条件中的(　　)不成立。

A. 互斥条件　　　B. 保持和请求条件　　　C. 不可剥夺条件　　　D. 环路等待条件

(17)产生死锁的四个必要条件是(　　)。

A、互斥条件、非剥夺条件、保持和请求条件、环路等待条件

B、同步条件、占有条件、抢占条件、循环等待条件

C、互斥条件、可抢占条件、申请条件、循环等待条件

D、同步条件、可抢占条件、申请条件、资源分配条件

(18)某计算机系统中有 8 个 R 资源,有 K 个进程竞争使用,每个进程至少需要 3 个 R 资源。该系统可能会发生死锁的 K 的最小值是(　　)。

A. 2　　　　　　　　B. 3　　　　　　　　C. 4　　　　　　　　D. 5

(19)设与某资源关联的信号量初值为 3,当前值为 1。若 M 表示该资源的可用个数,N 表示等待该资源的进程数,则 M、N 分别是(　　)。

A. 0、1　　　　　　　B. 1、0　　　　　　　C. 1、2　　　　　　　D. 2、0

(20)进程 P0 和 P1 的共享变量定义及其初值为:

```
boolean flag[2];
int turn = 0;
flag[0] = FALSE; flag[1] = FALSE;
```

若进程 P0 和 P1 访问临界资源的类 C 伪代码实现如下:

```
void P0( )//进程 P0
{
    while(TRUE){
        flag[0]=TRUE; turn=1;
        while(flag[1]&&(turn==1));
        临界区;
        flag[0]=FALSE;
    }
}
void P1( )//进程 P1
{
    while(TRUE){
        flag[1]=TRUE; turn=0;
        while(flag[0]&&(turn==0));
        临界区;
```

```
        flag[1]＝FALSE；
    }
}
```

则并发执行进程 P0 和 P1 时产生的情形是_____。

A. 不能保证进程互斥进入临界区，会出现"饥饿"现象

B. 不能保证进程互斥进入临界区，不会出现"饥饿"现象

C. 能保证进程互斥进入临界区，会出现"饥饿"现象

D. 能保证进程互斥进入临界区，不会出现"饥饿"现象

(21)某时刻进程的资源使用情况见表 4-12。

表 4-12

进程	已分配资源			尚需分配			可用资源		
	R1	R2	R3	R1	R2	R3	R1	R2	R3
P1	2	0	0	0	0	1	0	2	1
P2	1	2	0	1	3	2			
P3	0	1	1	1	3	1			
P4	0	0	1	2	0	0			

此时的安全序列是(　　)。

A. P1,P2,P3,P4　　B. P1,P3,P2,P4　　C. P1,P4,P3,P2　　D. 不存在

(22)有两个并发执行的进程 P1 和 P2，共享初值为 1 的变量 x。P1 对 x 加 1，P2 对 x 减 1。加 1 和减 1 操作的指令序列分别如下所示。

```
//加1操作                        //减1操作
load  R1,x  //取 x 到寄存器 R1 中    load  R2,x
inc   R1                         dec   R2
store x,R1  //将 R1 的内容存入 x     store x,R2
```

两个操作完成后，x 的值(　　)。

A. 可能为 -1 或 3　　　　　　　B. 只能为 1

C. 可能为 0、1 或 2　　　　　　D. 可能为 -1、0、1 或 2

(23)假设 5 个进程 P0、P1、P2、P3、P4 共享三类资源 R1、R2、R3，这些资源总数分别为 18、6、22。T0 时刻的资源分配情况见表 4-13，此时存在的一个安全序列是(　　)。

表 4-13

进程	已分配资源			资源最大需求		
	R1	R2	R3	R1	R2	R3
P0	3	2	3	5	5	10
P1	4	0	3	5	3	6
P2	4	0	5	4	0	11
P3	2	0	4	4	2	5
P4	3	1	4	4	2	4

A. P0,P2,P4,P1,P3　　　　　　B. P1,P0,P3,P4,P2

C. P2,P1,P0,P3,P4　　　　　　D. P3,P4,P2,P1,P0

（24）某系统正在执行三个进程 P1、P2 和 P3，各进程的计算（CPU）时间和 I/O 时间比例见表 4-14。

表 4-14

进程	计算时间	I/O 时间
P1	90%	10%
P2	50%	50%
P3	15%	85%

为提高系统资源利用率，合理的进程优先级设置应为（　　）。

A. P1>P2>P3　　　　B. P3>P2>P1　　　　C. P2>P1=P3　　　　D. P1>P2=P3

（25）下列关于银行家算法的叙述中，正确的是（　　）。

A. 银行家算法可以预防死锁

B. 当系统处于安全状态时，系统中一定无死锁进程

C. 当系统处于不安全状态时，系统中一定会出现死锁进程

D. 银行家算法破坏了死锁必要条件中的"保持和请求"条件

（26）某系统有 n 台互斥使用的同类设备，三个并发进程分别需要 3、4、5 台设备。可确保系统不发生死锁的设备数 n 最小为（　　）。

A. 9　　　　　　　　B. 10　　　　　　　　C. 11　　　　　　　　D. 12

（27）若系统 S1 采用死锁避免方法，S2 采用死锁检测方法，下列叙述中正确的是（　　）。

Ⅰ. S1 会限制用户申请资源的顺序

Ⅱ. S1 需要进行所需资源总量信息，而 S2 不需要

Ⅲ. S1 不会给可能导致死锁的进程分配资源，S2 会

A. 仅Ⅰ Ⅱ　　　　　B. 仅Ⅱ Ⅲ　　　　　C. 仅Ⅰ Ⅲ　　　　　D. Ⅰ Ⅱ Ⅲ

（28）下列关于管程的叙述中，错误的是（　　）。

A. 管程只能实现进程的互斥

B. 管程是由编程语言支持的进程同步机制

C. 任何时候只能由一个进程在管程中执行

D. 管程中定义的变量只能被管程内的过程访问

（29）使用 TSL（Test and Set Lock）指令实现进程互斥的伪代码如下所示：

```
do {
    ......
    while(TSL(&lock));
    critical section;
    lock=FALSE;
    ......
} while(TRUE);
```

下列与该实现机制相关的叙述中，正确的是（　　）。

A. 退出临界区的进程负责唤醒阻塞态进程

B. 等待进入临界区的进程不会主动放弃 CPU

C. 上述伪代码满足"让权等待"的同步准则

D. while(TSL(&lock))语句应在关中断状态下执行

(30)进程 P1 和 P2 均包含并发执行的线程,部分伪代码描述如下:

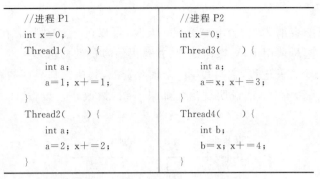

```
//进程 P1                    //进程 P2
int x=0;                    int x=0;
Thread1(    ){              Thread3(    ){
    int a;                      int a;
    a=1;x+=1;                   a=x;x+=3;
}                           }
Thread2(    ){              Thread4(    ){
    int a;                      int b;
    a=2;x+=2;                   b=x;x+=4;
}                           }
```

下列选项中,需要互斥执行的操作是(   )。

A. a=1 与 a=2   B. a=x 与 b=x

C. x+=1 与 x+=2   D. x+=1 与 x+=3

(31)下列关于死锁的叙述中,正确的是(   )。

Ⅰ. 可以通过剥夺进程资源解除死锁

Ⅱ. 死锁的预防方法能确保系统不发生死锁

Ⅲ. 银行家算法可以判断系统是否处于死锁状态

Ⅳ. 当系统出现死锁时,必然有两个或两个以上的进程处于阻塞态

A. 仅Ⅱ、Ⅲ   B. 仅Ⅰ、Ⅱ、Ⅳ

C. 仅Ⅰ、Ⅱ、Ⅲ   D. 仅Ⅰ、Ⅲ、Ⅳ

2. 填空题

(1)产生死锁的四个必要条件是互斥条件、保持和请求条件、非剥夺条件和_____。

(2)一次只允许一个进程访问的资源叫作_____。

(3)对信号量 S 的操作只能通过_____操作进行,对应每一个信号量设置了一个_____队列。

(4)信号量的物理意义是当信号量的值大于零时表示_____,当信号量值小于零时,其绝对值为_____。

(5)若一个进程已进入临界区 A,其他欲进入临界区 A 的进程必须_____。

(6)用 P、V 操作管理临界区时,任何一个进程在进入临界区之前应调用_____操作,退出临界区时应调用_____操作。

(7)死锁是指系统中多个_____无休止地等待永远不会发生的事件出现。

(8)在银行家算法中,如果一个进程对资源提出的请求将会导致系统从_____的状态进入_____的状态时,就暂时拒绝这一请求。

3. 问答与同步题

(1)在多道程序系统中程序的执行失去了封闭性和再现性,因此多道程序的执行不需要这些特性,这种说法是否正确?

(2)多个进程对信号量 S 进行了 5 次 P 操作,2 次 V 操作后,现在信号量的值是 −3,与信号量 S 相关的处于阻塞状态的进程有几个?信号量的初值是多少?

(3)设公共汽车上,司机和售票员的活动分别为:司机的活动为启动车辆、正常行驶、到站停车;售票员的活动为关车门、售票、开车门。试问:在汽车不断地到站、停车、行驶过程中,司

机和售票员的活动是同步关系还是互斥关系？并用信号量和 P、V 操作实现他们间的协调操作。

(4) 一售票厅只能容纳 300 人，当少于 300 人时，可以进入；否则，需在外等候。若将每一个购票者作为一个进程，请用 P、V 操作编程，并写出信号量的初值。

(5) 设 A、B 为两个并发进程，它们共享一个临界资源，其执行临界区的算法框图如图 4-6 所示。试判断该算法是否有错，请说明理由。如果有错，请改正。设 S1、S2 的初值为 0，CSA、CSB 为临界区。

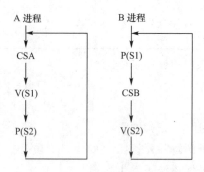

图 4-6　执行临界区的算法框图

(6) 桌上有一空盘，只允许存放一个水果。爸爸可向盘中放苹果，也可向盘中放橘子。儿子专等吃盘中的橘子，女儿专等吃盘中的苹果。规定当盘中空时一次只能放一只水果供吃者取用，请用 P、V 原语实现爸爸、儿子、女儿三个并发进程的同步。

(7) 按序分配是防止死锁的一种策略。什么是按序分配？为什么按序分配可以防止死锁？

(8) 有四个进程（P1，P2，P3 和 P4）和三类资源（R1，R2 和 R3）在 T0 时刻的资源分配情况见表 4-15。① 检查此刻的系统状态是否安全。② 若在 T0 时刻之后，进程 P3 发出资源请求 (1,0,1)，即 P3 申请一个单位的 R1 和一个单位的 R3，系统能否将资源分配给 P3 呢？

表 4-15

资源　进程	Max			Allocation			Need			Available		
	R1	R2	R3	R1	R2	R3	R1	R2	R3	R1	R2	R3
P1	3	2	2	1	0	0	2	2	2	1	1	2
P2	6	1	3	5	1	1	1	0	2			
P3	3	1	4	2	1	1	1	0	3			
P4	4	2	2	0	0	2	4	2	0			

(9) 三个进程 P1、P2、P3 互斥使用一个包含 N（N>0）个单元的缓冲区。P1 每次用 produce() 生成一个正整数并用 put() 送入缓冲区某一空单元中；P2 每次用 getodd() 从该缓冲区中取出一个奇数并用 countodd() 统计奇数个数；P3 每次用 geteven() 从该缓冲区中取出一个偶数并用 counteven() 统计偶数个数。请用信号量机制实现这三个进程的同步与互斥活动，并说明所定义的信号量的含义。

(10) 某银行提供 1 个服务窗口和 10 个供顾客等待的座位。顾客到达银行时，若有空座位，则到取号机上领取一个号，等待叫号。取号机每次仅允许一位顾客使用。当营业员空闲时，通过叫号选取一位顾客，并为其服务。顾客和营业员的活动过程描述如下：

```
cobegin
{
    process　顾客 i
    {
        从取号机获取一个号码；
        等待叫号；
        获取服务；
    }
    process　营业员
    {
        while(TRUE)
        {
            叫号；
            为客户服务；
        }
    }
}
coend
```

请添加必要的信号量和 P、V(或 wait()、signal())操作，实现上述过程中的互斥与同步。要求写出完整的过程，说明信号量的含义并赋初值。

(11)某博物馆最多可容纳 500 人同时参观，有一个出入口，该出入口一次仅允许一个人通过。参观者的活动描述如下：

```
cobegin
    参观者进程 i：
    {
        …
        进门；
        …
        参观；
        …
        出门；
        …
    }
coend
```

请添加必要的信号量和 P、V 操作，以实现上述过程中的互斥与同步。要求写出完整的过程，说明信号量的含义并赋初值。

(12)系统中有多个生产者进程和多个消费者进程，共享一个能存放 1000 件产品的环形缓冲区(初始为空)，当缓冲区未满时，生产者进程可以放入其生产的一件产品，否则等待；当缓冲区未空时，消费者进程可以从缓冲区取走一件产品，否则等待。要求一个消费者进程从缓冲区连续取走 10 件产品后，其他消费者进程才可以取产品。请使用信号量的 P、V(或 wait()、signal())操作实现进程间的互斥与同步，要求写出完整的过程，并说明所用信号量的含义和初值。

(13)有 A、B 两人通过信箱进行辩论,每人都从自己的信箱中取得对方的问题。将答案和向对方提出的新问题组成一个邮件放入对方的邮箱中,设 A 的信箱最多放 M 个邮件,B 的信箱最多放 N 个邮件。初始时 A 的信箱中有 x 个邮件(0＜x＜M),B 中有 y 个(0＜y＜N)。辩论者每取出一个邮件,邮件数减 1。

A、B 两人操作过程:

```
CoBegin
    A{
        While(TRUE){
            从 A 的信箱中取出一个邮件;
            回答问题并提出一个新问题;
            将新邮件放入 B 的信箱;
        }
    }
    B{
        While(TRUE){
            从 B 的信箱中取出一个邮件;
            回答问题并提出一个新问题;
            将新邮件放入 A 的信箱;
        }
    }
CoEnd
```

当信箱不为空时,辩论者才能从信箱中取邮件,否则等待。

当信箱不满时,辩论者才能将新邮件放入信箱,否则等待。

请添加必要的信号量和 P、V(或 wait( )、signal( ))操作,以实现上述过程的同步,要求写出完整过程,并说明信号量的含义和初值。

(14)有 n(n＞＝3)位哲学家围坐在一张圆桌边,每位哲学家交替地就餐和思考。在圆桌中心有 m(m＞＝1)个碗,每两位哲学家之间有 1 根筷子。每位哲学家必须取到一个碗和两侧的筷子之后,才能就餐,进餐完毕,将碗和筷子放回原位,并继续思考。为使尽可能多的哲学家同时就餐,且防止出现死锁现象,请使用信号量的 P、V 操作(wait( )、signal( )操作)描述上述过程中的互斥与同步,并说明所用信号量及初值的含义。

(15)有两个并发进程 P1、P2,它们共享同一个变量 x,其程序代码如下:

```
P1( ){
    x=1;
    y=2;
    if (x>0) z=x+y;
    else  z=x*y;
    print z;
}

P2( ){
    x=-1;
    a=x+3;
```

```
    x＝a＋x；
    b＝a＋x；
    c＝b * b；
    print c；
}
```

①可能打印出的 z 值是哪些？（假设每条赋值语句是一个原子操作）

②可能打印出的 c 值有哪些？

（16）有 8 个进程 P1、P2、…、P8，它们在并发系统中执行时有如图 4-7 所示的制约关系，试用 P、V 操作实现这些程序间的控制机制。

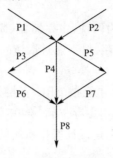

图 4-7　P1 至 P8 进程之间的制约关系

第 5 章

存储管理

在计算机系统中,存储器一般分为两种:主存储器(简称主存或内存)和辅助存储器(简称辅存或外存)。CPU可以直接访问主存,但不能直接访问外存。外存需要在相应的输入/输出控制系统管理下才能与CPU进行数据交换。

由于程序和数据都需要装入主存才能被CPU直接访问,使主存储器成为计算机系统中极其重要的资源之一。合理有效地利用主存空间,会在很大程度上提高整个计算机系统的整体性能。因此,主存储器空间的管理也是设计操作系统的重要目标之一。在操作系统中,将管理主存储器的部分称为存储管理。

主存空间一般分为系统区和用户区两部分。系统区存放操作系统以及一些标准子程序等,用户区存放用户程序和数据等。操作系统中存储管理主要是对主存储器中的用户区域进行管理,以便尽可能地方便用户和提高主存空间的利用率。存储管理一般包括主存空间的分配与回收、地址映射、存储保护、主存空间共享、主存空间扩充等几个部分。

在现代操作系统中,主存的分配大致分为两种方式:一种是将主存划分为大小相等或不相等的区域,我们把这样的区域称为分区,每个分区可存放一个完整的程序,这种分配方法称为按区分配,或一个分区存放程序的一个逻辑段,比如代码段、数据段等,这种分配方法称为按段分配;另一种是将主存划分为大小相等的块,以块为单位进行分配,一个程序可以占用不连续的块,这种分配方法称为页式分配。

本章概述了计算机存储系统的层次结构、存储管理的基本概念、分区存储管理方案以及分页、分段与段页式存储管理技术。着重介绍了分页式与请求页式存储管理方案、虚拟存储管理技术以及请求页式存储管理方案。最后简要介绍了Linux操作系统的存储管理技术。

5.1 存储管理概述

5.1.1 用户程序的处理过程

在计算机系统中,用户用高级语言编写的源程序需要经过编译程序编译或解析程序逐句解释后才可运行。对于编译程序来说,它将源程序编译成目标代码,再经过链接后形成可执行程序,装入该可执行程序到内存中运行。源程序从编译到运行可分为如图5-1所示的几个阶段。

(1)编译。由编译程序将用户源代码编译成若干个目标模块。

(2)链接。由链接程序将编译后形成的目标代码以及它们所需的库函数链接在一起,形成一个可运行程序。

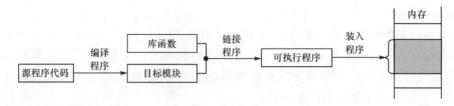

图 5-1　用户程序的处理步骤

（3）装入。由装入程序将可执行程序装入内存，然后运行。

思考：在图 5-1 中的目标模块、库函数、可执行程序，以及装入内存中的可执行程序等，它们都含有指令和数据，这些指令和数据都涉及地址，请思考这些地址是如何编排的。

5.1.2　存储管理的基本概念

1. 地址空间与逻辑地址

我们把用汇编指令或高级语言编写的程序称为源程序。其数据与程序代码通常采用符号名进行访问。源程序经汇编或编译并链接转换为可执行程序后，程序中的各种符号名转换成机器指令、数据或地址。例如下面一段 Intel 8086 CPU 汇编指令，其中符号 INC、CMP、JNZ 转换为机器指令，Loop 转换为地址，0xFF 为数据。

```
Loop:INC AX
      CMP AX，0xFF
      JNZ Loop
```

当汇编或编译将源程序转换成目标程序后，一个目标程序所占的地址范围称为程序的地址空间（Address Space）。

在编制程序时，用户无法预知程序将在内存中的位置，也就无法直接使用内存中的地址。因此，汇编程序或编译程序以 0 为起始地址来安排程序的指令和数据，即程序地址空间中的各个地址总是以“0”作为参考地址来编址。我们把这个地址空间中的地址称为逻辑地址。由于它是相对于 0 的地址，又被称为相对地址。

2. 存储空间与物理地址

存储空间是指内存中全部物理单元的集合。存储器是以字节为单位存储信息，为了正确地存放或读取信息，以字节为单位对存储单元进行编址，即每一个字节单元都有唯一的编号，我们把这些编号称为物理地址，也称为绝对地址。CPU 通过使用存储空间来执行用户程序和系统程序，一个程序只有从地址空间装入内存空间后才能被运行。用户程序进入内存时，其逻辑地址空间会被操作系统安排到存储空间的某一个具体物理位置上。

3. 地址重定位

用户程序只有在装入主存后才能运行。用户在逻辑地址空间安排自己的作业，作业中的程序和数据等各部分的地址取决于它们之间的逻辑关系。当作业装入主存时，系统首先要为它分配一个适当的存储空间，作业的运行依赖于操作系统为其安排的物理地址空间。

程序被编译和链接时，用户程序使用的是逻辑地址，装入程序将用户程序装入内存时需要调整与地址相关的内容。因为用户程序所用的逻辑地址与分配到的存储空间的物理地址往往不一致，而处理器执行程序时所要访问的指令和数据地址必须是实际的物理地址，这样必须将要访问的地址由逻辑地址转换成物理地址，这一地址转换过程称为地址重定位或地址映射。

地址重定位可分为静态重定位和动态重定位两种方式。

（1）静态重定位

静态重定位是指在用户程序运行之前，由装入程序把用户程序中的相对地址全部转换为存储空间的绝对地址。由于地址重定位工作是在程序执行前一次性全部完成，程序在进入存储空间以后，程序中的地址全部改变为正确的内存地址，程序执行时无须再进行地址映射工作，我们把这种地址映射叫作静态重定位。

图 5-2 所示是把程序装入内存起始地址为 1000 的静态重定位过程。用户程序第 100 号单元处的指令是"LOAD R1，[500]"，它的功能是将相对地址为 500 的存储单元内容 12 装入 R1 寄存器中。将该用户程序装入起址为 1000 的存储空间中，内容为 12 的存储单元的实际地址为 1500（相对地址（500）＋存储空间的起始地址（1000）），因此，"LOAD R1，[500]"这条指令中的直接地址码也要相应地加上存储空间的起始地址，即转换为"LOAD R1，[1500]"。

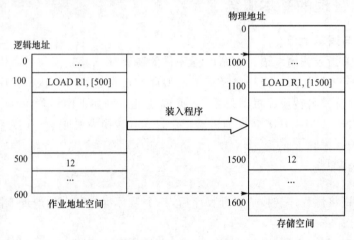

图 5-2　静态重定位示意图

（2）动态重定位

在程序执行过程中动态地进行地址转换的方式称为动态重定位。也就是说，CPU 在取指令和数据前才进行地址转换。动态重定位使可执行程序不加任何修改而直接装入存储空间，但它需要专门的硬件机构——重定位寄存器，来完成地址转换工作。其地址转换过程是：将程序在内存的起始地址存入重定位寄存器，在每次进行存储访问时，用取出的逻辑地址加上重定位寄存器的内容，形成一个正确的物理地址。如图 5-3 所示，将用户程序装入地址单元 1000号开始的内存区域，与地址有关的各项均保持原来的相对地址不变，"LOAD R1，[500]"这条指令仍为相对地址 500。同时把该用户程序的起始地址 1000 装入重定位寄存器中。当 CPU 执行"LOAD R1，[500]"这条指令访问内存时，地址变换机构自动地将指令中的相对地址 500与重定位寄存器中的 1000 相加，再用所得的和 1500 作为内存绝对地址去访问该单元中的数据。

5.1.3　存储管理的主要功能

存储管理是操作系统的主要组成部分，主要有下面几个方面的功能。

1.内存分配和回收。内存分配的主要任务是为每道程序分配内存空间，提高内存空间的利用率，允许正在运行的程序申请附加的内存空间，以适应程序和数据动态增长的需要。

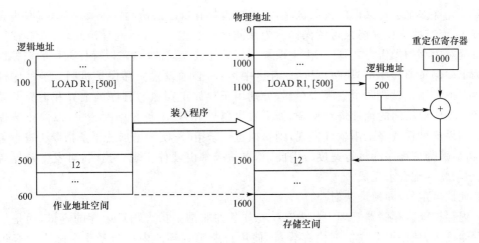

图 5-3 动态重定位示意图

操作系统在实现内存分配时,可采取静态和动态两种方式。在静态分配方式中,每个程序的内存空间是在程序装入时确定的;在程序装入后的整个运行期间,不允许该程序再申请新的内存空间,也不允许程序在内存中"移动"。在动态分配方式中,每个程序所要求的基本内存空间也是在装入时确定的,但允许程序在运行过程中继续申请新的附加内存空间,以适应程序和数据的动态增长,也允许程序在内存中"移动"。

当程序运行结束后系统需要回收其占用的内存资源。

为了实现内存的分配和回收需要,在操作系统中设置相应的数据结构,用于登记内存的使用情况。系统按照一定的内存分配算法为用户程序分配内存空间,系统对于程序不再需要的内存,通过程序的释放请求去完成内存的回收功能。

2.内存共享和保护。在系统中有多个进程在运行,当有若干个进程需要共享某一段内存时,内存管理需要提供支持。并且,存储管理需要保证每一个进程在执行过程中彼此互不干扰,绝不允许用户进程非法访问操作系统中的程序和数据,也不允许用户进程转移到非共享的其他用户进程空间中去执行。

存储器共享是灵活使用存储器的一种体现,为了提高存储器的利用率,允许多个进程共享主存中的同一个区域。这个被共享的区域可以是数据,也可以是程序代码,如共享编译程序、文本编辑器等。

在实现程序共享时,要求共享的程序必须是可重入程序,又称为纯代码(Pure Code),这是一种允许多个进程同时访问,但不允许任何进程对它进行修改的代码。实际上,大多数程序在执行过程中都有可能有所改变。为使共享程序成为可重入代码,必须为每个进程设置局部数据区,把执行中可能改变的部分复制到该数据区中。在程序执行时,若有所改变,则只需要修改该数据区中的内容,而不用改变共享程序,从而使每个进程所执行的代码完全相同。

存储器共享的一个目的是通过程序共享节省内存空间,提高内存利用率;另一个目的是通过数据共享实现进程通信。

存储器保护涉及防止地址越界和正确存取内存两方面的内容。

每个进程都有相对独立的进程空间,如果进程在运行时所产生的地址超出其地址空间,则发生地址越界。所谓防止地址越界就是无论采用动态重定位还是静态重定位,一个进程运行时所产生的所有访问地址都必须被检查,以确保只访问该进程分配的存储空间,否则,将终止该进程的运行。

对于允许多个进程共享的公共区域,每个进程都有自己的访问权限。例如,有些进程可执行写操作,而有些进程只能执行读操作。为保证存取的正确性,在进程访问公共区域时,必须检查进程对内存的操作方式,防止由于误操作而破坏被存储的内容,以确保数据的完整性。

为了确保每道程序都只在自己的内存区中运行,必须设置内存保护机制。一种比较简单的内存保护机制是设置两个界限寄存器,分别用于存放正在执行程序的上界和下界。系统须对每条指令所要访问的地址进行检查,如果发生越界,便发出越界中断请求,以停止该程序的执行。如果这种检查完全用软件实现,则每执行一条指令,便须增加若干条指令去进行越界检查,这将显著降低程序的运行速度。因此,越界检查都由硬件实现。当然,对发生越界后的处理,还须与软件配合来完成。

3. 地址重定位,即地址映射。

4. 内存扩充。存储器管理中的内存扩充任务并非是去扩大物理内存的容量,而是借助于虚拟存储技术,从逻辑上去扩充内存容量,使用户所感觉到的内存容量比实际内存容量大得多,以便让更多的用户程序并发运行。这样,既满足了用户的需要,又改善了系统的性能。为此,只需增加少量的硬件。为了能在逻辑上扩充内存,系统必须具有内存扩充机制,用于实现下述各功能。

(1)请求调入功能。允许在装入一部分用户程序和数据的情况下,便能启动该程序运行。在程序运行过程中,若发现要继续运行时所需的程序和数据尚未装入内存,可向操作系统发出请求,由操作系统从磁盘中将所需部分调入内存,以便继续运行。

(2)置换功能。若发现在内存中已无足够的空间来装入需要调入的程序和数据时,系统应能将内存中的一部分暂时不用的程序和数据调至盘上,以腾出内存空间,然后再将所需调入的部分装入内存。

5.2　分区存储管理

5.2.1　单一连续分区存储管理

在单用户单任务操作系统中,其存储管理方案通常采用单一连续区存储管理。如 MS-DOS、CP/M 等操作系统。单一连续区存储管理的实现方法如下:

1. 内存分配

把整个内存划分为系统区和用户区。系统区中存放操作系统,该区一般在内存低地址端,也可以在内存的高地址端,某些系统将该区分为两部分,分别在内存的低地址端和高地址端,比如 MS-DOS 系统就是如此。剩余的其他内存区域全部分配给用户使用,作为用户程序区,也称为"用户区",图 5-4 所示为单一连续区内存分配示意图。

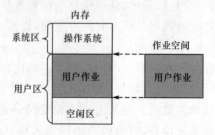

图 5-4　单一连续区内存分配示意图

2. 地址映射

由于整个用户区都分配给了一个用户使用,用户的作业进入内存用户区以后,整个用户区就由这道程序独占,没有移动的必要,所以单一连续区存储管理的地址映射多采用静态重定位。

3. 存储保护

单一连续区存储保护使用界限寄存器保护法,只要求对操作系统区域加以保护。被保护区的起始地址或末端地址存放在界限寄存器中。采用静态重定位方式时,由装入程序将其绝对地址与界限寄存器中的地址进行比较,检查是否超过了存储空间允许的地址范围。若超出,产生地址越界错误,终止程序执行;采用动态重定位时,硬件地址转换机构根据程序执行中的逻辑地址与重定位寄存器的内容产生绝对地址,将该绝对地址与界限寄存器中的地址进行比较,检查该地址是否在限定的地址范围内。若没有超出允许的地址范围,则允许程序继续执行。否则,将产生地址越界错误,终止程序执行。

单一连续区存储管理的优点是方法简单,易于实现;缺点是它仅适用于单道程序,不支持多用户,容易造成系统资源的浪费。

5.2.2 固定分区存储管理

随着计算机内存容量的增加,为了更好地利用内存空间并使系统具有多道模式,可以采用固定分区存储管理方法。

1. 划分分区

固定分区存储管理,即指预先把可分配的主存空间分割成若干个连续的区域,每个区域的大小可以相同,也可以不同。进行内存分配时,将每个用户程序装入一个连续的存储区域,使多个程序能够并发执行,如图 5-5 所示。固定分区存储管理是能满足多道程序设计需求的最简单的存储管理技术。

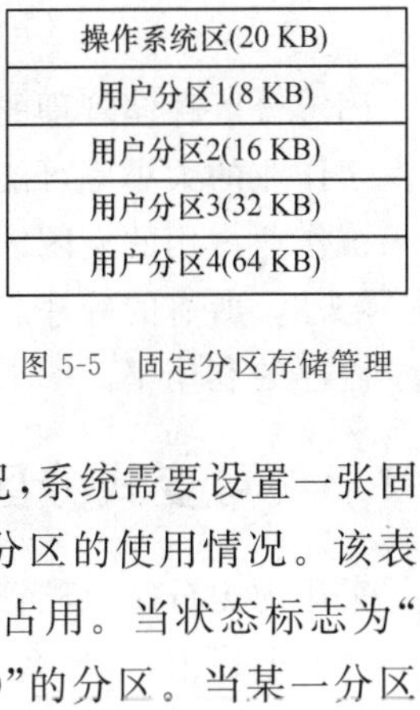

操作系统区(20 KB)
用户分区1(8 KB)
用户分区2(16 KB)
用户分区3(32 KB)
用户分区4(64 KB)

图 5-5 固定分区存储管理

2. 内存分配与回收

在固定分区存储管理方案中,为了掌握各分区的分配和使用情况,系统需要设置一张固定分区存储管理分配表,见表 5-1,用它来记录各分区的信息及当前各分区的使用情况。该表记录了各分区的起始地址和长度,表中的状态位栏记录该分区是否被占用。当状态标志为"0"时,表示该分区尚未被占用,进行主存分配时总是选择那些标志为"0"的分区。当某一分区分配给一个作业后,则在状态栏填上占用该分区的作业名。在表 5-1 中,第 2、4 分区分别被作业1 和作业 2 占用,而其余分区为空闲。这种分配表管理方式使固定分区的主存回收变得很简单,只需将主存分配表中相应分区的状态标志清"0"即可。

表 5-1 固定分区存储管理分配表

分区号	起始地址	长度	状态
1	20 K	8 KB	0
2	28 K	16 KB	作业 1
3	44 K	32 KB	0
4	76 K	64 KB	作业 2

3. 地址映射与存储保护

在固定分区存储管理中,每个分区装入一个作业,作业在运行期间不需要移动位置,因此固定分区存储管理的地址映射一般采用静态重定位方式。

当将某一个分区分配给一个作业时,装入程序将该作业程序指令中的相对地址与该分区的起始地址相加得到存储器的物理地址,完成对用户程序的地址映射和程序装入工作。

固定分区存储管理的地址映射也可以采用动态重定位方式。

如图 5-6 所示,设用户分区 2 的长度为 L2。系统专门设置一对地址寄存器——上限/下限寄存器。当一个进程获得 CPU 执行时,操作系统从主存分配表中取出相应分区的起始地址设置下限寄存器,用起始地址与分区长度之和来设置上限寄存器。硬件地址映射机构根据下限寄存器中保存的基地址 B 与逻辑地址 La 相加得到绝对地址 Pa;硬件地址映射机构同时把绝对地址和上限/下限寄存器中保存的相应地址进行比较,检查其是否超出地址范围,以实现存储保护。

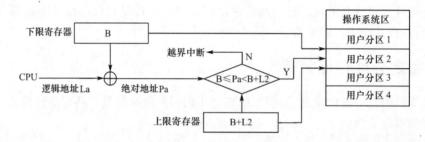

图 5-6　固定分区存储管理的地址映射与存储保护

固定分区存储管理的优点是实现技术简单,需要的硬件支持少,而且支持多道程序工作。但由于作业的大小不可能刚好就等于某个分区的大小,在每个分配的分区中,通常都存在一部分未被作业占用的空闲区域,把这种分配给用户而又未被利用的空闲部分称为"内部碎片"或"内零头"。所有的碎片总和有可能超过某个作业所要求的容量,但由于不连续而无法分配,降低了内存的利用率。

5.2.3　可变式分区存储管理

采用固定分区存储管理技术时,由于每个分区的大小固定,分配出去的分区难免会因为内部碎片而造成浪费,那么能否不事先划分好分区而按照用户程序实际需要的大小来分配存储空间呢? 可变式分区分配策略正是基于这个出发点而产生。

可变式分区分配根据作业的实际需求来动态地划分内存的分区,因此也称为动态分区分配。该方案在没有用户作业进入主存前,将系统区以外的所有内存作为一个大的连续分区看待。当有作业要求装入内存时,如果当时内存中有足够的存储空间满足该作业的需求,则在作业装入过程中建立分区,划分出一个与作业容量正好相当的分区分配给它。因此可变式分区分配使整个内存的分区数目随着作业数目的变化而动态改变,各个分区的大小也随着各个作业的大小动态变化。

1. 主存空间的分配和回收

可变式分区存储管理方案在作业进入主存执行之前并不建立分区,当要装入一个作业时,根据作业需要的主存量查看主存中是否有足够的空间,若有,则按需要量分割一个分区分配给该作业;若无,则令该作业等待主存空间。

　　设后备队列中有四个作业依次装入内存,作业 1 需要内存 16 KB,作业 2 需要内存 10 KB,作业 3 需要内存 45 KB,作业 4 需要内存 10 KB。

　　可变式分区存储管理的工作原理如图 5-7 所示,图中灰色区域为空闲区。图 5-7(a)～(d) 所示为系统初始状态到依次装入前三个作业后的分区变化情况,此时内存的剩余空闲区已无 法满足作业 4 的需求而只能处于等待状态;图 5-7(e)表示作业 1 完成并释放所占用的分区后 的分区情况;由于原作业 1 使用的分区大小能满足作业 4 的需求,因此,系统在该空闲区中划 分一个分区分配给作业 4,此时的用户区被划分为 5 个分区,如图 5-7(f)表示。从图中可以看 出,主存中分区的数目随装入作业的数目改变,分区的划分大小也随作业的需求而不断变化。

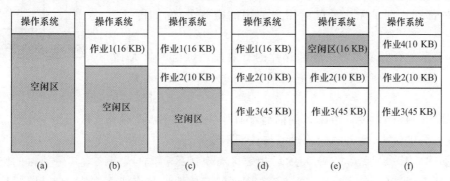

图 5-7　可变式分区存储管理的工作原理

　　在可变式分区分配管理中,为了方便主存的分配和回收,系统需要设置两张表格,一张为 已分配分区表,另一张为未分配分区表,如图 5-8 所示。两张表的内容是按图 5-8(a)的分区分 配情况填写的,表中的序号表示表项的顺序号,起始地址、长度和状态等表项分别记录了该分 区的相应属性。由于分区数目是随时变化的,每张表格中需要有足够多的空白表项用于填写 新增的分区信息。

(a) 分区分配情况

序号	起始地址	长度	状态
1	20 K	6 KB	作业 1
2	62 K	26 KB	作业 2

(b) 已分配区表

序号	起始地址	长度	状态
1	26 K	36 KB	空闲
2	88 K	40 KB	空闲

(c) 未分配区表

图 5-8　可变式分区存储管理的分配表

　　在图 5-8(a)所示的分区情形下,当系统要装入长度为 30 KB 的作业 3 时,从图 5-8(c)所示 的未分配区表中可找到一个足够容纳它的长度为 36 KB 的空闲区(序号为 1 的空闲分区)。 将该区分成两部分,一部分为 30 KB,用来装入作业 3,成为该作业的分配区;另一部分为 6 KB,仍是空闲区。此时,应从已分配区表中找一个空表目登记作业 3 占用的起始地址、长 度,同时修改未分配表中空闲的长度和起始地址。当作业撤离时则将已分配区表中的相 应状态改成空状态,而将收回的分区登记到未分配表中,若有相邻空闲区则还需要将其合并后填写到未分配区表中。

2. 空闲分区的合并

可变分区随着作业对存储区域的不断申请与释放,将使分区的数目逐渐增加,每个分区的长度会逐步减小,同时也导致空闲分区越来越小,使得空闲分区满足作业存储要求的能力下降,甚至有可能分配不出去。在存储管理中,把这种无法满足作业存储请求的空闲区称为"外部碎片"或"外零头"。

那么,内部碎片是分配给了用户而未被用户完全利用的空闲部分,而外部碎片则是无法分配给用户使用的空闲分区,如图 5-9 所示。

空闲分区的合并就是解决外部碎片的有效途径。当作业 X 撤离时,其占用的分区将被释放,与它前后相邻的分区可能会有以下四种情况:

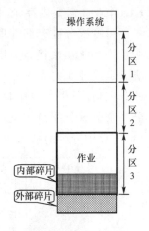

图 5-9　内部碎片与外部碎片

(1)如图 5-10(a)所示,作业 X 的前后都有作业(A 和 B),此时释放区作为一个独立的空闲分区写入未分配区表,写入的起始地址与长度不变。

(2)如图 5-10(b)所示,作业 X 的后相邻区有空闲区,释放区应该与其后邻接的空闲区合并成一个新空闲区(灰色区域)。这个新空闲区的起始地址是作业 X 的起始地址,长度为这两个合并区域的长度之和。

(3)如图 5-10(c)所示,作业 X 的前相邻区有空闲区,释放区与其前邻接的空闲区合并成一个新空闲区。这个新空闲区的起始地址是前空闲区的起始地址,长度为这两个合并区域的长度之和。

(4)如图 5-10(d)所示,作业 X 的前后相邻区均为空闲区,释放区应该与前、后两个邻接的空闲区合并成一个新空闲区。这个新空闲区的起始地址是前空闲区的起始地址,长度为这三个合并分区的长度之和。

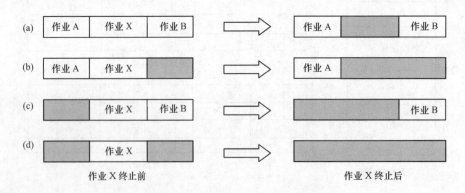

图 5-10　可变分区空闲区合并的四种情况

由于分区的个数不定,最好采用空闲区链表法管理空闲区。在每个内存空闲区的开头开辟两个单元,一个单元存放本空闲区长度,另一个单元存放下一个空闲区的起始地址,形成一个空闲区链结构。系统设置一个链首指针指向第一块空闲区,最后一个空闲区的"下一个空闲区起始地址"设为"NULL"。如图 5-11 所示,这是根据图 5-8(a)所示的分区分配情况得到的空闲区链表结构。

图 5-11　空闲区链表结构

使用时,从链首指针出发,顺着空闲区链表查找并选择一个长度能满足要求的空闲区分配给作业并修改空闲区链表;归还时,把空闲区插入空闲区链表即可,当然,归还的块如果与它相邻的块是空闲块时,也需要进行空闲区合并处理。空闲区链表管理比空闲区表格管理复杂,但实现效率高。

3. 可变分区分配算法

当系统中有新作业申请装入内存时,需要按照一定的分配算法从空闲分区表或者空闲分区链中选择一个合适的空闲分区分配给它。下面以空闲分区链为例来说明常用的四种分配算法。

(1)首次适应算法(First fit)

首次适应算法就是把最先找到的能满足作业存储要求的那个空闲分区分配给该作业。该算法要求空闲分区链以地址递增的顺序链接。分配时从链首开始查找,直到找到第一个大小可以满足的空闲分区为止;然后从该分区划分出申请作业所需的空间大小分配给它,剩余部分仍作为一个空闲分区保留在空闲分区链中。如果直到链尾仍不能找到一个满足作业要求的分区,则分配失败。

采用这种算法时,每次分配都需要从链首也就是低地址开始查找,低地址被划分的可能性比较大,容易形成多个过小分区而难以利用,成为外部碎片。同时可能把一个较大的空闲分区分配给一些较小的作业,造成大分区逐渐分割成许多小分区,对大作业不利。而且这些小分区增加了查寻时的判断时间,降低了分配的效率。

(2)循环首次适应算法(Next fit)

为了改变首次适应算法,每次从链首开始查寻造成的缺陷,可以增加一个起始查寻指针,指向下一次开始查寻时的起始分区,在查寻过程中,不再是每次都从链首开始查找,而是从上次找到的空闲分区的下一个空闲分区开始查找。如此循环,起始查寻指针不断后移,直到移动到最后一个空闲分区后,重新回到链首。找到适当分区后,按首次适应算法的分配方式进行分区划分。

这种分配算法可以使内存区分配比较平均,减少查寻次数,但缺失大空闲分区现象会更加严重,使得大作业无法装入。

(3)最佳适应算法(Best fit)

最佳适应算法就是从所有能够满足作业要求的空闲分区中找到一个最小的分区分配给申请内存的作业。该算法要求分区链按照分区容量从小到大递增的顺序形成空闲分区链。分配时从链首开始查找,这样找到的第一个大小可以满足的分区通常是与作业申请空间大小最接近的分区,甚至有可能与分区大小完全吻合。

该算法的平均查找次数为分区数的一半,而且可以避免把大的空闲分区分割成小的空闲分区,所以说它是"最佳适应"的。但这种算法所造成的剩余空闲分区必定是相对最小的,也就是说,每次分配一个分区就可能造成一个无法再利用的小空闲分区。

（4）最坏适应算法（Worst fit）

与最佳适应算法相反，最坏适应算法就是从所有能够满足作业要求的空闲分区中找到一个最大的分区分配给申请作业。该算法需要将空闲分区链按照分区容量从大到小递减的顺序排列。分配时从链首开始，若链首分区大小不满足，则可以肯定不存在能够满足要求的分区；否则对链首分区进行划分，剩余空间成为"碎片"的可能性肯定是最小的。

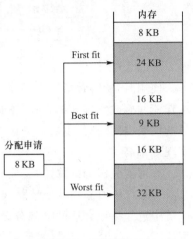

图 5-12　算法分配示例

最差适应算法具有查找速度快，分区碎片少的优点，但它会产生缺失大分区的缺点。

图 5-12 所示为算法分配示例（图中灰色部分为空闲分区），当有一个 8 KB 的作业提出装入内存的申请时，按首次适应算法，分配给它 24 KB 的空闲分区；按最佳适应算法分配给它 9 KB 的空闲分区；按最坏算法分配给它 32 KB 的空闲分区。

4. 地址映射与存储保护

可变分区存储管理采用动态重定位方式装入作业，程序和数据的地址映射由硬件完成。硬件设置两个专门控制寄存器：基址寄存器和限长寄存器，它们分别记录了当前在 CPU 上运行的作业所在分区的起始地址和分区的长度。运行作业时由硬件根据基址寄存器进行地址转换得到绝对地址，如图 5-13 所示。

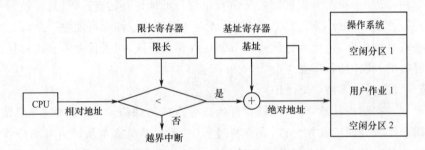

图 5-13　可变分区存储管理的地址映射与存储保护示意图

在图 5-13 的转换过程中，当作业运行时，将 CPU 提供的访存地址（相对地址）与限长寄存器中的值进行比较，当相对地址小于限长寄存器的值时，则相对地址加上基址寄存器中的值得到物理地址；当相对地址大于等于限长寄存器的值时，表示作业要访问的地址超出它所在的空间，因而产生越界中断并终止访问，从而起到存储保护的目的。

在多道程序设计系统中，硬件只需设置一对基址/限长寄存器，作业在执行过程中出现等待时，操作系统把基址/限长寄存器的内容随同该作业的其他信息，如 PSW、通用寄存器等一起保存起来。当作业再次被选中执行时，则恢复其基址/限长寄存器的值。

5.2.4　内存碎片与移动

如前所述，在固定分区管理中会产生内部碎片，在可变式分区管理中随着分区的分配与回收，会产生很多不能利用的外部碎片。这些碎片不仅影响内存的利用率，甚至可能导致存在足够多的空闲内存但却无法分配给作业存储空间的情况出现，如图 5-14（a）所示，图中灰色部分表示空闲分区。若此时作业 4 要运行,它需要 20 KB 的连续的存储空间,假设 5-14(a)所示的 3 个空闲分区的大小分别为 8 KB,2 KB 和 15 KB,虽然这 3 个空闲分区总的存储空间大小超过作业 4 的需求,但由于没有一个足够大的连续的空闲分区可以满足作业 4,因此不能为它分配存储空间。为解决这个问题可以采用存储移动,也称为存储紧缩的方法将多个小的空闲分区合并成一个大的空闲分区来满足作业的需求。

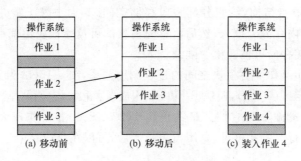

图 5-14 存储移动示例

存储移动是指将内存中有作业占用的分区经过移动集中到内存的某一个区域,使碎片集中到一个区域形成较大的可使用空闲分区。

图 5-14(b)为实施存储移动后的分区情况,原有的作业全部集中以后,所有的空闲分区合并组成一个新的空闲分区,可以为作业 4 分配存储空间并完成作业 4 的装入工作,如图 5-14(c)所示。因此,当在未分配分区表或空闲分区链中找不到一个足够大的空闲分区来装入作业时,采用移动技术改变存在于主存中的作业存放区域,使分散的小空闲分区汇集成一个大的空闲分区。

那么何时进行存储移动呢?一种方法是每当作业释放分区后立即进行存储移动,这种方法比较简单,因为存储空间中最多保持一个空闲分区,但这种方法的缺点是数据在内存中移动太频繁,数据移动量过大,操作系统用在存储移动上的代价过高。另一种方法是在进行内存分配时找不到满足条件的空闲分区且可用空闲分区总量能满足时进行存储移动。这种方法可以减少数据在内存中的移动量,但用于管理的数据结构比较复杂。

移动技术虽然可以消除碎片,汇集主存的空闲分区,但由于内存数据的移动而增加了系统的开销,而且不是任何时候都能对作业进行移动的,例如,I/O 设备与主存储器进行交换信息时,通道总是按已经确定的主存绝对地址完成信息传输,当一个程序正在与 I/O 设备交换数据时往往不能移动。

5.3 内存扩充技术

在基本的存储管理系统中,当一个作业的程序地址空间大于内存可用空间时,该作业就不能装入运行,当并发运行作业的程序地址空间总和大于内存可用空间时,多道程序设计的实现就会遇到很大的困难。内存扩充技术就是利用存储管理技术或借助大容量的辅存在逻辑上实现内存的扩充以解决内存容量不足的问题,下面介绍利用覆盖和交换技术扩充内存的方法。

5.3.1 覆盖技术

早期常采用覆盖技术解决在小内存中运行大作业。由于作业在运行时,并非作业的所有部分都需要装入内存,因此我们可以将作业按调用关系划分为一系列模块,把在执行时不要求同时装入内存的模块组成一组,该组称为覆盖段。在分配内存时一个覆盖段占用一块存储区,该存储区称为覆盖区,它的大小应满足覆盖段中最大模块所需容量。

采用覆盖技术后,作业可以分为常驻内存部分和覆盖部分,常驻内存部分是指作业处理过程中始终需要的模块,而覆盖部分是作业处理过程中动态调入内存的模块。这样,当作业要求运行时,系统根据其覆盖结构,给它分配一段存储空间,其大小等于常驻部分和覆盖区之和。处理过程是先把常驻内存部分调入,然后将首先需要的可覆盖模块由辅存调入,随着作业的执行,再将其他存放在辅存的可覆盖模块陆续调入。

如图 5-15(a)所示某作业各模块之间的过程调用关系,图 5-15(b)为内存分配。模块 A 常驻内存,因此占用固定区(8 KB),模块 B1 和 B2 构成覆盖段 0,它们共享覆盖区 0(15 KB)。模块 C1、C2 和 C3 构成覆盖段 1,它们共享覆盖区 1(22 KB)。整个作业大小为 93 KB,但仅需 45 KB 的主存即可运行。由此可见,采用覆盖技术后,可以在小内存中运行大作业。但覆盖技术存在以下缺点:

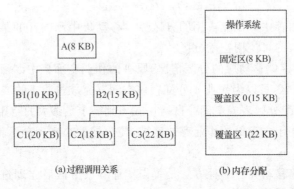

(a)过程调用关系   (b)内存分配

图 5-15   覆盖技术

(1)用户难以预知他的程序的覆盖情况,尤其是在通过合作设计大型软件系统时,不能保证程序员十分熟悉整个系统,而小程序的设计一般不需要覆盖技术。

(2)用户只能有效地利用自己程序所占用的内存,而不能对整个内存加以有效利用。

(3)各进程占用的分区仍会存在碎片。

5.3.2   交换技术

覆盖技术用于一个作业的内部,交换技术用于不同的作业。早期在单一连续分配的存储区管理系统中采用交换技术也可以实现多道程序设计。在美国麻省理工学院的兼容分时系统 CTSS 中,任一时刻主存中只保留一个完整的用户作业,当该作业的时间片用完或因等待某一事件而不能继续运行时,系统就挑选下一个作业进入主存运行,为了减少在主存和辅存间传输的数据量可以只将原作业的一部分保存到辅存中去,只要释放的主存空间刚好够装入下一个运行作业就行。在以后的适当时间作业移出的部分可装入原来的存储区中继续运行下去,这种技术称之为交换技术。

采用交换技术可以很好地提高内存的利用率和 CPU 的处理效率。在引入交换技术的存储管理系统中,外存中需要有一个交换区(Swapping area)或一个交换文件,用来暂时存放交换的程序和数据。交换技术是实现虚拟存储器的最关键技术。

对简单的交换技术加以发展,也可用于固定分区或可变分区的存储管理技术中。比如,在采用可变分区存储管理技术的多道程序设计中,当要运行一个高优先级的作业而又没有足够的空闲内存时,可按某一算法从主存中换出一个或多个作业以腾出空间装入高优先级的作业使之能够运行。

5.4 分页式存储管理

分区存储管理方式为作业分配连续的存储空间,最大的缺点就是产生许多的存储"碎片",虽然可以通过"移动"技术将碎片拼接成大的空闲分区,但无疑增加了系统的额外开销。如果可以把作业分散装入那些并不连续的分区,而仍能保证作业的运行,那么就可以解决存储移动这个额外的开销。分页式存储管理技术就是避开了这种连续分配的存储要求而被现代计算机操作系统广泛采用的非连续存储管理方案之一,既不用移动作业,又可以解决内存碎片问题。

5.4.1 分页式存储管理的基本原理

首先将整个主存划分成若干个大小相等的分区,把这种物理地址空间所划分的分区称为页框,也称为块,并对每个页框从 0 开始加以编号,如 0 号页框、1 号页框等。例如,假设主存储器总容量为 256 KB,若每个页框的大小为 4 KB,则可以把整个主存划分为 64 个分区,也就是 64 个页框,页框编号为 0~63。

用户作业空间仍然是一个连续的相对地址空间,仍然相对于"0"开始编址。操作系统在接受用户作业时,将用户作业的相对地址空间按页框的尺寸(主存划分的尺寸)对该空间进行划分,所划分的每个分区称为页面(或页),并对每个页面从 0 开始加以编号,如第 0 页、第 1 页等。例如,某用户程序的相对地址空间大小为 15 KB,按照每页 4 KB 来划分,可分成 4 页,其中最后一页(第 3 页)只有 3 KB,但也把它作为一页对待。因此,对整个程序来说,只有可能在最后一页存在碎片(称为页内碎片),而且碎片大小不会超过一块,所以内存利用率大大提高。

将用户作业空间分页以后,每一个相对地址都可以划分成"页号,页内地址"的形式,地址结构如图 5-16 所示。这是一个 32 位的地址结构,前一部分为页号 P,由 12~31 位表示。后一部分为页内地址,由 0~11 这 12 位表示,它决定了页面的大小为 4 KB(即 2^{12} B=4 KB)。

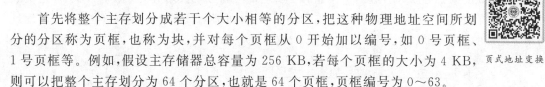

页号P	页内地址 W
31　　　　　　12	11　　　　　　　0

图 5-16 页号与页内地址结构

若给定某一个逻辑地址,可通过下面的公式计算出页号 P 和页内地址 W:

$$页号 P = 逻辑地址 / 页面大小$$

$$页内地址 W = 逻辑地址 \% 页面大小$$

注:"/"为整除运算符,"%"为求余数运算符。

例如,在页面大小为 4 KB 的系统中,若逻辑地址为 28024,则由上式进行计算:

P = 28 024 / 4 096 = 6

W = 28 024 % 4 096 = 3 448

由此得到页号为 6,页内地址为 3 448。

在计算机系统中,由存储管理单元(Memory Management Unit,MMU)中的分页机构自动获得页号和页内地址。例如,28 024 用 32 位二进制表示为:

0000 0000 0000 0000 0110 1101 0111 1000

因为页面大小为 4 KB = 2^{12} B,所以取低 12 位(1101 0111 1000)为页内地址,换算成十进制为 3 448。高 20 位为页号(0000 0000 0000 0000 0110),换算成十进制为 6。

5.4.2 分页式存储管理的地址映射

分页式存储管理可以简单理解为将页面装入页框。只要内存中有足够多的页框,作业中的某一个页面装入任何一个页框都是可以的。但系统应能保证在这种离散存储的前提下程序仍能正常运行,也就是说应能在内存中找到某一个页面装入了哪一个页框。为此,系统为每个作业建立了一张页面映射表,也称为页表。它记录了用户作业的每个页面及其所装入的相应块号。简单的页表只包含页号、块号两个内容。

例如,图 5-17 所示,有一个系统,内存容量共 256 KB,存储块的大小为 1 KB,共有 256 块,编号为 0~255,其中第 0~9 块为操作系统所使用。现有 2 个用户作业,作业 1 的大小为 2 KB,作业 2 的大小为 3 KB,这两个作业的逻辑地址空间分别被划分为 2 页和 3 页,通过页表可找到各页在内存中对应的物理块号,见图 5-17 的中间部分。那么,系统如何实现逻辑地址到物理地址的转换呢?

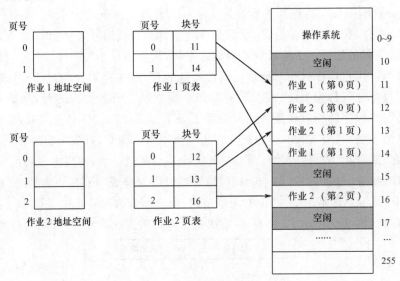

图 5-17 页表的作用

这需要在硬件中设置一个专用的寄存器:页表控制寄存器。平时,页表的起始地址和页表长度放在该进程的 PCB 中。执行时,就将该进程的页表始址、页表长度从 PCB 中取出,放入页表控制寄存器中。

在进程执行过程中,硬件地址分页结构会自动将每条程序指令中的逻辑地址解释成页号和页内地址两部分。查找时将页号与页表长度进行比较,如果页号大于等于页表长度时产生越界中断,否则将页号乘以页表项大小,得到页在页表中的相对地址,该相对地址加上页表起始地址,便可得到该页号在页表中的具体位置,即:

$$页号在页表中的位置 = 页表起始地址 + 页号 \times 页表项长度$$

得到该页在页表中的具体位置以后,便可从该位置获得该页的物理存储块号(页框号)。

由于页面与页框的大小相等,则页面的页内地址与页框的页内地址也必定一一对应,因此

查找时的页内地址就是物理块的块内地址,由此可知:

$$物理地址 = 物理块号 \times 页面大小 + 页内地址$$

例如,某作业划分为 3 个页面,每页长度为 1 KB,该作业第 0 页某单元处有一条指令 "LOAD R1,[2500]",当 CPU 执行该指令时,到逻辑单元 2500 处取数据,其地址变换过程示意图如图 5-18 所示。

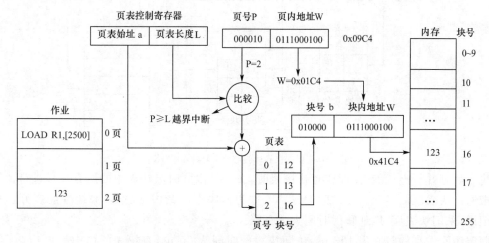

图 5-18 分页存储管理的地址变换过程示意图

十进制数 2 500 的十六进制数表示为 0x9C4,其对应的二进制数为 0000 1001 1100 0100。由于页面大小为 1 KB(1 KB$=2^{10}$ B),据此可知逻辑地址的低 10 位构成页内地址,即 01 1100 0100;剩余的高位(0000 10)构成页号 P,其十进制值为 2,表示该地址在第 2 页。查页表得到第 2 页对应的内存块号 b 为 16,二进制为 10000,则该页在内存中的起始地址为:0100 0000 0000 0000,加上页内地址 01 1100 0100,得到物理地址 0100 0001 1100 0100,其对应的十六进制数为 0x41C4。访问存储单元 0x41C4,将该单元内的数据 123 送到 R1 寄存器中。

5.4.3 联想存储器和快表

页表可以存放在一组寄存器中,地址映射时只要从相应寄存器中取值就可得到块号,这种做法无须访问内存,而且速度很快。但由于寄存器的硬件代价太高,完全由它来组成页表是不现实的。一般把页表放在主存中以降低计算机的成本,但这样一来,当要按给定的逻辑地址进行读/写操作时,必须访问两次主存。第一次按页号读出页表中的块号,第二次根据计算出来的物理地址进行读/写操作,降低了运算速度。

大多数的程序在运行时,通常会在少数页面中频繁访问,根据这一特点,可以设置一个高速缓冲寄存器,用以存放当前访问的那些页表项。这种寄存器称为"联想存储器"(Associative Memory),或称为"快表",在 IBM 系统中称为 TLB(Translation Lookaside Buffer)。联想存储器的存取时间远小于主存,但造价高,故一般都是小容量的。

在 CPU 给出一个访问地址后,系统总是先将页号与快表中的所有页号进行比较。若快表中有相匹配的页号,则直接从快表中读出该页所对应的物理块号与页内地址一起形成物理地址,不必再去查找页表。若快表中查不到对应页号,地址转换机构再去查找主存中的页表来形成物理地址,同时把该页的页表项送入快表保存。此时如果快表已填满,还需要在快表中按一定的策略删除一个旧的页表项,然后将新的页表项替换进去。引入快表后的地址映射过程示意图如图 5-19 所示。

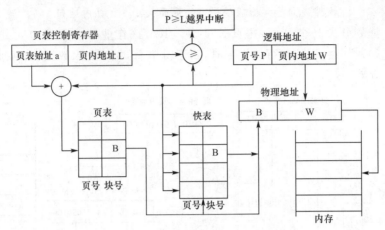

图 5-19　引入快表后的地址映射过程示意图

快表具有并行查找能力,即在查找快表时,页号可以同时与快表中的所有页号进行比较。

把通过快表就能实现内存访问的成功率称为命中率。命中率越高,系统性能越好。根据实际记录,采用快表后,地址映射时间大大下降。

假定访问主存的时间为 100 ns,访问快表的时间为 20 ns,查快表的命中率可达 90%,则按逻辑地址进行存取的平均时间为:

$$(100+20)\times 90\% + (20+100+100)\times(1-90\%)=130(\text{ns})$$

如果不使用快表,需要两次访问主存,时间为:100 ns×2=200 ns,使用快表减少了 70 ns。

在有的资料中是这样描述对页表和快表的访问:查找快表和页表的过程是同时进行的,若查找快表命中,则立即停止查找页表的过程,若查找快表失败,则查找页表的过程继续。按这种描述,上述按逻辑地址进行存取的平均时间计算为:

$$(100+20)\times 90\% + (100+100)\times(1-90\%)=128(\text{ns})$$

5.4.4　多级页表

现代计算机已普遍使用 32 位或 64 位虚拟地址,可以支持 2^{32} 或 2^{64} 容量的逻辑地址空间。在这种环境下采用分页式存储管理时,页表会变得非常大,需要占用大量的内存空间。比如对于 32 位的操作系统来说,若采用分页存储管理,若规定页面大小为 4 KB 时,每个进程的页表的表项就有 2^{20} 个,若以每个表项占用 4 B 计算,则每个进程需要占用 4 MB 的内存空间存放页表,存储开销太大。因此,人们引入多级页表的概念,采取以下措施:

(1)内存仅存放当前使用的页表,其余暂时不用的页表存放在磁盘上,待用到时再进行调入;

(2)页表占用内存空间不必连续,可分散存放。

具体做法:把整个页表进行分页,分成一张张小页表,每个小页表的大小与页框相同,例如每个小页表形成的页面可以有 2^{10} 个页表表目。我们可对小页表顺序编号,允许小页表分散存放在不连续的页框中,为了进行索引查找,为这些小页表建一张页目录表,其表项指出小页表所在页框号及相关信息。系统要为每个进程建一张页目录表,它的每个表项对应一个小页表,而小页表的每个表项记录了页面和页框的对应关系。页目录表是一级页表,小页表是二级页表。因此,逻辑地址结构由三部分组成:页目录、页号和位移。图 5-20 所示为二级页表地址映射过程示意图。

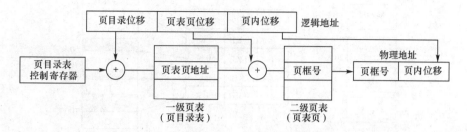

图 5-20　二级页表地址映射过程示意图

由页目录表控制寄存器指出当前运行进程的页目录表内存所在地址,由页目录表起址加上"页目录位移"作为索引,可找到某个小页表在内存页框的地址,再以"页表页位移"作为索引,找到小页表的页表项,而该表项中包含了页面对应的页框号,页框号和"页内位移"便可生成物理地址。

5.5　分段式与段页式存储管理

5.5.1　分段式存储管理的基本原理

用户程序通常由主程序、子程序以及各种数据结构等组成,因此可以按其逻辑结构划分为若干段,如主程序段、子程序段、数据段、堆栈段等。这些段在逻辑上都是完整的,每一段都是一组逻辑信息,并且都有一段连续的地址空间。将程序分段以后,每个段都有自己的名称(段名)、段长度和段内元素。分段式存储管理正是基于程序员的段结构观点引入的内存管理方案。

在分段式存储管理中,将作业的地址空间分段以后,用段号代替段名,段地址从 0 开始编址,各段段内地址也是从 0 开始编址,整个作业的地址空间由多个段组成,因而形成一个二维的地址空间。

分段存储的地址构成示意图如图 5-21 所示。在该地址结构中,由于各用 16 个二进制位表示段号和段内地址,意味着允许每个作业最多有 2^{16} 个段,每个段的最大长度为 2^{16} B= 64 KB。

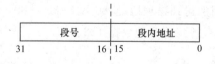

图 5-21　分段存储的地址构成示意图

5.5.2　分段式存储管理的地址映射

在分段式存储管理系统中,一个用户程序装入内存时,系统为每个段分配一个连续的内存区域,但各个段之间可以离散存放。为实现逻辑地址到物理地址的转换,同分页系统一样,需要建立一张称为段表的地址映射表。它记录了每个段的长度和该段在内存的起始地址(又称为"基址"),如图 5-22 所示的中间部分。段表保存于内存,通过它来实现逻辑地址到内存物理地址的转换。

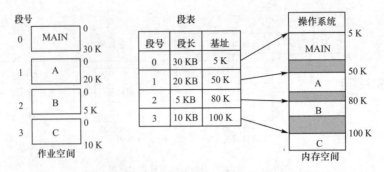

图 5-22 利用段表实现地址映射示意图

为了完成地址转换,需由硬件提供段表寄存器,用于保存段表的起始地址和段表的长度。例如,设给定的逻辑地址中,段号为 2,段内地址为 723,分段存储管理的地址转换过程如下:

(1)段号 2 与段表寄存器中的段表长度比较,如果段号不小于段表长度,则发生越界中断,终止程序运行。

(2)如果段号没有越界,则计算该段在段表中的对应位置:

$$段表项位置 = 段表起始地址 + 段号 \times 段表项长度$$

如图 5-23 所示,找到段表中 2 号段的段表项位置,从中读出该段在内存的起始地址(段基址)为 80 K。

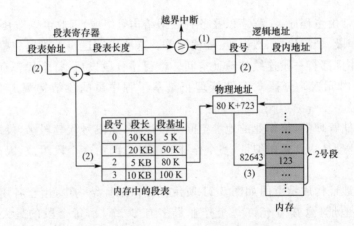

图 5-23 分段存储管理的地址映射示意图

(3)段基址与段内地址相加得到物理地址:80 K+723 = 80×1 024+723 = 82 643。

(4)访问内存单元 82 643,得到需要的数据 123。

5.5.3 分段和分页的比较

分段是信息的逻辑单位,由源程序的逻辑结构决定,用户可见。段的长度不固定,通常由编译程序对用户的源程序编译后的信息来决定。段起始地址可以是主存的任何地址。

分页是信息的物理单位,与源程序的逻辑结构无关,用户不可见。页长由系统确定,页面只能以页大小的整倍数地址开始。在分页方式中,源程序(页号,页内位移)经连接装配后变成了一维结构。

5.5.4　段页式存储管理

前面介绍的几种存储管理方式各具特点。分页式存储管理克服了存储碎片,能有效地提高内存的利用率。分段式存储管理能够反映程序的逻辑结构以满足用户的需要,并且可以实现段的共享。为了保持分页式存储管理上的优点和段式存储管理在逻辑上的优点,结合分页式和分段式两种存储管理方案,形成了段页式存储管理。

段页式存储管理是目前使用较多的一种存储管理方式,其基本思想是:

(1)将作业地址空间分成若干个逻辑段,每段都有自己的段名。

(2)每段内再分成若干个大小固定的页,每段都从零开始为自己的各页依次编写连续的页号。

(3)对内存空间的管理仍然采取分页式存储管理方式,将其分成若干个与页面大小相同的物理块,对内存空间的分配以物理块为单位。

(4)作业的逻辑地址包括 3 个部分:段号、段内页号和页内位移。其结构如图 5-24 所示。

图 5-24　段页式地址结构

对上述 3 个部分的逻辑地址来说,用户可见的部分是段号 S 和段内位移 W,由地址变换机构将段内位移 W 的若干个高位划分为段内页号 p,若干个低位划分为页内位移 d。

(5)为实现地址变换,段页式系统设立了段表和页表。系统为每个作业建立一张段表,并为每个段建立一张页表。段表表项中至少包含段号、页表起始地址和页表长度等信息。

其中,页表起始地址记录了该段的页表在内存中的起始存放地址。页表表项中至少要包括页号和块号等信息。此外,系统设置一个段表控制寄存器用来保存运行作业的段表起始地址和段表的长度。

段页式存储管理地址映射示意图如图 5-25 所示,进行地址变换的过程如下:

(1)将段号 S 与段表控制寄存器中的段长进行比较,若超出段长则产生越界中断。否则由段号和段表控制寄存器中的段表起始地址拼接,得到该段在段表中的相应表项位置。

(2)查找段表中的表项,得到该段对应的页表在内存的起始地址。

(3)页表起始地址与物理地址中的段内页号 P 拼接,从而找到页表中的相应表项,从中得到该页所在的物理块号 b。

(4)将物理块号 b 与页内位移 d 拼接起来得到所需的物理地址。

从上述过程中可知,若段表、页表存放在内存中,则为了访问内存的某一条指令或数据,将需要访问 3 次内存:

第一次,查找段表获得该段所对应页表的起始地址;

第二次,查找页表获得该页所对应的物理块号,从而形成所需的物理地址;

第三次,根据所得到的物理地址到内存中去访问该地址中的指令或数据。

三次访问内存极大地降低了内存的存取速度,因此需要采用联想存储器技术来提高内存的存取速度。

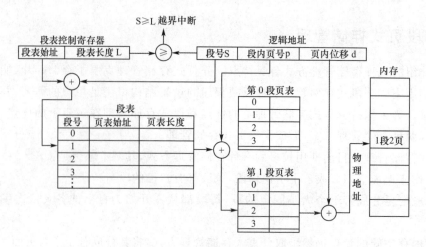

图 5-25 段页式存储管理地址映射示意图

5.6 请求分页式存储管理

前面介绍的各种存储管理技术中,都必须将作业全部装入主存才能运行。固定分区存储管理和可变式存储管理要求把作业一次性全部装入一个连续的存储空间;分页式存储管理要求一次性将作业全部装入若干存储块中,但存储块可以是不连续的。我们称这些存储管理技术为实存管理技术。使用实存管理技术带来的问题是:如果作业大到没有足够的存储空间容纳它时,这个作业就无法运行。虚拟存储管理技术的提出正是解决小内存运行大作业的有效解决方案,下面我们就来学习虚拟存储管理技术。

5.6.1 计算机存储系统分层结构

现代计算机系统通常采用速度由慢到快、容量由大到小的分层结构模式来组织存储系统。计算机存储系统的层次结构如图 5-26 所示,越往上,存储介质的访问速度越快,价格也越高。其中,寄存器、高速缓存和主存储器属于操作系统存储管理的管辖范畴,断电后它们存储的信息不再存在。磁盘和可移动存储介质属于设备管理的管辖范畴,磁盘属于易失性高速存储器,可移动存储介质存储的信息可被长期保存。

寄存器
高速缓存
主存储器
磁盘
可移动存储介质

图 5-26 计算机存储系统的层次结构

可执行程序在装入计算机的主存储器后能够被 CPU 运行,但通常情况下处理器在执行指令时访问主存的时间远大于其处理时间,因此引入寄存器和高速缓存来加快指令的执行速度。

寄存器是访问速度最快但价格最昂贵的存储器,其容量很小,一般以字为单位。一个计算机系统可能包括几十个甚至上百个寄存器,用于加速存储访问速度。

高速缓存(Cache)的容量稍大,其访问速度快于主存储器。其实质就是在动态随机存储器 DRAM 和 CPU 之间插入一速度较快、容量较小的静态随机存储器 SRAM,起到缓冲作用,使 CPU 既可以以较快速度存取 SRAM 中的数据,提高系统整体性能,又不使系统成本上升过高。

在 Intel 80x86 CPU 序列的发展过程中,逐步采用 Cache。在 80386 之前的 CPU 中不含

Cache，从 80386 时代开始出现了外部 Cache。在 80486 时代 CPU 内部才正式出现了 Cache。实际上 80486 就是由高主频的 80386 加 80387 数字协处理器以及 8 KB 内部 Cache 构成。80486 芯片内由 8 KB 的 Cache 来存放指令和数据。同时，80486 也可以使用处理器外部的第二级 Cache，用以改善系统性能并降低 80486 要求的总线带宽。在 Pentium 时代，CPU 不仅分离 L1 Cache 和 L2 Cache，而且由于 Pentium 处理器采用了超标量结构双路执行的流水线，有 2 条并行整数流水线，处理器也需要对命令和数据进行双倍的访问。为使这些访问不互相干涉，Intel 把在 80486 上共用的内部 Cache，分成 2 个彼此独立的 8 KB 代码 Cache 和 8 KB 数据 Cache，这两个 Cache 可以同时被访问。这种双路高速缓存结构减少了争用 Cache 所造成的冲突，提高了处理器效能。在 Pentium Pro 时代出现了内嵌式 L2 Cache。Cache 在 CPU 产业的发展中不断进行着改进与完善。

磁盘与可移动存储介质构成计算机系统的辅助存储系统，一般称为外存。现代计算机系统中的磁盘缓存一般和磁盘相连，属于易失性高速存储器，其读写速度和内存差不多，主要用于暂时保存磁盘与内存之间的数据传输，弥补磁盘与内存读写速度不一致的缺陷。可移动存储介质一般包括磁带、光盘、电子盘等，用于永久性地保存数据。

5.6.2 程序的局部性

实际上，作业在执行过程中并不会同时使用全部信息，部分程序在运行一遍后便不再使用，甚至部分程序在作业执行的整个过程中都不会被用到（如错误处理程序）。而且，在某个时间段内执行程序时，CPU 并不是随机均匀地访问程序的所有部分，而是集中访问程序中的某一部分，人们把这一现象称为程序的"局部性原理"（Principle of Locality）。即在较短的时间内，程序的执行局限于程序的某一部分，它所访问的存储空间也局限于某个存储区域。这一原理是由 P. Denning 于 1968 年提出的，它为虚拟存储器的引入奠定了理论基础。程序的局部性对计算机硬件和软件系统的设计和性能有着巨大的影响，一个好程序往往表现出好的局部性。

局部性原理主要表现在以下两个方面。

（1）时间局部性（Temporal Locality）。程序执行过程中的某条指令或数据如果被访问，那么在短时间内，该指令或数据很有可能会被再次访问。程序中存在的循环操作就是典型的时间局部性。

（2）空间局部性（Spatial Locality）。程序执行过程中访问了某存储单元，在短时间内，其临近的存储单元也将被访问。程序的顺序操作就是典型的空间局部性表现。

例如，在下列程序语句中：

```
for(i = 0; i < N; i++)
s + = a[i];
```

从数据来看，s 具有时间局部性特征，a[i]具有空间局部性特征。从程序代码来看，for 循环符合时间局部性特征。

程序员应该理解局部性原则，因为一般来说，局部性好的程序比局部性差的程序运行得快。现代计算机系统的各个层次，从硬件到操作系统，再到应用程序，都是为了利用局部性而设计的。在硬件层，局部性原理允许计算机设计者通过引入称为高速缓存的小型快速存储器来加速主存储器的访问，高速缓存存储器保存最近引用的指令和数据项块。在操作系统层，局部性原则允许系统将主存作为虚拟地址空间中最近引用的块的缓存。类似地，操作系统使用主存来缓存磁盘文件系统中最近使用的磁盘块。局部性原理在应用程序设计中也起着至关重要的作用。例如，Web 浏览器通过在本地磁盘上缓存最近引用的文档来利用时间局部性。大容量 Web 服务器将最近请求的文档保存在前端磁盘缓存中，以满足对这些文档的请求，而无须服务器的任何干预。

5.6.3　虚拟存储管理的原理

根据程序局部性原理可知，程序在运行之前，没有必要将全部程序和数据装入内存，而只需将当前用到的部分程序和数据先装入内存，其余暂时不用的部分留在辅存。通过交换技术可以把内存中暂时不用的程序和数据保存到辅存中，把需要的程序和数据交换到内存中。这样，用户编制的程序即使比实际内存容量大，甚至大很多，程序仍然能够正常运行。从用户角度看，好像计算机系统具有一个容量很大的主存储器。把这种利用技术手段，在固有内存容量的基础上实现存储容量扩充的存储系统称作为虚拟存储器。

由此可见，虚拟存储器是以辅助存储器为支撑，在逻辑上实现对内存容量的扩充。在虚拟存储系统中，允许用户程序以逻辑地址来寻址，不必考虑物理上可获得的内存大小。

为了区分虚拟存储，把用户作业地址空间称为虚拟地址空间，其中的地址称为虚地址。要实现虚拟存储器，必须解决好主存与辅存的统一管理、逻辑地址到物理地址的转换、部分装入和部分交换等问题。

目前，虚拟存储管理技术主要有请求分页式、请求段式和请求段页式等几种。本书以请求分页存储管理技术为例介绍虚拟存储管理技术。

从存储系统分层结构可知，不同的存储器有不同的访问速度。访问速度越快的存储器其每字节成本比速度较慢的存储器更高，而且容量更小，且 CPU 和主存速度之间的差距正在扩大，迫使在计算机系统中使用多级高速缓存来缓解 CPU 与主存速度之间的矛盾，但高速缓存的容量远小于主存的容量。但对于计算机软件来说，执行效率高的程序往往表现出良好的局部性。硬件和软件的这些基本属性互补得非常完美，这也是虚拟存储技术的理论依据。由于程序具有局部性，在运行时只需要把部分代码装入内存，然后把当前需要的指令和数据缓存到高速缓存，使得 CPU 可以到高速缓存中取得指令和数据，从而实现提高整个系统执行的效率。

5.6.4　请求分页式存储管理技术

请求分页式存储管理是在分页式存储管理技术上实现的一种虚拟存储系统。作业在运行时并不是把整个作业全部装入主存，而是将当前使用的那些页面装入主存。在进程访问某一地址时，根据页号查找页表，如果该页已在内存中，其执行过程与分页式存储管理一样；否则，地址变换机构会产生一个中断，我们称该中断为缺页中断，当前运行进程因此而阻塞。当系统接收到缺页中断时，启动缺页中断处理程序，由它负责从辅存中把需要的页面调入内存，然后唤醒因缺页而阻塞的进程。该进程得到处理器后将会重新访问该地址。

为了实现请求分页式存储管理技术需要对页表项进行扩充，如图 5-27 所示。其中，驻留位：又称中断位，表示该页是否已在内存中；外存地址：该页存放在辅助存储器上的地址；访问位：表示该页在内存中是否被访问过，作为置换页面的参考依据；修改位：记录该页在内存访问过程中是否被修改,若未被修改,则该页在换出时不需写回外存,否则需要将该页中的内容写回到外存,以更新外存中的副本。

页号	块号	驻留位	外存地址	访问位	修改位
…	…	…	…	…	…

图 5-27 请求分页式存储管理的页表

5.6.5 地址映射

在请求分页式存储管理中,当程序请求访问一页时,系统首先从联想寄存器(快表)或页表中查找要访问的逻辑地址的页号。若该页的页表项中的驻留位为 1,则表示该页在内存中,其地址映射与分页存储管理相似,所不同的是请求分页式存储管理需要同时修改页表项的访问位和修改位。若驻留位为 0,则表示所访问的页不在内存中,则系统自动产生缺页中断。缺页中断是一种特殊的中断类型,它具有一般中断所不具备的一些特征。具体表现如下:

(1)缺页中断是在指令执行期间产生和处理的。通常,CPU 在每条指令执行完成后去检查是否有中断请求信号,若有则转去响应中断并进行相应的处理,否则继续执行下一条指令。但缺页中断却是在指令执行期间,由于检查发现所要访问的指令或数据不在内存而产生并引发相应的处理。

(2)缺页中断在一条指令执行期间可能会产生多次,比如指令"MOV [A],[B]",若地址 A 和 B 对应的页都不在内存时,则执行该指令时至少会发生两次缺页中断。

(3)缺页中断返回后要执行产生缺页中断的那条指令,而一般中断返回后继续执行下一条指令。因此,系统硬件机构应能保存多次中断时的状态,并保证最后能返回中断前发生缺页中断的指令处继续执行。请求页式存储管理的地址映射如图 5-28 所示。

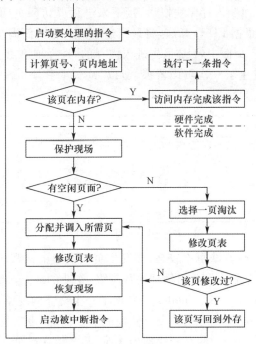

图 5-28 请求页式存储管理的地址映射

5.6.6 页面置换算法

在请求分页式存储管理系统中,当作业运行过程中发生缺页中断需将所缺页面调入内存时,如果内存已无空闲空间,则需要调出某一页,以腾出存储块来存放欲调入的页面。那么,应选择哪一页调出呢?这通常需要按照一定的策略来选择。我们把根据某一策略选择换出页面的算法称为页面置换算法。页面置换算法的优劣将直接影响到系统效率。如果置换算法不当,有可能出现这种情况:一个页面 A 刚被换出,却马上又需要访问,于是将另一页面 B 换出将 A 调回,而调回不久后又要访问页面 B,又要将 B 置换回来,如此反复,处理器的大部分时间都消耗在频繁的页面置换上,导致系统性能急剧下降。因此,系统应该尽量避免这种现象的发生。下面介绍几种常用的页面置换算法。

1. 先进先出页面置换算法(First In First Out,FIFO)

这是最早出现的置换算法。该算法的基本思想是淘汰那些驻留在内存中时间最长的页面,即把最先进入内存的页面作为置换的对象。因为最早调入内存的页,其不再被使用的可能性比刚调入内存的可能性大。

该算法实现起来比较简单,将已调入内存的页面按先后次序组成一个队列,队列中元素的个数为分配给该进程的物理块数,设一个替换指针,指向其中最早进入的页。

例 1,某作业有 5 个页面,执行时页面引用顺序为:0、1、2、3、2、4、0、2、0、1、2、3,当分配 3 个物理块时,试计算采用 FIFO 算法时的缺页率。

缺页率通常能更直观地体现一个算法的性能,它的计算公式为缺页次数除以访问页面的总数。

根据 FIFO 算法,该序列的页面置换情况,如图 5-29 所示,图中用"*"表示缺页。假定系统从外存装入一个页面到存储块就是一次页面置换,因此将 0、1、2 三个页面装入内存看作了 3 次页面置换。前三个页面装入存储块以后,接下来进程要访问页面 3,此时分配给该进程的存储块已无空闲块,系统根据 FIFO 算法,将最先进来的 0 号页面淘汰。当进程需要访问页面 4 时,在现有的 3、1、2 三个页面中,1 是最先进入内存的,选择把第 1 号页面换出。由图可以看出,采用 FIFO 算法时,发生了 9 次页面置换,所以,缺页率=缺页次数/访问页面总数=9/12=75%。

页面序列	0	1	2	3	2	4	0	2	0	1	2	3
3 个内存块	0	0	0	3	3	3	3	2	2	2	2	2
	-	1	1	1	1	4	4	4	4	1	1	1
	-	-	2	2	2	2	0	0	0	0	0	3
缺页标记	*	*	*	*		*	*	*		*		*

图 5-29 FIFO 页面置换算法示例

FIFO 算法实现简单,但其缺页率较高,即发生页面置换的次数较多。另外,FIFO 算法还存在异常。通常情况下,分配给作业的物理块数越多,作业的缺页次数越少。但在 1969 年 L. A. Belady,R. A. Nelson 和 G. S. Shedler 等发现了一个奇怪的现象,在分析 FIFO 算法时,分配 4 个存储块的缺页次数反倒比分配 3 个存储块的多。例如,设某进程执行的页面顺序为 0、1、2、3、0、1、4、0、1、2、3、4,当分配的存储块数为 3 时,共产生 9 次页面置换,当分配的存储块数为 4 时,却产生了 10 次页面置换。这种奇怪的现象称为 Belady 异常。

2. 最佳页面置换算法 OPT(Optimal)

最佳页面置换算法是由 Belady 于 1966 年提出的一种理论上的算法。其所选择的被淘汰页面是以后不会再使用的，或在最长时间内不会被访问的页面。

例 2，当分配 3 个物理块时，试采用 OPT 算法计算例 1 页面引用序列的缺页率。

如图 5-30 所示，当 0、1、2 号页面装入后，进程要访问页面 3，由于页面 3 不在内存而产生缺页中断。根据 OPT 算法，当前存储块中的三个页面 0、1、2 中，2 号页面在 3 号页面后被访问，0 号页面在 4 号页面后会被访问，只有 1 号页面在最远的将来才被访问，因此予以淘汰。

页面序列	0	1	2	3	2	4	0	2	0	1	2	3
	0	0	0	0	0	0	0	0	0	1	1	1
3 个内存块	-	1	1	3	3	4	4	4	4	4	4	4
	-		2	2	2	2	2	2	2	2	2	3
缺页标记	*	*	*	*		*				*		*

图 5-30　OPT 页面置换算法示例

从图中可以看出，采用 OPT 算法发生了 7 次页面置换，缺页率为：7/12 = 58.3%。

OPT 算法被称为页面替换算法中最好的算法，它可获得最低的缺页率，但它只是一种理论上的策略，很难付诸实施，因为操作系统不可能做到预知未来。这种算法虽然无法由计算机实现，但却可以作为一个参考标准，用以衡量其他置换算法的性能。

3. 最近最少使用页面置换算法 LRU(Least Recently Used)

该算法是根据页面装入内存后的使用情况来决定淘汰页面。它选择最近一段时间内，访问次数最少的页面予以置换，但这种算法很难实现，这需要为每个存储块配置一个访问计数器，用来记录访问次数，因此人们将该算法的"多少"改为"有无"，使得该算法变为最近最久未使用页面置换算法。该算法主要依据程序局部性原理实现的替换算法，因为，如果某一页被访问过，那么在不久的将来有可能再被访问；反之，如果某一页很久未被访问，那么最近再被访问的概率很小。

例 3，当分配 3 个物理块时，试采用 LRU 算法计算例 1 页面引用序列的缺页率。

如图 5-31 所示，在依次装入 0、1、2 号页面后，进程需要访问第 3 个页面时，由于页面 0 进入内存的时间最长且最近未被访问，因而被淘汰。同理，当进程需访问页面 4 时，当前存储块中的三个页面 3、1 和 2 中，1 号页面为最近最久未被访问的页，故将它换出。

页面序列	0	1	2	3	2	4	0	2	0	1	2	3
	0	0	0	3	3	3	0	0	0	0	0	3
3 个内存块	-	1	1	1	1	4	4	4	4	1	1	1
	-		2	2	2	2	2	2	2	2	2	2
缺页标记	*	*	*	*		*	*			*		*

图 5-31　LRU 页面置换算法示例

从图中可以看出，采用 LRU 置换算法产生了 8 次页面置换，缺页率为：8/12 = 66.7%。

LRU 算法根据已装入页面的使用情况来判断淘汰哪一页，其性能接近于 OPT，但实现起来比较困难，因为需要对先前的访问历史不断加以记录和更新，这种连续的修改如果完全由软件来实现，则系统开销太大，如果由硬件完成，则会增加计算机的成本。因此，在实际应用中常采用近似 LRU 算法。

4. Clock 页面置换算法

Clock 置换算法是 LRU 算法的近似实现,该算法用链接指针将内存中的所有页面链接成一个循环队列。根据实现的细节可将 Clock 置换算法细分为简单 Clock 置换算法和改进型 Clock 置换算法。

简单 Clock 置换算法仅考虑页面的访问情况,因此为每个内存页面设置一个访问字段以记录该页最近一段时间是否被访问过。当某页被访问时,该位由硬件自动置 1,而页面管理软件周期性地(设周期为 T)把所有访问字段清 0。这样,在时间 T 内,某些被访问的页面的访问位为 1,而未被访问过的页面的访问位为 0。因此,根据访问位的状态可判别各页最近的使用情况。当需要置换页面时,在链表中依次查看访问字段,若访问字段为 1,则将其设置为 0,然后查找下一个页面,直到找到访问字段为 0 的页,将该页淘汰出去,装入新的页。当再次发生缺页中断时,从该页的下一页开始选择要淘汰的页面。由于该算法循环地检查各页面的情况,故称为 Clock 算法,又称为最近未用(Not Recently Used,NRU)算法。

这种算法比较简单,易于实现,缺点是周期 T 的大小不易确定。T 太大,会使所有的访问字段都为 1,无法准确确定哪一页是最近最久未用的页。T 太小,访问字段为 0 的块可能会相当多,因而所选择的页面未必是最近最久未用的页。例如,如果缺页中断刚好发生在系统对所有访问字段重置 0 之后,几乎所有块的访问字段为 0,则有可能把常用的页淘汰出去。

图 5-32 为不考虑硬件周期性地对访问位清 0 的情况下页面置换算法示例。图中粗体数字表示刚被加载到内存的页,数字的上标表示是否被访问过(1 表示访问过,0 表示未被访问过),箭头表示查找淘汰页的起始位置。

页面序列	**0**	1	2	**3**	1	4	**0**	**2**	0	1	2	**3**
3 个内存块	0^1	0^1	$→0^1$	3^1	3^1	$→3^1$	3^0	2^1	2^1	$→2^1$	$→2^1$	2^0
	→	1^1	1^1	$→1^0$	$→1^1$	1^0	0^1	$→0^1$	$→0^1$	0^0	0^0	3^1
	-	→-	2^1	2^0	2^0	4^1	$→4^1$	4^0	4^0	1^1	1^1	$→1^1$
缺页标记	*	*	*	*		*	*	*		*		*

图 5-32 Clock 页面置换算法示例

改进型 Clock 置换算法则为每个内存页面同时设置一个访问字段和修改位,从而综合考虑页面置换代价及页面未来访问情况的走向预测,可减少磁盘的 I/O 操作次数,但淘汰页的选择可能经历多次扫描,因此算法自身的开销增大。

5.6.7 系统抖动

操作系统会对 CPU 的工作情况进行监督,如果发现 CPU 出现空闲,它会调入新的进程来增加多道程序度(内存中并发执行的进程数目),以保持 CPU 的高利用率。但在采用全局置换的方式下,会导致其他进程的某些页被置换出内存,使该进程执行时产生缺页现象,因此它又会置换另外进程的页。由此造成连锁反应,使得整个系统中页面置换频繁发生。此外,在每次置换过程中,都需要启动磁盘 I/O,这种低速的延迟操作会造成 CPU 等待,当操作系统发现 CPU 空闲后,又开始增加程序道数,于是整个系统在进行频繁的页面置换,这种现象被称为抖动。

抖动现象与程序的执行特性有关,也与置换算法有关。抖动现象可能导致整个系统大部分的时间花费在页面置换上,只有一小部分时间用于程序的实际运行,严重影响整个系统的性能。

为了减少抖动的产生,可以采用局部置换的方法。即发生缺页的进程不能置换其他进程的物理块,只能从系统为自己所分配的地址空间中置换。这样当一个进程发生抖动时,不会造成其他进程后继抖动,将抖动的影响限制在一个小的范围内。这种方法有一定的局限性。由于发生抖动的进程会因为频繁进行磁盘 I/O 操作而形成一个等待队列,这个等待队列也会造成正常的进程置换页面时间的增加,从而影响 CPU 的吞吐量。

另一种方法是利用工作集模型来防止抖动。根据程序的局部性原理,一般情况下,进程在一段时间内总是集中访问某些页面。这些页面被称为活跃页面。如果分配给一个进程的物理块数太少,则由于该进程所需的活跃页面不能全部装入内存,导致进程运行过程中频繁发生中断;如果分配的物理块数与活跃页面数相等,则可减少缺页次数;如果分配的物理块数大于活跃页面数,再增加物理块也不能显著减少交换次数。这个物理块数要求的临界值称为工作集。

对于给定的访问序列选取定长的区间,称为工作集窗口 Δ,落在工作集窗口中的页面集合就是工作集 WS(t,Δ),它表示在时间间隔 t 内,进程的一个工作集窗口 Δ 内被访问的页面集合。因此,工作集的内容取决页面的三个因素:(1)访问页序列特性;(2)时间间隔 t;(3)工作集窗口 Δ 的长度。例如,图 5-33 所示为两个工作集,分别为:

$$WS(t_1,10)=\{1,5,6,7\}$$
$$WS(t_2,12)=\{3,4\}$$

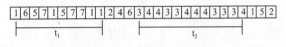

图 5-33　工作集示例

引入工作集模型后,由操作系统记录每个进程的工作集,并给它分配工作集所需的物理块。如果内存中还有足够多的空闲物理块,则可以从外存上装入并启动新进程。

工作集是对程序局部的一个近似模拟。如果我们能找出一个作业的各个工作集,并求出其页面数最大者,就可确定该作业所需物理块数。在实践中,是通过模拟程序执行的方法,每经过 10 ms 或 10000 次内存访问输出一个工作集,以此找到所有工作集并求出其所需页面数的最大者,然后作为内存分配和防止抖动的依据。

5.6.8　请求分页式存储管理的性能分析

请求分页式存储管理除继承了分页式存储管理的全部优点外,还有以下优点:

(1)提供了大容量的虚拟存储空间,作业地址空间不再受内存容量的限制。

(2)更有效地利用了内存。一个作业的地址空间不必全部装入内存,只装入其必须部分,其他部分根据请求装入,或者根本就不装入。

(3)更加有利于多道程序的运行,从而提高了系统效率。

(4)虚拟存储器的使用对用户透明,方便了用户。

尽管请求分页式存储管理具备众多优点,但尚存的缺点有:

(1)处理缺页中断增加了处理器的时间开销,是以时间的代价来换取空间的扩充。

(2)可能造成系统抖动而影响整个系统的性能。

拓展知识：请求页式存储管理技术最早用于 Atlas 系统，它于 1960 年左右在曼切斯特大学的 MUSE 计算机上实现。另一个使用请求页式存储管理技术的是 MULTICS 系统，它在 GE 645 系统上实现（1972 年）。1979 年在 UNIX 系统中添加了虚拟内存。

5.7　Linux 存储管理

5.7.1　Linux 存储管理概述

Linux 操作系统的工作模式包括实地址模式和保护模式。Linux 主要工作在保护模式，每个进程都有各自互不干涉的进程地址空间。该空间为虚拟地址空间，用户所访问的都是该虚拟空间，不能直接访问实际的物理地址空间，因而起到保护操作系统的作用。

Linux 操作系统采用段页式虚拟内存管理技术。分段机制将一个进程中的程序、数据等分成若干个段，每段用一个 8 字节的段描述符记录该段的起始地址、段长度和存取权限等信息。这些段描述符组成段表。每段又分成若干个页，系统运行时，将需要的内容以页为单位调入内存，暂不执行的页仍然留在外存。

图 5-34 所示为 Linux 的地址转换过程。从图中可以看出，分段机制将二维虚拟地址（段地址）转换成一维的中间地址，即线性地址。段地址使用的是 48 位的虚拟地址，其中高 16 位是段选择器，低 32 位是段内偏移量，因此每个段可以有 4 GB（2^{32}）的容量。线性地址和物理地址均为一维地址空间，容量均为 4 GB。

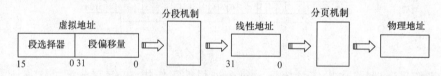

图 5-34　Linux 的地址转换过程

5.7.2　Linux 的分段和分页机制

1. Linux 的分段机制

Linux 的分段机制就是将线性地址空间分段，利用这些段来存储代码和数据。图 5-34 所示 Linux 的地址转换过程，其中的段选择器的低两位（bit 1 和 bit 0）指明请求者的运行级别（Requestor Privilege Level）。如果该域的值为 0，表明需要运行的优先级最高；如果该值为 3，表明需要的运行优先级最低。Linux 只使用了 0 和 3，用以区分内核模式和用户模式。段选择器的第二位（bit 2）指明段描述符的位置，其值为 0，表示段描述符位于全局段描述符表（GDT，Global Descriptor Label）；其值为 1，表示段描述符位于局部段描述符表（LDT，Local Descriptor Label）中。因此，每个虚拟地址空间最多可有 16K 个段，其中一半称为全局虚拟地址空间，由 GDT 映射，另一半称为局部虚拟地址空间，由 LDT 映射。

欲得到某一段的线性地址时，通过在 GDT 或 LDT 中查找相应的段描述符，获得该段的基地址，再加上段偏移量，即可得到逻辑地址相对应的线性地址。其转换过程如图 5-35 所示。

2. Linux 的分页机制

分页机制在分段机制之后进行，它将线性地址转换为内存物理地址。Linux 一般使用 4 KB

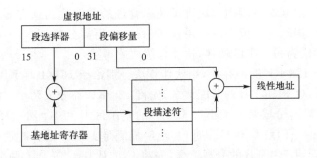

图 5-35　分段逻辑地址到线性地址的转换过程

大小的页面,且每页的起始地址都可被 4 K 整除,即用二进制表示起始地址时,其低 12 位为 0。页面大小可通过修改 PAGE_SHIFT 定义的左位移数来改变(PAGE_SIZE,见 include/Linux/page.h)。

Linux 标准的虚拟存储结构为三级页表结构,包括页目录 PGD(Page Global Directory)、中间目录 PMG(Page Middle Directory)和页表 PTE(Page Table)。对不同的机器配备不同的分页机构转换方法。在 Intel 80x86 系列中,Linux 提供了把三级分页转换为两级分页机制的方法,即把 PGD 和 PMD 合二为一,所有对 PMD 的操作实际上就是对 PGD 的操作。

三级分页管理把虚拟地址分成四部分:页目录、页中间目录、页表、页内偏移量。转换为两级分页模式时,把三级分页中的页中间目录域长度定义为 0,则虚拟地址部分可以忽略对页中间目录的操作。Linux 在 Intel 80x86 系列的 32 位处理器上就采用这种两级分页结构。

在两级分页结构中,第一级表为页目录,存储在一个 4 KB 的页中,共有 1K 个表项,每个表项为 4B,用线性地址空间最高的 10 位(22～31 位)来产生第一级表索引。该索引得到的表项中的内容定位了二级表中的一个表地址,即下级页表所在的内存块号。

第二级表为页表,存储在一个 4 KB 的页中,包含了 1 KB 的表项,每个表项包含一个页的物理地址。二级页表用线性地址的中间 10 位(12～21 位)进行索引,定位页表表项,用于获取页的物理地址。

页物理地址的高 20 位与线性地址的低 12 位(页内偏移量)形成最后的物理地址。其地址转换过程如图 5-36 所示。

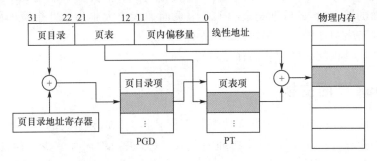

图 5-36　两级页表的地址转换过程

5.7.3　Linux 的内存分配

Linux 管理物理内存时通过分页机制来实现,它将物理内存划分为与分页大小相同的物理块。为了保证内存空闲块的连续性,采用伙伴算法(Buddy)来分配内存物理块,将外存上连续的页面映射到物理内存连续的块中,以提高内存读写的效率。

这种采用伙伴算法来对空闲内存块进行动态管理的系统称为伙伴系统。所谓伙伴算法,就是不断地将大的空闲块等分成小的空闲块,直到接近所需分配请求的块的大小。等分的两个空闲区,其中一半成为另一半的伙伴,伙伴系统故此得名。

例如:设有一个 128 KB 的内存块,用伙伴算法分别给予 16 KB、4 KB 和 32 KB 的分配请求。如图 5-37 所示,对于 16 KB 的分配请求,先将 128 KB 等分成两个 64 KB 的空闲区 A 和 A′,再将空闲区 A 等分,分成两个大小为 32 KB 的空闲区 B 和 B′,然后将空闲区 B 等分成两个大小各为 16 KB 的空闲块 C 和 C′。此时,已经能满足 16 KB 的分配请求,于是将 C′ 分配给 16 KB 的分配请求。对于 4 KB 的分配请求,先将 C′ 的伙伴 C 等分为两个 8 KB 的分区 D 和 D′,再将 D 分区等分,得到 E 和 E′ 两个大小为 4 KB 的空闲分区。于是,可将 E′ 分配给它。对于 32 KB 的分配请求,由于 B′ 空闲分区正好满足分配请求,因此可直接将 B′ 分配给该请求。

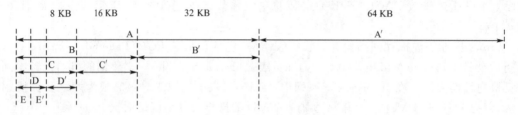

图 5-37　伙伴分配算法示例

Linux 的 Intel 80x86 系列通过调用 kmalloc() 函数,将内存的空闲页面分成从 20 到 29 共 10 个块组。例如,第 0 组中块的大小都为 1(即 2^0)个页面,第 1 组中块的大小都为 2(即 2^1)个页面,以此类推,第 9 组中块的大小都为 512(即 2^9)个页面。

下面通过一个简单的示例说明利用伙伴算法的工作原理。

假设要求分配的块的大小为 128 个页面,该算法先在块大小为 128 个页面的链表中查找,看是否有这样一个空闲块。如果有,就直接分配;如果没有,该算法会查找下一个更大的块,就是在块大小为 256 的页面链中查找。如果存在这样的空闲块,内核就把这 256 个页面分为两等份,一份分配出去,另一份插入块大小为 128 个页面的链表中。如果在块大小为 256 的页面链中没有找到空闲页块,就继续找更大的块,即 512 个页面的块。如果存在这样的块,内核就将 512 个页面的块中分出 128 个页面满足请求,然后从 384 个页面中取出 256 个页面插入大小为 256 个页面的链表中,最后把剩余的 128 个页面插入块大小为 128 个页面的链表中。如果 512 个页面的链表中还没有空闲块,该算法就放弃分配,并发出出错信号。

上述过程的逆过程就是内存块的释放过程。

5.7.4　Linux 页面交换

当内存紧张时,Linux 利用 LRU 算法进行页面替换。Linux 系统的内存管理程序通过内核中的交换守护进程(kswapd)来释放物理内存页,以解决物理内存变少的问题。kswapd 是一个内核线程,它每隔 10 秒被唤醒一次,它负责检查系统中的空闲页面数是否太少,若太少,则按如下三种方式淘汰已分配的物理页块:

(1)减少缓冲区和页面高速缓存(cache)的大小,释放其中不再使用的页。

(2)换出 System V 中的共享内存页。

(3)换出或淘汰内存页。

上述三种方式轮流使用,直至有足够的页数被释放。释放足够的页数后,kswapd 便继续进入睡眠状态,直到下一次被唤醒。

5.8 典型例题分析

例 1:虚拟存储器的理论容量与什么有关,实际容量与什么有关?

答:虚拟存储器的理论容量由逻辑地址位长决定。实际容量由逻辑地址位长以及内存、外存容量综合决定。

例 2:试述缺页中断与一般中断的主要区别。

答:缺页中断与一般的中断有着明显的区别,主要表现为:

(1)两种中断产生的时刻不同:缺页中断是在执行一条指令的过程中产生的中断,并立即转去处理;而一般中断会随时产生,当一条指令执行完毕后,硬件中断装置会检测是否有中断请求,若有则去响应和处理。

(2)中断处理完毕后的归属不同:缺页中断处理完后,仍返回到原指令去重新执行,因为那条指令并未执行完毕;而一般中断则是或返回到被中断进程的下一条指令去执行,因为上一条指令已经执行完毕,或重新调度,去执行其他进程。

(3)一条指令在执行期间可能产生多次缺页中断,一般中断不具备这样的特点。

例 3:假设某页式管理系统主存为 64 KB,分成 16 块,块号为 0,1,2,…,15。设某作业有 4 页,其页号为 0,1,2,3,被分别装入主存的 2,4,1,6 块。

(1)写出该作业每一页在主存中的起始地址。

(2)若给出逻辑地址[0,100],[1,50],[2,0],[3,60],请计算出相应的内存地址。(方括号内的第一个元素为页号,第二个元素为页内地址)

答:(1)因 64 KB 的主存分成 16 块,每块长度为:64 KB/16=4 KB,又因页号为 0,1,2,3 的页分别被装入主存 2,4,1,6 块中,所以,该作业的第 0 页在主存中的起始地址为 4 K×2=8 K,第 1 页在主存中的起始地址为 4 K×4=16 K,第 2 页在主存中的起始地址为 4 K×1=4 K,第 3 页在主存中的起始地址为 4 K×6=24 K。

(2)逻辑地址[0,100]的内存地址为:4 K×2+100=8292。

逻辑地址[1,50]的内存地址为:4 K×4+50=16434。

逻辑地址[2,0]的内存地址为:4 K×1+0=4096。

逻辑地址[3,60]的内存地址为:4 K×6+60=24636。

例 4:在一个请求分页管理系统中,主存容量为 1 MB,被划分为 256 块。现有一个作业,其页表见表 5-2。

表 5-2　　　　　　　　　　　页表

页号	块号	状态
0	24	0
1	26	0
2	32	0
3	——	1
4	——	1

(1)若给定一个逻辑地址为 9016,其十进制物理地址是多少?

(2)若给定一个逻辑地址为 12300,给出其物理地址的计算过程。

答：(1)因主存容量为 1 MB，被划分为 256 块，所以每个块大小为 1 MB/256＝4 KB＝4096 B。若逻辑地址为 9016 时，则其页号为：9016/4096＝2，页内偏移为：9016％4096＝824。从表 5-2 中可知第 2 页存储在内存的第 32 块中，所以，其物理地址为：32×4096＋824＝131896。

(2)若逻辑地址为 12300 时，则其页号为：12300/4096＝3，页内偏移为：12300％4096＝12。但从表 5-2 中可知，页号为 3 的页不在主存中，此时，系统会产生一个缺页中断。缺页中断处理程序将该页加载到主存中，并修改页表。缺页中断处理程序结束后，当作业重新访问该地址时，就会按(1)给出的方法计算出物理地址。

例 5：在一个单处理器的多道程序设计系统中，采用不可移动的可变式分区方式管理主存空间，设主存空间为 100 KB，采用首次适应算法分配主存，作业调度采用响应比高者优先算法，进程调度采用时间片轮转算法（即内存中的作业均分 CPU 时间）。现有表 5-3 所示的作业序列，设定所有作业都为计算型作业且忽略系统调度时间。回答下列问题：

(1)列表说明各个作业被装入主存时间、完成时间和周转时间；

(2)写出各作业被调入主存的顺序；

(3)计算 5 个作业的平均周转时间。

表 5-3　　　　　　　　5 个作业的提交时间、运行时间和主存需求量表

作业名	提交时间	运行时间（小时）	主存需求量
J1	10：00	40 分钟	25 KB
J2	10：15	30 分钟	60 KB
J3	10：30	20 分钟	50 KB
J4	10：35	25 分钟	18 KB
J5	10：40	15 分钟	20 KB

答：分析：

10：00 J1 到，此时仅 J1 一个作业，分配内存，进行作业调度。

10：15 J2 到，此时仅 J2 一个作业需要调度，分配内存，进行作业调度。此时，内存中有 J1 和 J2，由于进程调度采用时间片轮转算法，即内存中的作业均分 CPU 时间，J1 运行了 15 分钟，还需要 25 分钟，J2 需要 30 分钟，如果只有这两个作业运行，50 分后，即 11：05，J1 运行结束。

10：30 J3 到，此时没有足够的内存，无法进行作业调度，J3 等待。

10：35 J4 到，此时没有足够的内存，无法进行作业调度，J4 等待。

10：40 J5 到，此时没有足够的内存，无法进行作业调度。

11：05 J1 完成，释放资源，J1 的周转时间为 1 小时 5 分钟。此时，计算 J3、J4 和 J5 的响应比，分别是：1.67、1.2 和 1.67，但 J3 需要 50 KB 的内存，系统无法满足，作业调度程序选择 J5，为 J5 分配资源，然后进入内存，参与进程调度。此刻，J2 还需要 5 分钟，J5 需要 15 分钟，在 10 分后，J2 运行结束。

11：15 J2 完成，周转时间为 1 小时。此时，计算 J3 和 J4 的响应比，分别是 2.25 和 1.6，J3 的响应比高，J3 进入内存。此时，内存中两个空闲块的大小分别是 5 KB 和 25 KB，能满足 J4 所需，因此，J4 也进入内存。此刻，系统中有 3 个作业，分别是 J3、J4 和 J5，J3 需要运行 20 分钟，J4 需要运行 25 分钟，J5 还需要运行 10 分钟。根据进程调度算法，在 30 分钟后 J5 完成。

11:45 J5 完成,周转时间为 1 小时 5 分钟。此时,J3 还需要运行 10 分钟,J4 还需要运行 15 分钟,根据进程调度算法,在 20 分钟后 J3 运行结束。

12:05 J3 完成,周转时间为 1 小时 35 分钟。此时,系统中仅剩下 J4,J4 还需要运行 5 分钟。

12:10 J4 完成,周转时间为 1 小时 35 分钟。

(1)各个作业被装入主存时间、完成时间和周转时间见表 5-4。

表 5-4   5 个作业的提交时间、运行时间和主存需求量表

作业名	提交时间	运行时间	主存需求量	装入主存时间	完成时间	周转时间
J1	10:00	40 分钟	25 KB	10:00	11:05	1 小时 5 分钟
J2	10:15	30 分钟	60 KB	10:15	11:15	1 小时
J3	10:30	20 分钟	50 KB	11:15	12:05	1 小时 35 分钟
J4	10:35	25 分钟	18 KB	11:15	12:10	1 小时 35 分钟
J5	10:40	15 分钟	20 KB	11:05	11:45	1 小时 5 分钟

(2)各作业被调入主存的顺序为:J1,J2,J5,J3,J4。

(3)5 个作业的平均周转时间为:

1 小时 + (5+0+35+35+5)/5 分钟 = 1 小时 16 分钟。

例 6:某分页式虚拟存储系统,用于页面交换所需时间是 20 ms,页表保存在主存中,访问时间为 1 μs,即引用一次指令或数据,需要访问两次内存。为改善性能,可以增设一个;联想寄存器(访问联想寄存器的时间可忽略不计),如果页表项在联想寄存器里,则只需要访问一次主存就可以。假设 80% 的访问其页表项在联想寄存器中,剩下的 20% 中有 10% 的访问会产生缺页。请计算有效访问时间。

答:已知访问联想寄存器的命中率为 80%,只需要访问一次主存,每次所需时间 1 μs。

访问联想寄存器的失败率为 20%,其中有 10% 会产生缺页,则产生缺页时需要的时间总和为:

访问页表失败,页表在主存中,需要 1 μs;

用于页面交换所需时间是 20 ms;

访问页表需要 1 μs;

访问内存需要 1 μs。

访问联想寄存器的失败率为 20%,其中有 90% 访问页表成功,则每次需要访问 2 次主存。

所以,有效访问时间为:

1 μs × 80% + (1 μs + 20 ms + 1 μs + 1 μs) × 20% × 10% + 2 μs × 20% × 90% = 401.22 μs

例 7:某 32 位系统采用基于二级页表的请求分页存储管理方式,按字节编址,页目录项和页表项长度均为 4 字节,虚拟地址结构如下:

页目录号(10 位)	页号(10 位)	页内偏移量(12 位)

某 C 程序中数组 a[1024][1024] 的起始虚拟地址为 0x1080000,数组元素占 4 字节,该程序运行时,其进程的页目录起始物理地址为 0x00201000,请回答下列问题:

(1)求数组元素 a[1][2] 的虚拟地址、对应的页目录号和页号、对应的页目录项的物理地

址,若该页目录项中存放的页框号为 0x00301,则 a[1][2] 所在页对应的页表项的物理地址是什么?

(2)数组 a 在虚拟地址空间中所占区域是否必须连续?在物理地址空间中所占区域是否必须连续?

(3)已知数组 a 按行优先方式存放,若对数组 a 分别按行遍历和按列遍历,则哪一种遍历方式的局部性更好?

答:(1)本题没有说明数组是按行序存储还是列序存储,就默认为按行序存储。

若 a[0][0] 为第 0 个元素,a[0][1] 为第 1 个元素,…,则 a[1][2] 为第 1026 个元素,数组元素占 4 字节,数组 a 的起始虚拟地址为 0x1080000,则 a[1][2] 的虚拟地址为:$0x1080000+1026\times4=0x1080000+0x402\times4=0x1080000+0x1008=0x1081008$。

0x1081008 对应的页目录号、页号和页内偏移分别是 4、0x81 和 8。

页目录起始物理地址为 0x00201000,页目录项长度为 4 字节,a[1][2] 对应当页目录号为 4,对应的页目录项的物理地址是 $0x00201000+4\times4=0x00201010$。

若该目录项中存放的页框号为 0x00301,则说明对应的页表的物理地址为:0x00301000,a[1][2] 所在页对应的页表项的物理地址是:$0x00301000+0x081\times4=0x00301204$。

(2)数组 a 在虚拟地址空间中所占区域必须连续,在物理地址空间中所占区域可以不连续。

(3)已知数组 a 按行优先方式存放,那么每一行占用的字节数为 $1024\times4\ B=4\ KB$,正好是一页。若对数组 a 分别按行遍历其局部性好于按列遍历,因为按行遍历时,若合理存储分配空间,那么一行正好存储在一页中,而按列进行遍历时,一列中不同元素存放在不同的页中,破坏了局部性。

5.9　存储管理实验

1. 实验内容

定义一个大小为 64 KB 的字符类型数组 A,利用可变式分区存储管理技术对其存储空间进行分配和回收。具体要求:

1. 设计一个初始化内存的函数 initMemory 对管理内存的数据结构进行初始化。

2. 设计一个申请内存的函数 MemAllocte,负责申请指定大小的内存。

3. 设计一个释放内存的函数 MemFree,负责将指定的内存区域回收。

4. 设计一个程序,利用函数 MemAllocte 和 MemFree 申请内存和释放内存。

2. 实验目的

通过本实验加强读者对存储管理技术的理解,掌握可变式存储管理技术的分配与回收。

3. 实验准备

为了管理分区,需要设置相应的数据结构来记录内存的使用情况。常用的数据结构形式有两种,一种是采用静态表,即在系统中设置两张表,一张为已分配区说明表,一张为未分配区说明表,通过这两张表就能对分区进行分配和回收。另外一种是采用空闲分区链表,将系统中的空闲分区用双向链表链接成一条链,分配时查找链表,可采用首次适应、最佳适应等算法分配内存。回收时,将回收的内存块插入链表中,若与该块相邻的块为空白块,还需要进行合并空白块。读者可以按任何一种不限于本书介绍的方法实现可变式分区管理。下面介绍一种利用带辅助位示图的方法实现分区管理的技术。

(1)将内存分成大小相等的节

把存储空间分成大小相等的节,以节为单位分配内存。例如,如果每节为 32B,则 64 KB 的内存空间共有 2048 节。在进程提出申请内存空间时,根据申请的内存字节数转换成节数,比如,申请的字节数为 size,但由于 size 往往不是节的整数倍,因此,在计算节数时取大于 size/32 的最小整数,用 C 语言表达式表示则为:

SectionNum ＝ (size ＋ 31)≫ 5;

(2)内存分配和回收

在可变式分区管理技术中,当回收内存时需要考虑将要回收的内存的相邻块是否为空白分区,若是,需要进行合并分区,这项工作非常复杂。本节采用带辅助位示图的管理方法对内存进行分配和回收,可有效地解决空白区合并问题。

位示图存储管理的基本思想是使用一组标志位来跟踪内存的使用情况,内存区域中的每一个节对应一个标志位,由标志位反映该节是已分配状态还是未分配状态。在设计系统时可采用一个无符号的字符型数组,使该数组中的每一位对应内存区域中的每一节,1 表示该节空闲,0 表示该节已分配。在进行内存分配时,采用首次适应算法按需分配,即在查找空闲分区时,分配最先满足要求的分区,并且需要多少节就分配多少节。

利用位示图管理内存的分配比较简单,但同时也存在一个问题,当一个进程释放内存空间时,从位示图中无法获取该进程将释放多少节的存储空间。为解决这一问题,采用另外一个位示图,我们称其为辅助位示图,由它与位示图结合起来实现对内存空间的回收。在初始化时,位示图的所有位为 1,表示所有内存空闲,辅助位示图的所有位为 0,表示每一节都可以是分配的起点。当某一进程申请大小为 N 节的一段内存,则在位示图中查找连续 N 个为 1 的位,找到后将这 N 位清 0,其对应的辅助位示图第一位不变仍为 0 外其余位置 1。所以,在辅助位示图中,值为 1 的位表示该位对应的节与它的前一位对应的节属于同一个段;值为 0 的位表示该位对应的节是一个段的起始节,或表示这个节未分配出去。图 5-38 所示为位示图与辅助位示图,从位示图的前两行看,已分配出去的节有:第 0 节至第 4 节,第 7 节至第 12 节。对照辅助位示图可知,已分配出去的 11 节是 4 个段,其中第 1 段占用第 0 节至第 3 节,第 2 段占用第 4 节,第 3 段占用第 7 节至第 10 节,第 4 段占用第 11 和 12 两节。

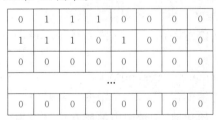

0	0	0	0	0	0	1	1	0
0	0	0	0	0	0	1	1	1
1	1	1	1	1	1	1	1	1
...								
1	1	1	1	1	1	1	1	1

(a)位示图

0	1	1	1	0	0	0	0	0
1	1	1	0	0	1	0	0	0
0	0	0	0	0	0	0	0	0
...								
0	0	0	0	0	0	0	0	0

(b)辅助位示图

图 5-38　位示图与辅助位示图

在内存回收时,只需要提供将要释放内存的首地址,由首地址转换成位示图的起始位,结合辅助位示图回收内存,比如将要释放上述的第 3 段,即第 7 节至第 10 节,首先将第 7 节对应位示图的位设置为 1;其次,判断第 8 节对应辅助位示图的位是否为 1,若为 1,则将其清 0,并将该节对应位示图的位设置为 1,然后判断下一节对应辅助位示图的位是否为 1,若为 1,其操作同上,否则回收内存工作完成。

(3)函数的实现算法

①内存分配函数 MemAllocate

函数原型为:void * MemAllocate(int size);

MemAllocate 函数实现内存的分配,它能够向申请者提供/不提供所需的内存,其实现算法描述如下:

a. 首次调用本函数时,调用 initMemory 函数对内存管理数据结构进行初始化;

b. 设 size 为申请者请求的内存容量;

c. 计算申请者需要内存的节数,计算公式为 SectionNum = (size + 31)<< 5;

d. 从位示图的起始位开始寻找连续的 SectionNum 个未分配出去的节,即查找连续 SectionNum 位为 1 的位示图,如果有,则转⑤,否则分配失败,返回 NULL;

e. 将位示图中将要分配出去的这 SectionNum 位清零,表示已分配,将辅助位图中对应的 SectionNum 位中除第一位之外的其他位设置为 1;

f. 返回这 SectionNum 位中第一个位对应的首地址,分配成功。

②内存回收函数 MemFree

函数原型为:void MemFree(void * startAddr);

内存回收函数将按照释放者提供的内存地址释放内存,其算法描述如下:

a. 将释放的内存起始地址转换为对应位示图的位号 bitnum;

b. 找到位示图的对应位,并将该位设置为 1;

c. i=bitnum+1;

d. 查找辅助位示图的第 i 位,若该位为 0,回收工作结束,转⑦;

e. 将位示图的第 i 位置 1,将辅助位示图的第 i 位清 0;

f. i=i+1,转④;

g. 结束。

③内存初始化函数 initMemory

函数原型为:void initMemory(void);

内存初始化工作比较简单,仅需要对位示图和辅助位示图赋初值即可。

位示图与辅助位示图定义如下:

unsigned char memBit[256];

定义位示图,256 个 8 位无符号二进制数,共 2048 个二进制位,若每位管理 32B,共管理 64 KB。

unsigned char memBitAid[256];

定义辅助位示图,与位示图一一对应。

在初始化时,位示图中的所有位设置为 1,表示内存可用,辅助位示图中的所有位清 0,表示每一节都是分配的起点。

④显示内存使用情况 dispMem

函数原型为:void dispMem(void);

通过对 memBit 数组遍历,统计出已分配内存量和未分配内存量。

(4)实验参考程序示例

①程序 ex5-1.c

01 / * Filename:ex5-1.c * /

```
02  # include <stdio.h>
03  # define MemSizeBitPer 32              /*每个二进制位代表的存储空间大小为 32B*/
04  # define MemSize 65536                 /*定义 64 KB 的空间*/
05  char A[MemSize];
06  /*memBit 位示图,对 64 KB 的空间进行管理,每一位管理一节,一节大小为 32B*/
07  unsigned char memBit[256];
08  /*memBitAid 辅助位示图,与位示图配合实现对内存的分配和回收*/
09  unsigned char memBitAid[256];
10  unsigned char Bit[8]={0x80, 0x40, 0x20, 0x10, 0x8, 0x4, 0x2, 0x1};
11  /*找到足够大的内存后,修改位示图和辅助位示图,分配内存*/
12  void changeBit(int sit_i, int sit_j, int realBitSize) {
13      int i, j, jsq = 0 ;
14      i = sit_i;
15      j = sit_j;
16      while (jsq < realBitSize) {
17          memBit[i] ^= Bit[j];           /*1 表示空闲 ,0 表示已分配*/
18          memBitAid[i] |= Bit[j];        /*1 表示连续的小块              */
19          j = (j+1) % 8 ;
20          if (j == 0) i++;
21          jsq ++;
22      }
23      memBitAid[sit_i] = memBitAid[sit_i]^Bit[sit_j];        /*分配段的起始节*/
24  }
25
26  /*初始化内存数据结构    */
27  void initMemory(void)
28  {
29      int i;
30      /*初始化内存管理数据结构,即初始化位示图与辅助位示图*/
31      for (i=0; i<256; i++) {
32          memBit[i] = 0xff ;             /*对位示图中所有位置 1,1 表示该位对应的小块
33          内存未分配,0 表示它所代表的小块内存已分配*/
34          memBitAid[i] = 0 ;             /*对辅助位示图中所有位清 0,0 表示一个内存块(可
35          由多个小块组成)的开始,1 表示该小块内存与前
36          一小块内存是已分配出去的一个内存块中的一部分*/
37      }
38  }
39  /*分配内存空间,大小为 size,若返回参数为 NULL,
40  则分配出错,否则分配成功,指向分配的内存地址*/
41  void * MemAllocate(int size)
42  {
43      static int flag = 1;
44      int SectionNum;                    /*申请实际的内存空间,转换为节数,即位示图的位数*/
45      int i,j,jsq;
```

```
46        int sit_i,sit_j;
47        char * p;
48        if (flag) { /* 初始化内存管理数据结构 */
49            initMemory();flag =0;
50        }
51        if (size<=0) return NULL;
52        SectionNum = (size + 31) >> 5 ;      /* 将实际大小变换为节数,一节为 32 B,
53                                                节数取大于 size/32 的最小整数 */
54        /* 在位示图中寻找连续的 SectionNum 个为 1 的位 */
55        jsq = i = j = 0;
56        while (i<256) {
57            if (memBit[i] & Bit[j]) {
58                jsq ++;
59                if (jsq == 1) {
60                    sit_i = i;   sit_j = j;
61                }
62                if (jsq == SectionNum) {      /* 找到了存储块 */
63                    break;
64                }
65            } else {
66                jsq = 0;
67            }
68            j = (j+1) % 8 ;
69            if (j==0)
70                i++;
71        }
72        if (jsq == SectionNum) {                  /* 找到了存储块 */
73            changeBit(sit_i,sit_j,SectionNum); /* 修改位示图和辅助位示图 */
74            p = &A[((sit_i * 8) + sit_j) * MemSizeBitPer];
75            return p;                          /* 返回分配的内存的起始偏移值 */
76        } else {
77            return NULL;          /* 分配内存失败 */
78        }
79 }
80
81 /* 释放内存空间,从起始偏移值 startAddr 开始释放 */
82 void MemFree(void * startAddr)
83 {
84        char * p;
85        int i,j;
86        int offset;
87        p = (char *) startAddr;
88        offset =(p - &A[0]) / MemSizeBitPer;
89        i = offset /8;
```

```
90          j = offset % 8；
91          memBit[i] = memBit[i] | Bit[j]；
92          j = (j+1) % 8 ；
93          if (j == 0 ) {
94              i++；
95          }
96          while (memBitAid[i] & Bit[j]) {
97              memBit[i] = memBit[i] | Bit[j]；        /* 1 表示空闲,0 表示已分配 */
98              memBitAid[i]=memBitAid[i]-Bit[j]；   /* 1 表示连续的小块,将其清 0,归还资源 */
99              j = (j+1) % 8 ；
100             if (j==0)
101                 i++；
102         }
103  }
104
105  /* 统计已分配和未分配存储空间 */
106  void dispMem(void) {
107      int i,j；
108      int un = 0；
109      MemAllocate(0)；
110      for (i=0；i<256；i++)
111          for (j=0；j<8；j++)
112              if (memBit[i] & Bit[j]) un ++；
113      un *= MemSizeBitPer；
114      printf("Allocation：%d\t\tUnallocation：%d\n", MemSize - un, un)；
115  }
```

②程序 ex5-2.c

```
1  /* Filename：ex5-2.c */
2  # include <stdio.h>
3  # include <stdlib.h>
4  main()
5  {
6      int * pInt；
7      char * pChar；
8      int i, sit, step1, step2；
9      pInt = (int *)MemAllocate(10 * sizeof(int))；    /* 申请内存,存放整数 */
10     dispMem()；                                      /* 显示内存使用情况 */
11     pChar = (char *)MemAllocate(256)；               /* 申请内存,存放字符串 */
12     dispMem()；                                      /* 显示内存使用情况 */
13     for (i=0；i<10；i++)                             /* 产生 10 个随机整数 */
14         pInt[i] = rand()；
15     /* 将这 10 个数转换成字符串存放在 pChar1 所指内存中,数与数与之用 $ 分隔 */
16     sit = 255；
17     for (i = 9；i>=0 ；i--) {                        /* 将 10 个整数转换为字符串 */
```

```
18          step1 = pInt[i];
19          while (step1) {
20              step2 = step1 % 10;
21              pChar[sit－－] = step2 + 0x30;
22              step1 /= 10;
23          }
24          pChar[sit－－] = '$';
25      }
26      sit += 2;
27      for (i=0; i< 256 －sit; i++) pChar[i] = pChar[sit+i];
28      for (i = 256－sit; i< 256; i++ ) pChar[i] = 0;
29      for (i=0; i<9; i++) printf("%d$",pInt[i]); /* 显示 10 个整数,用 $ 作为分隔符 */
30      printf("%d\n", pInt[9]);
31      printf("%s \n", pChar);     /* 显示字符串 */
32      MemFree(pInt); dispMem();     /* 释放内存,并显示内存使用情况 */
33      MemFree(pChar); dispMem();     /* 释放内存,并显示内存使用情况 */
34 }
35 /* 编译命令 gcc -o ex5  ex5-1.c  ex5-2.c */
36 /* 执行程序 ./ex5 */
```

习题 5

1. 选择题

(1)下面列举的存储管理方案中,不是动态重定位的是(   )。

A. 固定分区　　　　　B. 可变分区　　　　　C. 分页式　　　　　D. 请求分页式

(2)在可变式分区分配算法中,最佳适应算法要求将空闲区链按(   )顺序排列。

A. 容量递增　　　　　B. 容量递减　　　　　C. 地址递增　　　　　D. 地址递减

(3)下面列举的存储管理方案中,具有虚拟存储管理功能的是(   )。

A. 可变式分区　　　　B. 分段式　　　　　C. 段页式　　　　　D. 请求分页式

(4)在实行分页式存储管理系统中,分页是由(   )完成的。

A. 用户　　　　　　　B. 系统　　　　　　C. 程序员　　　　　D. 操作员

(5)下列关于地址的说法错误的是(   )。

A. 绝对地址就是内存空间的地址编号

B. 用户程序中使用的从 0 地址开始的地址编号是逻辑地址

C. 动态重定位中装入内存的作业仍保持原来的逻辑地址

D. 静态重定位中装入内存的作业仍保持原来的逻辑地址

(6)下列哪些技术与虚拟存储具有相近之处(   )。

A. 覆盖与交换　　　　B. 紧凑与交换　　　　C. 共享与覆盖　　　　D. 共享与交换

(7)引起系统出现抖动现象的主要原因是(   )。

A. 置换算法选择不当　　　　　　　　B. 交换的信息量太大

C. 内存容量不足　　　　　　　　　　D. 采用页式存储管理策略

(8)在下列的存储管理方案中,不适用于多道程序设计的是(　　)。

A.单一连续分配　　　　　　　　　B.固定式分区分配

C.可变式分区分配　　　　　　　　D.段页式存储管理

(9)联想存储器在计算机系统中是用于(　　)。

A.存储文件信息　　　　　　　　　B.与内存交换信息

C.地址转换　　　　　　　　　　　D.存储通道程序

(10)采用分段式存储管理的系统中,若地址用 24 位表示,其中 8 位表示段号,则允许每段的最大长度是(　　)。

A.2^{32}　　　　　B.2^{24}　　　　　C.2^{16}　　　　　D.2^{8}

(11)分区分配内存管理方式的主要保护措施是(　　)。

A.界地址保护　　　B.程序代码保护　　　C.数据保护　　　　D.栈保护

(12)某基于动态分区存储管理的计算机,其主存容量为 55 MB(初始为空闲),采用最佳适配算法,分配和释放的顺序为:分配 15 MB,分配 30 MB,释放 15 MB,分配 8 MB,分配 6 MB,此时主存中最大空闲分区的大小是(　　)。

A.7 MB　　　　　B.9 MB　　　　　C.10 MB　　　　　D.15 MB

(13)某计算机采用二级页表的分页存储管理方式,按字节编址,页大小为 2^{10} 字节,页表项大小为 2 字节,逻辑地址结构为: 页目录号 | 页号 | 页内偏移量 。逻辑地址空间大小为 2^{16} 页,则表示整个逻辑地址空间的页目录表中包含表项的个数至少是(　　)。

A.64　　　　　B.128　　　　　C.256　　　　　D.512

(14)在缺页处理过程中,操作系统执行的操作可能是(　　)。

Ⅰ.修改页表　Ⅱ.磁盘I/O　Ⅲ.分配页框

A.仅Ⅰ、Ⅱ　　　B.仅Ⅱ　　　　C.仅Ⅲ　　　　D.Ⅰ、Ⅱ和Ⅲ

(15)当系统发生抖动时,可用采取的有效措施是(　　)。

Ⅰ.撤销部分进程　Ⅱ.增加磁盘交换区的容量　Ⅲ.提高用户进程的优先级。

A.仅Ⅰ　　　　　B.仅Ⅱ　　　　C.仅Ⅲ　　　　D.仅Ⅰ、Ⅱ

(16)在虚拟内存管理中,地址变换机构将逻辑地址变换为物理地址,形成该逻辑地址的阶段是(　　)。

A.编辑　　　　　B.编译　　　　　C.链接　　　　　D.装载

(17)下列选项中,不可能在用户态发生的事件是(　　)。

A.系统调用　　　B.外部中断　　　C.进程切换　　　D.缺页

(18)下列关于虚拟存储器的叙述中,正确的是(　　)。

A.虚拟存储只能基于连续分配技术

B.虚拟存储只能基于非连续分配技术

C.虚拟存储容量只受外存容量的限制

D.虚拟存储容量只受内存容量的限制

(19)若用户进程访问内存时产生缺页,则下列选项中,操作系统可能执行的操作是(　　)。

Ⅰ:处理越界错　Ⅱ.置换页　Ⅲ.分配内存

A.仅Ⅰ、Ⅱ　　　B.仅Ⅱ、Ⅲ　　　C.仅Ⅰ、Ⅲ　　　D.Ⅰ、Ⅱ和Ⅲ

（20）下列措施中，能加快虚实地址转换的是（ ）。

Ⅰ.增大快表（TLB）容量　　Ⅱ.让页表常驻内存　　Ⅲ.增大交换区（Swap）

A.仅Ⅰ　　　　　　　　B.仅Ⅱ　　　　　　　　C.仅Ⅰ、Ⅱ　　　　　　D.仅Ⅱ、Ⅲ

（21）在页式虚拟存储管理系统中，采用某些页面置换算法，会出现 Belady 异常现象，即进程的缺页次数会随着分配给该进程的页框个数的增加而增加。下列算法中，可能出现 Belady 异常现象的是（ ）。

Ⅰ.LRU 算法　　　Ⅱ.FIFO 算法　　　Ⅲ.OPT 算法

A.仅Ⅱ　　　　　　　　B.仅Ⅰ、Ⅱ　　　　　　C.仅Ⅰ、Ⅲ　　　　　　D.仅Ⅱ、Ⅲ

（22）下列选项中，属于多级页表优点的是（ ）。

A.加快地址变换速度　　　　　　　　B.减少缺页中断次数

C.减少页表项所占字节数　　　　　　D.减少页表所占的连续内存空间

（23）系统为某进程分配了 4 个页框，该进程已访问的页号序列为 2、0、2、9、3、4、2、8、2、3、8、4、5，若进程要访问的下一页的页号为 7，依据 LRU 算法，应淘汰页的页号是（ ）。

A.2　　　　　　　　　B.3　　　　　　　　　C.4　　　　　　　　　D.8

（24）假定下列指令已装入指令寄存器。则执行时不可能导致 CPU 从用户态变为内核态（系统态）的是（ ）。

A.DIV R0,R1 ；（R0）/（R1）→R0

B.INT n ；产生软中断

C.NOT R0 ；寄存器 R0 的内容取非

D.MOV R0, addr ；把内存 addr 处的数据放入寄存器 R0 中

（25）某系统采用改进型 CLOCK 置换算法，页表项中字段 A 为访问位，M 为修改位。A=0 表示最近没有被访问，A=1 表示页最近被访问过。M=0 表示页没有被修改过，M=1 表示页被修改过。按（A，M）所有可能的取值，将页分为四类：（0，0）、（1，0）、（0，1）和（1，1），则该算法淘汰页的次序为（ ）。

A.（0，0），（0，1），（1，0），（1，1）

B.（0，0），（1，0），（0，1），（1，1）

C.（0，0），（0，1），（1，1），（1，0）

D.（0，0），（1，1），（0，1），（1，0）

（26）某进程的段表内容见表 5-5。

表 5-5

段号	段长	内存起始地址	权限	状态
0	100	6000	只读	在内存
1	200	----	读写	不在内存
2	300	4000	读写	在内存

当访问段号为 2、段内地址为 400 的逻辑地址时，进行地址转换的结果是（ ）。

A.段缺失异常　　　　　　　　　　　B.得到内存地址 4400

C.越权异常　　　　　　　　　　　　D.越界异常

(27)某进程访问页面的序列如下所示。

$$..., 1, 3, 4, 5, 6, 0, 3, 2, 3, 2, \underset{t}{\mid} 0, 4, 0, 3, 2, 9, 2, 1, ...$$

时间

若工作集的窗口大小为 6,则在 t 时刻的工作集为( )。

A.{6,0,3,2}　　B.{2,3,0,4}　　C.{0,4,3,2,9}　　D.{4,5,6,0,3,2}

(28)某 C 语言程序段如下。

```
for (i=0; i<=9; i++) {
    temp = 1;
    for(j=0; j<=i; j++)
        temp *= a[j];
    sum += temp;
}
```

下列关于数组 a 的访问局部性的描述中,正确的是( )。

A.时间局部性和空间局部性皆有　　　　B.无时间局部性,有空间局部性

C.有时间局部性,无空间局部性　　　　D.时间局部性和空间局部性皆无

(29)下列关于缺页处理的叙述中,错误的是( )。

A.缺页是在地址转换时 CPU 检测到的一种异常

B.缺页处理由操作系统提供的缺页处理程序来完成

C.缺页处理程序根据页故障地址从外存读入所缺失的页

D.缺页处理完成后回到发生缺页的指令的下一条指令执行

(30)某计算机主存按字节编址,采用二级分页存储管理,地址结构如下所示:

页目录号(10 位)	页表索引(10 位)	页内偏移量(12 位)

虚拟地址 0x20501225 对应的页目录号、页号分别是( )。

A.0x081,0x101　　B.0x081,0x401　　C.0x201,0x101　　D.0x201,0x401

(31)在下列动态分区分配算法中,最容易产生内存碎片的是( )。

A.首次适应算法　　　　　　　　　　B.最坏适应算法

C.最佳适应算法　　　　　　　　　　D.循环首次适应算法

(32)下列因素影响请求分页系统有效(平均)访问时间的是( )。

Ⅰ.缺页率;Ⅱ.磁盘读写时间;Ⅲ.内存访问时间;Ⅳ.执行缺页处理程序的 CPU 时间。

A.Ⅱ,Ⅲ　　　　B.Ⅰ,Ⅳ　　　　C.Ⅰ,Ⅲ,Ⅳ　　　　D.Ⅰ,Ⅱ,Ⅲ,Ⅳ

2.填空题

(1)将程序相对地址空间的逻辑地址转换为存储空间的物理地址的过程称为_____。

(2)地址重定位的方式可分为_____和_____两种。

(3)使用覆盖与交换技术的主要目的是_____。

(4)虚拟存储器是在固有内存容量的基础上实现_____。虚拟存储管理系统的基础是程序的_____理论。

(5)系统抖动是由于整个系统频繁地进行_____而引起的。

(6)在请求分页式存储管理中,采用先进先出(FIFO)页面置换算法时,增加作业分配的主存块数,_____有可能增多。

(7)静态重定位在程序_____时进行,动态重定位在程序_____时进行。

(8)在存储管理中,分配给了用户而未被完全利用的空闲部分称为_____,无法满足作业存储请求的空闲区称为_____。

(9)程序的局部性原理主要表现在_____和_____两个方面。

(10)在段页式存储管理中,每个用户作业有一个_____表,每段都有一个_____表。

3.问答与计算题

(1)什么是物理地址?什么是逻辑地址?

(2)什么是地址重定位?为什么要进行地址重定位?

(3)可变式分区存储管理常用的分配算法有哪几种?比较它们的优缺点。

(4)什么是内部碎片?什么是外部碎片?如何克服外部碎片问题?

(5)在请求分页式存储管理中,为什么既有快表,又有页表?

(6)什么是虚拟存储器?使用虚拟存储器有什么好处?

(7)什么是抖动现象?它有什么危害?

(8)什么是程序的局部性原理?

(9)分页式存储管理与分段式存储管理的主要区别是什么?

(10)假设某作业大小为 4.3 KB,在逻辑地址 1000 号单元处有指令"MOV R1,[3500]",3500 号单元有数据 123。采用分页式存储管理,页面大小为 1 KB,该作业进入内存后,其页面 0、1、2、3、4 被分配到内存的 2、4、6、7、9 块中,①请画出该作业的页表;②请画出当执行指令"MOV R1,[3500]"时,如何进行地址重定位,将逻辑地址 3500 号单元处数据 123 送入 R1 寄存器。

(11)考虑页面走向为:4、3、2、1、4、3、5、4、3、2、1、5。当内存块数量分别为 3 和 4 时,试问采用 LRU、FIFO、OPT 这 3 种置换算法的缺页次数各是多少(假定所有内存块起初为空)?

(12)某系统采用页式存储管理策略,拥有逻辑空间 32 页,每页为 2 KB,拥有物理空间 1 MB。

①写出逻辑地址的格式。

②若不考虑访问权限等,进程的页表有多少项?每项至少有多少位?

③如果物理空间减少一半,页表结构应该做怎样的改变?

(13)某系统采用段页式存储管理,有关的数据结构如图 5-39 所示。

①说明在段页式系统中动态地址变换过程。

②计算虚地址 69732 的物理地址,要求用十进制表示,并写出计算过程。

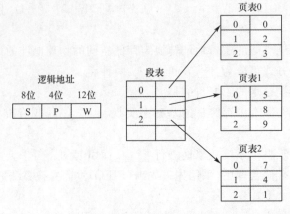

图 5-39　数据结构

(14)在一个单处理器的多道程序设计系统中,采用不可移动的动态分区方式管理主存。设用户空间为 100 KB,主存空间采用首次适应分配算法,作业调度、进程调度均采用先来先服务算法。今有表 5-6 所示的作业序列,设作业均为计算型作业,并且第一道作业进入时就开始调度,请计算出每道作业进入主存时间、开始运行时间、完成时间、周转时间(注意:忽略系统开销,时间用十进制表示)。并画出 8.7 时和 8.9 时主存用户空间的分配图。

表 5-6　　　　　　　　　5 个作业的提交时间、运行时间和主存需求量表

作业名	提交时间(时)	运行时间(小时)	主存需求量
JOB1	8.1	0.3	15 KB
JOB2	8.3	0.5	60 KB
JOB3	8.5	0.4	70 KB
JOB4	8.6	0.4	10 KB
JOB5	8.7	0.2	30 KB

(15)某虚拟存储器的用户空间共有 32 个页面,每页 1 KB。主存配置 16 KB,地址范围为 0-0x3FFF。某用户的作业长度为 6 页,假定某时刻系统为用户的第 0、1、2 和 3 页分配的物理块号为 5、10、4 和 7,试将十六进制的虚拟地址 0x0A5C、0x103C 和 0x1A5C 转换为物理地址,如无法转换,请说明原因。

第6章

设备管理

输入/输出(I/O)操作是在主存和外部设备(例如磁盘驱动器、终端和网络)之间复制数据的过程。输入操作是从输入设备复制数据到主存,而输出操作是从主存复制数据到输出设备。

I/O设备管理是操作系统的重要组成部分之一。设备管理的主要对象是设备,但各种设备之间差异很大,如何屏蔽设备之间的差异、为用户提供一个透明的使用设备的接口、提高设备的利用率是操作系统设备管理应该解决的问题。

本章首先介绍设备的分类、计算机I/O系统的硬件构成及I/O系统数据传输的控制方式,然后介绍I/O系统的软件构成、缓冲技术、设备分配、SPOOLing技术、虚拟设备和设备驱动技术,最后介绍磁盘管理与调度等设备管理的基本问题以及Linux系统的设备管理技术。

6.1 I/O硬件

对于硬件工程师而言,I/O硬件就是芯片、导线、电源、电机和其他组成硬件的物理部件。对于软件工程师而言,他们关注的是I/O硬件提供给软件的接口,如硬件能够接收的命令、能够完成的功能及报告的错误。本书仅讨论硬件编程方面的内容,不涉及硬件具体的内部工作原理与组成。

6.1.1 设备的分类

I/O设备种类繁多,特性各异,可以从不同的角度对设备进行分类。

1. 按数据组织分类

(1)字符设备。字符设备是以字符作为数据传输的基本单位,如键盘、打印机等。

(2)块设备。块设备一般用于存储信息,而且信息的存储总是以数据块为单位。如磁盘、光盘等都是块设备。数据块的大小一般为2^nB,其中n为$9\sim12$的整数。

2. 从资源分配角度分类

(1)独占设备。是指在一个时间段内只能供一个进程使用。如打印机、扫描仪等都属于独占设备。

(2)共享设备。这种设备可在操作系统的控制下,在同一时间段内由多个进程对它进行读或写操作而不会发生错误,如磁盘机、光盘机等都属于共享设备。

(3)虚拟设备。通过一定的技术手段将某些独占设备模拟成多台逻辑设备,供多个用户进程同时使用,通常把这种逻辑设备称为虚拟设备。比如在SPOOLing技术支持下通过辅存模拟出的若干台打印机就属于虚拟设备。

3. 依据设备的用途分类

(1)输入/输出型设备。一般包括人-机交互的设备和机-机通信设备,前者包括键盘、扫描仪、打印机、绘图仪、数码相机等,其功能是将程序、数据、图像、声音等信息输入计算机系统中或将计算机系统中的处理结果等以人可识别的形式显示给用户;后者如网卡、Modem 等,主要在计算机网络与通信中使用。

(2)存储型设备。存储型设备是计算机中用于长期保存各种信息且可对这些信息随时访问的设备,如磁带机、磁盘、光盘等。这类设备既可用于实现虚拟存储系统,也可用于建立文件系统,还可以用于构造作业输入井和输出井等。

此外,按照数据传输速率的快慢,设备可分为低速设备(键盘、鼠标等),中速设备(行式打印机、激光打印机等),高速设备(磁带机、磁盘机、光盘机等);按照设备的从属关系可分为系统设备和用户设备等。

6.1.2　I/O 系统的结构

通常把设备及其接口线路、控制部件和管理软件统称为 I/O 系统。I/O 系统与计算机系统和用户一起协同工作,在设备、系统和用户间传送数据。不同的计算机系统其 I/O 系统差异很大,一般情况下,微型机与小型计算机多采用总线结构,而大型计算机采用通道结构。

1. 总线结构

在计算机系统中,CPU、内存储器和 I/O 设备之间传送信息的公共通道叫作总线。由于微型机与小型计算机结构比较简单,其 I/O 系统多采用总线结构,如图 6-1 所示。在这种结构中,处理器和内存储器直接连接到总线上,I/O 设备通过设备控制器连接到总线上,设备控制器是处理器和设备之间的接口,处理器通过设备控制器与 I/O 设备进行通信,并通过它去控制相应的设备。

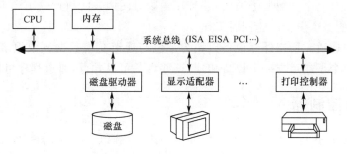

图 6-1　总线型 I/O 系统结构

2. 通道结构

大型计算机对输入、输出的要求更高,采用总线结构会使总线和 CPU 的负担过重。因此,一般采用具有通道的 I/O 系统结构。如图 6-2 所示,通道能将一个或多个控制器连接起来,而这些控制器又控制着更多的设备(如磁盘驱动器、终端、LAN 端口等),即增加一级 I/O 通道,用以替代处理器与各设备控制器进行通信,实现对它们的控制。

通道也称为 I/O 处理器,是一种独立于 CPU、专用于输入/输出控制的处理器。它控制设备与内存直接进行数据交换。通道具有执行 I/O 指令的能力,并通过执行通道程序来控制I/O 操作。通道的硬件结构简单、指令类型单一,只能执行与 I/O 操作有关的指令,它没有自己的内存,它所执行的通道程序存放在内存中。有了通道之后,CPU 与通道之间的关系是主从关系,CPU 是主设备,通道是从设备。

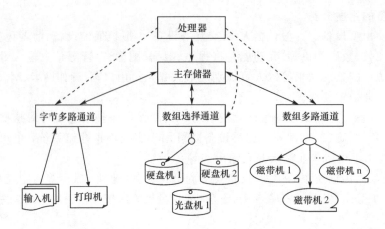

图 6-2　具有通道的 I/O 系统结构

采用通道方式实现数据传输的过程如下：

当进程要求传输数据时，CPU 向通道发出 I/O 指令，命令通道开始工作，CPU 则可以进行其他的数据处理；通道接收到 CPU 的 I/O 指令后，从内存中取出相应的通道程序，通过执行通道程序完成 I/O 操作；当 I/O 操作完成（或出错）时，通道以中断方式中断 CPU 正在执行的程序，请求 CPU 的处理。

按信息交换方式可将其通道分为字节多路通道、数组选择通道、数组多路通道等三种类型。

（1）字节多路通道。通道中含有许多非分配型子通道，每个子通道所连接的 I/O 设备以字节为单位，分时地与通道交换数据，主要用于连接低速 I/O 设备。

（2）数组选择通道。其所连的 I/O 设备是以块为单位与通道交换数据。用于连接多台高速设备，但其中只有一个分配型子通道，并且在一段时间内只能执行一道通道程序，因此，与同一选择通道相连的多个设备不能同时工作。

（3）数组多路通道。所连外部设备以块为单位与通道交换数据。数组多路通道有多个非分配型子通道，每个子通道与一个设备相连，这些设备可以并行，通道程序可以并发执行。

6.1.3　设备控制器

I/O 设备一般由执行 I/O 操作的机械部分和执行控制 I/O 的电子部分组成。为了达到模块化和通用性要求，设计时往往将这两部分分开处理。电子部分称为设备控制器（也称为适配器）。在小型计算机和微型机中，控制器常以印制电路板的形式插入主机主板插槽中，它可以管理端口、总线或设备，实现设备主体（机械部分）与主机间的连接与通信。每种 I/O 设备都需要通过一个设备控制器与 CPU 相连，操作系统总是通过设备控制器实施对设备的控制和操作。例如，打印机通过打印控制器和 CPU 相连。需要完成一个 I/O 操作时，操作系统直接将指令发送到设备控制器中，设备控制器接收到命令以后，就可以独立于 CPU 去完成指定的任务。

大多数的设备控制器由图 6-3 所示的三部分组成。

（1）设备控制器与 CPU 的接口。该接口用于实现设备控制器与 CPU 之间的通信。

（2）控制器与设备的接口。在一个设备控制器上可以连接一台或多台设备。相应地，在控制器中就应有一个或多个设备接口，一个接口连接一台设备。因此，设备控制器是一个可编址的设备，当其仅控制一台设备时，只有一个唯一的设备地址；当其可连接多台设备时，应包含多

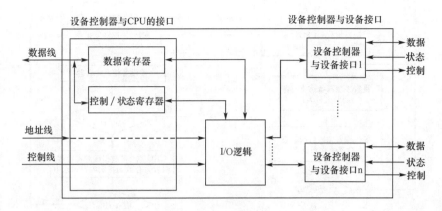

图 6-3　设备控制器的组成

个设备地址,并使每一个设备地址对应一台设备。控制器与设备之间的接口是一个符合 ANSI、IEEE 或 ISO 等国际标准的标准接口。

(3)I/O 逻辑。它用于对 I/O 的控制,通过一组控制线与 CPU 交互。CPU 利用该逻辑向控制器发送 I/O 命令;I/O 逻辑对接收到的命令进行译码。每当 CPU 要启动一台设备时,一方面要将启动命令送给控制器,另一方面又同时通过地址线把地址送给控制器。由控制器的 I/O 逻辑对收到的地址进行译码,再根据译出的命令对所选的设备进行控制。

因此,设备控制器需要具有以下主要功能:

(1)实现主机和设备之间的通信控制,进行端口地址译码、识别设备地址。

(2)把计算机的数字信号转换为机械部分能识别的模拟信号,或者相反。

(3)实现数据的缓冲。

(4)接收来自 CPU 的控制命令并识别这些命令。

(5)随时让 CPU 了解设备的状态。

6.1.4　I/O 控制方式

当 I/O 设备完成指定的任务以后,需要通知 CPU。但 I/O 设备的运行速度要比 CPU 慢很多,如果把大量的 CPU 时间都消耗在与外设的交互上,将造成系统资源的严重浪费。因此,减少 CPU 对 I/O 设备的控制已成为一个重要的问题。随着 CPU 对 I/O 的控制方式的不断发展,CPU 与 I/O 设备的并行工作程度越来越高,计算机系统的工作效率也越来越高。

1. 程序直接控制方式

程序直接控制方式又称为轮询方式,它是最简单的 I/O 控制方式之一。该方式在控制器中有两个寄存器:数据缓冲寄存器和状态寄存器。数据缓冲寄存器用来保存传输的数据;状态寄存器用来记录设备当前所处的忙闲状态。

下面以输入设备为例介绍程序直接控制方式传输数据的步骤,其工作流程如图 6-4 所示。

(1)CPU 向输入设备控制器发送一条启动输入设备的指令,输入设备控制器启动设备,同时将设备状态寄存器的状态位置 1。

(2)CPU 不断地循环测试输入设备的状态寄存器。如果状态位为 1,表示输入设备尚未完成输入操作,CPU 继续对该标志位进行测试。

(3)如果状态位为 0,表示输入设备已完成输入操作并已将数据送入数据缓冲寄存器,CPU 可以将数据缓冲寄存器中的数据取出,并送入指定的内存单元。

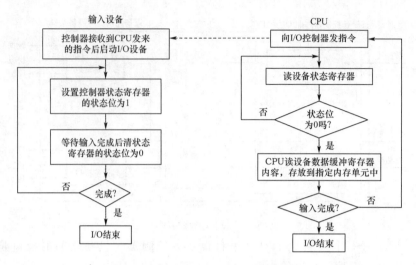

图 6-4　程序直接控制方式工作流程

在该方式下,CPU 必须周期性地测试设备控制器中的状态寄存器,直到发现 I/O 操作完成为止。在输入数据时,CPU 负责从设备控制器的数据缓冲寄存器中读取输入数据送入内存;在输出数据时,CPU 负责从内存取出需输出数据送入设备控制器的数据缓冲寄存器中。因此,查询等待方式主要有两方面的缺点:首先,CPU 对 I/O 设备的反复查询终止了原工作的执行,浪费了 CPU 的时间;其次,I/O 设备准备就绪后,CPU 需要参与数据的传送工作,此时 CPU 仍不能继续原来的工作。

由此可见,CPU 和 I/O 设备是串行工作的。主机不能充分发挥工作效率,I/O 设备也不能得到合理使用,整个系统的效率很低。

2. 中断控制方式

程序直接控制方式是一种被动式的 I/O 控制方式,即它被动地等待 CPU 来查询。当中断技术出现后,人们开始采用主动式的 I/O 控制方式,即设备控制器通过中断主动地通知 CPU 来处理数据,这样可以减少 CPU 轮询的时间。

下面以输入设备为例介绍中断控制方式传输数据的步骤,其工作流程如图 6-5 所示。

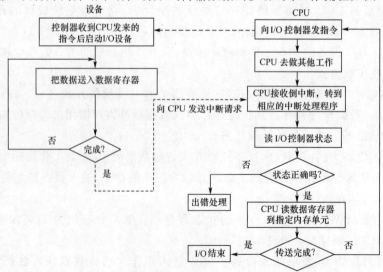

图 6-5　中断控制方式工作流程

（1）CPU 发出一条 I/O 指令启动输入/输出设备，指令发出以后，CPU 去做别的工作。

（2）输入/输出设备完成工作以后，设备控制器向 CPU 发送中断请求信号。

（3）CPU 接收到中断请求信号后，暂停正在进行的工作，转向该输入/输出设备的中断处理程序，对数据的传输工作进行相应的处理。

（4）CPU 执行完整个中断处理程序后，返回中断点继续原来的工作。

与程序直接控制方式相比，中断控制方式提高了 CPU 的利用率，并且支持 CPU 与设备的并行工作。但中断控制方式适合控制慢速的字符设备，对快速的块设备来说其控制效率就非常低。例如，在进行一批数据的传送过程中，若每输入或输出一个数据都需要中断 CPU 一次，若每次中断处理平均花费 $100\ \mu s$，为了传输 4 KB 字节的数据，要发生 4096 次中断，每秒内中断处理要花去约 410 ms。为了更进一步提高 CPU 的利用率，现代计算机系统中普遍引入了直接存储器访问（Direct Memory Access，DMA）控制方式。

3. DMA 控制方式

DMA 控制方式的基本思想是在 I/O 设备和内存之间开辟直接的数据交换通道。这种方式一般用于块设备的数据传输，在它的控制下，设备和内存之间可以成批快速地进行数据交换，而无须 CPU 干预。带有 DMA 控制方式的设备控制器如图 6-6 所示，它传送数据的步骤如下：

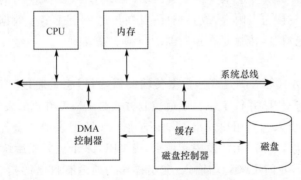

图 6-6　带有 DMA 控制方式的设备控制器

（1）CPU 请求 I/O 设备进行输入或输出数据时，将准备存放数据的内存起始地址送入控制器中的内存地址寄存器，将要传输的字节数送入数据计数器。

（2）CPU 将总线让给 DMA，在 DMA 控制器进行数据传输期间，CPU 不再使用总线，而是 DMA 控制器获得总线控制权。

（3）DMA 控制器按照地址寄存器的指示，与内存直接进行数据传输。每个字节完成以后，地址寄存器的内容自动加 1，数据计数器自动减 1。

（4）当数据计数器的值减为 0 时，传输停止，向 CPU 发中断请求信号。

（5）CPU 接收到 DMA 的中断请求信号后，执行中断处理程序，中断处理程序结束后返回被中断程序。

由上面的描述可知，DMA 控制方式与中断控制方式的主要区别包括以下两个方面：

（1）中断控制方式在每个数据传送完成后中断 CPU，而 DMA 控制方式则是在所要求传送的一批数据全部传送结束后中断 CPU。

（2）中断控制方式的数据传送是在中断处理时由 CPU 控制完成，而 DMA 控制方式的数据传送是在 DMA 控制器的控制下完成。

DMA 技术的出现,使得外围设备可以通过 DMA 控制器直接访问内存,与此同时,CPU 可以继续执行程序。DMA 控制器与 CPU 分时使用内存通常采用以下三种方法:

(1)停止 CPU 访问内存。当外围设备要求传送一批数据时,由 DMA 控制器发一个停止信号给 CPU,要求 CPU 放弃对地址总线、数据总线和有关控制总线的使用权。DMA 控制器获得总线控制权以后,开始进行数据传送。在一批数据传送完毕后,DMA 控制器通知 CPU 可以使用内存,并把总线控制权交还给 CPU。在这种 DMA 传送过程中,CPU 基本处于不工作状态或者保持状态。

(2)周期挪用。当 I/O 设备没有 DMA 请求时,CPU 按程序要求访问内存;一旦 I/O 设备有 DMA 请求,则由 I/O 设备挪用一个或几个内存周期。

(3)DMA 与 CPU 交替访问内存。如果 CPU 的工作周期比内存存取周期长很多,此时采用交替访问的方法可以使 DMA 传送和 CPU 同时发挥最高的效率。

在中断控制方式中,I/O 设备输入每个数据的过程中,由于无须 CPU 干预,因而可使 CPU 与 I/O 设备并行工作。仅当输完一次数据传输时,才需 CPU 花费极短的时间去做些中断处理。因此,中断申请使用的是 CPU 处理时间,发生的时间是在一条指令执行结束之后,数据是在软件的控制下完成传送。在 DMA 方式中,数据传输的基本单位是数据块,即在 CPU 与 I/O 设备之间,每次传送至少一个数据块;DMA 方式每次申请的是总线的使用权,所传送的数据是从设备直接送入内存,或者相反;仅在传送一个或多个数据块的开始和结束时,才需 CPU 干预,整块数据的传送是在控制器的控制下完成的。

4. 通道控制方式

虽然 DMA 控制方式能够满足高速数据传输的需要,但它是通过"窃取"总线控制权来进行工作的,并非设备与 CPU 并行工作。通道控制方式是 DMA 方式的发展,它能够使 CPU 完全从 I/O 操作中解放出来。当用户发出 I/O 请求后,CPU 把该请求全部交由通道去处理,通道在完成整个工作以后,才向 CPU 发中断请求,由 CPU 来干预完成后续的工作。

通道独立于 CPU,专门用来管理输入/输出操作。通道有自己的指令系统,称为"通道命令字"。通道命令字一般包括:被交换的数据在内存中的位置、操作码(读、写、控制等操作)、数据块长度以及被控制的 I/O 设备的地址信息、特征信息等。

若干通道命令字构成一个通道程序。通道通过执行通道程序,来完成 CPU 所交给的输入、输出任务。通道程序通常存放在通道自己的存储部件中,当没有通道存储部件时,则存储在内存,但必须把存放通道程序的内存起始地址告诉通道。

采用通道控制方式时,传输数据的步骤如下:

(1)CPU 发出 I/O 请求指令,并指明输入或输出操作、设备号和对应的通道。

(2)通道接受 CPU 发来的启动指令,调出通道程序执行数据传输任务,此时设备与 CPU 并行工作。

(3)通道逐条执行通道程序中的通道命令字,指示设备完成规定操作,与内存进行数据传输。

(4)数据传输完毕,通道向 CPU 发送中断请求。

(5)CPU 响应中断请求,停止当前工作,转向处理输入、输出操作的善后处理。

从上述描述可知,CPU 对 I/O 请求只需做启动和善后处理工作,其余的工作全部交给通道独立完成,大幅度提高了 CPU 的工作效率。

6.1.5　缓冲技术

微　课

缓冲技术

随着计算机技术的发展,外设也在迅速发展,速度也在不断提高,但它与CPU 运算速度仍相差甚远。这就出现了 CPU 处理数据的速度与外设 I/O 速度不匹配的矛盾。例如,一个程序先计算后打印输出,当它在计算时,没有数据输出,打印机空闲;当计算结束时产生大量的输出结果,而打印机却因为速度慢,根本来不及在极短的时间内处理这些数据而使得 CPU 停下来等待。由此可见,系统中各个部件的并行程度仍不能得到充分发挥。引入缓冲技术可以进一步改善 CPU 和 I/O 设备之间速度不匹配的情况。在上述例子中如果设置了缓冲区,则程序输出的数据先送到缓冲区,然后由打印机慢慢输出。于是,CPU 不必等待,而可以继续执行程序,使 CPU 和打印机得以并行工作。事实上,凡是数据输入速率和输出速率不相同的地方都可以设置缓冲区,以改善速度不匹配的情况。

其次,缓冲技术的引入还可以减少对 CPU 的中断次数。例如,从远程终端发来的数据若仅用一位缓冲寄存器来接收,则必须在每收到一位数据后便中断 CPU 一次,而且在下次数据到来之前,必须将缓冲寄存器中的内容取走,否则会丢失数据。但如果设置一个 16 位的缓冲寄存器来接收信息,则仅当 16 位都装满时才中断 CPU 一次,从而把中断的频率降低为原来的1/16。

另外,缓冲技术的引入还可以放宽 CPU 对中断的响应时间。例如,在上个例子中,当 16位缓冲寄存器装满后立即向 CPU 发送中断请求,CPU 必须在下一位数据到达之前将数据从缓冲区中取走。如果再增加一个 16 位的暂存寄存器,当 16 位缓冲寄存器装满后,先将数据存放在 16 位的暂存寄存器中,然后向 CPU 发送中断请求。此时,CPU 响应中断的时间可以放宽到再接收 16 位数据的时间宽度。

总之,引入缓冲技术的优点有:

(1)缓和 CPU 与 I/O 设备之间速度不匹配的矛盾。

(2)提高 CPU、通道与 I/O 设备间的并行性。

(3)减少对 CPU 的中断次数,放宽 CPU 对中断响应时间的要求。

缓冲技术的实现主要是设置合适的缓冲区。缓冲区可以用硬件寄存器来实现硬缓冲,它的速度虽然快,但成本很高,容量也不会很大,而且具有专用性,故不多采用。另一种较经济的办法就是设置软缓冲,即在内存中开辟一片区域充当缓冲区;缓冲区的大小一般与盘块的大小一样。缓冲区的个数可根据数据输入/输出的速率和加工处理的速率之间的差异情况来确定。主要有以下三种:单缓冲、双缓冲和缓冲池。

1. 单缓冲

单缓冲是操作系统提供的最简单的缓冲,其方法是当用户进程发出 I/O 请求时,操作系统只为该操作设置一个缓存区。以输入为例,当用户进程需要输入数据时,输入设备首先向设在系统区的输入缓冲区输入数据,待输入缓冲区存满数据后,通知 CPU 从输入缓冲区读取数据,CPU 读完数据后再通知输入设备继续向输入缓冲区输入数据,如此循环直至全部数据输入完毕。

由于单缓冲只设置一个缓冲区,在某一时刻该缓冲区只能输入数据或输出数据。当输入数据时,输入设备忙着输入数据到缓冲区,而此时输出设备空闲;输出数据时,输出设备忙着从缓冲区中输出数据,而输入设备空闲。因此,单缓冲的输入和输出是串行工作的,它能缓解输入设备、输出设备速度差异造成的矛盾,但不能解决外设之间的并行工作问题。

2. 双缓冲

双缓冲指为输入/输出设备设置两个缓冲区。以读卡机和打印机为例,假设这两个缓冲区分别为 A 和 B。

首先读卡机将第一张卡片的信息读入缓冲区 A,装满后就启动打印机打印 A 的内容,同时可以启动读卡机向缓冲区 B 读入下一张卡片的信息。如果信息的输入和输出速率相同(或相差不大)时,那么正好在缓冲区 A 中的内容打印完时,缓冲区 B 将被装满。然后交换操作,打印缓冲区 B 中的信息,读卡片信息到缓冲区 A 中,如此反复进行,使得读卡机和打印机能够完全并行工作,I/O 设备得到了充分利用。

双缓冲与单缓冲相比,虽然能进一步提高 CPU 和外设的并行程度,并且能使外设并行工作,但是在实际中仍然很少使用,因为计算机外设越来越多,输入、输出工作频繁,使得双缓冲很难匹配 CPU 与设备的速度差异。所以,现代计算机系统多采用多缓冲机制——缓冲池。

3. 缓冲池

缓冲池(Buffer Pool)由内存中的一组缓冲区构成,其中的缓冲区可供多个进程共享,既能用于输入又能用于输出。操作系统与用户进程将轮流地使用各个缓冲区,以改善系统性能。但系统性能并不是随着缓冲区的数量不断增加而不断地提高,当缓冲区达到一定数量后,对系统性能的提高微乎其微,甚至会使系统性能下降。

(1)缓冲池的组成

如图 6-7 所示,在缓冲池中一般包含三种类型的缓冲区:①空闲缓冲区;②装满输入数据的缓冲区;③装满输出数据的缓冲区。

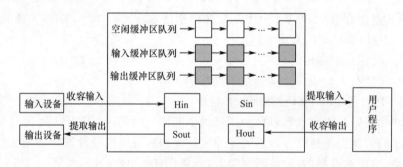

图 6-7 缓冲池的结构与工作流程

为了便于管理,系统将同一类型的缓冲区连成一个队列,形成以下三个队列:

①空闲缓冲区队列 emq:由空闲缓冲区所连成的队列。其队首指针 F(emq)和队尾指针 L(emq)分别指向该队列的首、尾缓冲区。

②输入缓冲区队列 inq:由装满输入数据的缓冲区所连成的队列。其队首指针 F(inq)和队尾指针 L(inq)分别指向该队列的首、尾缓冲区。

③输出缓冲区队列 outq:由装满输出数据的缓冲区所连成的队列。其队首指针 F(outq)和队尾指针 L(outq)分别指向该队列的首、尾缓冲区。

除了上述三个队列外,还应具有四种工作缓冲区:用于收容输入数据的工作缓冲区 Hin;用于提取输入数据的工作缓冲区 Sin;用于收容输出数据的工作缓冲区 Hout 和用于提取输出数据的工作缓冲区 Sout。

(2)缓冲池的基本操作

对缓冲池的操作主要是将缓冲区从某一个队列中取出或将缓冲区加入某一个队列中。由于上述的三个队列都属于临界资源,需要考虑互斥问题。为此在操作系统中要设计两个具有互斥功能的过程 Getbuf(type)和 Putbuf(type,num)来完成对缓冲区队列的操作。

Getbuf(type):用于从 type 所指定的队列的队首摘下一个缓冲区。

Putbuf(type,num):用于将由参数 num 所指示的缓冲区挂在 type 队列上。

为实现对缓冲区队列的互斥操作,为每一个队列引入一个互斥访问信号量 MS(type),初值为 1;一个资源同步信号量 RS(type),初值为 n,表示该类缓冲区的数目。

这两个过程的算法描述如下:

```
Getbuf(type){
    P(RS(type));
    P(MS(type));
    B(num)= Takebuf(type);
    V(MS(type));
}
Putbuf(type, num) {
    P(MS(type));
    Addbuf(type, num);
    V(MS(type));
    V(RS(type));
}
```

（3）缓冲池的工作方式

缓冲池工作方式包括收容输入、提取输入、收容输出和提取输出四种。

①收容输入。在输入进程需要输入数据时,调用 Getbuf(emq)过程,从空缓冲区队列 emq 的队首摘下一个空缓冲区,把它作为收容输入工作缓冲区。然后,把数据输入其中,装满后再调用 Putbuf(inq,Hin)过程,将该缓冲区挂在输入队列 inq 的队尾。

②提取输入。当计算进程需要输入数据时,调用 Getbuf(inq)过程,从输入队列取得一个缓冲区作为提取输入工作缓冲区,计算进程从中提取数据。计算进程用完该数据后,再调用 Putbuf(emq,Sin)过程,将该缓冲区挂到空缓冲队列 emq 上。

③收容输出。当计算进程需要输出时调用 Getbuf(emq)过程,从空缓冲队列 emq 的队首取得一个空缓冲,作为收容输出工作缓冲区 Hout。当其中装满输出数据后,又调用 Putbuf(outq,Hout)过程,将该缓冲区挂在输出队列 outq 末尾。

④提取输出。当要输出时,由输出进程调用 Getbuf(outq)过程,从输出队列的队首取一个装满输出数据的缓冲区,作为提取输出工作缓冲区 Sout。在数据提取完后,再调用 Putbuf(emq,sout)过程,将它挂在空缓冲队列 emq 的末尾。

6.1.6　SPOOLing 系统

SPOOLing 的全称是 Simultaneous Peripheral Operation On-Line,译成中文就是外围设备联机并行操作,也称为假脱机操作。之所以使用该名称,是因为在早期批处理系统中为了缓解 CPU 和 I/O 设备之间的速度不匹配的矛盾,利用专门的外围机将低速 I/O 设备上的数据传送到高速磁盘上,或者相反。而在支持多道程序设计技术的现代计算机系统中,可以利用一道程序来模拟脱机输入时的外围机的功能,即把低速 I/O 设备上的数据传送到高速磁盘上,再用另一道程序来模拟脱机输出时外围机的功能,即把数据从磁盘传送到低速 I/O 设备上。这样,便在主机的直接控制下,实现脱机输入、输出功能。所以,我们把这种在联机情况下实现的同时与 I/O 设备联机操作的技术称为 SPOOLing 技术或假脱机技术。

综上所述,可以将 SPOOLing 技术的概念概括为:SPOOLing 是指在多道程序的环境下,利用多道程序中的一道或两道程序来模拟外围机,从而在联机的条件下实现脱机 I/O 的功能,实现将独占设备改造为共享设备的一种虚拟设备技术。

SPOOLing 系统一般由三个部分组成,如图 6-8 所示。

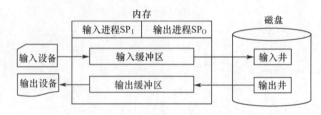

图 6-8　SPOOLing 系统的组成

(1)输入井和输出井。这是在磁盘上开辟的两个大容量空间。输入井收容 I/O 设备输入的数据,输出井收容输出到 I/O 设备的数据。

(2)输入缓冲区和输出缓冲区。二者为在内存中开辟的两个缓冲区。输入缓冲区用于暂存由输入设备送来的数据,以后再传送到输入井。输出缓冲区用于暂存从输出井送来的数据,以后再传送给输出设备。

(3)输入进程和输出进程。用来模拟外围输入机和外围输出机的两个进程。进程 SP_I 模拟脱机输入时的外围控制机,将用户要求的数据从输入机通过输入缓冲区再送到输入井,当 CPU 需要输入数据时,直接从输入井读入内存;进程 SP_O 模拟脱机输出时的外围控制机,把用户要求输出的数据先从内存送到输出井,待输出设备空闲时,再将输出井中的数据经过输出缓冲区送到输出设备上。

打印机是一个典型的独占设备,通过 SPOOLing 技术可将其改造成一个共享设备。在 SPOOLing 系统中,当用户进程有打印请求时,输出进程首先在输出井中申请一个空闲盘块区,将要打印的数据送入,然后将用户打印请求填入申请的空白打印请求表中,再把该表挂到请求打印队列上。如果还有后续打印请求,则重复上面的操作过程。

当打印机空闲时,输出进程就可以从请求打印队列中取下第一张请求打印表,根据要求将打印数据从输出井送到内存输出缓冲区,由打印机输出。经过这样的循环,就可以分别对打印队列中的所有打印要求予以满足。当队列为空后,输出进程将自身阻塞,直至再有打印请求时才被唤醒。

从这个应用中可以看到,作为独占设备的一台打印机可以同时接受多个用户进程的打印请求,使每个用户都感觉自己在独享打印机。这个过程的本质是把对低速的打印机进行的 I/O 操作演变为对输出井的高速传送,显著地缓和了高速 CPU 与低速打印机之间的速度不匹配的矛盾。由此可见 SPOOLing 系统具有以下特点:

(1)提高了 I/O 的速度。

(2)将独占设备改造为共享设备。

(3)实现了虚拟设备的功能。

6.2　I/O 软件

微课

I/O 软件

前面所述的 I/O 硬件既是操作系统 I/O 软件赖以运行的基础,也是操作系统 I/O 软件进行控制、协调的对象。I/O 软件的总体设计目标是高效性和通用性。I/O 软件的效率之所以重要,是因为 I/O 操作往往是计算机系统的瓶颈。通用性意味着用统一标准的方法来管理所有设备,为此通常把 I/O 软件组织成层次结构,低层软件用来屏蔽硬件的具体细节,高层软件则主要向用户提供一个简洁、规范的界面。在效率与通用的目标制约下,I/O 软件设计主要考虑以下六个问题:

1.设备无关性,也称设备独立性。应用程序所用的设备应该尽可能地与设备的具体类型无关,如访问文件时不必考虑文件是存储在磁盘上还是 CD-ROM 上。

2.出错处理。通常,错误应该在尽可能接近硬件的层面得到处理。在低层软件能够解决的错误不让高层软件感知,只有低层软件解决不了的错误才通知高层软件解决。

3.同步/异步传输。I/O 操作可以采用异步传输方式,即 CPU 在启动 I/O 操作后继续执行其他工作,直到中断到达;I/O 操作也可以采用同步传输方式,即启动 I/O 设备的进程阻塞等待,直到数据传输完成。I/O 软件应支持这两种工作方式。

4.缓冲技术。建立数据缓冲区,让数据的到达率与离去率相匹配,以提高系统吞吐量。

5.设备的统一命名。与设备独立性紧密关联的是统一命名。所谓统一命名是指一个文件或一个设备的名字应该是一个简单的字符串或一个整数,它不应该依赖于具体的设备。即以系统中预先设计的、统一的逻辑名称,对各类设备进行命名,并且运用在与设备有关的全部软件模块中。

6.设备的分配和回收。为了合理、高效地解决以上问题,通常把 I/O 软件组织成四个层次,如图 6-9 所示。从底层开始分别是硬件、设备驱动及中断处理程序、设备无关 I/O 软件,最上层是用户空间的 I/O 软件。图中的箭头表示控制流。如当用户程序试图从文件中读一数据块时,需通过操作系统来执行此操作。设备无关软件首先在数据块缓冲区中查找此块,若未找到,它调用设备驱动程序向硬件发出相应的请求,用户进程随即阻塞直到数据块被读出。当磁盘操作结束时,硬件发出一个中断,它将激活中断处理程序。中断处理程序则从设备获取返回状态值并唤醒睡眠的进程来结束此次 I/O 请求,使用户进程继续执行。

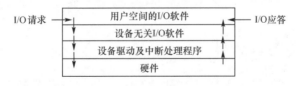

图 6-9　I/O 系统的层次结构

6.2.1　中断处理程序

中断处理程序也叫中断服务程序,它与硬件紧密相关,是设备管理软件中的一个重要部分。通过中断处理程序,CPU 与 I/O 设备之间的数据传输大致可以分为以下几个步骤:

(1)当一个进程请求 I/O 操作时,该进程由原来的运行状态改为阻塞状态。在设备完成一次输入/输出操作后,将产生中断信号来通知 CPU。CPU 接收来自设备的中断信号,就去调用该设备的中断处理程序。

（2）中断处理程序首先把 CPU 当前的状态保存起来（保护中断现场），以便在中断处理完毕后，被中断的程序能够继续运行。然后，中断处理程序会根据指令参数中的地址，将数据放到缓冲区中的当前位置，同时修改地址值（指向下一个存储单元）和计数值（传输件数做减法）。如果计数值不为 0，说明还需要设备继续输入/输出，再去调用设备驱动程序，启动设备再次执行输入/输出操作。如果计数值为 0，说明输入/输出操作全部完毕，CPU 返回到原来的断点处继续执行（恢复现场）。

（3）完成 I/O 请求的进程进入就绪状态，等待 CPU 的重新调度执行。

例如，当一个用户需要从设备中读一个数据块时，通过操作系统的系统调用功能来执行操作。与设备无关的 I/O 首先在数据块缓冲区中查找此块，若未找到，则调用设备驱动程序向硬件发出相应的请求。用户进程随即阻塞直到数据块被读出。当磁盘操作结束时，硬件发出一个中断，它将激活中断处理程序。中断处理程序则从设备获取返回状态值，并唤醒睡眠的进程来结束此次 I/O 请求，使用户进程继续执行。

6.2.2　设备驱动程序

设备驱动程序包括了所有与设备有关的代码。每一个设备驱动程序只处理一种设备或者一类密切相关的设备。需要说明的是，设备驱动程序虽然属于操作系统 I/O 软件的重要组成部分，但它却是由设备生产厂家依据某种操作系统所提供的设备无关软件接口标准来为某种特定设备所编写的，同一设备在不同操作系统中所使用的驱动程序一般是不同的。

设备驱动程序是驱动物理设备和 DMA 控制器或 I/O 控制器等直接进行 I/O 操作的子程序的集合。负责设置相应设备有关寄存器的值，启动设备进行 I/O 操作，指定操作的类型和数据流向等。设备驱动程序应具有以下功能：

1. 设备初始化。在系统初次启动或设备传输数据时，预置设备和控制器以及通道的状态。

2. 接收与设备无关的软件发来的命令和参数，并检查其合法性，然后将合法的命令和参数转换为与设备相关的底层操作序列。

3. 执行设备驱动例程，完成与设备相关的底层操作序列，例如启动 I/O 设备，进行数据传输等。

4. 响应由设备控制器发来的中断请求，并根据中断请求的类型调用并执行相应的中断处理例程。

6.2.3　设备无关 I/O 软件

我们先引入物理设备和逻辑设备这两个概念。物理设备是指具体的设备，比如 HP LaserJet 1020 打印机。逻辑设备是物理设备的抽象，它并不局限于某个具体设备。例如，一台名为 LST 的具有打印机属性的逻辑设备，它可能是 0 号打印机或 1 号打印机，在某些情况下，也可能是显示终端，甚至是一台磁盘的某部分空间（虚拟打印机）。逻辑设备究竟和哪一个具体的物理设备相对应，由系统根据当时的设备情况来决定或由用户指定。在应用程序中使用逻辑设备名来请求使用某类设备，而系统在实际执行时，使用物理设备名。为此系统必须具有将逻辑设备名映射到物理设备名的功能。

设备无关性是指应用程序以逻辑设备名来请求使用某类设备，即使设备更换了，应用程序也不用改变。

引入设备无关性的概念后,为用户带来以下好处:

(1)设备分配更加灵活。当多用户多进程请求分配设备时,系统可根据设备当时的忙闲情况合理调整逻辑设备名与物理设备名之间的映射关系,以保证设备的独立性。

(2)可以实现 I/O 重定向。所谓 I/O 重定向是指可以更换 I/O 操作的设备而不必改变应用程序。例如,我们在调试一个应用程序时,可将程序的所有输出送到屏幕上显示;而在程序调试完后,需要将程序的运行结果打印出来,将 I/O 重定向的数据结构即逻辑设备表中的显示终端改为打印机即可,而不必修改应用程序。

为了实现设备无关性,必须在设备驱动程序之上设置一层软件,称之为设备无关 I/O 软件,或设备独立性软件。它提供适用于所有设备的常用 I/O 功能,并向用户层软件提供一个统一的接口,其主要功能包括:

(1)向用户层软件提供统一接口。无论哪种设备,它们向用户所提供的接口相同。例如对各种设备的读/写操作,在应用程序中都用 read/write。

(2)设备命名。设备无关程序负责将设备名映射到相应的设备驱动程序。

(3)设备保护。操作系统应向各个用户赋予不同的设备访问权限,以实现对设备的保护。例如,在 Linux 系统中,对设备提供的保护机制同文件系统一样,采用了 rwx(读、写、执行)权限机制,由系统管理员为每台设备设置合理的访问权限。

(4)提供一个独立于设备的块。不同设备的数据块大小可能不同,设备无关软件应屏蔽这一事实并向高层软件提供统一的数据块大小。例如,将若干扇区作为一个逻辑块,这样高层软件就只需要和逻辑块大小都相同的抽象设备交互,而不管物理扇区的大小。

(5)对独占设备的分配与回收。有些设备(如 CD-ROM)在同一时刻只能由一个进程使用,这要求操作系统检查对该设备的使用请求,并根据设备的忙闲状况来决定是接受或拒绝此请求。

(6)缓冲管理。字符设备和块设备都用到缓冲技术。对于块设备每次读写以块为单位进行,但用户可以读写任意大小的数据块。如果用户写半个块,操作系统将在内部利用缓冲管理技术保留这些数据,直到其余数据到齐后才一次性将这些数据写到块设备上。对于字符设备,用户向系统写数据的速度可能比向设备输出的速度快,所以也需要缓冲。

(7)差错控制。由于 I/O 操作中的绝大多数错误都与设备有关,所以主要交给设备驱动程序来处理,设备无关软件负责处理那些设备驱动程序无法处理的错误。例如,磁盘块受损导致不能读写,驱动程序在尝试若干次读写操作失败后,应向设备无关软件报错。

6.2.4　用户空间的 I/O 软件

尽管大部分 I/O 软件都包含在操作系统内部,但也有一小部分 I/O 软件是由与用户程序连接在一起的库例程构成,它们可能完全在核心外运行。例如,系统调用(包括 I/O 系统调用)通常是由库例程调用的,下列 C 语句:

```
count = write(fd,buffer,nbytes);
```

所调用的库例程 write 将与用户程序连接在一起。这一类库例程显然是 I/O 软件系统的一部分。标准 I/O 库包含许多涉及 I/O 的库例程,它们作为用户程序的一部分运行。

并非所有的用户层 I/O 软件都由库例程构成,另一个重要的类别就是 SPOOLing 系统。SPOOLing 是在多道程序系统中处理独占设备的一种方法。例如对于打印机,尽管可以采用打开其设备文件的方法来进行申请,但如果一个进程打开它而长达几个小时不用,则其他进程都无法打印。为避免这种情况发生,可创建一个特殊的守护进程以及一个特殊的目录,称为SPOOLing 目录。在打印一个文件之前,进程首先产生完整的待打印文件并将其放在SPOOLing 目录下,而由该守护进程进行打印,这里只有该守护进程能够使用打印机设备文件。通过禁止用户直接使用打印机设备文件便解决了上述打印机空占的问题。

6.3 设备分配

前面介绍的设备驱动程序以及缓冲技术等都是假定每一个准备传送数据的进程已经申请到了它所需要的外设、控制器和通道。然而在支持多道程序设计的现代操作系统中,由于资源有限,不是每一个进程都能随时申请到所需的资源。为使系统有条不紊地工作,进程必须首先向设备管理程序提出资源申请。如果进程得不到它所申请的资源,将进入相应资源的等待队列中等待,直到所需的资源被释放。如果进程所需的资源能够满足需求,则由设备分配程序根据相应的分配原则、分配算法为该进程分配资源,用完之后系统会及时按相应的设备回收算法回收这些资源,以供其他进程使用。

6.3.1 设备分配的原则与策略

1.设备分配原则

设备分配的原则是由设备特性、用户要求和系统配置情况决定的。设备分配的原则包括:既要充分发挥设备的使用效率,尽可能使设备忙,又要避免不合理的分配方法造成进程死锁;此外,还要兼顾设备无关性的特性,即用户程序面对的是逻辑设备,由分配程序将逻辑设备转换成物理设备后,再根据相应的物理设备号进行分配。

设备分配方式有两种:静态分配和动态分配。

静态分配方式是在用户进程开始执行之前,由系统一次分配该进程所要求的全部设备、控制器和通道。一旦分配之后,此设备、控制器和通道就一直被该进程所占用,直到该进程被终止。静态分配方式不会出现死锁,但设备的使用效率低,因此静态分配方式并不符合设备分配的总原则。

动态分配是在进程执行过程中根据执行时不同阶段的具体需要进行分配。当进程需要设备时,通过系统调用命令向系统提出设备请求,由系统按照事先规定的策略给进程分配所需要的设备、I/O 控制器和通道,一旦用完之后便立即释放。动态分配方式有利于提高设备的利用率,但如果分配算法使用不当,则有可能造成进程死锁。

2.设备分配策略

与进程调度相似,动态设备分配也基于一定的分配策略。常用的分配策略有先请求者先分配、优先级高者先分配策略等。

(1)先请求者先分配

当有多个进程对某一设备提出 I/O 请求时,系统按进程发出的 I/O 请求的先后顺序将消息排成队列。当所需设备空闲时,系统从请求队列的队首取一个 I/O 请求消息,将设备分配给发出这个请求消息的进程。

(2)优先级高者先分配

这种策略按照进程的优先级来分配请求设备。优先级高的进程,它的 I/O 请求也将优先予以满足。对于相同优先级的进程来说,则按先请求先分配策略予以分配。该策略将请求某设备的 I/O 请求命令按进程的优先级组成队列，当该设备空闲时，系统能从 I/O 请求队列中取一个最高优先级进程发来的 I/O 请求命令，将设备分配给这个进程。

6.3.2　设备分配技术

从资源分配角度可把设备分成独占设备、共享设备和虚拟设备三种，针对这三种设备采用三种分配技术。

1. 独占设备的分配

独占设备每次只能分配给一个进程使用，这种使用特性隐含着死锁的必要条件，所以在考虑独占设备的分配时，一定要结合有关防止和避免死锁的安全算法。

2. 共享设备的分配

共享设备是可以由若干个进程在同一时间段内共享的设备，如磁盘。用户 A 读自己的文件，用户 B 写文件，用户 C 访问数据库文件，等等。这些文件都存放在一个磁盘上，所以各用户的进程共享一个磁盘设备。

通常，共享设备的 I/O 请求来自文件系统、虚拟存储系统或输入/输出管理程序，其具体设备已经确定，因而设备分配比较简单，即当设备空闲时分配，占用时等待。

3. 虚拟设备的分配

如前所述，独占设备在一个时间段内只能供一个进程使用，那么当多个并发进程申请独占型设备时，必须按照顺序的、静态的方法进行，即在一个进程正在使用某一独占设备时，其他申请该设备的进程必须等待，这种方法有两个缺点：

（1）由于独占型设备速度较慢，进程在执行使用命令时需要花费较长时间等待 I/O 传输完成，因而影响了进程推进速度。

（2）由于在进程使用独占设备的各个使用命令之间可能夹杂着与该设备无关的操作（如计算、操作其他设备等），使得占有某独占设备的进程在占有该设备的期间内不一定一直使用该设备，因而降低了设备的利用率。

解决上述问题的方法是引入虚拟设备技术。虚拟设备的基本思想是在独占型设备与进程之间加入一个共享型设备（目前主要是硬磁盘）作为过渡，如图 6-10 所示。因为共享型设备速度很快，所以进程 I/O 传输所需等待时间较短，提高了进程推进速度。另外由于信息在独占型设备与共享型设备之间的传输是连续进行的，即独占型设备被占用期间一直被使用，因而提高了设备资源的利用率。由此可见，虚拟设备实际上是由位于磁盘上的若干个磁盘块构成。磁盘的存储容量很大，只需要较少一部分存储区域便可构造出许多虚拟设备，因而虚拟设备可以远远多于独占型设备从而立即满足进程的需要。

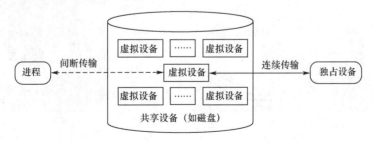

图 6-10　虚拟设备的原理

现代计算机系统中普遍采用的虚拟设备技术是 SPOOLing 系统。

6.4　磁盘管理

在现代计算机系统中,磁盘的作用愈来愈重要,一方面它是性能优良、可以反复使用的大容量永久性存储设备,在保存系统和用户信息中发挥着重要的作用,另一方面由于磁盘具有随机存取特性和相对较高的读写速度,这使它在虚拟存储系统的构建中起到了重要作用。由此可知,磁盘性能的好坏对整个计算机系统的整体性能有重要影响,但无论磁盘技术如何提高,它本身固有的机械机构使磁盘的速度远远不能和 CPU、内存相比。目前微机中使用的内存的读写速度已经可以达到 6 ns 甚至更高,但磁盘的存取速度仍停留在毫秒级,彼此相差 5~6 个数量级。因此,采用软件技术尽量提高磁盘的存取速度仍然是设备管理领域的重要课题。

目前,提高磁盘存取速度的方法主要包括提高单个磁盘存取速度的磁盘调度技术与利用并行原理提高整个磁盘系统存取速度的磁盘阵列技术。

6.4.1　磁盘的结构与原理

磁盘主要由盘片、读写磁头、盘片转轴与控制电机、磁头控制器、数据转换器、接口以及缓存等几个部分组成。如图 6-11 所示,在一个实际磁盘的内部,磁盘的所有盘片都装在一个旋转轴上,每张盘片之间是平行的,在每个盘片的存储面上有一个磁头,磁头与盘片之间的距离比头发丝的直径还小,所有的磁头连在一个磁头控制器上,由磁头控制器负责各个磁头的运动。磁头可沿盘片的半径方向运动,加上盘片每分钟几千转的高速旋转,磁头就可以定位在盘片的指定位置上进行数据的读写操作。

磁盘的最基本的组成部分是由坚硬金属材料制成的涂以磁性记录材料的盘片(platter),每个盘片有两面或者称为表面(surface),都可记录信息,不同容量磁盘的盘片数不等。我们将这些磁盘片的集合称为磁盘叠,磁盘叠的物理组织结构如图 6-12 所示。从图中可以看出,磁盘的每个盘片有两面,都可记录信息。盘片被分成许多扇形区域,每个区域叫作一个扇区,每个扇区可存储 $128 \times 2^N (N=0,1,2,3)$ 字节信息,常用的扇区大小是 $128 \times 2^2 = 512$ 字节。将盘片以盘片中心为圆心采用不同半径进行划分成很多磁道,并将不同盘片相同半径的磁道所组成的圆柱称为柱面。磁道与柱面都是表示不同半径的圆,在许多场合,磁道和柱面可以互换使用。实际使用中习惯用磁头号来区分不同的盘面。

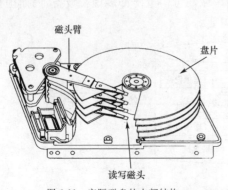

图 6-11　实际磁盘的内部结构

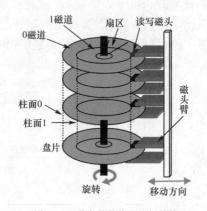

图 6-12　磁盘叠的物理组织结构

某扇区物理地址=(柱面号、磁头号、扇区号)

扇区、磁道(或柱面)和磁头数构成了磁盘的基本参数,用这些参数可以计算磁盘的容量,其计算公式为:

$$磁盘存储容量=磁头数×磁道(柱面)数×每道扇区数×每扇区字节数$$

由磁盘的组织结构可知,可用柱面号、磁头号、扇区号的一个组合序列唯一确定磁盘上每一个扇区的位置,也就是说可以将磁盘的某一个扇区的物理位置表示成一个三元组:

我们将这种扇区的地址称为扇区的绝对地址或物理地址。但操作系统并不使用绝对地址来管理磁盘上的数据,而是使用所谓相对扇区号(地址)或逻辑扇区号(地址)。

逻辑扇区号是一个一维的连续编号。以图 6-12 为例,假设每个磁道有 16 个扇区,则其编号方法如下:

(1)对 0 柱面 0 磁头对应 0 磁道的各扇区进行编号,依次为 0、1、…、15;对 0 柱面 1 磁头对应 0 磁道的各扇区进行编号,依次为 16、17、…、31;如此循环直到将对 0 柱面 5 磁头对应 0 磁道的各扇区进行编号完毕;此时形成的逻辑扇区号依次为 0、1、2、3、4、…、94、95。

(2)对 1 柱面 0 磁头对应 1 磁道的各扇区进行编号,依次为 96、97、…、111;对 1 柱面 1 磁头对应 1 磁道的各扇区进行编号,依次为 112、113、…、127;如此循环直到将对 1 柱面 5 磁头对应 1 磁道的各扇区进行编号完毕;此时形成的逻辑扇区号依次为 0、1、2、3、4、…、190、191。

重复上述过程直到将所有柱面上扇区编完为止。

6.4.2　磁盘的性能参数

磁盘的性能参数很多,但操作系统主要关注影响磁盘存取时间的参数,这样的参数主要有三个。

1. 平均寻道时间

平均寻道时间(Average Seek Time)是指磁盘在接收到系统指令后,磁头从开始位置移动到数据所在的磁道所花费时间的平均值,它是影响磁盘内部数据传输率的重要参数,单位为毫秒(ms)。目前主流磁盘的平均寻道时间在 4~10 ms。

2. 旋转延迟时间

旋转延迟时间(Rotational Delay or Rotational Latency Time)是将指定扇区移动到磁头下面所经历的时间。盘片通常以固定的速度旋转。目前微机中使用的主流磁盘的旋转速度为 7200 转/分,每转需 8.33 ms,平均旋转延迟时间 4.17 ms。

3. 数据传输率

数据传输率(Data Transfer Rate,DTR)表示磁盘工作时的数据传输速度,是磁盘工作性能的具体表现,它是随着工作的具体情况而变化的。所读取的数据块所在位置、数据块是否连续等因素都会影响到磁盘数据传输率。为此,厂商在标示磁盘参数时,多采用外部数据传输率(External Transfer Rate)和内部数据传输率(Internal Transfer Rate)。

内部数据传输率是指磁盘磁头与缓存之间的数据传输率,简单地说就是磁盘将数据从盘片上读取出来,然后存储在缓存内的速度。内部传输率明确表现了磁盘的读写速度,是磁盘整体性能的决定性因素,目前微机中使用的主流磁盘的内部数据传输率基本在 70~90 MB/s。

外部数据传输率也称为突发数据传输率或接口传输率。是指计算机通过磁盘接口从缓存中将数据读出交给相应的控制器的速率。目前微机中使用的磁盘的最大外部传输率可达 300 MB/s。

在上面的三个参数中,能由操作系统通过软件优化的主要是平均寻道时间和旋转延迟时间,而且对平均寻道时间的优化更重要,这是因为旋转延迟时间与平均寻道时间相比是很短的。

6.4.3 磁盘调度算法

磁盘调度的主要目的是降低平均寻道时间,其基本方法是根据磁盘请求队列的规律选择平均寻道时间较少的访问序列。常用的磁盘调度算法有先来先服务算法、最短寻道时间优先算法、扫描算法以及循环扫描算法等。

为便于说明,假定磁盘的盘片共有 200 个磁道,当前磁头位置在第 100 号磁道,需要处理位于柱面 55、58、39、18、90、160、150、38 和 184 上的请求。

1. FCFS 调度算法

FCFS 调度算法是一种最简单的调度算法。根据进程对磁盘请求访问的时间顺序,先来者先调度。对于上面示例的磁盘请求序列,采用 FCFS 算法所形成的调度序列为:55、58、39、18、90、160、150、38 和 184,磁头移动轨迹如图 6-13 所示。

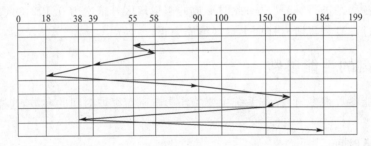

图 6-13　FCFS 磁盘调度算法的磁头移动轨迹

FCFS 调度算法的优点是实现简单,而且公平,每个进程的磁盘 I/O 请求都能依次得到处理,不会出现某一进程的请求长时间得不到满足的情况。这种调度方式的缺点是完全不考虑队列中的各个请求情况,致使磁头频繁地移动,导致总的移动距离比较大,平均寻道时间增长。

2. SSTF 调度算法

SSTF(Shortest Seek Time First)调度算法称为最短寻道时间优先算法,它根据磁头的当前位置,总是选择请求队列中距磁头最近的请求为其服务。在上例的磁盘请求序列中,当前磁头的位置是 100,距离磁道 90 的请求最近,于是将磁头移动到 90,完成对它的服务请求后,距离 90 最近的请求是 58,于是移动到 58,以此类推。采用 SSTF 算法所形成的调度序列为:90、58、55、39、38、18、150、160、184,磁头移动轨迹如图 6-14 所示。

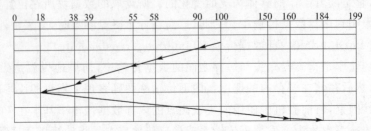

图 6-14　SSTF 磁盘调度算法的磁头移动轨迹

SSTF 算法虽然能有效减少寻道时间,但却可能导致某个请求进程长时间得不到服务而发生"饥饿"现象。因为在实际系统中,请求队列中随时可能增加新的请求。例如,在上述请求队列中,假如增加 20 和 190 两个请求服务,如果磁头正在为 20 号请求服务,此时在 20 号附近频繁地增加新的请求,那么 SSTF 算法将使得磁头长时间在 20 附近工作,而 190 的访问被迫长时间等待。

为防止进程出现"饥饿"现象,可采用对 SSTF 算法加以改进后的 SCAN 算法。

3. SCAN 调度算法与 LOOK 调度算法

SCAN 调度算法称为扫描算法,也称电梯调度算法,它是基于生活中的电梯工作模式:电梯保持一个方向移动,直到那个方向再无搭乘的服务为止,然后改变方向返回。在磁盘调度上,电梯调度算法总是沿着移动臂的移动方向选择途中距离最近的请求予以服务。因此,该算法与移动臂的当前移动方向有关。例如,当磁头正在从里向外移动时,SCAN 算法选择的下一个访问对象,是在当前磁头由里向外距离最近的柱面。这样从里向外地访问,直至最外一个磁道时磁头才返回由外向里移动。返回时也是选择距离最近的柱面服务,直至磁头移动到最后一个柱面后返回,如此反复。

对于上面的例子,设当前移动臂正在由外向里移动,采用 SCAN 算法所形成的调度序列为:150、160、184、90、58、55、39、38、18,磁头移动轨迹如图 6-15(a)所示。

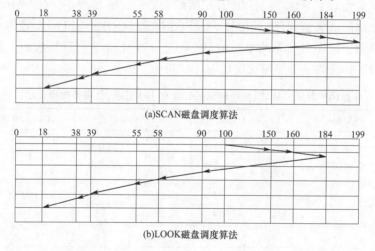

(a)SCAN磁盘调度算法

(b)LOOK磁盘调度算法

图 6-15 SCAN 和 LOOK 磁盘调度算法的磁头移动轨迹

SCAN 调度算法要求磁头在移动时移动到 0 磁道或最大磁道才返回,即使在 0 磁道或最大磁道没有请求也要移动。但在实际应用中并不这样实现,而是当磁头移到最小请求磁道号或最大请求磁道时就返回。我们这种改进的磁盘调度算法称为 LOOK 算法。对于上面的例子,磁头的移动轨迹如图 6-15(b)所示。

4. 循环扫描调度算法(C-SCAN,Circular SCAN)和 C-LOOK 调度算法

对于 SCAN 算法,也可能存在某一端的服务请求较多,而磁头却正好往相反的方向移动,这样会导致密度较高一端的服务请求长时间等待。

为解决这个问题,可采用循环扫描算法,来提供比较均衡的等待时间。该算法不管请求服务的先后次序,总是从外向里扫描,依次处理服务请求。移动臂到最大柱面后,立即返回到最小柱面,磁头在回程时不处理任何请求。回到最小柱面后才再次从外向里进行扫描和服务。由于该算法总是从外向里的方向扫描,因此也称为单向扫描调度算法。对于上例的请求序列,当前磁头位置为 100,按照从外到里单向扫描的调度方式,会首先处理 150、160 和 184 柱面请

求,然后磁头移到最大柱面号后返回到最小柱面号 18,以同一方向依次处理 38、39、55、58 和 90 柱面请求,磁头移动轨迹如图 6-16(a)所示。

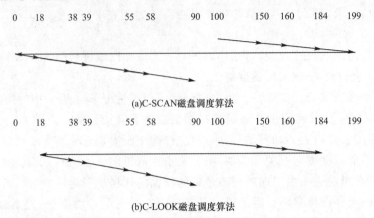

(a)C-SCAN磁盘调度算法

(b)C-LOOK磁盘调度算法

图 6-16　C-SCAN 和 C-LOOK 磁盘调度算法的磁头移动轨迹

C-LOOK 磁盘调度算法是改进型 C-SCAN 算法,当磁头移动到最大请求柱面后返回到最小请求柱面号。采用 C-LOOK 磁盘调度算法的磁头移动轨迹如图 6-16(b)所示。

针对上述示例的请求访问序列,比较 FCFS、SSTF、LOOK、C-LOOK 等四个算法进行调度时所产生的磁道访问序列与平均寻道时间(见表 6-1)可知,SSTF 算法的平均寻道长度最短,为 27.6,FCFS 算法的平均寻道长度最大,为 55.3。

表 6-1　磁盘调度算法的比较(初始时磁头位置在 100 磁道,且由外向里运动)

(A)FCFS算法		(B)SSTF算法		(C)LOOK算法		(D)C-LOOK算法	
下一个被访问的磁道	跨越的磁道数	下一个被访问的磁道	跨越的磁道数	下一个被访问的磁道	跨越的磁道数	下一个被访问的磁道	跨越的磁道数
55	45	90	10	150	50	150	50
58	3	58	32	160	10	160	10
39	19	55	3	184	24	184	24
18	21	39	16	90	94	18	166
90	72	38	1	58	32	38	20
160	70	18	20	55	3	39	1
150	10	150	132	39	16	55	16
38	112	160	10	38	1	58	3
184	146	184	24	18	20	90	32
平均寻道长度	55.3	平均寻道长度	27.6	平均寻道长度	27.8	平均寻道长度	35.8

关于 SCAN 和 C-SCAN 磁盘调度算法的平均寻道长度请读者自己计算。在实际应用中,一般选择 SSTF 算法,因为它比 FCFS 算法的性能高,但 SSTF 算法会出现"饥饿"现象。LOOK 和 C-LOOK 算法对于磁盘负载较重的系统更为合适,因为它们不会产生"饥饿"现象。然而,任何调度算法性能优劣都是与进程对磁盘的请求数量和方式紧密相关的。当磁盘等待队列中的请求数量很少超过 1 个时,所有的算法都是等效的。在这种情况下,最好采用 FCFS 算法。

SSTF 算法的平均寻道时间比 FCFS 算法短,但却不是最短的。例如对于前面的例子,如果按照 18、38、39、55、58、90、150、160、184 顺序对磁道进行访问,则平均寻道时间为 26.4,短于 SSTF 算法的平均寻道时间。

注:在某些资料中将 LOOK 和 C-LOOK 算法分别称为 SCAN 和 C-SCAN 算法,请读者在学习中自己辨别。

6.4.4　RAID 磁盘冗余阵列

在现代计算机中,磁盘的作用愈来愈重要,尽管各种改善磁盘性能的技术相继实现,但仍然跟不上处理器与主存储器的性能。如何提高磁盘的性能一直成为人们探索的目标。独立磁盘冗余阵列(RAID,Redundant Array of Independent Disks)正是在这种前提下应运而生。

RAID 把多块独立的物理磁盘按不同的方式组合起来形成一个磁盘组(磁盘阵列),将数据分散存放在多个磁盘里,利用多磁盘的并行访问能力来提高磁盘的 I/O 速度。

组成磁盘阵列的不同方式称为 RAID 级别。主要的 RAID 级别有 RAID 0 级～RAID 6 级,不同 RAID 级别对应不同的数据存储方式、存储性能、存储成本和数据安全性。

(1)RAID 0

RAID 0 又称为 Stripe(条带化),它把磁盘阵列划分为很多的条带,将连续的数据以数据条的形式分散存储到多个磁盘上,对系统的数据请求被多个磁盘并行执行,每个磁盘执行属于它自己的那部分数据请求。

如图 6-17(a)所示,在由 4 个磁盘组成的磁盘阵列中,最初的 4 个数据条被保存在 4 个磁盘中每个磁盘的第 1 个条带中,形成该磁盘阵列的第 1 个条带。接下来的 4 个数据条被保存在每个磁盘的第 2 个条带中,以此类推。因此,系统发出的 I/O 数据请求被转化为 4 项操作,原先顺序的数据请求被分散到四块磁盘中并行执行。

多个磁盘的并行操作使同一时间内磁盘读写速度大幅度提升,极大地提高了磁盘的 I/O 速度。但 RAID 0 不提供数据冗余校验功能,只要有一个磁盘损坏,便会造成数据丢失且无法恢复。因此,RAID 0 适用于对性能要求较高,而对数据安全要求不高的领域,如图形工作站、个人用户等。

(2)RAID 1

RAID 1 又称为 Mirror(镜像),它将原磁盘阵列作为主磁盘,增设一个完全相同的磁盘阵列作为备份磁盘。每次将数据写入主磁盘的同时,也将数据写入备份磁盘,使得磁盘阵列中每个磁盘都有一个含相同内容的镜像。

如图 6-17(b)所示,保存数据时,数据 Data1 被同时写入 Disk0 和 Disk1 的第 1 个条带中,数据 Data2 被同时写入 Disk0 和 Disk1 的第 2 个条带中,以此类推。当读取数据时,系统先从源盘 Disk0 读取数据,如果读取成功,则系统不用理会备份盘 Disk1 上的数据;如果读取失败,则系统自动读取备份盘 Disk1 上的数据,这样不会造成用户工作任务的中断。

由于对存储数据进行完全备份,当一个磁盘出现问题时,可以从其相应的备份磁盘中得到所有正确的数据,因此,RAID 1 具有极高的数据安全性。但备份数据需要有比原来磁盘空间大两倍的磁盘来提供支持,存储成本高。

(3)RAID 2

RAID 2 的条块单位为位或字节,实行位级分散,即将字节分散在磁盘阵列的磁盘上:每个字节的第 1 位存放在磁盘 1 上,第 2 位存放在磁盘 2 上,依此进行直到第 8 位存放在磁盘 8 上。

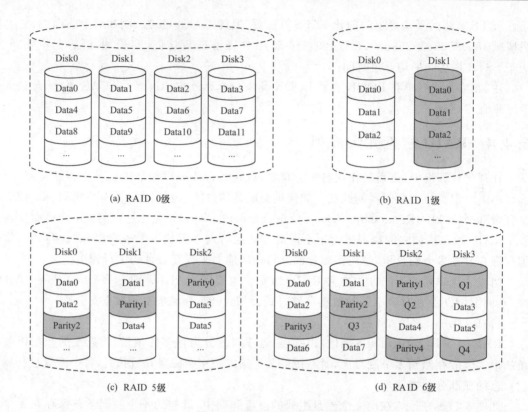

图 6-17　不同级别的 RAID

RAID 2 使用海明码纠错技术,对每个磁盘中的相应位都计算一个错误校验码,以便能纠正一位错误并检测双位错误,这种编码技术需要多个磁盘存放检查及恢复信息,使得 RAID 2 技术实施更复杂。

（4）RAID 3

RAID 3 的组织形式类似于 RAID 2,实行位级分散,不同之处是无论磁盘阵列有多大,它只需增加一个冗余磁盘。也就是说,实际数据占用的有效空间为 N 个磁盘的空间总和,而第 N+1 个磁盘上存储的数据是校验容错信息。这是因为 RAID 3 只为所有数据磁盘中同一位置的位的集合计算一个简单的奇偶校验位,而不是错误纠正码。

RAID 3 使用的容错算法和分块大小决定 RAID 使用的场合,在通常情况下,RAID 3 比较适合大文件类型且安全性要求较高的应用,如视频编辑、磁盘播出机和大型数据库等。

（5）RAID 4

RAID 4 是在 RAID 0 的基础上改进而来,它同样采用块级分散。它改变了 RAID 0 没有校验功能的缺点,增加一块磁盘专门作为奇偶校验盘。以图 6-17(a)所示为例,它将 Disk0～Disk2 作为数据盘,将 Disk3 作为奇偶校验盘。每个数据盘中的相应条带都会计算一个逐位奇偶校验位,存放在奇偶校验盘中。

每次读写操作都需要访问校验盘,而校验信息又过于集中,这会导致处理性能的下降。

（6）RAID 5

RAID 5 的组织形式与 RAID 4 类似,但它解决了 RAID 4 的校验信息过于集中的缺点,将奇偶校验条带分布在所有的磁盘中,而不再单独设置一个奇偶校验盘。RAID 5 至少需要 3 个磁盘,以 3 个磁盘组成的 RAID 5 为例,如图 6-17(c)所示,奇偶校验信息呈螺旋(Spiral)方式分散在磁盘阵列的所有磁盘上。图中 Parity0 为 Data0 和 Data1 的奇偶校验信息，Parity1 为 Data2 和 Data3 的奇偶校验信息，其他以此类推。

RAID 5 利用剩下的数据和相应的奇偶校验信息可恢复被损坏的数据。例如，上述 3 个磁盘组成的 RAID 5 磁盘阵列中，设 Data0 的值为 20，Data1 的值为 30，此时 Parity0 取这两个数的和作为校验信息予以保存。那么，当保存数据 Data1 的磁盘发生故障时，Data1 的值就可以用 Parity0－ Data0＝50－20＝30 得以恢复。但这种安全性也存在缺陷，譬如当保存 Data0 和 Data1 的两块磁盘都发生故障时，它们的数据就很难恢复。

RAID 5 的数据组织形式使多个读操作可以并行处理，同时由于奇偶值也可以并行写，使得大量数据写操作的传输率也会很高，因此常用于 I/O 操作较频繁的事务处理。

（7）RAID 6

RAID 6 是在 RAID 5 的基础上发展而来，它增加了一个独立的、可快速访问的异步校验盘。RAID 5 是将校验码写入一个校验盘，而 RAID 6 将校验码写入两个校验盘，增强了磁盘的容错能力，同时允许出现故障的磁盘也达到了两个，但相应的阵列磁盘数量最少也要四个，如图 6-17（d）所示。

RAID 6 两个独立的奇偶校验系统使用不同的算法，数据的可靠性非常高。但需要分配给奇偶校验信息更大的磁盘空间，相对于 RAID 5 有更大的空间损失。

除了上面介绍的 7 级外，还有 RAID 0＋1 级和 RAID 7 级等，在此不再赘述。

6.5　Linux 设备管理

6.5.1　Linux 设备管理基础

Linux 设备管理称为输入/输出子系统，它的主要任务是将各种设备硬件的复杂物理特性隐蔽起来，使用一种通用的方式来控制各种不同的设备，实现进程输入/输出请求的操作。

Linux 将各种物理设备都当作特殊文件来处理，因此也称为设备文件，它把对设备的管理与文件的管理统一起来。也就是说，Linux 通过文件系统来调用和管理各种设备，通过打开（open）、读（read）、写（write）和关闭（close）等函数实现对设备的操作。

Linux 使用分层结构来对设备进行管理，如图 6-18 所示。当用户发出 I/O 请求以后，首先进入文件系统找到相应的设备驱动程序，再驱动指定的设备完成所请求的 I/O 操作。因此，在 Linux 系统中，文件系统是用户与设备之间的接口。原来由设备管理实现的部分，如设备访问控制、输入/输出缓冲区的管理等都由文件系统统一完成，减轻了设备管理人员的负担。

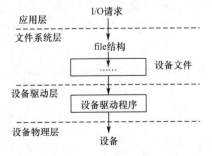

图 6-18　Linux 设备驱动的分层结构

1. 设备类型

Linux 将硬件设备分为三类:字符设备、块设备和网络设备。

(1)字符设备。字符设备是以字节为存取单位进行 I/O 操作的设备。典型的字符设备有:显示器、打印机、绘图仪等。字符设备是 Linux 系统中最简单的硬件设备,通过文件系统像文件一样对其进行访问。

(2)块设备。块设备是以固定大小的数据块为存取单位进行 I/O 操作的设备。典型的块设备有:磁盘、光盘等。通常,块的大小为 512 B 或者 1024 B。与字符设备相似,块设备也是通过文件系统对其进行访问。

(3)网络设备。网络设备是指通过网络接口与外部主机进行数据交换的设备。网络设备在 Linux 系统中需专门处理,它由内核网络子系统驱动,在系统和驱动程序之间由专门的数据结构来进行数据包的发送和接收。因此,Linux 系统的网络设备不属于文件系统的管理范围。

2. 设备文件

由于字符设备和块设备都属于文件系统管理,因此在文件系统里,它们都有自己的索引节点。在索引节点的文件类型和访问权限(i_mode)字段里,把"文件类型"栏置为"字符"或"块",由此表明它们不是普通文件或目录文件,而是设备文件,并能区分是字符设备文件还是块设备文件。

设备文件的文件名由两部分组成:主设备号(Major Number)和次设备号(Minor Number)。主设备号通常由 2 个或 3 个字母组成,用来描述设备的类型以及选择控制这个设备的驱动程序。例如,IDE 接口的普通磁盘为 hd,SCSI 磁盘为 sd,软盘为 fd 等。次设备号描述同类设备的不同序号,用以区分相同的设备,通常为数字或字母。例如,/dev/hda、/dev/hdb、/dev/hdc 分别表示第一、二、三块磁盘;而/dev/hda1、/dev/hda2、/dev/hda3 则表示第一块磁盘的第一、二、三分区。

在与设备驱动程序通信时,需要指定主设备号和次设备号。由主设备号判断执行哪个驱动程序,驱动程序再根据次设备号决定由哪台设备去完成所请求的操作任务。但是,从用户角度而言,这是不现实的,因为用户不会记住每台设备的主次设备号。因此,Linux 采用设备文件的概念,用户可以用操作普通文件的方法来操作设备文件,如打开、关闭、读数据、取数据等,实现了系统的底层对用户透明,方便用户的使用。Linux 将设备文件放在目录/dev 及其子目录下。

6.5.2　Linux 设备驱动程序

1. 设备驱动程序接口

Linux 设备管理向 Linux 内核或者从属子系统提供一个统一的标准设备接口。例如,SCSI 设备驱动程序为 SCSI 子系统提供了一个 SCSI 设备接口,终端驱动为 Linux 内核提供了一个文件 I/O 接口等。

这些接口通过结构体 file_operations(见 include/Linux/fs. h)来完成。结构体 file_operations 定义如下:

```
struct file_operations
{
    int ( * llseek) (struct inode * ,struct file * ,off_t,int);
    int ( * read) (struct inode * ,struct file * ,char * ,int);
```

```
    int ( * write) (struct inode * ,struct file * ,const char * ,int);

    int ( * readdir) (struct inode * ,struct file * ,void * ,filldir_t);

    int ( * select) (struct inode * ,struct file * ,int,select_table * );

    int ( * ioctl) (struct inode * ,struct file * ,unsigned int, unsigned long);

    int ( * mmap) (struct inode * ,struct file * , struct vm_area_struct * );

    int ( * open) (struct inode * ,struct file * );

    void ( * release) (struct inode * ,struct file * );

    int ( * fsync) (struct inode * ,struct file * );

    int ( * fasync) (struct inode * ,struct file * ,int);

    int ( * check_media_change) (kdev_t dev);

    int ( * revalidate) (kdev_t dev);

};
```

实际上,这个接口和文件系统的 i 节点一样,它里面存放的是一些函数指针,这些指针指向设备驱动程序的具体函数。系统对设备驱动程序的调用通过这些函数指针来完成。

设备驱动程序利用结构体 file_operations 与文件系统联系,对设备的各种操作的入口参数都放在 file_operations 中。对于一些特定的设备,其入口为 NULL。

2. 设备驱动程序的框架

由于设备种类繁多,相应地设备驱动程序的代码也多,需要很多人员来参与开发。为了协调设备驱动程序和内核之间的开发,应有一个严格定义和管理的接口。例如,SVR4 提出了 DDI/DKI(Device-Driver Interface/Driver-Kernel Interface)规范,即设备-驱动程序接口/驱动程序-内核接口。

Linux 的设备驱动程序与外界的接口同 DDI/DKI 规范相似,分为三部分:

(1)驱动程序与系统引导的接口。利用驱动程序对设备进行初始化。

(2)驱动程序与操作系统内核的接口。它通过结构体 file_operations 来完成。

(3)驱动程序与设备的接口。它描述了驱动程序如何与设备进行交互,这与具体设备密切相关。

根据功能,设备驱动程序的程序结构可分为以下几部分:

(1)驱动程序的注册与注销

系统引导时,通过 sys_setup()进行系统初始化,sys_setup()又调用 device_setup()进行设备初始化。它可分为字符设备的初始化和块设备的初始化。每个字符设备或块设备的初始化都要通过 register_chrdev()或 register_blkdev()向内核注册。在成功向系统注册了设备驱动程序后,就可以用 mknod 命令来把设备映射为一个特别文件。其他程序使用这个设备的时候,只要对此特别文件进行操作就可以了。

在关闭字符设备或块设备时,通过 unregister_chrdev()和 unregister_blkdev()从内核中注销设备。

(2)设备的打开与释放

打开设备由函数 open()完成。例如,打印机用 lp_open()打开,磁盘用 hd_open()打开。

释放设备(关闭)由 release()来完成。例如,释放打印机用 lp_release(),释放终端设备用 tty_release()。

(3)设备的读与写

字符设备使用各自的 read()和 write()来对设备进行数据读写。例如,对虚拟终端

(virtual console screen 或 vcs)的读写由 vcs_read()和 vcs_write()来完成。

块设备通过使用 block_read()和 block_write()来进行数据读写,这两个通用函数向请求表中增加读写请求。由于是对内存缓冲区而不是对设备进行操作,因而能加快读写请求。如果内存缓冲区没有要读入的数据或者需要将写请求写入设备,那么就需要真正地执行数据传输。

(4)设备的控制操作

除了读写操作外,有时还需要控制设备。这可以通过设备驱动程序中的 ioctl()来完成。例如,对光驱的控制可以使用 cdrom_ioctl()。除了 ioctl(),设备驱动程序还可能有其他控制函数,例如 lseek()等。

(5)设备的中断与轮回处理

对于不支持中断的设备,读写操作需要轮流查询设备状态,以便决定是否继续进行数据传输。例如,打印机驱动程序在默认情况下轮流查询打印机的状态。如果设备支持中断,则可按中断方式进行。

6.5.3 Linux 的中断管理

1. Linux 对中断的管理

Linux 内核为了将来自硬件设备的中断传递到相应的设备驱动程序,在驱动程序初始化的时候就将其对应的中断程序进行登记,即通过调用函数 request_irq()将其中断处理信息添加到结构为 irq_action 的数组中,从而使中断号和中断服务子程序联系起来。

根据设备的中断号,可以在数组 irq_action 中检索到设备的中断信息。对中断资源的请求在驱动程序初始化时就已经完成。

在传统的 PC 体系结构中,有些中断已经被固定下来。例如软盘的中断号总是 6。有时设备驱动程序可能不知道设备使用的中断号,对 PCI 设备来说这不是什么大问题,它们总是可以通过设备配置接口知道其中断号。但对于 ISA 设备,则没有取得中断号的方便方式,Linux 通过让设备驱动程序检测它们的中断号来解决这个问题。

一般来说,当一个进程通过设备驱动程序向设备发出读写请求后,该进程会将 CPU 使用权限转交给其他进程,而自己进入睡眠状态。在设备完成请求后向 CPU 发出一个中断请求,然后 CPU 根据中断请求决定调用相应的设备驱动程序。

2. Linux 对中断的处理

Linux 中断处理子系统的一个基本任务是将中断正确定位到中断处理代码中的正确位置。这些代码必须了解系统的中断拓扑结构。例如在中断控制器的引脚 6 上发生的软盘控制器中断,必须能辨认出中断的确来自软盘,并同系统的软盘设备驱动的中断处理代码联系起来。

中断发生时,Linux 首先读取系统可编程中断控制器中的状态寄存器,判断出中断源,将其转换成 irq_action 数组中的偏移值(例如中断控制器引脚 6 来自软盘控制器的中断将被转换成对应于中断处理过程数组中第十个指针),然后调用其相应的中断处理程序。

当 Linux 内核调用设备驱动程序的中断服务子程序时,必须找出中断产生的原因以及相应的解决办法,这是通过读取设备上状态寄存器的内容来完成的。一旦找到中断产生的原因,设备驱动程序还要完成更多的工作,于是 Linux 内核将过程推迟到以后再完成,以避免 CPU 在中断模式下花费太多的时间。因此,为了处理中断服务程序,往往先关中断,以避免再次中断；但关中断的时间不能太长，太长会丢失外部中断信号。

为了处理特殊必要的"长"中断服务程序，Linux 将它们一分为二，各称为 top half 和 bottom half。前者是中断服务程序的入口部分，必须关中断运行。后者是由 top half 调度的中断服务程序的剩余部分，可以开中断运行。

6.6　典型例题分析

例 1：以打印机为例说明 SPOOLing 的工作原理，系统如何利用 SPOOLing 技术将打印机模拟为虚拟打印机？

答：当某进程要求打印输出时，操作系统并不是把某台实际打印机分配给该进程，而是在磁盘输出井中为其分配一块区域，该进程的输出数据高速存入输出井的某个区域中。输出井上的区域相当于一台虚拟的打印机，各进程的打印输出数据都暂时存放在输出井中，形成一个输出队列。最后，由 SPOOLing 的输出程序依次将输出队列中的数据打印输出。

这样，从用户的角度来看，他似乎独占一台打印机，可以随时根据运行的情况输出各种结果；但从系统的角度来看，同一台打印机又可以分时地为每一个用户服务。用户进程实际上获得的是虚拟设备。

SPOOLing 系统的引入缓和了 CPU 与设备的速度的不均匀性，提高了 CPU 与设备的并行程度。

例 2：试给出两种 I/O 调度算法，并说明为什么 I/O 调度中不能采用时间片轮转法？

答：I/O 调度程序通常采用的两种调度算法有先来先服务和优先级高者优先。I/O 调度不能采用时间片轮转法的原因是很多 I/O 设备是独占设备，一经启动，占用进程便需一直使用完该设备才能释放，因而无法采用时间片轮转法。例如，如果采用时间片轮转算法分配打印机设备，若干个用户的进程都使用打印机，系统对打印机采用时间片轮转法分配，那么，打印出来的结果会是什么样的呢？

例 3：一个软盘有 40 个柱面，磁头移过每个柱面需要 6 ms。若文件信息块零乱存放，则相邻逻辑块平均间隔 13 个柱面。但优化存放，相邻逻辑块平均间隔 2 个柱面。如果搜索延迟为 100 ms，传输速度为每块 25 ms，问在这两种情况下传输 100 块的文件各需要多长时间。

答：非优化存放，读一块数据需要时间为：$13×6\ ms+100\ ms+25\ ms=203\ ms$，因而，传输 100 块文件需要的时间为：$203\ ms×100=20\ 300\ ms$。

优化存放，读一块数据需要时间为：$2×6\ ms+100\ ms+25\ ms=137\ ms$，因而，传输 100 块文件需要的时间为：$137\ ms×100=13\ 700\ ms$。

例 4：某磁盘共有 20 个柱面(0～19)，磁臂每移动一个柱面的距离需要 10 ms，每次访问磁盘的旋转延迟时间和信息传送时间之和大于 11 ms，但是小于 15 ms。磁盘调度算法为 SCAN。设有两个进程 p1 和 p2 并发执行，进程 p1 有较高的优先级。进程 p1 运行了 5 ms 后要访问柱面 6 和柱面 10 上各一个扇区，此时磁头恰好在柱面 6 上，并向大磁道方向移动。接着进程 p2 在运行 20 ms 后提出访问柱面 7、9、11 上各一个扇区的请求。请写出磁头访问以上柱面的次序，并给出理由。

答：磁头访问以上柱面的次序为：6、7、9、10、11。原因如下：

两个进程 p1 和 p2 的运行与访问磁盘的时序如图 6-19 所示。按 SCAN 调度算法，先服务第 6 磁道的请求，然后磁头继续往大磁道方向移动，当磁头移到第 7 磁道时，时间将是 26 ms

以后的事了,因为磁盘的旋转延迟时间和信息传送时间(读扇区的时间)之和在 11 ms 至 15 ms 之间,磁头移动一个磁道的时间需要 10 ms,所以,当磁头在第 7 磁道上时,时间在 26 ms 至 30 ms 之间。p1 启动访问磁盘操作后,p2 马上运行,假设系统调度开销为 0 ms,p2 运行 20 ms 后提出磁盘访问,此时,磁头将要移动到第 7 磁道上,正好为 p2 的请求服务。p2 提出的访问柱面为 7、9、11,因此,当磁头到达第 7 磁道时要为 p2 的请求服务,此后,就按请求磁道序号从小到大依次访问。

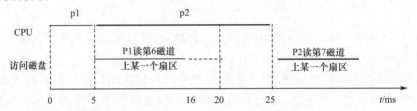

图 6-19　p1 和 p2 的运行与访问磁盘的时序图

例 5:将 300 000 条逻辑记录存储到磁盘上,每条记录的长度为 120 B,磁盘的特征为:512 B/扇区,96 个扇区/磁道,110 个磁道/面,共有 8 个面。

(1)存储这些记录需要多少磁盘空间(扇区、磁道和面)? 忽略任何文件头记录和磁道索引,并假定记录不能跨越两个扇区。

(2)假设磁盘以 360 RPM 速度旋转,读取一个扇区需要多少时间?

(3)要从磁盘读取每个扇区,CPU 使用中断驱动的 I/O,每个字节有一个中断。如果处理每个中断的时间是 2.5 μs,那么处理一个扇区的 I/O 要花费多少时间?

(4)如果使用 DMA 而不是中断驱动的 I/O,读取一个扇区将花费多少时间?

答:(1)一个扇区可以存放 512/120＝4 条记录。

300 000 条记录需要扇区数:300 000/4＝75 000。

一个磁盘面有扇区数:110×96＝10 560

存储这些记录需要的磁盘面数＝75 000 / 10 560＝7

需要的磁道数＝(75 000 % 10 560) / 96 ＝ 1 080/96＝11

需要扇区数＝1 080 % 96 ＝ 24

所以,存储这些记录需要 7 面 11 磁道 24 扇区。

(2)读取一个磁道需要的时间为 1/360 分＝60/360 秒＝1 000/6 ms。

读取一个扇区需要的时间为 1 000/6/96≈1.736 1 ms。

(3)一个扇区有 512 B,每个字节有一次中断,处理一个扇区的 I/O 要花费的时间为:处理中断所花的时间＋读取扇区所需时间＝512×2.5 μs ＋ 1.7361 ms ＝3.0161 ms.

注:以上计算是在找到所读扇区后所花时间。

(4)使用 DMA,当读完扇区后需要一次中断,故花费为:

2.5 μs＋1.736 1 ms＝1.738 6 ms

例 6:设某单面磁盘旋转速度为 200 转/s,每个磁道有 50 个扇区,相邻磁道间的平均移动时间为 2 ms,若在某时刻,磁头位于 57 号磁道处,并沿着磁道号增大的方向移动,磁道号请求队列为 27、63、24、107、35、106,对请求队列中的每个磁道需读取一个扇区,其平均旋转延迟时间为 2.5 ms。

(1)若采用最短寻道时间优先调度算法,请给出调度次序、移动的总磁道数,并计算读完这 6 个扇区共需要多少时间?

（2）若采用电梯调度算法，请给出调度次序、移动的总磁道数，并计算读完这 6 个扇区共需要多少时间。

解答：磁盘旋转速度为 200 转/s，则一转需要 5 ms；每个磁道有 50 个扇区，则访问一个扇区的传输时间为 5/50＝0.1 ms，对请求队列中的每个磁道需读取一个扇区，平均旋转延迟时间为 1s/200/2＝1 000 ms/200/2＝2.5 ms。

（1）最短寻道时间优先调度算法的调度次序为：57，63，35，27，24，106，107，则移动的总磁道数为 6＋28＋8＋3＋82＋1＝128

共需要时间＝128×2 ms＋6×2.5 ms＋6×0.1 ms＝271.6 ms

注：2 ms 指相邻磁道间的平均移动时间，2.5 ms 指平均旋转延迟时间，0.1 ms 指读一个扇区的时间。

（2）电梯调度算法调度次序为：57，63，106，107，35，27，24，则移动的总磁道数为 6＋43＋1＋72＋8＋3＝133

共需要时间＝133×2 ms＋6×2.5 ms＋6×0.1 ms＝281.6 ms

6.7　设备管理实验

1. 实验内容

熟练使用 Linux 操作系统提供的用于设备管理的命令，分析/proc 目录下与设备相关的文件。

2. 实验目的

通过使用 Linux 设备管理命令和分析/proc 目录下与设备相关的文件，了解 Linux 操作系统对设备管理的方法和技术。

3. 实验准备

（1）date 命令：显示或设置日期和时间

①显示日期和时间

命令格式：date［OPTION］… ［＋format］

普通用户可以用 date 命令显示当前的日期和时间，图 6-20 所示为 date 命令的执行情况图。

```
[root@os ~]# date
Tue Mar 26 23:52:03 CST 2019
[root@os ~]#
```

图 6-20　用 date 命令显示日期和时间

＋format 用于控制 date 输出的格式，格式中可包含常数字符串及以％开头的字段。字段描述符有很多，常用的有：

a［A］：星期名的简称［全称］

b［B］：月份名的简称［全称］

d：月中某天取值 01～31

H：小时取值 00～23

m：月份取值 01～12

M：分钟取值 00～59

S：秒钟取值 00～60，在此考虑到了闰秒

y[Y]:年格式为两位数[四位数]

Z:时区名

n:插入换行符

例如:图 6-21 所示为按指定格式显示日期和时间。

```
[root@os ~]# date '+DATE: %m/%d/%y %nTime: %H:%M:%S'
DATE: 03/26/19
Time: 23:54:08
[root@os ~]#
```

图 6-21 按指定格式显示日期和时间

注意:格式用单引号(')或双引号(")引起来,并且设定为在一个加号后连接描述符。

②设置日期和时间

命令格式:date [mmdd] HHMM [yy]

超级用户可以在 date 命令中指定参数来设置日期和时间,参数中 mm 是月份(01-12),dd 是日期(01-31),HH 是小时(00-23),MM 是分钟(00-59),yy 是年份(00-99)。

例如,将日期设置为本年 9 月 10 日下午 2 点 30 分,则命令为:

date 09101430

(2)df 命令:显示磁盘空间

df(disk free)命令用于显示指定磁盘文件的可用空间。如果没有文件名被指定,则显示所有当前被挂载的文件系统的可用空间。默认情况下,磁盘空间将以 1 KB 为单位进行显示。

命令格式:df [OPTION]… [FILE]…

常用选项说明:

-a:全部文件系统列表。

-h:方便阅读方式显示。

-H:等于“-h”,但是计算式 1K=1 000,而不是 1K=1 024。

-i:显示 inode 信息。

-k:区块为 1 024 字节。

-l:只显示本地文件系统

-m:区块为 1 048 576 字节。

-T:文件系统类型。

(3)du 命令:显示磁盘使用情况

du(disk usage)命令是逐级进入指定目录的每一个子目录并显示该目录占用文件系统数据块的情况,如果没有指定目录,则对当前的目录进行统计。

命令格式:du [OPTION]…[FILE]…

常用选项说明:

-a 或-all:显示指定目录及其子目录下的每个文件所占的磁盘空间。

-s:只显示各文件大小的总和。

-b:大小用 bytes 来表示。

-k 或-kilobytes:以 KB(1 024 bytes)为单位输出。

-m 或-megabytes:以 MB 为单位输出。

-h 或-human-readable:以 K、M、G 为单位,提高信息的可读性。

(4)/proc 下与设备管理有关的文件

①/proc/devices:系统已经加载的所有块设备和字符设备的信息,包含主设备号和设备组

（与主设备号对应的设备类型）名。可以通过命令 cat /proc/decices 查看。

②/proc/diskstats：每块磁盘设备的磁盘 I/O 统计信息列表。

③/proc/dma：每个正在使用且注册的 ISA DMA 通道的信息列表。

④/proc/fb：帧缓冲设备列表文件，包含帧缓冲设备的设备号和相关驱动信息。

⑤/proc/filesystems：当前被内核支持的文件系统类型列表文件，被标示为 nodev 的文件系统表示不需要块设备的支持；通常挂载一个设备时，如果没有指定文件系统类型，将通过此文件来决定其所需文件系统的类型。

⑥/proc/interrupts：80x86 或 80x86_64 体系架构系统上每个 IRQ 相关的中断号列表；多路处理器平台上每个 CPU 对于每个 I/O 设备均有自己的中断号。

⑦/proc/iomem：每个物理设备上的存储器（RAM 或者 ROM）在系统内存中的映射信息。

⑧/proc/ioports：当前正在使用且已经注册过的与物理设备进行通信的输入-输出端口范围信息列表。

⑨/proc/bus/pci/devices：内核初始化时发现的所有 PCI 设备及其配置信息列表，其配置信息多为某 PCI 设备相关 IRQ 信息，可读性不高，可以用 lspci -vb 命令获得较易理解的相关信息。

⑩/proc/sys/dev 目录：为系统上特殊设备提供参数信息文件的目录，其不同设备的信息文件分别存储于不同的子目录中，如大多数系统上都会有/proc/sys/dev/cdrom 和/proc/sys/dev/raid（如果内核编译时开启了支持 RAID 的功能）目录，其内存储的通常是与 CD-ROM 和 RAID 的相关参数信息的文件。

/proc 下与设备管理有关的文件还有一些，在此不一一列举，感兴趣的读者可查阅相关资料。

习题 6

1. 选择题

(1) 在 CPU 发出 I/O 指令以后，由（　　）执行通道程序完成 I/O 操作。

A. CPU　　　　　　　B. 设备控制器　　　　C. 通道　　　　　　D. 设备

(2) 在设备管理中，是由（　　）完成真正的 I/O 操作的。

A. 输入/输出管理程序　　　　　　　　B. 设备驱动程序

C. 中断处理程序　　　　　　　　　　　D. 设备启动程序

(3) 把独占型设备改造成若干用户共享的设备称为（　　）。

A. 存储设备　　　B. 系统设备　　　C. 虚拟设备　　　D. 特殊设备

(4) 在下面的 I/O 控制方式中，需要 CPU 干预最少的方式是（　　）。

A. 程序直接控制方式　　　　　　　　B. 中断控制方式

C. DMA 控制方式　　　　　　　　　　D. 通道控制方式

(5) 按照设备的（　　）分类，可将系统中的设备分为输入/输出型设备和存储型设备。

A. 设备用途　　　B. 资源特性　　　C. 传输速度　　　D. 传输单位

(6) 下列磁盘调度算法中，只有（　　）考虑进程对磁盘请求访问的先后顺序。

A. 最短寻道时间优先　　　　　　　　B. 电梯调度

C. 先来先服务　　　　　　　　　　　D. 循环扫描

(7)一般地,缓冲池位于(   )中。

A. 设备控制器　　　B. 寄存器　　　　C. 辅助存储器　　　D. 主存储器

(8)采用 SPOOLing 系统的目的是提高(   )的利用率。

A. 独占设备　　　　B. 共享设备　　　C. 辅助存储器　　　D. 主存储器

(9)假设磁头当前位于第 105 道,正在向磁道序号增加的方向移动。现有一个磁道访问请求序列为 35、45、12、68、110、180、170、195,采用 SCAN 调度(电梯调度)算法得到的磁道访问序列是(   )。

A. 110、170、180、195、68、45、35、12

B. 110、68、45、35、12、170、180、195

C. 110、170、180、195、12、35、45、68

D. 12、35、45、68、110、170、180、195

(10)程序员利用系统调用打开 I/O 设备时,通常使用的设备标识是(   )。

A. 逻辑设备名　　　B. 物理设备名　　　C. 主设备号　　　　D. 从设备号

(11)用户程序发出磁盘 I/O 请求后,系统的正确处理流程是(   )。

A. 用户程序→系统调用处理程序→中断处理程序→设备驱动程序

B. 用户程序→系统调用处理程序→设备驱动程序→中断处理程序

C. 用户程序→设备驱动程序→系统调用处理程序→中断处理程序

D. 用户程序→设备驱动程序→中断处理程序→系统调用处理程序

(12)某文件占 10 个磁盘块,现要把该文件磁盘块逐个读入主存缓冲区,并送用户区进行分析,假设一个缓冲区与一个磁盘块大小相同,把一个磁盘块读入缓冲区的时间为 $100\ \mu s$,将缓冲区的数据传送到用户区的时间是 $50\ \mu s$,CPU 对一块数据进行分析的时间为 $50\ \mu s$。在单缓冲区和双缓冲区结构下,读入并分析完该文件的时间分别是(   )。

A. $1500\ \mu s$、$1000\ \mu s$　　　　　　　　B. $1550\ \mu s$、$1100\ \mu s$

C. $1550\ \mu s$、$1550\ \mu s$　　　　　　　　D. $2000\ \mu s$、$2000\ \mu s$

(13)操作系统的 I/O 子系统通常由四个层次组成,每一层明确定义了与邻近层次的接口,其合理的层次组织排列顺序是(   )。

A. 用户级 I/O 软件、设备无关软件、设备驱动程序、中断处理程序

B. 用户级 I/O 软件、设备无关软件、中断处理程序、设备驱动程序

C. 用户级 I/O 软件、设备驱动程序、设备无关软件、中断处理程序

D. 用户级 I/O 软件、中断处理程序、设备无关软件、设备驱动程序

(14)下列选项中,不能改善磁盘设备 I/O 性能的是(   )。

A. 重排 I/O 请求次序　　　　　　　　B. 在一个磁盘上设置多个分区

C. 预读和滞后写　　　　　　　　　　D. 优化文件物理的分布

(15)某磁盘的转速为 10000 转/分,平均寻道时间是 6 ms,磁盘传输速率是 20 MB/s,磁盘控制器延迟为 0.2 ms,读取一个 4 KB 的扇区所需的平均时间约为(   )。

A. 9 ms　　　　　B. 9.4 ms　　　　　C. 12 ms　　　　　D. 12.4 ms

(16)下列关于中断 I/O 方式和 DMA 方式比较的叙述中,错误的是(   )。

A. 中断 I/O 方式请求的是 CPU 处理时间,DMA 方式请求的是总线使用权

B. 中断响应发生在一条指令执行结束后,DMA 响应发生在一个总线事务完成后

C.中断 I/O 方式下数据传送通过软件完成,DMA 方式下数据传送由硬件完成

D.中断 I/O 方式适用于所有外部设备,DMA 方式仅适用于快速外部设备

(17)用户程序发出磁盘 I/O 请求后,系统的处理流程是:用户程序→系统调用处理程序→设备驱动程序→中断处理程序。其中,计算数据所在磁盘的柱面号、磁头号、扇区号的程序是(　　)。

A.用户程序　　　　　　　　　　　B.系统调用处理程序

C.设备驱动程序　　　　　　　　　D.中断处理程序

(18)设系统缓冲区和用户工作区均采用单缓冲,从外设读入 1 个数据块到系统缓冲区的时间为 100,从系统缓冲区读入 1 个数据块到用户工作区的时间为 5,对用户工作区中的 1 个数据块进行分析的时间为 90,如图 6-22 所示。进程从外设读入并分析 2 个数据块的最短时间是(　　)。

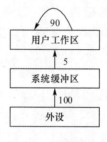

图 6-22　单缓冲

A.200　　　　　　B.295　　　　　　C.300　　　　　　D.390

(19)某设备中断请求的响应和处理时间为 100ns,每 400ns 发出一次中断请求,中断响应所容许的最长延迟时间为 50ns,则在该设备持续工作过程中 CPU 用于该设备的 I/O 时间占整个 CPU 时间百分比至少是(　　)。

A.12.5%　　　　　B.25%　　　　　C.37.5%　　　　　D.50%

(20)对于具备设备独立性的系统下列叙述中错误的是(　　)。

A.可以使用文件名访问物理设备

B.用户程序使用逻辑设备与物理设备之间的映射关系

C.需要建立逻辑设备与物理设备之间的映射关系

D.更换物理设备后必须修改访问该设备的应用程序

(21)若磁盘转速为 7200 转/分,平均寻道时间为 8 ms,每个磁道包含 1000 个扇区,则访问一个扇区的平均存取时间大约是(　　)。

A.8.1 ms　　　　　B.12.2 ms　　　　　C.16.3 ms　　　　　D.20.5 ms

(22)在采用中断 I/O 方式控制打印输出的情况下,CPU 和打印控制接口中的 I/O 端口之间交换的信息不可能是(　　)。

A.打印字符　　　　B.主存地址　　　　C.设备状态　　　　D.控制命令

(23)内部异常(内中断)可分为故障(fault)、陷阱(trap)和终止(abort)三类。下列有关内部异常的叙述中,错误的(　　)。

A.内部异常的产生与当前执行指令相关

B.内部异常的检测由 CPU 内部逻辑实现

C.内部异常的响应发生在指令执行过程中

D.内部异常处理的返回到发生异常的指令继续执行

(24)处理外部中断时,应该由操作系统保存的是(　　　　)。

A. 程序计数器(PC)的内容　　　　　　　B. 通用寄存器的内容

C. 块表(TLB)的内容　　　　　　　　　　D. Cache 中的内容

(25)在系统内存中设置磁盘缓冲区的主要目的是(　　)。

A. 减少磁盘 I/O 次数　　　　　　　　　B. 减少平均寻道时间

C. 提高磁盘数据可靠性　　　　　　　　D. 实现设备无关性

(26)下列关于 SPOOLing 技术的叙述中,错误的是(　　　　)。

A. 需要外存的支持

B. 需要多道程序设计技术的支持

C. 可以让多道作业共享一台独占设备

D. 由用户作业控制设备与输入/输出井之间的数据传送

(27)某硬盘有 200 个磁道(最外侧磁道号为 0),磁道访问请求序列为:130,42,180,15,199,当前磁头位于第 58 号磁道并从外侧向内侧移动。按照 SCAN 调度方法处理完上述请求后,磁头移过的磁道数是(　　　　)。

A. 208　　　　　　　　B. 287　　　　　　　　C. 325　　　　　　　　D. 382

(28)磁盘逻辑格式化程序所做的工作是(　　　　)。

Ⅰ. 对磁盘进行分区

Ⅱ. 建立文件系统的根目录

Ⅲ. 确定磁盘扇区校验码所占位数

Ⅳ. 对保存空闲磁盘块信息的数据结构进行初始化

A. 仅Ⅱ　　　　　　　B. 仅Ⅱ、Ⅳ　　　　　　C. 仅Ⅲ、Ⅳ　　　　　　D. 仅Ⅰ、Ⅱ、Ⅳ

2. 填空题

(1)依据设备与 CPU 一次进行信息交换的信息组织、传送单位分类,设备可分为:＿＿＿＿和＿＿＿＿两种。

(2)缓冲技术的实现主要有＿＿＿＿和＿＿＿＿两种方法。

(3)通道是一种独立于 CPU、专用于＿＿＿＿的处理器。

(4)设备分配方式有静态分配和动态分配两种。其中,＿＿＿＿不会出现死锁。

(5)依据设备的资源分配特性,可以把设备分为独占设备、共享设备和＿＿＿＿。

(6)打印机是一个典型的独占设备,通过 技术可将其改造成一个共享设备。

(7)当 I/O 控制的方式采用 DMA 控制方式时,数据传输的基本单位是＿＿＿＿。

(8)系统在进行设备分配时,所需的数据结构主要有＿＿＿＿、＿＿＿＿、通道控制表和系统设备表。

(9)通道程序由＿＿＿＿构成。

(10)Linux 将硬件设备分为＿＿＿＿、＿＿＿＿、＿＿＿＿三类。

3. 问答题

(1)设备管理的目标和功能是什么?

(2)数据传送控制方式有哪几种?它们各自的优缺点是什么?

(3)什么是通道?试画出通道控制方式时的 CPU、通道和设备的工作流程图。

(4)什么是缓冲?为什么要引入缓冲?

(5)I/O 控制可用哪几种方式实现?各有什么优缺点?

(6)何谓设备驱动程序?为什么要使用设备驱动程序?

(7)简述设备控制器的组成及功能。

(8)输入/输出软件组织自底向上由哪几个层次组成？

(9)什么是设备无关性？为什么要引入设备无关性？

(10)简述与设备无关的 I/O 软件和用户层的 I/O 软件。

(11)什么是 SPOOLing 系统？SPOOLing 系统有哪几部分组成？

(12)什么是 RAID？它是如何提高磁盘的访问速度和可靠性的？

(13)假设磁盘有 200 个磁道(从 0 号到 199 号)。目前正在处理 143 号磁道上的请求,而刚刚处理结束的请求是 125 号,如果下面给出的顺序是按 FCFS 排成的等待服务队列顺序:86、147、91、177、94、150、102、175、130。

那么,用下列各种磁盘调度算法来满足这些请求所需的总磁头移动量是多少？
①FCFS;②SSTF;③SCAN;④C-SCAN。

(14)假设计算机系统采用 C-SCAN(循环扫描)磁盘调度策略,使用 2 KB 的内存空间记录 16384 个磁盘块的空闲状态。

①请说明在上述条件下如何进行磁盘块空闲状态的管理。

②设某单面磁盘旋转速度为每分钟 6000 转,每个磁道有 100 个扇区,相邻磁道间的平均移动时间为 1 ms。若在某时刻,磁头位于 100 号磁道处,并沿着磁道号增大的方向移动,如图 6-23 所示,磁道号请求队列为 50、90、30、120,对请求队列中的每个磁道需读取 1 个随机分布的扇区,则读完这 4 个扇区共需要多少时间？要求给出计算过程。

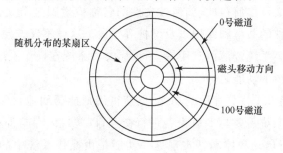

图 6-23　某单面磁盘

③如果将磁盘替换为随机访问的 Flash 半导体存储器(如 U 盘、SSD 等),是否有比 C-SCAN 更高效的磁盘调度策略？若有,给出磁盘调度策略的名称并说明理由;若无,说明理由。

(15)某计算机系统中的磁盘有 300 个柱面,每个柱面有 10 个磁道,每个磁道有 200 个扇区,扇区大小为 512 B。文件系统的每个簇包含 2 个扇区。请回答下列问题:

①磁盘的容量是多少？

②假设磁头在 85 号柱面上,此时有 4 个磁盘访问请求,簇号分别为:100 260、60 005、101 660 和 110 560。若采用最短寻道时间优先(SSTF)调度算法,则系统访问簇的先后次序是什么？

③第 100 530 簇在磁盘上的物理地址是什么？将簇号转换成磁盘物理地址的过程是由 I/O 系统的什么程序完成的？

第7章

文件系统

·······■■■■■■ ■ ■

　　计算机系统的主要工作是对大量的程序和数据进行加工处理。由于存储处理的信息量太大,但内存容量有限且不能永久保存这些信息,因此引入了辅助存储器来保存大量的永久性信息和临时性信息,将它们以文件的形式存放在辅存中,需要时再调入主存。

　　如果让每个用户自己来管理这些资源,不仅需要按辅存物理地址来存储信息,还需要准确地记住这些信息在辅存中的物理位置和整个辅存的信息分布情况。这需要用户熟悉存储设备的物理特性、各种文件的属性等,稍有疏忽,就有可能造成文件内容破坏或丢失。要记住如此大量而复杂的信息,对用户来说显然是不现实的。

　　用户所希望的是,通过文件的名称就能找到所需要的文件,完成对文件的处理工作。因此,操作系统必须解决文件如何存放、如何按文件的名称检索到这个文件,如何对文件的内容进行更新,如何保证文件的共享和保护以及维护等手段。这样不仅方便了用户,也保证了文件的安全,还可以有效提高系统资源的利用率。可见,文件系统在操作系统中占有非常重要的地位,是操作系统不可缺少的功能之一。

　　文件系统为用户提供了按名存取的功能,以使得用户能透明地存储访问文件。但文件存储在存储介质上,文件系统需要与I/O设备进行交互,以实现内存与外存之间的信息传输,这就必须对I/O设备进行启动和控制。实现这一功能是由操作系统中的设备管理部分来完成的,所以设备管理与文件系统是密切相关的。文件系统确定文件应怎样存储以及确保文件的安全使用,而设备管理实现文件信息在存储介质与主存储器之间的传送,它们共同为用户使用文件提供方便。所以从软件层面上来说,文件系统位于设备管理之上。

　　本章主要介绍文件系统的结构、文件的组织结构、存取方法以及文件存储空间的管理、磁盘空闲空间的管理、文件目录的概念与管理、文件的安全与保护和文件系统的性能优化等,最后以实例简单介绍 Windows 文件系统和 Linux 文件系统。

7.1　文件管理概述

　　由于内存容量有限且不能长期保存信息,任何数据都只能以文件的形式存放在外存,需要时再将其调入内存使用。操作系统通过文件系统实施对文件的各种具体管理,它使用户不必知道数据在介质上的具体组织形式及如何存取查找,只需要提交文件名就可以完成创建、删除、修改等工作,实现了对用户的透明。

7.1.1 文件的概念

文件是指具有一定逻辑意义的一组相关信息的集合。它可以存储在磁盘上且能够方便存取。文件用符号名加以标识,这个符号名称为文件的文件名。

从用户的角度来看,一个文件应具有唯一的名称、属于特定的类型、有确定的长度、有在辅存中的物理位置、有一定的存取权限、有明确的建立及修改日期等属性。

1. 文件命名

文件名是文件系统实现文件"按名存取"的必要手段。一个文件的文件名在创建的时候给出,对文件名的具体命名规则因系统而异。例如,MS-DOS 采用 8.3 命名规则,其中句点前面的部分称为主文件名,最多不超过 8 个字符,句点后面的部分称为文件的扩展名,最多为 3 个字符;Windows 系统的 NTFS(New Technology File System)文件系统、Linux 系统的 ext2/ext3/ext4 文件系统则允许文件名长度最多可达到 255 个字符。有些系统不区分文件名中的大小写英文字母,如 Windows,有些系统则严格区分大小写,如 UNIX/Linux。

扩展名的作用通常用来表明文件的类型,如文件名"new. c"和"zhang. doc"就分别表示命名为"new"的 C 源程序文件和命名为"zhang"的 Word 文档文件。

2. 文件属性

文件包括两部分内容:一是文件内容,二是文件属性。文件属性是对文件进行说明的信息,主要有文件创建日期、文件长度、文件权限、文件存放位置等。不同的文件系统通常有不同种类和数量的文件属性,下面列举一些常用的文件属性:

(1)文件名称:供用户使用的外部标识,是文件最基本的属性。文件名称通常由一串 ASCII 码或者汉字构成,现在常常由 Unicode 字符串组成。

(2)文件内部标识:有的文件系统不但为每个文件规定了一个外部标识,而且规定了一个内部标识。文件内部标识只是一个编号,以方便管理和查找文件。在 UNIX 文件系统中,inode 就是内部标识。

(3)文件物理位置:具体标明文件在存储介质上所存放的位置。

(4)文件拥有者:操作系统通常是多用户的,不同的用户拥有各自不同的文件,对这些文件的操作权限也不同。通常用户对自己创建的文件拥有一切权限,而对其他用户创建的文件拥有有限的权限。

(5)文件权限:文件拥有者可以为自己的文件赋予各种权限,如可允许自己读写和执行,允许同组的用户读写,允许其他用户读等。

(6)文件类型:可以从不同的角度来对文件进行分类,例如普通文件或特殊文件,可执行文件或文本文件等。

(7)文件长度:通常是其数据的长度,单位一般为字节。

(8)文件时间:文件时间属性有很多,如最初创建时间,最后一次的修改时间,最后一次的执行时间,最后一次的访问时间等。

3. 文件类型

为了有效、方便地组织和管理文件,常按照不同的观点来对文件进行分类,下面介绍几种常用的分类方法。

(1)按用途分类

系统文件:由系统软件构成的文件,包括操作系统内核、编译程序等,通常都是可执行的目标代码,只允许用户调用执行,不允许用户读/写。

库文件:由标准的和非标准的子程序库构成的文件。标准的子程序库通常称为系统库,提供对系统内核的直接访问;非标准的子程序库是提供满足特定应用的库,它允许用户读取和执行,但不允许用户写,即不能修改。

用户文件:用户自己在使用过程中产生的文件,是用户委托文件系统保存的文件,如用户的源程序、可执行程序和文档等。该类文件只能由文件所有者或经被授权者使用。

(2)按组织形式和处理方式分类

普通文件:系统所规定的普通格式的文件,例如字符流组成的文件,它包括用户文件、库函数文件、应用程序文件等。

目录文件:在管理文件时,需要为每一个文件建立目录项,将这些目录项聚集起来,构成一个文件来管理,称为"目录文件"。这种文件中包含的内容都是文件的目录项。

特殊文件:操作系统以文件的观点来看待设备,这种被视为文件的设备称为设备文件,也常称为"特殊文件"。例如,Linux系统中,所有的I/O设备都被称为特殊文件。

(3)按保护级别分类

只读文件:只允许查看的文件,使用者不能对其进行修改。

读写文件:允许查看和修改的文件。

可执行文件:可以在计算机上运行的文件,使用者不能对它进行查看和修改。

不保护文件:用户具有一切权限,可以任意对它进行使用、查看和修改。

(4)按文件的逻辑结构分类

流式文件:由有序字符的集合组成的文件。

记录式文件:由一个个记录集合组成的文件。

(5)按文件的物理结构分类

连续结构文件:把一个文件存放在辅存的连续存储块中,这样的文件被称为"连续结构文件"。

链接结构文件:把一个文件存放在辅存的不连续存储块中,每块之间有指针链接,指明它们的顺序关系,这样的文件被称为"链接结构文件"。

索引结构文件:把一个文件存放在辅存的不连续存储块中,通过索引表来指明它们的顺序关系,这样的文件被称为"索引结构文件"。

除了上述的分类方法外,还可以按照文件的其他属性进行分类。由于各种系统对文件的管理方式不同,因而对文件的分类方法也有很大的差异。

7.1.2 文件系统

1.文件系统的概念

操作系统的一项主要功能是隐藏磁盘和其他I/O设备的细节特性,并为程序员提供一个良好、清晰的独立于设备的抽象文件模型。文件系统就是完成这样的功能。具体地说,文件系统是操作系统对文件实施管理、控制与操作的一组软件,或者说它是管理软件资源的软件。文件系统既可作为操作系统的一个子系统来实现,也可独立实现。当作为操作系统的一个子系统时,文件系统一般不作为核心模块,而是利用存储管理子系统、I/O子系统所提供的功能来实现文件管理的有关功能。并非所有的操作系统都具有文件管理子系统,如一些嵌入式操作系统。但对于通用操作系统来说文件系统是必不可缺的,其性能的高低对整个计算机系统的性能影响非常大。一般来说，文件系统应具备以下功能：

（1）按名存取。能够实现按文件名存取文件信息，完成从文件名到文件存储物理地址映射。

（2）文件管理。能够按照用户的要求创建新文件、删除旧文件，对指定的文件进行打开、关闭、读、写和执行等操作。

（3）目录管理。为每个文件建立一个目录项，若干个文件的目录项构成一个目录文件。

（4）文件存储空间的管理。由文件系统对文件存储空间进行统一管理，包括对文件存储空间的分配与回收，为文件的逻辑结构与它在辅存（主要是磁盘）上的物理地址之间建立映射关系等。

（5）文件的共享和保护。在系统的控制下，一个用户既可以共享其他用户的文件，也可以限制其他用户对其文件的操作。

2. 文件系统结构

不同的文件系统往往具有不同的结构，传统的文件系统一般采用层次模型。每一层都在下层的基础上，向上层提供更多的功能，由下至上逐层扩展，从而形成一个功能完备、层次分明的文件系统。

层次模型的分层方法有很多，图 7-1 是一种典型的文件系统的层次模型。设备驱动程序在最底层直接与外围设备（或它们的控制器或通道）通信，它们负责启动相应设备上的 I/O 操作，并处理完成 I/O 请求。对于文件操作来说，被控制的典型设备是磁盘和磁带设备。

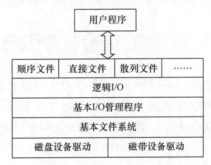

图 7-1 文件系统的层次模型

设备驱动层之上是基本文件系统层或称为物理 I/O 层，它是计算机系统与外部环境的主要接口，主要实现内存与辅存之间数据块的交换。因此，它关注的是这些数据块在辅存和内存缓存区的位置，而无须关注数据的内容或所涉及的文件的结构。

基本 I/O 管理程序负责所有文件 I/O 的初始和终止。在这一层，需要一些控制结构，它们用来维护设备的 I/O、调度和文件状态。基本 I/O 管理程序基于所选的特定文件选择要在其上执行文件 I/O 的设备，为优化性能，它还涉及调度磁盘和磁带访问。另外，指定 I/O 缓冲区和分配辅存也是本层需要实现的功能。

逻辑 I/O 层允许用户和应用程序访问记录。因此，基本文件系统处理的是数据块，而逻辑 I/O 模块处理的是文件记录。逻辑 I/O 提供一种通用的记录 I/O 能力，并维护有关文件的基本数据。

文件系统中与用户最近的一层通常被称为访问方法，它在应用程序、文件系统以及保存数据的设备之间提供了一个标准接口。不同的访问方法反映出不同的文件结构以及访问和处理数据的不同方式。常见的访问方法有顺序、直接、散列、索引等。

3. 常见的文件系统

随着操作系统的不断发展，一些功能强大的文件系统不断涌现。这里，列出一些具有代表性的文件系统。

ext2/ext3/ext4：ext2（second extended file system）是 Linux 系统常用的文件系统，它是由 Rémy Card 设计的用以代替第一代 ext（extended file system）的文件系统。ext3（third extended file system）是从 ext2 文件系统发展而来的日志文件系统，具有更高的可用性、更好的数据完整性、更快的存取速度、支持多种日志模式的特征。ext4 是第四代扩展文件系统（fourth extended file system），它是 ext3 文件系统的后继版本。

NFS（Network File System）提供网络中多台计算机之间共享文件的功能。

FAT（File Allocation Table）经过了 MS-DOS、Windows 和 OS/2 等操作系统的不断改进，已经发展成为包含 FAT12、FAT16 和 FAT32 的庞大家族。

NTFS 是微软为了配合 Windows NT 的推出而设计的文件系统，为系统提供了极大的安全性和可靠性，Windows 2000/XP 均支持 NTFS。

ReFS（Resilient File System）是在 Windows Server 2012 中新引入的一个文件系统。目前只能应用于存储数据，还不能引导系统，并且在移动媒介上也无法使用。ReFS 与 NTFS 大部分是兼容的，其主要目的是为了保持较高的稳定性，可以自动验证数据是否损坏，并尽力恢复数据。如果和引入的存储空间联合使用的话则可以提供更佳的数据防护。

CD-ROM 是符合 ISO9660 标准的支持 CD-ROM 的文件系统。

7.2　文件的结构与存取方法

文件的结构是指文件的组织形式，从不同的角度对文件进行分析可得出不同的结构形式。从用户观点出发看到的文件的组织形式，即数据在逻辑上是如何组织起来的，我们称之为文件的逻辑结构。从实现观点出发将文件存储在外存上时文件的组织形式称为文件的物理结构。文件的逻辑结构与存储介质特性无关，文件的物理结构与存储介质特性有很大的关系。

7.2.1　文件的逻辑结构

文件按其逻辑结构通常可分为字符流式的无结构文件、记录式的有结构文件和树型结构文件三种。

字符流式的无结构文件是指文件内部的信息为无结构的字节序列。通常，操作系统对这种文件是以字节为单位进行定位和存取，它无须知道文件内容是什么，它所见到的都是字节，其文件内容的任何含义只有用户程序关心并对其进行解释。

如果将文件信息划分为一个个记录，那么这种文件的逻辑结构称为记录式的有结构文件。例如，每个学生情况的记录是由学号、姓名、性别、年龄等数据项组成，而姓名、性别、年龄等数据项则由若干个字符组成。记录式文件以记录为单位进行存取，主要用于信息管理领域。

根据记录式文件中记录的度量特性，一般又将其分为等长记录文件和变长记录文件两种。等长记录文件又称定长记录文件，是指文件中所有记录的长度相等。变长记录文件是指文件中各记录长度不等。

在记录式文件中，总要有一个数据项能够唯一标识某一条记录，如学生情况记录文件中的学号,这种数据项称为主键。能标识记录的某一特性的数据项称为次键。通过主键或次键,能够对记录进行查找、排序和定位等操作。

当每条记录只包含一个域,而且该域的类型为字符型时,记录式文件便退化为流式文件,因而可以说流式文件是记录式文件的特例。

记录式文件的逻辑结构可分为顺序、索引和散列等结构。顺序结构是指记录按序排列;索引结构是指对索引记录构建索引表,可以是一级索引、二级索引、三级索引,等等,通过索引表访问记录;散列结构是对关键字进行散列访问记录。

记录式文件结构常用在早期的大型计算机系统中,目前,在常见的通用操作系统中已经不再使用这种结构了。

树型结构文件是结构式文件的一种特殊形式。该结构文件由一棵记录树构成,各个记录的长度可以不同。在每个记录的固定位置上有一个关键字字段,该树可以按关键字进行排序,从而可以对特定关键字进行快速查找。

拓展知识:对于 Linux 系统来说,文件就是字节序列,仅此而已。文件是对 I/O 设备的抽象,每个 I/O 设备,包括磁盘、键盘、显示器,甚至网络,都可以视为文件。系统中的所有输入输出都是通过使用一小组称为 Linux I/O 的系统调用读写文件来实现的。

7.2.2　文件的物理结构

文件的物理结构是指文件在文件存储介质上的存放形式。文件按不同的形式在文件存储介质上保存,就会形成不同的物理结构。

目前广泛使用的文件存储介质有硬盘、U 盘、光盘和磁带。卷是存储介质的物理单位,一盘磁带、一张光盘、一个硬盘分区都称为一卷。块是存储介质上连续信息所组成的一个区域,也称物理记录。块是内存和外存进行信息交换的物理单位,每次总是交换一块或多块信息。决定块的大小要考虑到用户的使用方式、数据的传输效率和存储设备的类型等多种因素,不同类型的存储介质,其块的大小各不相同;同一类型的存储介质,其块的大小也可以不同。

下面介绍几种常用的文件物理存储结构和组织方法。

1. 连续结构文件

将一个逻辑上连续的文件信息依次存放到连续的辅存物理块上形成连续结构,这样存储的文件称为连续结构文件。例如文件 file1 长度为 2500 B,存放在连续分块的磁带上,假设每块大小为 512 B,这样它需要占用 5 块。如果首块编号是 11,那么 file1 在磁盘上的存放块号依次是 11、12、13、14、15,其存放形式如图 7-2 所示。

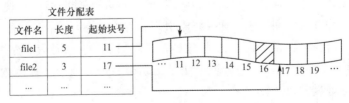

图 7-2　连续结构文件的存放方式

连续结构文件的优点是可以同时存取多个块,顺序存取时速度较快,但它也存在缺点:一是要求建立文件时需预先确定它的长度,并依此来分配存储空间;二是容易产生外部碎片,而且很难再被利用,造成磁盘空间的浪费。

2. 链接结构文件

把逻辑上连续的用户文件分散地存放在不连续的磁盘物理块中,并在各物理块中设立一个指针,指向与它链接的下一个物理块,使存放的文件链接成一个串联队列,以这种形式存储的文件称为链接结构文件或串联结构文件。

如图 7-3 所示,文件 file2 在逻辑上有 3 块,而对应的物理块号却是 17、21 和 15,最后一块的指针为 NULL,表示该块是文件结尾。

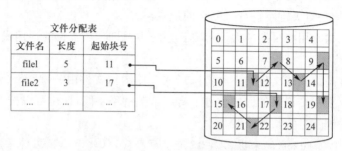

图 7-3   链接结构文件的存放方式

链接结构文件能够更有效地利用每一个存储块,减少了磁盘碎片的产生,但一般仅适用于对文件的顺序访问,不利于随机存取文件。例如,为了存取文件 file1 的逻辑块号 3 中的信息,必须从头向后顺序检索。此外,每个物理块中存放指针降低了系统的运行效率。

3. 索引结构文件

索引结构是文件的另一种非连续分配方案。该方式将用户文件存放到磁盘不连续的物理块中,为每个文件建立一个索引表,将文件所涉及的物理块号按顺序存放在索引表中。

如图 7-4 所示,文件 file1 的索引块号为 14,其中所存放的是该文件的物理存储块号,通过 14 号物理块中的索引表,得到该文件的所有存取块号为 7、1、18、9 和 23。

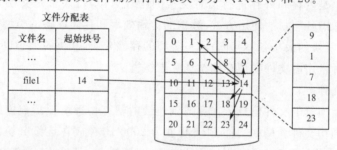

图 7-4   索引结构文件的存放方式

索引结构克服了顺序结构和链接结构的缺点,既便于进行随机存取,也便于文件的增删操作。代价是索引表增加了空间开销。如果将索引表保存在磁盘上,那么在存取文件时首先得取出索引表,然后才能查表、得到物理块号,这样至少增加了一次读磁盘的操作,降低了存取文件的速度,也加重了 I/O 负担。一种改进办法是把索引表部分或全部放入内存,以内存空间为代价来换取存取速度的改善。

4. 多重索引结构文件

对于索引文件来说,大文件的索引表也会很大。例如,若盘块大小为 1 KB,那么长度为 100 KB 的文件就需要 100 个盘块,索引表至少包含 100 项。如果用两个字节来表示盘块号,则当文件大小为 1 024 KB 时,索引表就占用了 2 KB。显然,在这种情况下把整个索引表放在内存是不合适的,而且不同文件的大小不同,文件在使用过程中很可能需要扩充空间。因此,采用单一索引表结构的文件已无法满足需要。为解决这个问题,可以采用多重索引结构。

多重索引结构采用间接索引方式,即在最初索引项中得到某一盘块号,该块中存放的信息是另一组盘块号,而后者每一块中又可存放下一组盘块号(或者是文件本身信息)。这样间接几级(通常为 1～3 级),最后的盘块中存放的信息才是文件内容。

这种方法具有一般索引文件的优点,但也存在着间接索引需要多次访问磁盘而影响速度的缺点。

5. Hash 结构文件

Hash 结构又称散列结构,它是采用计算寻址结构,通过对记录中的键值进行某种计算,转换为与之对应的物理地址。一般说来,由于地址的总数比可能的键值总数(范围)要少得多,导致记录的键值与计算所得的地址之间的关系不是一一对应。因此,不同键值在计算之后,可能会得到相同的地址,这种现象称为"地址冲突"。解决地址冲突的办法叫作溢出处理技术,它是设计 Hash 结构文件需要考虑的主要内容,常用的溢出处理技术有顺序探索法、二次散列法、拉链法、独立溢出区法等。

散列文件不需要索引,节省了索引表所占的空间和查找索引表的时间,随机存取效率很高,适用于不宜采用连续结构、记录次序较乱、又需要在极短时间内存取的场合。

6. 组合分配

组合分配是多种分配策略的组合,这种方案最初为 UNIX 系统采用。如图 7-5 所示。

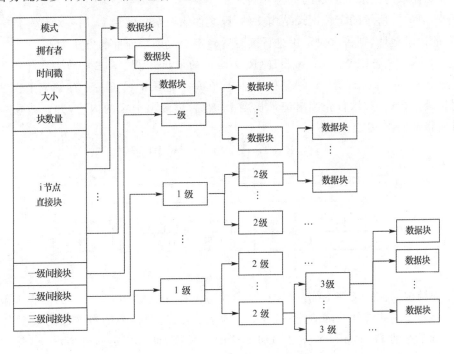

图 7-5　组合分配

图的左部是文件控制块(又称 i 节点),其中含有文件的各种属性信息。一个打开文件的 i 节点放在系统内存区,与文件物理位置有关的索引信息是 i 节点的一个组成部分,它是由 13 项整数构成的数组,其中放有盘块号,前 10 项为直接索引,以下依次为一次间接、二次间接和三次间接索引。直接索引项所对应的盘块中放有该文件的数据,这种盘块称为直接块。而一次间接项所对应的盘块(间接块)中放有直接索引块的块号表。为了通过间接块存取文件数据,操作系统必须先读出间接块,找到相应的直接索引块项,然后从直接块中读取数据。二次间接项所对应盘块中放有一次间接块号表,三次间接项所对应的盘块中放有二次间接块号表。对于这类文件,目录项只需要包括文件名和 i 节点号。

一般来说,大小在 10 块之内的文件有很多,可以利用直接项立即得到存放数据的盘块号,因而存取文件的速度较快。对于大于 10 块的较大型的文件来说,可以对 10 块以上的部分采用一次间接块;如仍旧放不下,则接着采用二次间接;对巨型文件来说,可能用到三次间接。如果盘块的大小是 1 KB,每个盘块号占用 4 个字节,则在一个盘块中可存放 256 个盘块号,在该方案下文件的最大尺寸可达 16 GB。

这种分配策略同时具有以上多种分配策略的优点,而且非常灵活。但对于大型文件也存在着因间接索引次数较多而需要多次访问磁盘,从而降低文件的存取速度。

7.2.3 文件的存取方法

文件的存取方法是指读写存储在辅存上的文件物理块的方法。常用的存取方法有顺序存取和随机存取两种。

1. 顺序存取

顺序存取法是按照文件的排列顺序逐一存取。在记录式文件中,如果当前存取的记录为 R_i,则下次要存取的记录自动地确定为 R_{i+1}。

对于图 7-6(a)所示的定长记录结构文件,设文件的记录长度为 L,用一对读写指针表示当前要读写的记录地址,则每次对记录进行读写后确定下次读写地址的方法为:

$$R_{i+1} = R_i + L; W_{i+1} = W_i + L \ (R_i \ 为当前的读指针,W_i \ 为当前的写指针)$$

对于图 7-6(b)所示的变长记录结构文件,应在每个记录中设置一个存储记录长度的子单元,当对记录进行读写时,首先读出记录长度 L_i,然后再读出记录的内容,并修改相应的读写指针,读写指针的修改方法如下:

$$R_{i+1} = R_i + L_i + 1; W_{i+1} = W_i + L_i + 1$$

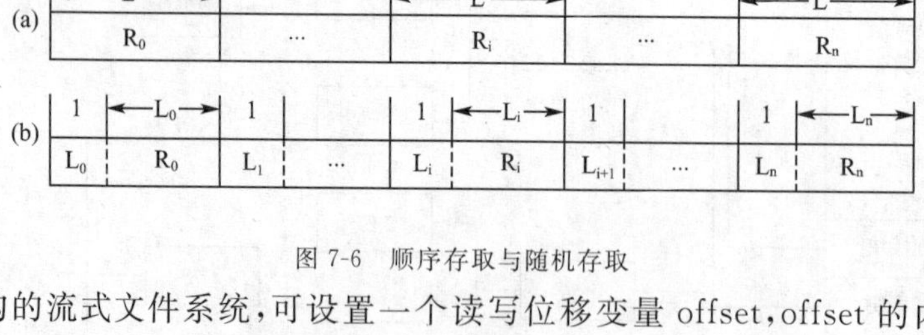

图 7-6 顺序存取与随机存取

对于无结构的流式文件系统,可设置一个读写位移变量 offset,offset 的内容一般是当前读写位置相对于流式文件首部的偏移量,单位为字节,假定要读写的数据段的长度为 L,那么读写完当前的数据段后,offset 应自动加上这段的长度,即:offset = offset + L,然后再根据 offset 读写下一段信息。

2. 随机存取

随机存取法允许用户随机地根据记录编号存取文件中的任意一条记录,或者根据存取命令将读写指针移动到需要进行存取的位置,而不必考虑在它前面一次的读写情况。

对于采用顺序结构的记录长度为 L 的定长记录式文件,当给出要读写的记录号 i 和首记录 R_0 的地址 addr0 时,则第 i 个记录的首地址为:

$$R_i=addr0+i\times L; W_i=addr0+i\times L$$

对于采用顺序结构的变长记录式文件,要读写第 i 个记录 R_i 时,必须从文件的起始位置开始顺序查找,直到找到第 R_i 个记录为止。

对不定长记录的文件施行直接存取的效率很低,一般采用索引结构。索引号为记录号的顺序,索引表的内容包括记录长度和记录的物理地址。查找时,首先以记录号为索引读出相应表目,找到该记录的物理首地址后即可读写记录。

7.3 辅存空间管理

通常,需要永久保存的文件必须存放在磁盘、光盘等大容量的辅助存储器中,所以磁盘空间的管理也是文件系统的重要功能之一,这就需要文件系统随时掌握磁盘空间的分配情况。磁盘是以块为单位进行分配的,操作系统文件管理部分要对磁盘空间进行管理,就需要知道哪些块已经分配,哪些块仍然空闲,以便随时分配给新的文件或目录。为了记录空闲磁盘空间,系统需要用空闲空间表记录那些尚未分配给文件或目录的空闲磁盘块。常用的磁盘存储空间管理方案有空闲区表法、空闲链表法、位示图法以及成组链接法。

7.3.1 空闲区表法

空闲区表法属于连续分配方式,适用于为每个文件分配连续的存储块。系统为辅存上的所有空闲区建立一张空闲表,每个空闲区对应于一个空闲表项,其中包括表项序号、该起始空闲块号、连续的空闲盘块个数等信息,再将所有的空闲区按起始盘块号递增排列,形成表 7-1 所示的空闲表。

表 7-1　　　　　　　　　　空闲表

序号	起始空闲块号	空闲块个数	空闲块号
1	2	4	(2,3,4,5)
2	9	3	(9,10,11)
3	15	5	(15,16,17,18,19)
4	—		—

空闲区的分配与内存的动态分配类似,可采用首次适应算法、循环首次适应算法等。例如,在系统为某新创建的文件分配空闲盘块时,先顺序检索空闲表的各表项,直至找到第一个大小能满足要求的空闲区,将该盘区分配给用户(进程),同时修改空闲表。系统在对用户所释放的存储空间进行回收时,也采取类似于内存回收的方法,需要考虑回收区是否与空闲表中插入点的前区和后区相邻接,对相邻接者应予以合并。

7.3.2 空闲链表法

空闲链表法是系统在磁盘的每一个空闲块中设置一个指针,指向下一个磁盘空闲块,使所有的空闲物理块拉成一条空闲链表,这就是磁盘的空闲块链。系统再设置一个空闲块首指针指向第一个空闲块,链表最后一个空闲块中的指针标明为 NULL,指示空闲块链结束,如图 7-7 所示。

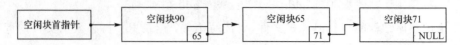

图 7-7 空闲块链

在申请分配物理空间时,系统从空闲块的链首开始,一块一块地摘下空闲块予以分配,分配完毕修改链首指针,指向新的首块。如果释放物理块,则将释放的块从块首插入,并将块首指针修改为最后插入的块。

空闲链表的管理简单,且由于各空闲块的链接指针是隐含在空闲盘块中,管理所需的空间要求较小。但分配和插入空闲块都需要调整链表指针,增加了对磁盘的读/写操作,对系统的效率会造成一定的影响。

7.3.3 位示图法

位示图(Bit Map)是反映整个存储空间分配情况的数据结构。在位示图中,用一个二进制位来反映一个物理块的分配情况,当某位为 1 时表示该块已分配,如果该块空闲,则对应位为 0。图 7-8 所示为位示图。

	0	1	2	3	4	5	6	7	8	9	10	11	12	13	14	15
0	1	1	0	0	1	1	0	1	1	1	0	1	1	1	1	1
1	0	0	0	0	1	1	1	1	1	0	0	0	0	0	0	1
2	1	1	1	1	0	0	0	1	0	0	0	1	1	1	1	0
⋮																

图 7-8 位示图

在位示图法中,盘块分配分为三步:

(1)系统顺序扫描位示图,从中找出一个(组)值为 0 的二进制位。

(2)利用下面的公式经过换算得到相应的盘块地址:

$$盘块号＝行号×每行二进制位数＋列号$$

(3)修改位示图,将相应位置 1。

在位示图法中,盘块回收分两步:

(1)将回收的盘块号转换成图中的行号、列号。

$$行号＝盘块号/每行二进制位数$$

$$列号＝盘块号\%每行二进制位数$$

(2)修改位示图,将相应位清 0。

位示图的优点是占用空间较小,可以保存在主存中,因此空间的分配与回收较快。很多处理器支持一些位操作指令,可实现物理块的高速分配与回收。缺点是对于大容量的磁盘来说要把整个位示图装入内存很耗费存储空间。

7.3.4 成组链接法

对于大型的文件系统来说,采用空闲表法和空闲链表法存在空闲表或空闲链表过长的问题。因此,在 UNIX/Linux 系统中通常采用成组链接法,该方法是结合上述两种方法形成的一种空闲盘块管理方法,兼备了这两种方法的优点。

成组链接法将文件区中的所有空闲盘块划分成若干组,每组的盘块数为 N(例如,每 50 个盘块为一组)。分组时一般按照从后往前的顺序进行划分。将每一组含有的盘块总数 N 和该组所有的盘块号,记入其前一组的第一个盘块中。划分的第一组由于其前面已无其他组存在,因而第一组的块数为 49;最后一组的实际空闲块不一定正好是 50 的整数倍,因而最后一组将可能不足 50 块;最后一组的后面已无另外的空闲块组,只能将该组的盘块号与总块数存放在管理文件存储设备用的文件资源表中。成组链接法的盘块划分如图 7-9(a)所示。在实际工作时,最后一组的盘块总数和所有的盘块号将放在内存的一个专用栈中,称为空闲盘块号栈,空闲盘块号数 N 兼做栈顶指针。空闲块号栈的盘块组织如图 7-9(b)所示。

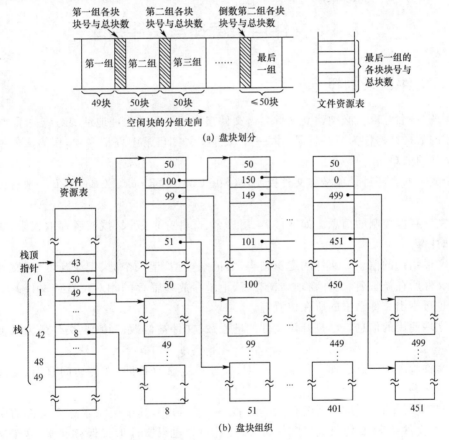

(a) 盘块划分

(b) 盘块组织

图 7-9　空闲盘块的成组链接法

我们可以把每一组的第一块(除第一组外)中的数据看作是一个栈结构,其中,第一个数据项相当于栈顶指针,也表示它的前一组中的块数,其他数据可以看作是栈中元素,即前一组的盘块号。注意,从图 7-9(b)可以看出,在第二组中虽然只记录了 49 个盘块数,但其第一个数据项仍然为 50,这主要原因是在栈中多了一个值为 0 的数据项。为了实现空闲盘块的分配和回收,在这里做了特殊的处理,0 在这里表示无空闲盘块。当在分配盘块时,若分配到的盘块号为 0 时,则表示无空闲盘块可供分配,分配失败。

在用成组链接法对空闲盘块进行了上述的分组之后,由各组的第一个盘块链接成一个链,第二组中的 0 也表示这个链表的结束。系统可根据申请要求进行空闲块的分配,并在释放文件时回收空闲块。

成组链接法的分配和释放过程如下：

在分配空闲块时，首先使堆栈指针减 1，然后从栈顶取出一个空闲盘块号，将其对应的盘块分配出去。若即将分配的是栈中最后一个盘块号，即栈顶指针指向的第 0 号单元，则先将该块的内容读到内存以更新当前的堆栈，然后再将该块分配出去。

在回收空闲盘块时，首先判断堆栈是否已满，若不满，则将回收的盘块号直接记入栈顶，并执行空闲盘块总数加 1 操作，即栈指针加 1。否则，便将现有栈中的栈顶指针以及 100 个盘块号记入新回收的盘块中，然后将栈清空，再将该盘块块号入栈，栈顶指针加 1。

使用成组链接法使得空闲块的分配与释放可在内存中进行，减少了每次分配与释放空闲块时都要启动 I/O 设备的压力。

7.4　文件目录管理与文件共享

7.4.1　文件目录的概念

为实现"按名存取"，必须建立文件名与文件在辅存空间中物理地址的对应关系，体现这种对应关系的数据结构称为文件目录。每一个文件在文件目录中登记一项，作为文件系统建立和维护文件的清单。

每个文件的文件目录项又称文件控制块（File Control Block，FCB），FCB 一般应该包括以下内容：

（1）文件存取控制的信息。如文件名、用户名、文件存取权限、授权者存取权限、文件类型和文件属性等。

（2）文件结构的信息。文件的逻辑结构，如记录类型、记录个数、记录长度等；文件的物理结构，如文件所在设备名、文件物理结构类型、记录存放在辅存的相对位置或文件第一块的物理块号，也可指出文件索引的所在位置等。

（3）文件使用的信息。已打开该文件的进程数、文件被修改的情况、文件最大长度和当前大小等。

（4）文件管理的信息。如文件建立日期、文件最近修改日期、文件访问日期、文件保留期限、记账信息等。

每当建立一个新文件时，系统就要为它设立一个 FCB，其中记录了这个文件的所有属性信息。多个文件的 FCB 便组成了文件目录，文件目录也以文件形式保存起来，这个文件就是目录文件。当用户要求存取某个文件时，系统查找目录文件，先找到相对应的文件目录，通过比较文件名就可找到所寻文件的文件控制块 FCB（文件目录项），再通过 FCB 指示的文件信息相对位置或文件信息首块物理位置等依次存取文件信息。

这样组织的文件控制块，使得每个盘块上所能存放的 FCB 个数太少。而且，为了找到一个文件，往往要读几个盘块。例如，每个 FCB 占 32 个字节，一个 512 字节的盘块，只能放 16 个 FCB，若系统中有 7 个盘块存放 FCB，则查找一个文件平均要读 3.5 个盘块。

实际上，查找文件时，主要使用文件名，文件的其他属性只有对文件实施具体操作时才能用到。因此，为了减少检索文件访问的物理块数，UNIX 文件系统把文件目录项中的文件名和其他管理信息分开，后者单独组成定长的一个数据结构，称为索引节点（i-node 或 inode，也称 i

节点),该索引节点的编号称索引号。在文件目录项中仅留 14 个字节的文件名和两个字节的 i 节点指针。这样,一个物理块可存放 32 个文件目录项,系统把由文件目录项组成的目录文件与普通文件一样对待,存储在文件存储器中。

文件存储器上的每一个文件,都有一个辅存文件控制块 i 节点(又称辅存索引节点)与之对应,这些 i 节点被集中放在文件存储器上的 i 节点区。文件控制块 i 节点对于文件的作用,犹如 PCB 对于每个进程的作用,集中了这个文件的属性及有关信息,找到了 i 节点,就获得了它所对应文件的一切必要信息。

辅存 i 节点记录了一个文件的属性和有关信息,在对某一文件的访问过程中,也会频繁地访问它,系统消耗很大。因此,在系统占用的内存区里开辟一张表——内存 i 节点表(又称活动文件控制块表或活动 i 节点表)。该表共有 100 个表目,每个表目称为一个内存 i 节点。当需要使用某文件的信息,而在内存 i 节点表中找不到其相应的 i 节点时,就申请一个内存 i 节点,把辅存 i 节点的内容拷贝到这个内存 i 节点中,随之就使用这个内存 i 节点来控制文件的读写。通常,在最后一个用户关闭此文件后,内存 i 节点的内容被写到辅存 i 节点中,然后释放内存 i 节点以供它用。

把文件控制块的内容与索引节点分开,不仅加快了目录检索速度,而且,便于实现文件共享,有利于系统的控制和管理。

7.4.2 文件目录的结构及文件共享

从用户角度根据目录的结构,可以将目录分为:单级目录、二级目录、层次目录、无环图结构目录、图状结构目录等。

1. 单级目录

单级目录最为简单,如图 7-10 所示。在整个文件系统中仅建立和维护一张总的目录表,系统上的所有文件都在该表中占有一项。当存取文件时,用户只要给出文件名,系统通过查找这个目录表,找到文件名相对应的项就可获得该文件的属性信息。在通过访问权限验证后,就可以根据目录项中提供的文件物理地址对文件实施存取操作。

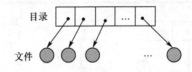

图 7-10 单级目录

建立文件时,只要在目录表中申请一个空闲项,并填入文件名及其相关属性信息即可。同样,删除文件时,只要把相应的目录项标记为空闲项即可。

这种单级目录的主要优点是实现简单,缺点也比较明显:不允许文件重名。单级目录下的文件,不允许和另一个文件有相同的名字。对于多用户系统来说,文件重名又是很难避免的。即使是单用户环境,当文件数量很大时,也很难弄清到底有哪些文件,这就导致文件系统极难管理。

文件查找速度慢。当系统中文件数目较多时,由于拥有大量的目录项,致使查找一个指定的目录项可能花费较长时间。

2. 二级目录

二级目录可以解决文件重名,即把系统中的目录分为一个主目录表(Master File

Directory,MFD)和多个用户目录表(User File Directory,UFD),如图 7-11 所示。在多用户系统中,一般每个用户都拥有一个属于自己的用户目录表 UFD,而主目录表 MFD 则存储着各个 UFD 的信息,标明各个 UFD 的名称、物理位置等。

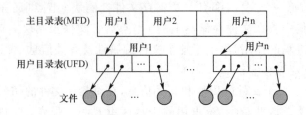

图 7-11　二级目录

使用文件时,用户必须给出用户名和文件名。系统根据用户名在主目录中找到该用户目录,再根据文件名在用户目录中找到文件的物理地址。即使不同的用户给文件取了相同的名字,也不会造成混乱。二级目录在增加新用户时,系统为其建立一个用户目录。删除用户时,则撤销其目录。

这种目录结构基本上克服了单级目录的缺点,其优点主要有:指明了用户名,大大缩小了需要检索的文件数量,从而提高了文件检索速度;允许不同目录中的文件重名,但对同一用户不能有两个同名文件存在。

3. 多级目录

多级目录也称树型目录结构,是二级目录的拓展。在多级目录中,有一个根目录和许多分目录(子目录)。它允许在用户目录下派生子目录,在子目录下再继续派生子目录,在子目录里可以包含文件和下一级子目录,这样依次推广下去就形成了多级层次目录。如图 7-12 所示,第一层为根目录,再往下是子目录和文件,像一棵倒挂的树。

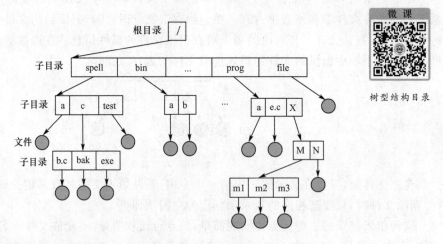

微 课

树型结构目录

图 7-12　多级目录

在树型目录结构的文件系统中,为了能够明确地指定数据文件,需要一条唯一的通路,称为"路径"。把到达指定文件所经过的各层名字称为"路径名"。路径名中的每一个名字用分隔符分开。在 UNIX 系统中,路径名之间的分隔符是"/",在 MS-DOS 中,路径各部分之间用"\"分隔。其中,从根目录出发到达指定文件的路径名称为"绝对路径名",从根目录以外的目录出发到达指定文件的路径名称为"相对路径名"。

多级目录具有以下优点：

(1)既方便用户查找文件，又可以把不同类型和不同用途的文件分类。

(2)允许文件重名。不但不同用户可以使用相同名称的文件，同一用户也可以使用相同名称的文件。

(3)多级层次结构关系可以更方便地制定保护文件的存取权限，有利于文件的保护。

4. 无环结构目录及文件的共享

多级目录不直接支持文件或目录的共享。为了使文件或目录可以被不同的目录所共享，可以把多级目录的层次关系加以推广，形成无环结构目录。在无环结构目录中，不同的目录可以共享一个文件或目录，而不是各自拥有文件或目录的拷贝，如图 7-13 所示。

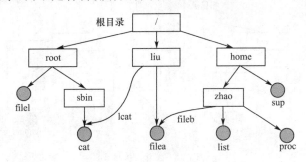

图 7-13　无环结构目录

无环结构目录比树型结构目录更灵活，可以实现不同用户共享同一个文件，但实现比较复杂。在无环结构目录中，有些问题需要仔细考虑。例如，一个文件可以有多个绝对路径名，也就是不同的文件名可以指向同一个文件。只有当指向同一文件的所有链接都被删除时文件才会被真正从磁盘上清除。当需要遍历整个文件系统而不希望多次访问共享文件时，问题也比较复杂。

在 UNIX/Linux 系统中的目录结构可表现为无环结构目录，用这种结构可以实现文件共享。在 UNIX/Linux 系统中，称这种共享文件的形式为基于索引节点的共享方式，也称为硬链接(Hard Linking)。硬链接不再把文件的物理地址及其他的文件属性等信息放在文件目录项中，而是放在索引节点中。在文件目录中只设置文件名及指向相应索引节点的指针。为记录共享用户的个数，在索引节点中设置一个链接计数器 count，用于记录链接到该文件的用户目录项的数目。

如图 7-14 所示，文件/liu/filea 和文件/home/zhao/fileb 共享同一个文件正文，当创建一个新文件/liu/filea 后，在/liu/filea 的索引节点中，count＝1。当在目录/home/zhao 中以文件名 fileb 共享该文件时，在目录/home/zhao 中会增加一个目录项，并设置一个指针指向/liu/filea 文件的索引节点。此时，count＝2。当文件/liu/filea 被共享后，即使删除该文件，也不会影响/home/zhao/fileb，因为在删除/liu/filea 时，count 的值减 1 后等于 1，所以/home/zhao/fileb 仍然存在。若继续删除/home/zhao/fileb 时，这个文件才真正被删除。

注意：在 Linux 系统中，仅实现了对文件的硬链接，对目录不能使用硬链接。

5. 图状结构目录及文件的共享

图状结构目录是在无环结构目录的基础上形成的一种目录结构，如图 7-15 所示。无环目录结构必须保证目录结构中没有环。如果有环，就会形成图状结构。在图状结构目录中通过 myhome 文件实现文件共享。当 zhao 目录要共享 home 目录时，只需在 zhao 目录下创建一个 myhome 的文件，该文件包含指向 home 目录的指针即可。

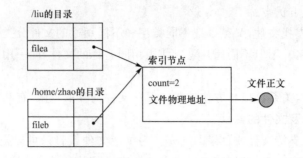

图 7-14   基于索引节点的文件共享

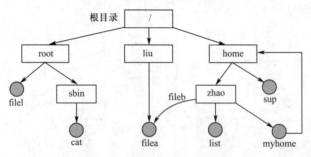

图 7-15   图状结构目录

在 UNIX/Linux/Windows 系统中的目录结构可表现为图状结构目录,利用这种结构实现文件共享。在 UNIX/Linux 系统中,称这种共享文件的形式为符号链接法(Symbolic Linking),也称为软链接。在 Windows 系统中,称这种共享文件的形式为快捷方式。下面我们以 UNIX/Linux 为例介绍这种文件共享方式。在 UNIX/Linux 系统中的具体做法就是系统建立一个类型为 LINK 的新文件,取文件名为 myhome。该新文件是一种特殊类型的文件,其内容为欲共享文件的路径名。这样,当共享用户访问 LINK 类型文件时,操作系统根据该 LINK 类型文件中的路径名去访问指定的文件,从而实现对指定文件的共享。

如图 7-16 所示,为使/home/zhao 目录能够共享/home 目录,在/home/zhao 目录下新建立一个 LINK 类型文件,取文件名为 myhome,该文件是一个文本文件,其内容为共享目录文件 home 的路径名"/home"。当用户访问 LINK 类型文件/home/zhao/myhome 时,操作系统会根据文件中的路径名去指定目的地读取文件,于是实现了/home/zhao/myhome 对目录文件/home 的共享。本例是对目录文件的共享,同样也可以对普通文件共享,请读者在 Linux 环境中试着完成。

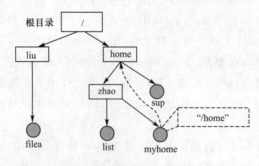

图 7-16   符号链接法实现文件共享

对于符号链接来说,只有真正的文件所有者才有一个指向其目录项或索引节点的指针,链接到该文件上的用户只有路径名,当文件所有者删除该文件以后,链接类文件就会因系统找不到指定文件而导致访问失败。

符号链接的主要优点是,只需给出该文件所在的机器网络地址及机器中的文件路径名,就能够通过网络链接到世界上任何地方的计算机中的文件。缺点就是会增加系统额外的开销。因为系统根据路径名去逐个查找目录,直到找到该文件的索引节点,这需要读盘处理,使得每次访问文件的开销增加。

7.4.3 文件目录的操作

文件目录的操作主要有以下几种。

创建目录。目录是多个文件属性的集合,创建目录就是在外部存储介质中,创建一个目录文件以备存取文件属性信息。

删除目录。就是从外部存储介质中,删除一个目录文件。通常而言,只有当目录为空时,才能删除。

检索目录。实现用户对文件的按名存取必须涉及文件目录的检索。系统按下面的步骤为用户找到所需的文件:首先,系统利用用户提供的文件名,对文件目录进行查询,以找到相应的属性信息;然后,根据这些属性信息,得出文件所在外部存储介质的物理位置;最后,可启动磁盘驱动程序,将所需的文件数据读到内存中。

打开目录。如果要用的目录不在内存中,则需要打开目录,从辅存上读入相应的目录文件。

关闭目录。当所用目录使用结束后,应关闭目录以释放内存空间。

7.5 文件的保护

文件的保护是指防止未经授权的用户访问文件,以及防止文件所有者自己误操作而损毁文件。为达到这个目的,可以采用技术、管理、法律等多种手段来对文件加以保护。文件系统的软件保护属于技术的范畴,以下介绍几种常用的文件保护方法。

1. 口令保护

用户在建立一个文件时就为其设置一个口令,系统在建立 FCB 时将该口令也同时保存在 FCB 中。用户访问该文件时必须提供与 FCB 中一致的口令才能获得文件的访问权,从而达到保护文件的目的。口令保护方式的优点是简单易行,而且系统开销不大。缺点就是保密性较差,口令放在 FCB 中很容易被窃取。

2. 加密保护

在文件写入时,加密程序根据用户提供的密匙对文件进行编码加密,读取文件时根据相同密匙的解密程序予以译码解密,恢复为原文件。密匙不直接存入系统,只在用户请求读/写时动态提供,获得文件以后如果不能提供正确的密匙就不能使用文件的信息,因此文件的保密性很强。

加密方式的缺点是需要花费较长的编码译码时间,增加了系统开销,也降低了文件的访问速度。

3.访问控制

该方式在系统内部建立一张用户权限表,把用户和用户组所要访问的所有文件名及对应的操作权限放入表中,如图 7-17 所示。当用户的访问进程请求访问文件时,系统通过访问用户权限表,验证用户所需的访问与规定的访问权限是否一致,如果越权,将拒绝该用户对文件的访问。

该方法的缺点是:随着文件数量的增加,用户权限表的空间开销也会增大,因此只适用于较小规模的系统。

用户＼文件	text	keys	St
use1	RW	R	RWX
use2	R	RW	RX
use3	W	W	RX

R：读
W：写
X：执行

图 7-17 用户权限表

4.备份

为避免文件受损后数据信息的流失,一种简单的方法是给重要的文件复制多个副本。备份就是创建逻辑驱动器或者文件夹中数据的副本,然后将副本文件保存到其他的存储设备中。这样,当原数据文件受损导致无法继续使用时,可以从存档副本中还原该文件。有两种形式的文件备份方法:一种是批量备份,即定时地进行文件备份;另一种是同步备份,即在写入文件的同时备份该文件。

7.6 文件的使用

为了正确地实现文件的存取和检索,用户必须按照系统规定的操作提出对文件的使用要求,文件系统提供给用户使用的操作主要有以下几种。

1.创建(Create)文件

当用户想把一批信息作为一个文件保存在磁盘上时,可用此操作向系统提出"建立"文件的要求。该命令的功能是:向系统申请一个存储区,作为创建文件的 FCB(文件控制块);将新文件的文件名、属性要求、建立日期、权限等信息填入 FCB。有了 FCB,用户就可以使用该文件了。

2.打开(Open)文件

文件建立之后还不能马上使用,要使用文件,首先要打开文件,以建立用户与文件的联系。此命令的主要功能是:把指定文件的 FCB 里的有关信息复制到内存的目录表中,以便随后对文件进行各种操作。这样,在每次存取文件时,不再需要与外存打交道,从而进行快速访问。文件一次打开后,可多次使用,直到用户关闭该文件为止。

3.写(Write)文件

当用户要向文件写数据时,用"写"文件命令。此命令的功能是:系统将输出的数据存到内存的缓冲区中,在写文件时将缓冲区中指定的内容写入由文件名指定的文件中去。

4.读(Read)文件

从文件中读取数据。此命令的主要功能是:申请一个输入缓冲区,根据命令参数说明需要读出多少数据,以及读出数据存放的内存地址,对文件进行读操作。

5. 关闭(Close)文件

文件操作结束后的善后工作。主要功能是:释放该文件在内存活动文件目录表里所占的空间,以便其他用户使用。文件关闭后,一般就不能再存取,若要再次访问该文件,则必须重新打开。

关闭文件操作是打开文件操作的逆过程。若为共享文件的关闭,则关闭文件的操作并不能真正撤销系统打开文件表中的相应表目,而只是将此文件的引用计数减 1,即撤销的只是执行关闭文件操作进程的用户打开文件表中的相应表目,也就是切断此进程与共享文件之间的联系。只有共享文件的各进程都关闭了,即共享文件的引用计数为 0 时,才发生上述真正的关闭操作。关闭文件的主要步骤是:

(1)撤销内存中有关文件的目录信息。

(2)如在文件"打开"期间对该文件做过某种修改,则将其写回文件目录的相应表目中。

6. 删除(Delete)文件

当文件不再需要时,应将其从系统中删除。此命令的主要功能是:收回该文件所占用的磁盘空间,收回 FCB 所占用的存储空间。

7.7　文件系统实例

7.7.1　Windows 文件系统概述

Windows 可以支持多种文件系统,这里介绍 FAT 和 NTFS 两种。

1. FAT 文件系统

FAT 文件系统是借助文件分配表来创建和使用文件、管理磁盘存储空间的一种方法。

MS-DOS 的 FAT 文件系统引入了"卷"的概念。所谓"卷",就是一个物理磁盘所分成的逻辑磁盘,也就是磁盘上的分区。每个卷都是能够被格式化和单独使用的逻辑单元。

由 FAT 管理的磁盘卷被分成 5 个区域,如图 7-18 所示,它们分别是引导区、文件分配表 1、文件分配表 2、根目录区和数据存储区。

图 7-18　FAT 管理的磁盘卷的结构

其中,引导区存放引导程序以及有关该卷的信息(如扇区数、扇区大小、FAT 的大小、簇的大小等);FAT1 和 FAT2 是两个内容完全相同的文件分配表,其中一个是另一个的副本,以便必要时恢复;根目录区用于存放该卷根目录下各个文件或目录文件的目录项内容;数据存储区是具体存放文件以及子目录内容的区域。

随着磁盘容量的增大,在进行盘块分配时,不再以盘块而是以"簇"为基本单位。所谓"簇",就是一组连续的扇区集合。簇的大小一般为 2^n 个盘块。例如,一簇含 1 个扇区就是 512 B,含 4 个扇区就是 2 KB。在为文件分配存储空间时以簇为单位分配,因此,分配给文件使用的最后一个簇会因为簇中的信息未满整个簇空间而造成浪费。

一个磁盘上有多少簇,文件分配表就有多少个表项。在 FAT 文件系统的文件分配表的表项中,记录着一个文件使用了数据存储区里的哪些簇,形成该文件的分配链。这样,在文件的目录中只要保存分配给它的第一个簇的簇号,通过文件分配表的文件分配链,就能够得到该文件在数据存储区中占用的所有簇的簇号。

FAT 根据根目录表 FDT(File Directory Table)来完成对簇的管理。FDT 中的每个目录项用来记录一个文件或目录文件 FCB 的内容。

如图 7-19 所示,假设要访问根目录下的文件 keys,首先在根目录区找到文件 keys 的FDT,得到文件 keys 的起始簇号为 2,然后到 FAT 表中找到 2 号表项,其中的值说明下一个簇是 4,意味着分配给文件 keys 的下一个簇号为 4;用这个 4 去查找分配表中对应于簇号为 4的表项,里面存放的是 6,于是查找簇号为 6 的表项,6 号表项的值为 7,7 号表项里面存放的是NULL,意味着文件 keys 的分配链到此结束。于是,得到文件 keys 在磁盘上占用的簇链及其簇的排列顺序为 2、4、6、7。

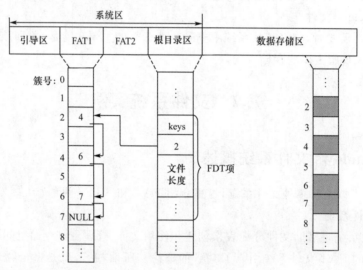

图 7-19　FAT 的文件分配链

每一种 FAT 文件系统,都用一个数字来标识使用多少个二进制位来表示簇号。DOS 的FAT 表中每个表项的大小最初为 12 位,称为 FAT12。由于 FAT12 表最多只允许 4096 个表项,亦即一个磁盘分区最多只能有 4096 个簇,限制了磁盘的容量。后来扩展到 16 位,称为FAT16。在 Windows 95 以后的系统中,又对 FAT16 进行了扩展演变为 FAT32。

FAT32 的每一簇在 FAT 表中表项占据 4 字节(2^{32}),因此允许管理比 FAT16 更多的簇,这样就允许在 FAT32 中使用较小的簇,同时也支持更大的磁盘容量。但这样带来一个明显的缺点就是:文件分配表扩大,运行速度受到影响。

2. NTFS 文件系统

NTFS 是一个具有较好安全性和容错性的全新文件系统。它专门为 Windows NT 开发,但同时也适用于 Windows 2000 以上的系统。

NTFS 也是以簇为基本单位对磁盘空间进行分配与管理。对于簇的定位,NTFS 采用逻辑簇号 LCN(Logical Cluster Number)和虚拟簇号 VCN(Virtual Cluster Number)。LCN 是把整个卷中所有的簇从头到尾进行顺序编号,它表示整个文件卷中每个簇的相对位置;而VCN 则是按照簇的大小将文件划分成文件块,它表示文件块在文件中的相对位置。例如一个文件占用 m 个簇,那么该文件的 VCN 的值就是从 0 到(m−1)。

如图 7-20 所示,某文件需要 6 个簇大小的磁盘存储空间,其中最后一个簇未满,只占用了一小部分空间。NTFS 把虚拟第 0 簇分配存放在逻辑第 15 簇里,把虚拟第 1 簇存放在逻辑第 6 簇,依次建立对应关系。如此定位,只要建立一个 VCN 和 LCN 的对应关系表,那么即使把文件存储在磁盘上不连续的簇里面,只要把 LCN 乘以簇的大小,就可以得到该簇在卷上的物理位移量,进而得到簇的物理磁盘地址。

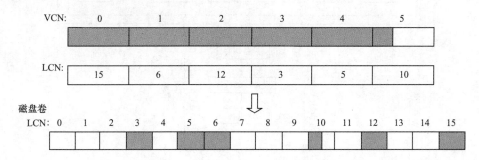

图 7-20　文件 VCN 和 LCN 的关系示意图

NTFS 以卷为单位,将一个卷中的所有文件信息、目录信息以及可用的未分配空间信息,都以文件记录方式记录在一张主控文件表 MFT(Master File Table)中。因此,MFT 是 NTFS 卷结构的管理控制中心,是 NTFS 的核心数据所在。

NTFS 的设计目的是适用于服务器端的文件系统,因此具有很多 FAT 文件系统所没有的特性,如可恢复性与安全性、数据冗余与容错、文件加密、大容量磁盘、多数据流技术、基于 Unicode 的文件名、压缩技术等。不足之处是缺乏与 FAT 文件系统的向下兼容性。

7.7.2　Linux 文件系统概述

1. Linux 文件系统的结构

Linux 能支持多种不同类型的文件系统,如 ext2/3/4、Minix、SYSV、FAT、NTFS、NFS、ISO9660 等。由于每种文件系统都有自己的组织结构和文件操作函数,相互之间差别很大,使 Linux 文件系统的实现具有一定的难度。

Linux 通过虚拟文件系统 VFS(Virtual File System)来管理各种文件系统。VFS 向用户提供一个统一的文件系统接口,屏蔽各类文件系统的各种差异,使用户觉察不到逻辑文件系统的差异,可以使用同样的命令来操作不同的文件系统所管理的文件。

Linux 文件系统采用两层结构。上层为 VFS,下层为各类具体的文件系统,如图 7-21 所示。(注:msdos 指 FAT12 或 FAT16,vfat 指 FAT32)

2. VFS 的数据结构

Linux 虚拟文件系统 VFS 就是某个文件系统的"多路选择开关",它随系统的启动而建立。为了管理所有安装的文件系统,VFS 通过整个 VFS 的一组数据结构,以及实际安装的文件系统的数据结构来处理文件系统之间的差异,实现管理的目的。其主要功能包括:记录可用的文件系统类型;建立设备同对应文件系统的联系;处理一些面向文件的通用操作;涉及对文件系统的操作时,VFS 把它们映射到与控制文件、目录以及 inode 相关的物理文件系统。

Linux 虚拟文件系统的主要数据结构包括:

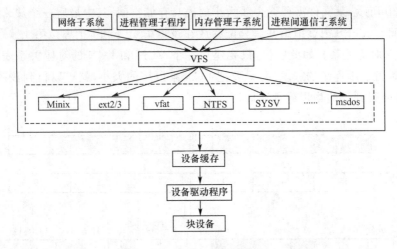

图 7-21 Linux 文件系统结构

（1）超级块（Superblock Object）：存放已安装文件系统的相关信息。它由两部分组成：一是 VFS 为了管理一个文件系统所需的信息；二是所管理的文件系统的超级块信息。

（2）索引节点：存放一个具体文件的所有信息。VFS 中每个文件都有一个唯一的索引节点，由两部分组成：一是 VFS 为了管理一个文件所需的信息；二是所管理的文件的索引节点信息。

（3）文件结构：存放打开文件与进程之间进行交互的有关信息。这类信息是进程访问文件时所使用的。

（4）目录项结构：保存目录项与对应文件进行链接的所有信息。内核把最近最常使用的目录项对象放在目录项高速缓存中，加快文件路径名的转化过程，以提高系统性能。

VFS 依靠这四个主要的数据结构和一些辅助的数据结构来描述其结构信息。

3. 文件系统的注册

Linux 在使用一个文件系统前，必须先对这个文件系统进行注册和安装。只有完成了该文件系统的注册，内核才能使用该文件系统的各种功能。向系统注册一个新文件系统是通过 register_filesystem 函数，使系统可识别该文件系统。

每个文件系统都有一个初始化例程，它的作用就是在 VFS 中注册，即填写一个 file_system_type 数据结构，该数据结构定义如下：

```
struct file_system_type {
    const char * name;            /* 文件系统的类型名,如 ext2 */
    int fs_flags;                 /* 文件系统类型标志 */
    struct super_block * ( * read_super)(struct super_block * ,void * ,int);
    /* 当属于该文件系统类型的逻辑文件系统被安装时,VFS 调用该例程读取超级块 */
    struct file_system_type *  next;/* 文件系统类型链表的后续指针 */
    ......
};
```

4. 文件系统的安装与卸载

在安装 Linux 时，磁盘上已经有一个分区安装了 ext2 文件系统，该系统被作为根文件系统在启动时自动安装。要使用一个其他的文件系统，除注册外，还需要安装这个文件系统。用户可以使用 mount 命令将需要的文件系统安装到整个文件系统树的某一个目录节点上，该文件系统的所有文件和目录就成为该目录下的文件和子目录，如：

mount -t iso9660 /dev/cdrom /mnt/cdrom

这个命令传递给内核三个部分的信息：文件系统的类型（ISO9660）；文件系统的物理块设备（/dev/cdrom）；文件系统要挂载在现存文件系统的目的地（/mnt/cdrom）。

每一个安装文件系统用一个 vfsmount 数据结构描述，包括存放这个文件系统的块设备编号、文件系统安装的目录和指向这个文件系统的 VFS 超级块指针。所有的 vfsmount 结构形成一个链表，称为已安装文件系统链表。vfsmount 的数据结构描述如下：

```
struct vfsmount{
    kdev_t mnt_dev;                          / * 文件系统所在设备的设备号 * /
    char * mnt_devname;                      / * 文件系统所在的设备名，如/dev/hda1 * /
    char * mnt_dirname;                      / * 安装点的目录名 * /
    unsigned int mnt_flags;                  / * 设备标志 * /
    struct semaphore mnt_sem;                / * 设备有关的信号量 * /
    struct super_block * mnt_sb;             / * 指向超级块的指针 * /
    struct file * mnt_quotas[MAXQUOTAS];     / * 指向配额文件的指针 * /
    time_t mnt_iexp[MAXQUOTAS]; / * expiretime for inodes * /
    time_t mnt_bexp[MAXQUOTAS]; / * expiretime for blocks * /
    struct vfsmount * mnt_next;              / * 后继指针 * /
};
```

当 Linux 启动时，在装入根目录系统后，也会根据/etc/fstab 中的登记项使用 mount 命令自动逐个安装文件系统。

卸载文件系统可通过下列命令：

```
umount /mnt/cdrom
```

执行文件系统卸载时，将在以 vfsmntlist 为链表头和 vfsmnttail 为链表尾的单项链表中删除这个 vfsmounnt 节点。

5. ext 文件系统

ext 文件系统是 1992 年出现的专门为 Linux 设计的文件系统，它是第一个使用虚拟文件系统（VFS）交换的文件系统，但其在稳定性、速度和兼容性方面存在许多缺陷，现在已经很少使用了。

1993 年有了新的版本 ext2，以其功能强大和使用灵活等特性受到广泛的使用，它拥有极快的速度和极小的 CPU 占用率，可支持的最大文件系统为 2TB，但其在写入文件内容的同时并没有写入文件的元数据（比如超级块、块组描述符、文件目录项和文件 inode 等），而是等到有空时才写入文件的元数据信息，若在写入元数据之前系统突然断电就可能造成文件系统的不一致状态，会给用户造成严重的损失。

2001 年出现了 ext3 版本，它引入了日志的概念以提高文件系统的可靠性。ext3 最大的特点就是它会将整个磁盘的写入动作完整地记录在磁盘的某个区域上，以便在需要时回溯追踪。ext3 支持从 ext2 系统就地升级而不必重新格式化，它已被广泛应用于 Linux 系统中。但ext3 最大的缺点是没有现代文件系统所具有的能提高文件数据处理速度和解压的高性能。此外，使用 ext3 文件系统要注意硬盘限额问题。

在 Linux 2.6.28 内核中提供了首个稳定的 ext4 文件系统。在性能、伸缩性和可靠性方面进行了大量的改进，它支持 1EB 的文件系统。

下面以 ext2 为例介绍其基本原理和结构。

ext2 文件系统把磁盘的分区或软盘视为一个文件卷,把文件卷上相邻磁道的物理块称为"块组"。因此,一个文件卷上可能有多个块组。ext2 文件系统结构如图 7-22 所示。

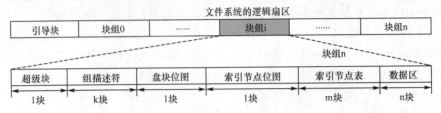

图 7-22　ext2 文件系统结构

从图中可以看出,除引导块不属于任何逻辑分区外,每个逻辑分区都被划分为块组,每个块组都包括:超级块、组描述符、盘块位图、索引节点(inode)位图、索引节点(inode)表和数据区。

(1)引导块:存放引导程序,用于引导操作系统。

(2)索引节点表:在 ext2 文件系统中,任何文件都有自己的索引节点,即一般所说的文件控制块,这些索引节点的集合,称为"索引节点表"。每个索引节点给出的信息主要有文件类型和访问权限(i_mode)、文件主的标识(i_uid)、文件长度(i_size)、文件占用的盘块数(i_blocks)、文件索引表(i_block[])等。

(3)超级块:是一个文件系统的核心,主要描述文件系统的目录和文件的静态分布情况,以及描述文件系统的各种组成结构的尺寸、数量等。每个块组里虽然都有一个超级块,不过通常只用块组 0 里的超级块,其他块组里的超级块只是作为备份而以。

超级块中主要包括:文件卷的大小(s_blocks_count)、块尺寸(s_log_block_size)、块组中的块数(s_blocks_per_group)、索引节点的尺寸(s_inode_size)、每个块组中的索引块点数(s_inode_per_group)等内容。

(4)组描述符:每一个块组有一个组描述符。所有组描述符集中在一起依次存放,形成组描述符表。组描述符用于给出有关这个块组整体的管理信息。主要包含:盘块位图所在块的块号(bg_block_bitmap)、索引节点位图的块号(bg_inode_bitmap)、索引节点表第一个块的块号(bg_inode_table)、块组中空闲块的个数(bg_free_blocks_count)、块组中空闲索引节点的个数(bg_free_inodes_count)和块组中目录的个数(bg_used_dirs_count)等。组描述符定义在/include/linix/ext2_fs.h 中。

可以看出,组描述符给出了涉及该块组的一些重要信息。当新建一个文件时,可以从 bg_free_blocks_count 和 bg_free_inodes_count 里得知有没有空闲的磁盘块及空闲的索引节点,然后从 bg_block_bitmap、bg_inode_bitmap 和 bg_inode_table 里得到空闲的索引节点及空闲的磁盘块。

(5)盘块位图:用来管理块组中数据区里的盘块。盘块位图中的某位为 0,表示数据区中的相应盘块空闲;为 1,则表示数据区中的相应盘块已经分配。因此,盘块位图中位的数目,决定了该组中能够分配的盘块个数。

(6)索引节点位图:用来管理块组中的索引节点。位图中的某位为 0,表示索引节点表中的相应节点空闲;为 1,则表示相应节点已经分配。因此,索引节点表中索引节点的个数,决定了该组中能够容纳的文件个数。

(7)数据区:块组中用于存放文件具体信息的区域。

6. 虚拟文件系统 proc

Linux 内核提供了一种通过/proc 文件系统,在运行时访问内核内部数据结构,改变内核设置的机制。proc 文件系统是一个伪文件系统,即虚拟文件系统,它只存在内存当中,不占用外存空间。它为以文件系统的方式访问系统内核数据的操作提供接口,用户和应用程序可以通过 proc 得到系统的信息,并可以改变内核的某些参数。由于系统的信息,如进程,是动态改变的,所以当用户或应用程序读取 proc 文件时,proc 文件系统会动态地从系统内核读出所需信息并提交给用户。关于/proc 目录的相关信息可参考其他资料。

7.7.3　Linux 的 RAM 盘

将一部分内存空间当作磁盘来使用,我们把这部分内存空间称作 RAM 盘。RAM 盘的存取速度要远快于目前的物理硬盘,可以被用作需要高速读写的文件。像 Web 服务器需要读取和交换大量的文件,因此,在 Web 服务器上建立 RAM 盘会大大提高网络读取速度。

在 Linux 系统中,ramdisk、ramfs 和 tmpfs 都是基于内存的文件系统。ramdisk 在 Linux 2.0 中就开始支持了,可以格式化,然后加载。其不足之处是大小固定,之后不能改变。另两种则是从内核 Linux 2.4 开始支持的,它们不需经过格式化,用起来灵活,其大小随所需要的空间而增加或减少。

ramfs 顾名思义是内存文件系统,它处于虚拟文件系统(VFS)层,而不像 ramdisk 那样基于虚拟在内存中的其他文件系统(ex2fs)。因而,它不需要格式化,可以创建多个,只要内存足够,在创建时可以指定其最大能使用的内存大小。如果 Linux 已经将 ramfs 编译进内核,就可以很容易地使用 ramfs 了,只要创建一个目录,加载 ramfs 到该目录即可。

tmpfs 是一个虚拟内存文件系统,它不同于传统的用块设备形式来实现的 RAM 盘,也不同于针对物理内存的 ramfs。tmpfs 可以使用物理内存,也可以使用交换分区。在 Linux 内核中,虚拟内存资源由物理内存(RAM)和交换分区组成,这些资源是由内核中的虚拟内存子系统来负责分配和管理。tmpfs 向虚拟内存子系统请求页来存储文件,它同 Linux 的其他请求页的部分一样,不知道分配给自己的页是在内存中还是在交换分区中。同 ramfs 一样,其大小也不是固定的,而是随着所需要的空间而动态的增减。

7.8　典型例题分析

例 1:若有甲、乙两个用户,甲用户有文件 A、B,乙用户有文件 A、C、D,甲用户的 A 文件和乙用户的 A 文件不是同一个文件。甲用户的文件 B 与乙用户的文件 C 是同一个文件。请设计一个目录组织方案,并画图说明。

答:由于本问题是两个用户,并且存在文件重名和文件别名问题,因此目录组织方案可采用二级目录结构,如图 7-23 所示。

例 2:若一个硬盘上共有 5 000 个磁盘块可用于存储信息,若由字长为 32 位的字构造位示图,请问构成的位示图需要多少个字? 某文件所占的盘块块号分别为 12、16、23 和 37,若文件被删除后,位示图如何修改?

答:位示图共需$\lceil 5\ 000/32 \rceil = 157$ 个字。

根据要回收的磁盘物理块号计算得到字号和位号分别为:

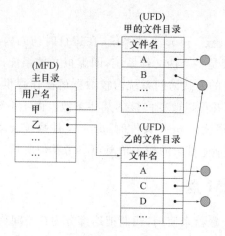

图 7-23 目录组织结构

12 对应的字号和位号分别为 0 字 12 位;16 对应 0 字 16 位;23 对应 0 字 23 位;37 对应 1 字 5 位,则当文件被删除时只需将 0 字 12 位、16 位、23 位及 1 字 5 位共四个位置清 0,同时再将空闲块总数加 4 即可。

例 3:有一个文件系统,根目录常驻内存。目录文件采用链接结构,规定一个目录下最多存放 50 个下级文件。下级文件可以是目录文件,也可以是普通文件。每个磁盘块可存放 10 个下级文件的目录项,若下级文件为目录文件,则目录项给出该目录文件的第一块地址,否则给出普通文件的 FCB 的地址。

(1)假设普通文件采用 UNIX 的三级索引结构,即 FCB 中给出 13 个磁盘地址,前 10 个磁盘地址指出文件前 10 块的物理地址,第 11 个磁盘地址指向一级索引表(给出 256 个磁盘地址);第 12 个磁盘地址指向二级索引表,二级索引表中指出 256 个一级索引表的地址;第 13 个磁盘地址指向三级索引表,三级索引表中指出 256 个二级索引表的地址。若要读文件/A/D/G/I/K 中的某一块,最少要启动磁盘几次?最多要启动磁盘几次?

(2)若普通文件采用链接结构,要读/A/D/G/I/K 的第 55 块,最少启动磁盘几次?最多几次?

(3)若普通文件采用顺序结构,要读/A/D/G/I/K 的第 5555 块,最少启动磁盘几次?最多几次?

答:(1)最少启动磁盘次数为:

读 A 目录文件:若目录 D 在 A 目录文件的第一个磁盘块中,则启动 1 次读磁盘即可从中找到 D 目录文件的第一个磁盘块地址;

同理,最少启动 1 次磁盘,读 D 目录文件第一个磁盘块,从中找到 G 目录文件的第一个磁盘块地址;最少启动 1 次磁盘,读 G 目录文件,找到 I 目录文件的第一个磁盘块地址;最少启动 1 次磁盘,读 I 目录文件,找到文件 K 的 FCB 地址。

因假设普通文件采用 UNIX 的三级索引结构,即 FCB 中给出 13 个磁盘地址,前 10 个磁盘地址指出文件前 10 块的物理地址,所以,再启动 1 次磁盘即可读前 10 块中的任意一块,所以若要读文件/A/D/G/I/K 中的某一块,最少要启动磁盘 6 次。

最多启动磁盘次数为:

读 A 目录文件:若目录 D 在 A 目录文件的最后一块中存放,则需要启动 5 次读磁盘才能找到 D 目录文件的第一个磁盘块地址;

同理读 D 目录文件,最多需要启动磁盘读 5 个磁盘块才能找到 G 目录文件的第一个磁盘块地址;

读 G 目录文件,最多启动 5 次磁盘,找到 I 目录文件的第一个磁盘块地址;

读 I 目录文件,最多启动 5 次磁盘,找到文件 K 的 FCB 地址。

启动一次磁盘打开文件 K,假设文件 K 足够大,要求读取三级索引表,则需要启动磁盘 3 次,再加 1 次读磁盘文件 K 的某一块。所以,最多启动磁盘次数为:5+5+5+5+1+3+1=25 次。

(2)若普通文件采用链接结构,要读/A/D/G/I/K 的第 55 块,最少启动磁盘次数:

读 A 目录文件:最少启动 1 次磁盘找到 D 目录文件;

读 D 目录文件,最少启动 1 次磁盘找到 G 目录文件;

读 G 目录文件,最少启动 1 次磁盘找到 I 目录文件;

读 I 目录文件,最少启动 1 次磁盘找到文件 K。

打开文件 K,启动 1 次磁盘。读第 55 块,则需要启动 55 次磁盘。所以,最少启动磁盘次数为:1+1+1+1+1+55=60 次。

最多启动磁盘次数:

读 A 目录文件,最多启动 5 次磁盘找到 D 目录文件;

读 D 目录文件,最多启动 5 次磁盘找到 G 目录文件;

读 G 目录文件,最多启动 5 次磁盘找到 I 目录文件;

读 I 目录文件,最多启动 5 次磁盘找到文件 K。

打开文件 K,启动 1 次磁盘。读第 55 块,则需要启动 55 次磁盘。最多启动磁盘次数为:5+5+5+5+1+55=76 次。

(3)若普通文件采用顺序结构,要读/A/D/G/I/K 的第 5 555 块,最少启动磁盘次数为:

读 A 目录文件,最少启动 1 次磁盘找到 D 目录文件;

读 D 目录文件,最少启动 1 次磁盘找到 G 目录文件;

读 G 目录文件,最少启动 1 次磁盘找到 I 目录文件;

读 I 目录文件,最少启动 1 次磁盘找到文件 K。

打开文件 K,启动 1 次磁盘。读第 5 555 块,则需要启动 1 次磁盘。所以最少启动磁盘次数为:1+1+1+1+1+1=6 次。

最多启动磁盘次数为:

读 A 目录文件,最多启动 5 次磁盘找到 D 目录文件;

读 D 目录文件,最多启动 5 次磁盘找到 G 目录文件;

读 G 目录文件,最多启动 5 次磁盘找到 I 目录文件;

读 I 目录文件,最多启动 5 次磁盘找到文件 K。

打开文件 K,启动一次磁盘。读第 5 555 块,则需要启动 1 次磁盘。最多启动磁盘次数为:5+5+5+5+1+1=22 次。

例 4:一个文件系统采用索引方式分配磁盘物理块,其中磁盘块大小为 4 KB,索引项大小为 32 位,回答:

(1)一级索引文件 A,二级索引文件 B,三级索引文件 C 容量最大是多少?

(2)假如上述 A、B、C 文件控制块在内存,则删除文件 A、B、C 的任意一个物理块最多需要读或写多少磁盘块?

(3)假如上述 A、B、C 文件控制块在内存,则在 A、B、C 的尾部插入一个物理块最多需要读或写多少磁盘块?

答:索引项大小为 32 位,一个物理块可有索引项:4 KB/4 B＝1 K。

(1)A 最大容量为 1 K×4 KB＝4 MB;

B 最大容量为 1 K×1 K×4 KB＝4 GB;

C 最大容量为 1 K×1 K×1 K×4 KB＝4 TB。

(2)当删除一个物理块时,需要将其占用的磁盘块归还系统,假设将磁盘块归还系统时不需要额外的读或写磁盘块。

A:读索引块,修改索引块,写索引块,需要读 1 个磁盘块,写一个磁盘块,最多读或写磁盘块共 2 块。

B:读一级索引块,读二级索引块,如果删除的块在二级索引的首块中,二级索引的所有块都要修改,一级索引块也可能要修改(如果需要修改一级索引块,那么二级索引的最后一块为空,不需要写回)。所以,最多读 1＋K 个磁盘块,最多写 1 K 个磁盘块,所以,删除文件 B 的任意一个物理块最多读或写共 1＋2 K 个磁盘块。

C:读一级索引块,读二级索引块,读三级索引块,如果删除的块在三级索引的首块中,则第三级索引块都要修改,假设二级索引块不需要修改,则读写磁盘块总次数为:1＋1 K＋2 M。如果一级或二级索引块需要修改,则读写磁盘块总次数小于 1＋1 K＋2 M。故删除文件 C 的任意一个物理块最多需要读或写 1＋1 K＋2 M 磁盘块。

(3)假设对于 A、B、C 来说还可以追加物理块。

A:读索引块,修改索引块,写追加的块,写索引块,最多读 1 个存储块,写 2 个存储块,所以在 A 的尾部插入一个物理块最多需要读或写 3 个磁盘块。

B:分两种情况讨论:a. 最后一个二级索引块不满:读一级索引块,读最后一个二级索引块,修改该二级索引块,写追加的块,写二级索引块,需要读或写 4 个磁盘块。b. 最后一个二级索引块已满:读一级索引块,读最后一个二级索引块,发现已满,在内存中构造一个新的二级索引块,修改一级索引块,写追加的块,写新的二级索引块,写一级索引块。最多读 2 个磁盘块,写 3 个存储块。所以在 B 的尾部插入一个物理块最多需要读或写 5 个磁盘块。

C:分三种情况:a. 最后一个三级索引块不满:读一级索引块,读最后的二级索引块,读最后的三级索引块,修改该三级索引块,写追加的块,写三级索引块,需要读或写 5 个磁盘块。b. 最后一个二级索引块不满,但最后一个三级索引块不满:读一级索引块,读最后的二级索引块,读最后的三级索引块,发现该三级索引块已满,在内存中构造一个新的三级索引块,修改二级索引块,写追加的块,写二级和三级索引块,需要读或写 6 个磁盘块。c. 最后一个二级块和最后一个三级索引块都满了:读一级索引块,读最后的二级索引块,发现该三级索引块已满,读最后的三级索引块,发现该三级索引块已满,在内存中构造一个新的二级索引块和一个新的三级索引块,修改一级索引块,写追加的块,写一级、二级和三级索引块,需要读或写 7 个磁盘块。所以在 C 的尾部插入一个物理块最多需要读或写 7 个磁盘块。

例 5:当 UNIX 文件系统的外存资源分配情况处于如图 7-24 所示状态时,首先由进程 T 释放 4 个物理块 298、299、300、301,再由进程 S 申请 5 个物理块,试分析并画图说明回收和分配物理块时的状态。

答:当进程 T 释放物理块 298、299 后的状态如图 7-25 所示。

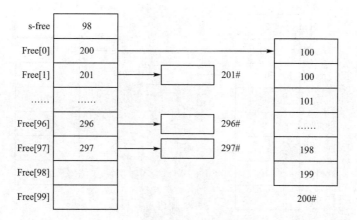

图 7-24　UNIX 文件系统的外存资源分配情况

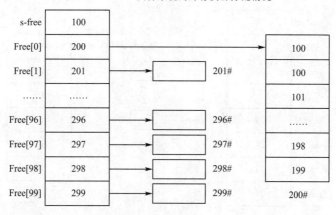

图 7-25　当进程 T 释放物理块 298、299 后的状态

当进程 T 释放物理块 300 后的状态如图 7-26 所示。

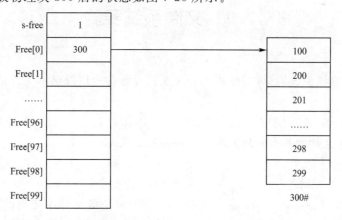

图 7-26　当进程 T 释放物理块 300 后的状态

当进程 T 释放物理块 301 后的状态如图 7-27 所示。

当进程 S 获得第 1 个物理块后的状态如图 7-26 所示，获得的物理块是 301。

当进程 S 获得第 2 个物理块后的状态如图 7-25 所示，获得的物理块是 300。

当进程 S 获得 5 个物理块后的状态如图 7-28 所示，获得的物理块依次是 299、298、297。

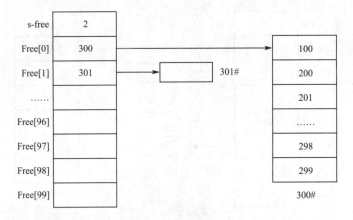

图 7-27   当进程 T 释放物理块 301 后的状态

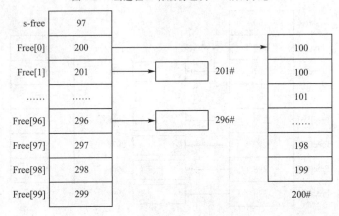

图 7-28   当进程 S 获得 5 个物理块后的状态

7.9   文件系统实验

1. 实验内容

以 root 身份登录系统后,练习常用 Linux 文件操作命令以及学习文件系统的装卸。

2. 实验目的

通过对 Linux 文件系统中有关命令的操作,加深读者对 Linux 文件系统的了解,掌握 Linux 操作系统中文件的基本管理方法及文件系统的装卸。

3. 实验准备

(1)绝对路径和相对路径

当前工作目录(Present Working Directory,PWD),是指文件系统当前所在的工作目录。如果命令没有额外指定路径,则默认为当前工作目录。比如 ls 命令,如果没有指定目录,就会显示出当前工作目录的文件。可以使用 pwd 命令查看当前工作目录。

在 Linux 中,路径可以用绝对路径和相对路径表示,相对路径就是相对于当前工作目录描述文件或目录所在位置的路径。绝对路径是指从根目录开始描述文件或目录所在位置的路径。例如,当前工作目录为/root,在当前工作目录下有一个子目录 Document,在子目录 Document 下有一个文本文件 abc. txt,则描述该文本文件的绝对路径为:/root/Document/abc. txt,相对路径可以是 Document/abc. txt、\Document/abc. txt 或..\root/Document/

abc. txt。

（2）常用文件管理命令

①列出文件目录的命令 ls。

②创建子目录的命令 mkdir。

③文件拷贝命令 cp。

④删除子目录命令 rmdir。

⑤文件的移动与换名命令 mv。

⑥文件内容的查看命令 cat。

⑦删除文件的命令 rm。

（3）文件系统的装载

在 Linux 中用户所见到的文件空间是基于树状结构的。树的根在顶部。在这个树状结构中的各种目录和文件从树根向下分支，顶层目录（/）被称为根目录。Linux 操作系统由一些目录和许多文件组成，这些目录可能是不同的文件系统。例如，Linux 常用的文件系统有 ext2、ext3、ext4 和 XFS 等等。在使用计算机过程中，有时会用到 CD-ROM 或软驱，在 Linux 系统中，常采用 ISO 9660 文件系统管理 CD-ROM，采用 FAT 文件系统管理是软驱。

文件系统的装载是指将一个文件系统的顶层目录挂到另一个文件系统的子目录上，使它们成为一个整体，该子目录称为装载点。装载前先要了解所要装载的文件系统的格式，看 Linux 是否支持该文件格式。装载时使用 mount 命令。

①mount 命令格式

mount［选项］［设备名称］［装载点］

常用选项说明：

-h：显示辅助信息。

-t 文件系统类型：指定设备的文件系统类型，常见的文件系统类型有：

minix：Linux 最早使用的文件系统。

ext2：Linux 目前常用的文件系统。

ext3：ext2 文件系统的加强版。

msdos：MS-DOS 的 FAT 文件系统，一般指 FAT12。

vfat：Windows 98 常用的 FAT32。

nfs：网络文件系统。

iso9660：光盘的标准文件系统。

ntfs：Windows NT 2000 的文件系统。

auto：自动检测文件系统。

-o：指定装载文件系统时的选项，常用的选项如下：

ro：以只读方式装载。

rw：以读写方式装载。

②设备名称

在挂载文件系统时，被挂载的文件系统一定是 Linux 操作系统支持的文件系统，否则使用 mount 命令挂载时会报错。用户在挂载文件系统之前，一定要动手创建挂载点，因为 mount 命令无法自动创建挂载点。挂载点是一个可由用户自己创建的目录。

Linux 系统中设备名称通常保存在/dev 目录中，这些设备名称的命名都有一定的规则，例如/dev/disk 是指磁盘,fd 是 Floppy Device(或是 Floppy Disk),a 代表第一个设备,通常 IDE 接口有 4 个 IDE 设备,所以识别磁盘的方法是 hda、hdb、hdc 和 hdd。如 hda1 中的"1"表示第 1 个分区,hda2 表示第 2 个主分区,第一个逻辑分区从 hda5 开始。

③挂载系统

在挂载系统之前,首先要确定挂载点是否存在,如果不存在,一定要创建挂载点。比如在/mnt 目录下创建子目录 cdrom 和子目录 mydata,分别用于挂载光盘和硬盘,执行命令如下:

```
mkdir -p /mnt/cdrom //在/mnt 下创建子目录 cdrom
mkdir -p /mnt/mydata //在/mnt 下创建子目录 mydata
```

将光盘驱动器和硬盘驱动器分别挂载到这两个目录下。注意,不论挂载哪个存储设备,一定要选对相应的设备文件。

```
mount /dev/cdrom /mnt/cdrom //将光驱挂载到/mnt/cdrom 目录下
```

或

```
mount /dev/sr0 /mnt/cdrom
mount /dev/sdb /mnt/mydata //将硬盘挂载到/mnt/mydata 目录下
```

可以用下列命令查看软盘和光盘中的文件目录。

ls /mnt/cdrom

ls /mnt/mydata

(4)文件系统的卸载

命令 umount 的作用与命令 mount 正好相反,主要用于卸载一个文件系统。

命令格式:

umount［选项］［挂载的设备］［挂载点］

umount 命令是 mount 命令的逆操作,它们的使用方法和选项是完全相同的。卸载上面安装的软驱和光驱的命令如下:

umount /mnt/cdrom

umount /mnt/mydata

(5)文件的共享

Linux 系统中采用硬链接和符号链接两种方法来实现共享,硬链接是基于索引节点的共享方式,符号链接则是利用符号链来实现共享的。

①硬链接

在 Linux 系统中以单纯地复制文件到需要的用户目录下,可以实现文件的共享,但同一个文件在不同的用户目录下无疑会造成磁盘资源的浪费。链接可以在不复制的情况下实现文件共享。例如,用户 stu 需要使用 root 用户的文件/usr/new,那么只需要在 stu 下创建该文件的链接即可。

硬链接是一个正常的目录项,它指向存在的唯一一个文件。在显示目录列表时,硬链接会产生有两个相同文件的假象。系统把硬链接看成另外一个文件并且在系统备份时,一个文件有几个硬链接就备份几次。由于硬链接共享 inode 索引节点,所以不能跨文件系统存在。创建一个硬链接文件非常简单,只需把链接文件的 inode 节点号指向该 inode 节点,同时,该 inode 节点的链接计数器的值被加 1。另一方面,删除一个链接文件的时候,系统不仅将该链接文件删除,而且把该 inode 节点的链接计数器的值减 1,如果其值减 1 后等于 0 的话,该 inode 将被释放,此时该 inode 节点不再代表任何有意义的文件实体。

创建链接的命令是 ln,使用格式为:

ln[真实文件路径][链接文件路径]

以 root 用户文件/usr/new 为例,用户 stu 可输入下面的命令实现共享:

ln /usr/new /stu/new

该命令执行后,可以通过执行"ls -il"命令来查看刚建立的硬链接文件具有的特点:在/stu 目录下有一个 new 文件,它的权限为 rw-r--r--,其所有者是 root,链接数是 2,i 节点号与/usr/new 相同。这表明除了文件本身外还有另外一个副本,它就是刚刚创建的硬链接。

注意:硬链接有一些严格的限制。其一,不能跨不同的文件系统来创建硬链接。其二,硬链接只能创建文件间的链接,而不能创建对目录的链接,即,硬链接中的 i 节点不能指向目录。如果将一个硬链接指向一个目录将会导致整个文件系统的瘫痪。其三,硬链接的链接文件和被链接文件具有相同的 inode 节点标识和相同的 inode 节点。

②符号链接

符号链接又称软链接,它与硬链接不同,与 Windows 系统中的快捷方式相似。符号链接并不指向一个真正 inode 节点,它相当于一个指针,指向原始文件在文件系统中的位置。因此,可以创建跨不同的文件系统的链接。符号链接可以是任何类型的文件,甚至是不存在的文件,也可以指向远程文件系统中的文件。如果原始文件被删除,所有指向它的符号链接也就失效了。另外,用户需要对原始文件的位置有访问权限才可以使用符号链接。

创建符号链接时,可使用命令 ln -s。例如,在/root 目录下创建符号链接文件 exam1.c,使其指向/root/目录下的 example1-1.c 文件,则使用下面的命令:

```
ln -s /root/example1-1.c /root/exam1.c
```

(6)RAM 盘的使用

①查看当前 Linux 系统支持的文件系统,如图 7-29 所示。

```
cat /proc/filesystems
```

```
[root@os ~]# cat /proc/filesystems
nodev   sysfs
nodev   rootfs
nodev   bdev
nodev   proc
nodev   cgroup
nodev   cpuset
nodev   tmpfs
nodev   devtmpfs
nodev   binfmt_misc
nodev   debugfs
nodev   securityfs
nodev   sockfs
nodev   usbfs
nodev   pipefs
nodev   anon_inodefs
nodev   inotifyfs
nodev   devpts
nodev   ramfs
nodev   hugetlbfs
        iso9660
nodev   pstore
nodev   mqueue
nodev   selinuxfs
        ext4
```

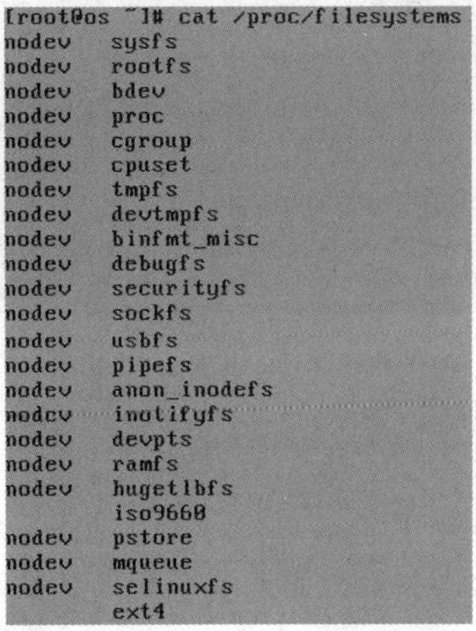

图 7-29 cat /proc/filesystems 命令执行屏幕截图

②可以看到该 Linux 系统支持 ramfs 和 tmpfs 两种基于内存的文件系统。但目前 tmpfs 文件系统使用更广泛。下面介绍这两种文件系统的用法。

创建 ramfs 类型 RAM 盘步骤:

```
mkdir -p /mnt/ramfs        //在/mnt 目录下创建一个 ramfs 子目录
mount -t ramfs none /mnt/ramfs
```

缺省情况下，ramfs 类型的 RAM 盘空间大小可动态变化，但其最大空间被限制为内存大小的一半。

验证 RAM 盘：在 RAM 盘中创建几个文件，用 ls 命令查看/mnt/ramfs 下的目录内容，然后执行 umount /mnt/ramfs 命令后查看/mnt/ramfs 下的目录内容，比较前后查看结果会发现卸载 RAM 盘后，/mnt/ramfs 目录下没有之前创建的文件了。

若创建指定大小的 ramfs 类型的 RAM 盘，可以按以下步骤建立：

a. 查看是否有/dev/ram0 设备文件，若没有则创建。

```
mknod -m 660 /dev/ram0 b 1 0 //创建块设备文件/dev/ram0

chown root:disk /dev/ram0 //改变/dev/ram0 的所有者
```

b. 使用 mkfs 命令格式化 RAM 盘，在此处说明 RAM 盘的大小。

```
mkfs /dev/ram0 4M
```

c. 安装 RAM 盘。

```
mount /dev/ram0 /mnt/ramfs
```

d. 验证 RAM 盘大小。

```
dd if=/dev/zero of=/mnt/ramfs/abc bs=1M count=16
```

该命令往/mnt/ramfs/abc 文件中写 16 MB 内容全为 0 的数据，但因空间限制它只能写不足 4 MB 就停止执行，如图 7-30 所示。

```
[root@os ~]# mkfs /dev/ram0 4M
mke2fs 1.41.12 (17-May-2010)
Filesystem label=
OS type: Linux
Block size=1024 (log=0)
Fragment size=1024 (log=0)
Stride=0 blocks, Stripe width=0 blocks
1024 inodes, 4096 blocks
204 blocks (4.98%) reserved for the super user
First data block=1
Maximum filesystem blocks=4194304
1 block group
8192 blocks per group, 8192 fragments per group
1024 inodes per group

Writing inode tables: done
Writing superblocks and filesystem accounting information: done

This filesystem will be automatically checked every 26 mounts or
180 days, whichever comes first.  Use tune2fs -c or -i to override.
[root@os ~]# mount /dev/ram0 /mnt/ramfs
[root@os ~]# dd if=/dev/zero of=/mnt/ramfs/abc bs=1M count=16
dd: writing `/mnt/ramfs/abc': No space left on device
4+0 records in
3+0 records out
4009984 bytes (4.0 MB) copied, 0.0194069 s, 207 MB/s
[root@os ~]#
```

图 7-30　创建 4 MB 的 ramfs 类型 RAM 盘过程示意图

创建 tmpfs 类型 RAM 盘步骤：

```
mkdir -p /mnt/tmpfs

mount -t tmpfs tmpfs /mnt/tmpfs
```

为了防止 tmpfs 使用过多的内存资源而造成系统的性能下降或死机，能够在加载时指定 tmpfs 文件系统大小的最大限制。

```
mount -t tmpfs -o size=32m tmpfs /mnt/tmpfs
```

以上创建的 tmpfs 文件系统规定了其最大的大小为 32 MB。

不管是使用 ramfs 还是 tmpfs，必须知道的是一旦系统重启或重新设置，它们中的内容将会丢失。所以，在使用 RAM 盘时一定要清楚哪些内容可放在 RAM 盘中，一定要注意在撤销或重新设置 RAM 盘时其中的数据的保存问题。

习题 7

1. 选择题

(1)对用户来说,文件系统的主要目的是(　　)。

A.实现文件的按名存取　　　　　　　B.实现虚拟存储

C.提高外存的读写速度　　　　　　　D.存储系统文件

(2)下面不是文件存储结构的是(　　)。

A.索引结构文件　　B.串联文件　　C.连续结构文件　　D.流式文件

(3)一个文件的绝对路径是从(　　)出发到达指定文件的路径名。

A.二级目录　　　　B.多级目录　　　C.当前目录　　　　D.根目录

(4)每当创建一个新文件时,系统都要为它设立一个(　　),其中记录了这个文件的所有属性。

A.DCB　　　　　　B.FCB　　　　　　C.PCB　　　　　　D.JCB

(5)下列那一项的描述不是树型目录的优点(　　)。

A.解决了文件重名问题　　　　　　　B.提高了文件的检索速度

C.根目录到任何文件有多条通路　　　D.便于进行存取权限控制

(6)操作系统为防止未经授权的用户访问文件所提供的解决方法是(　　)。

A.文件保护　　　B.文件删除　　　C.文件关闭　　　　D.文件共享

(7)在文件的共享方式中,Windows XP 系统中的快捷方式,相当于 Linux 系统中的(　　)。

A.软链接　　　　B.硬链接　　　　C.网络连接　　　　D.成组链接

(8)Linux 通过(　　)来管理各种文件系统,屏蔽各类文件系统的各种差异。

A.EXT2　　　　　B.NFS　　　　　C.NTFS　　　　　　D.VFS

(9)下列文件物理结构中,适合随机访问且易于文件扩展的是(　　)。

A.连续结构　　　　　　　　　　　　B.索引结构

C.链式结构且磁盘块定长　　　　　　D.链式结构且磁盘块变长

(10)文件系统中,文件访问控制信息存储的合理位置是(　　)。

A.文件控制块　　　　　　　　　　　B.文件分配表

C.用户口令表　　　　　　　　　　　D.系统注册表

(11)设文件 F1 的当前引用计数值为 1,先建立 F1 的符号链接(软链接)文件 F2,再建立 F1 的硬链接文件 F3,然后删除 F1。此时,F2 和 F3 的引用计数值分别是(　　)。

A.0、1　　　　　　　B.1、1　　　　　　C.1、2　　　　　　D.2、1

(12)设文件索引节点中有 7 个地址项,其中 4 个地址项是直接地址索引,2 个地址项是一级间接地址索引,1 个地址项是二级间接地址索引,每个地址项大小为 4 字节。若磁盘索引块和磁盘数据块大小均为 256 字节,则可表示的单个文件最大长度是(　　)。

A.33 KB　　　　　　B.519 KB　　　　C.1 057 KB　　　D.16 513 KB

(13)设置当前工作目录的主要目的是(　　)。

A.节省外存空间　　　　　　　　　　B.节省内存空间

C.加快文件的检索速度　　　　　　　D.加快文件的读/写速度

(14)某文件系统的簇和扇区大小分别是 1KB 和 512B。若一个文件的大小为 1026B,则系统分配给该文件的磁盘空间大小是（　　）。

  A. 1026B   B. 1536B   C. 1538B   D. 2048B

（15）用户在删除某文件的过程中，操作系统不可能执行的操作是（　　）。

  A. 删除此文件所在的目录   B. 删除与此文件关联的目录项

  C. 删除与此文件对应的文件控制块   D. 释放与此文件关联的内存级缓冲区

（16）为支持 CD-ROM 中视频文件的快速随机播放，播放性能最好的文件数据块组织方式是（　　）。

  A. 连续结构   B. 链式结构   C. 直接索引结构   D. 多级索引结构

（17）若某文件系统索引节点（inode）中有直接地址项和间接地址项，则下列选项中，与单个文件长度无关的因素是（　　）。

  A. 索引节点的总数   B. 间接地址索引的级数

  C. 地址项的个数   D. 文件块大小

（18）在一个文件被用户进程首次打开的过程中，操作系统需做的是（　　）。

  A. 将文件内容读到内存中   B. 将文件控制块读到内存中

  C. 修改文件控制块中的读写权限   D. 将文件的数据缓冲区首指针返回给用户进程

（19）在文件的索引节点中存放直接索引指针 10 个，一级二级索引指针各 1 个，磁盘块大小为 1 KB。每个索引指针占 4 个字节。若某个文件的索引节点已在内存中，则把该文件的偏移量（按字节编址）为 1234 和 307400 处所在的磁盘块读入内存，需访问的磁盘块个数分别是（　　）。

  A. 1、2   B. 1、3   C. 2、3   D. 2、4

（20）若文件 f1 的硬链接为 f2，两个进程分别打开 f1 和 f2，获得对应的文件描述符为 fd1 和 fd2，则下列叙述中正确的是（　　）。

  Ⅰ. f1 和 f2 的读写指针位置保持相同；

  Ⅱ. f1 和 f2 共享同一个索引节点；

  Ⅲ. fd1 和 fd2 分别指向各自的用户打开文件表中的一项。

  A. 仅Ⅲ   B. 仅Ⅱ、Ⅲ   C. 仅Ⅰ、Ⅱ   D. Ⅰ、Ⅱ和Ⅲ

（21）某文件系统中，针对每个文件，用户类别分为 4 类：安全管理员、文件主、文件主的伙伴和其他用户；访问权限分为 5 种：完全控制、执行、修改、读取和写入。若文件控制块中用二进制位串表示文件权限，为表示不同类别用户对一个文件的访问权限，则描述文件权限的位数至少应为（　　）位。

  A. 5   B. 9   C. 12   D. 20

（22）下列选项中，可用于文件系统管理空闲磁盘块的数据结构是（　　）。

  Ⅰ. 位图 Ⅱ. 索引节点 Ⅲ. 空闲磁盘块链 Ⅳ. 文件分配表（FAT）

  A. 仅Ⅰ、Ⅱ   B. 仅Ⅰ、Ⅲ、Ⅳ   C. 仅Ⅰ、Ⅲ   D. 仅Ⅱ、Ⅲ、Ⅳ

（23）若多个进程共享同一个文件 F，则下列叙述中正确的是（　　）。

  A. 多个进程只能用"读"方式打开文件 F

  B. 在系统打开文件表中仅有一个表项包含 F 的属性

  C. 各进程的用户打开文件表中关于 F 的表项内容相同

  D. 进程关闭 F 时系统删除 F 在系统打开文件表中的表项

(24)下列选项中支持文件长度可变,随机访问的磁盘存储空间分配方式是( )。

A. 索引分配 　　　B. 链接分配 　　　C. 连续分配 　　　D. 动态分区分配

(25)现有一个容量为 10 GB 的磁盘分区,磁盘空间以簇为单位进行分配,簇的大小为 4 KB,若采用位图法管理该分区的空闲空间,即用一位(bit)标识一个簇是否被分配,则存放该位图所需簇的个数为( )。

A. 80 　　　B. 320 　　　C. 80K 　　　D. 320K

2. 填空题

(1)文件按其逻辑结构,通常分为_____和_____两种。

(2)在记录式文件中,能够唯一标识某一条记录的数据项称为_____。

(3)根据文件的物理组织存储形式,文件可以有顺序结构、_____和索引结构三种不同的物理结构。

(4)采用空闲区表法管理磁盘的存储空间,类似于存储管理中_____管理内存储器。

(5)如果把文件视为有序字符的集合,在其内部不再进行组织划分,那么这种文件的逻辑结构称为_____。

(6)在空闲盘块的管理方法中,UNIX/Linux 系统通常采用_____。

(7)从当前目录出发到达指定文件的路径名称为_____。

(8)_____是 NTFS 的核心数据所在。

(9)Linux 文件系统采用两层结构,上层为_____,下层为各类具体的文件系统。

3. 问答题

(1)文件系统有哪些主要功能?

(2)什么是文件的逻辑结构?如何分类?

(3)什么是文件的物理结构?如何分类?

(4)什么是文件目录?文件目录中包含哪些信息?

(5)试给出至少五种文件系统,并说明它们的特点与使用的场合。

(6)常见的文件存取方法有哪些?各有什么特点?

(7)请比较文件的不同物理结构的优缺点。

(8)试述成组链法的基本原理,并描述成组链法的分配与释放过程。

(9)辅存空间管理有哪些问题要解决?各是如何解决的?

(10)文件的目录结构常用的有哪些?对目录有哪些操作?

(11)文件共享的方法有几种?各有什么特点?

(12)文件保护的含义是什么?应如何对文件进行保护?

(13)某文件为链接文件,由五个逻辑记录组成,每个逻辑记录的大小与磁盘块大小相等,均为 512 字节,并依次存放在 50、121、75、80、63 号磁盘块上。现要读出文件的 1569 字节,请问访问的磁盘块号等于多少?

(14)设某个文件系统的文件目录中对文件的寻址方式有四种。该文件数据块的索引表长度为 13,其中 0~9 项为直接寻址方式,后 3 项为间接寻址方式。试描述出文件数据块的索引方式,并设计访问文件第 n 个字节(设块长为 512 字节)的寻址算法。

(15)有一个磁盘组共有 10 个盘面,每个盘面有 100 个磁道,每个磁道有 16 个扇区。若以扇区为分配单位,试问:用位示图管理磁盘空间,则位示图占用多少空间?

(16)若有甲、乙两个用户,甲用户有文件 A、B,乙用户有文件 A、C、D;甲用户的文件 A 与乙用户的文件 A 不是同一个文件,甲用户的文件 B 与乙用户的文件 C 是同一个文件。请设计一个目录组织方案,并画图说明。

(17)某文件系统为一级目录结构,文件的数据一次性写入磁盘,已写入的文件不可修改,但可多次创建新文件,请回答如下问题。

①在连续、链式、索引三种文件的数据块组织方式中,哪种更合适? 要求说明理由。为定位文件数据块,需要 FCB 中设计哪些相关描述字段?

②为快速找到文件,对于 FCB,是集中存储好还是与对应的文件数据块连续存储好? 要求说明理由。

(18)文件 F 由 200 条记录组成,记录从 1 开始编号。用户打开文件后,欲将内存中的一条记录插入文件 F 中,作为其第 30 条记录。请回答下列问题,并说明理由。

①若文件系统采用连续分配方式,每个磁盘块存放一条记录,文件 F 的存储区域前后均有足够空闲的磁盘空间,则完成上述插入操作最少需要访问多少次存储块? F 的文件控制块内容会发生哪些改变?

②若文件系统采用链接分配方式,每个磁盘块存放一条记录和一个链接指针,则完成上述插入操作需要访问多少次磁盘块? 若每个磁盘块大小为 1 KB,其中 4 个字节存放链接指针,则该文件系统支持的文件最大长度是多少?

(19)某磁盘文件系统使用链接分配方式组织文件,簇大小为 4 KB。目录文件的每个目录项包括文件名和文件的第一个簇号,其他簇号存放在文件分配表 FAT 中。

①假定目录树如图 7-31 所示,各文件占用的簇号及顺序见表 7-3,其中 dir、dir1 是目录,file1、file2 是用户文件。请给出所有目录文件的内容。

图 7-31 目录树

表 7-3

文件名	簇号
dir	1
dir1	48
file1	100、106、108
file2	200、201、202

②若 FAT 的每个表项仅存放簇号,占 2 个字节,则 FAT 的最大长度为多少字节? 该文件系统支持的文件长度最大是多少?

③系统通过目录文件和 FAT 实现对文件的按名存取,说明 file1 的 106、108 两个簇号分别存放在 FAT 的哪个表项中。

④假设仅 FAT 和 dir 目录文件已读入内存,若需将文件 dir/dir1/file1 的第 5000 个字节读入内存,则要访问哪几个簇?

第8章

操作系统安全

操作系统是铺设在计算机硬件上的多层系统软件，是用户与计算机硬件之间的接口，也是整个计算机系统资源的管理者，它不仅增强了系统的功能，而且还隐藏了对硬件操作的细节，让用户使用计算机更加方便。因此，操作系统的安全决定了整个计算机系统的安全。

随着计算机技术的发展和互联网络的普及，人们对计算机系统的依赖愈来愈大。一些重要的事务处理都需要计算机系统，一些重要的信息都集中存储于计算机系统。如何确保计算机系统的可靠运行和计算机系统中数据的安全完整，已是现代操作系统的重要研究领域。

本章对操作系统的安全问题和技术进行综述性的介绍。首先介绍操作系统安全性的意义、常见的安全威胁源、操作系统的漏洞扫描与安全评测；然后讨论常见的操作系统安全机制、硬件安全、标识与鉴别、访问控制、密码技术、监控与审计日志等；最后简单介绍 Linux 的安全机制与 Linux 的安全漏洞。

8.1　操作系统安全概述

随着现代人们对计算机系统的高度依赖以及 Internet 应用的广泛普及，计算机系统的安全问题日益引起人们的高度重视，特别在国防、金融、科技等重要部门，对计算机资源的安全性尤显突出。操作系统是连接计算机硬件与上层软件及用户的桥梁，是一切计算机网络服务得以实现的基础平台，不仅可以为网络提供各种应用服务，而且还承载着文字处理、办公应用、数据库服务、数据处理等日常业务。操作系统安全性是计算机安全的重要基础，要妥善解决计算机安全问题，必须有坚固的操作系统做后盾。可以说，如果没有操作系统的安全机制，就没有计算机系统资源的安全。

8.1.1　操作系统的安全概念

相关文献对计算机安全这一术语的定义如下：为了确保信息系统资源（包括硬件、软件、固件、信息/数据和通信）的完整性（Integrity）、可用性（Availability）和保密性（Confidentiality），在一个自动化的信息系统上实施的防护措施。

1.完整性。指未经授权的用户不能擅自修改系统中的信息，保证系统中的数据完整一致。这里的修改包括来源被伪造、创建和删除文件以及改变原文件的内容等。

2.可用性。指保证系统资源能被授权用户正常使用。授权用户的正常请求应该能得到系统的正确服务，防止资源被非法独占。或者说，系统应具备较强的资源调配能力，能及时、正确、安全地响应用户请求。

3.保密性。指文件、数据等系统信息资源不被非授权用户获取和使用。如果某些数据仅对授权用户有效,则必须确保不对非授权用户泄露任何数据。

破坏计算机操作系统的安全性有许多方法,有些方法并不复杂。例如,系统密码设置有规律性,可被攻击者轻易破解。或者管理员把密码存储在 U 盘上,或写在纸上等,这些都会造成密码的丢失。然而,一些重要的安全事故是由复杂的网络攻击导致的。在本章中,我们只关注涉及操作系统的攻击。

8.1.2 操作系统面临的安全威胁

操作系统面临的安全因素主要来自硬件、软件、数据及网络和通信线路等,主要表现有:受到威胁、入侵和意外数据丢失。其中威胁和入侵主要是利用操作系统设计中的缺陷和隐蔽通道,通过对系统核心数据的分析、挖掘来进行。意外数据丢失是指发生不可抗拒的事件(如地震、火灾等)、系统软硬件产生致命故障或发生人为失误等原因造成的数据丢失。图 8-1 所示操作系统面临的主要威胁。

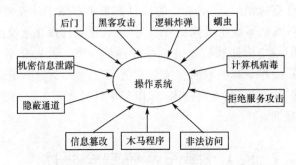

图 8-1 操作系统面临的主要威胁

1. 病毒

病毒(Computer Virus)是指编制或者在计算机程序中插入的破坏计算机功能或者破坏数据,影响计算机使用并且能够自我复制的一组计算机指令或者程序代码。被感染的文件称为"宿主",病毒拥有宿主程序的访问权限,宿主程序执行时,病毒程序也被激活,从而破坏计算机的功能、毁坏数据。

一般来说,病毒都具有以下基本特点:

隐蔽性。病毒程序代码驻存在磁盘等介质上,一般无法通过文件系统观察到,有的病毒程序设计得非常巧妙,甚至系统分析软件都无法发现它们的存在。

传染性。当用户利用磁盘、光盘、网络等载体交换信息时,病毒程序就趁机以用户不能察觉的方式随之传播。即使在同一台计算机上,病毒程序也能将病毒传播到不同区域的文件中。

潜伏性。病毒程序感染计算机后一般不会立即发作,而是潜伏下来等到激发条件(如日期、时间、特定的字符串等)满足时才触发执行病毒程序的恶意代码而产生破坏作用。

破坏性。当病毒发作时,通常会在屏幕上输出一些不正常的信息或者破坏磁盘上的数据文件和程序。如果是引导型病毒,还可能会使计算机无法启动。另外有些病毒并不直接破坏系统内现存的信息,只是大量地侵占磁盘存储空间或使计算机运行速度变慢。

2. 蠕虫

蠕虫(Worm Virus)类似于病毒,具有病毒的共同特征。蠕虫是一个独立的程序,一旦感染,能够利用网络独自传播与复制。蠕虫的传播不必通过"宿主"程序或文件,其传播方式主要是远程访问和电子邮件。例如,蠕虫可向电子邮件地址簿中的所有联系人发送自己的副本,那些联系人的计算机也将执行同样的操作。

蠕虫比病毒的破坏性更强。病毒的活动和传播是被动的,依赖于其宿主文件的执行,而蠕虫是一个独立的程序,其传播和复制是主动的。病毒的攻击对象是本机的文件系统,而蠕虫的攻击对象是网络连接中的计算机系统,利用系统管理或程序的安全漏洞来破坏计算机系统的正常运行,甚至可以远程搜集他人的重要文件信息。

3. 逻辑炸弹

逻辑炸弹(Logic Bomb)是加在现有应用程序上的程序。它一般被添加在应用程序的起始处,每当该程序运行时就会运行逻辑炸弹,同时检查"爆炸条件"是否满足,如果不满足它就将控制权归还给主应用程序,但它仍然安静地等待设定的爆炸条件,一旦条件满足就会运行"爆炸代码",造成程序中断、发生刺耳噪音、更改视频显示、破坏磁盘上的数据、引发硬件失效异常、操作系统运行速度减慢或系统崩溃等。逻辑炸弹不能复制自身,不能感染其他程序,但这些攻击已经使它成了一种极具破坏性的恶意程序。

逻辑炸弹具有多种触发方式,例如计数器触发、时间触发、复制触发(当病毒副本数量达到某个设定值时激活)、磁盘空间触发、视频模式触发(当视频处于某个设定模式或设定模式改变时触发)和 BIOS 触发等。

4. 特洛伊木马

在古希腊神话中,特洛伊木马表面上是"战利品",但实际上藏匿了袭击特洛伊城的希腊士兵。因此,特洛伊木马(Trojan Horse)是指伪装成一个实用工具或一个可爱的游戏等友好程序,表面上在执行合法的任务,实际上却具有用户不曾知晓的非法功能。一旦这些程序被执行,一个病毒、蠕虫或其他隐藏在特洛伊木马程序中的恶意代码就会被释放出来,对计算机系统和网络实施攻击。

特洛伊木马通常包括服务器端和客户端两个执行程序。若用户的计算机被安装了客户端程序,则服务器端程序就可以与客户端程序里应外合,通过网络控制目标主机。

特洛伊木马程序与病毒程序不同,它是一个独立的应用程序,不具备自我复制能力。但它同病毒程序一样具有潜伏性,且常常具有更大的欺骗性和危害性。

特洛伊木马通常以包含恶意代码的电子邮件消息的形式存在,也可以由 Internet 数据流携带,比如由 FTP 下载或 Web 站点上的可下载 Applet 程序携带。

5. 隐蔽通道

隐蔽通道可定义为系统中不受安全策略控制的、违反安全策略的信息泄露路径。按信息传递的方式和方法隐蔽通道分为隐蔽存储通道和隐蔽定时通道。隐蔽存储通道在系统中通过两个进程利用不受安全策略控制的存储单元传递信息。一个进程通过改变存储单元的内容发送信息,另一个进程通过观察存储单元的变化来接收信息。隐蔽定时通道在系统中通过两个进程利用一个不受安全策略控制的广义存储单元传递信息。一个进程通过改变广义存储单元的内容发送信息,另一个进程通过观察广义存储单元的变化接收信息,并用实时时钟进行定时测量。判别一个隐蔽通道是否是隐蔽定时通道,关键是看它有没有一个实时时钟间隔、定时器或其他计时装置,不需要时钟或定时器的隐蔽通道是隐蔽存储通道。

6. 后门

后门(Back Door)指后门程序,它能够绕过完全性控制而获取对程序或系统的访问权。在软件开发阶段,程序员常常会在软件内创建后门程序以便修改程序设计中的缺陷。一些系统更新程序就是后门程序,如 Windows 操作系统的 Windows Update。后门程序很容易被系统开发者以外的人获取并当成漏洞来进行攻击。

7. 间谍软件

间谍软件(Spyware),通常指没有获用户许可便执行某些操作(如弹出广告、收集个人信息或更改计算机配置等)的一类软件。间谍软件对计算机系统所做的一些更改可能导致计算机系统运行缓慢或崩溃。

间谍软件侵入系统的常见方式是用户在安装所需的其他软件(如音乐或视频文件共享程序)时偷偷地安装该软件。

8. 嗅探

嗅探(Sniff)是一种窃听手段,一般指使用嗅探器对数据流进行非法截获。它是某种形式的信息泄露,可以获取敏感信息,如管理员帐号和密码等机密信息。

8.1.3 操作系统的安全功能

考虑到操作系统安全的重要性,一个操作系统仅仅完成大部分的功能设计远远不够,必须在安全上采取有效的安全机制以保证操作系统的安全。一个操作系统的安全机制,从操作系统的安全性来考虑应具备下述功能。

1. 有选择的访问控制

有选择的访问控制是指使用多种不同的方式来限制计算机用户对系统特定对象的访问,对计算机级的访问可以通过用户名和密码组合及物理限制来控制,对目录或文件级的访问则可以通过用户和组策略来控制。

2. 内存管理与对象重用

内存管理是操作系统安全的重要组成部分,在复杂的虚拟内存管理器出现之前,将含有机密信息的内容保存在内存中风险很大。系统中的内存管理器必须能够隔离每个不同进程所使用的内存。在进程终止且内存将被重用之前,将其中的内容清空。

3. 审计能力

安全操作系统应该提供审计能力,而非安全操作系统则不一定提供。一般审计功能至少包括可配置的事件跟踪功能、事件浏览和报表功能、审计事件、审计日志访问等。

4. 数据传送的加密

数据传送加密保证在网络中传递信息时信息不会被未经身份认证的代理(包括人、各种信息截获设备、软件等)所访问。信息加密传送对于防护信息窃听、篡改有较强的保护作用,是网络操作系统必须具备的功能。

5. 文件系统加密

对文件系统加密保证数据只能被具有某种适当访问权限的用户所访问。文件系统中的数据加密与解密对用户应该透明。

6. 进程通信的安全

进程间通信也是给系统安全带来威胁的一个主要因素,应对进程间的通信机制做一些必要的安全检查,禁止高安全等级进程通过进程间通信的方式传递信息给低安全等级进程。

8.1.4　操作系统漏洞扫描与安全评测的概念

1. 操作系统安全漏洞扫描

为了保证操作系统的安全性,人们往往采用专用工具扫描操作系统的安全漏洞,从而达到发现漏洞和补救这些漏洞的目的。操作系统安全漏洞扫描的主要目的是自动评估由于操作系统的固有缺陷或配置方式不当所导致的安全漏洞。扫描软件在每台机器上运行,通过一系列测试手段来探查每一台机器,发现潜在的安全缺陷。它从操作系统的角度评估计算机的安全环境并生成所发现的安全漏洞的详细报告。操作系统安全扫描软件就像一位安全顾问,检查系统以寻找漏洞,提供问题报告,并提出解决办法。

操作系统安全扫描的内容主要包括以下 4 个方面:

(1)设置错误。从安全角度来看,操作系统软件错误的设置很困难,设置时一个很小的错误就可能导致一系列安全漏洞。扫描软件应该可以检查系统设置,搜索安全漏洞,判断是否符合安全策略。

(2)发现入侵者踪迹。入侵者留下的踪迹常常可以检测到,例如扫描软件能够检查网络接口是否被黑客控制,如果是,则表明可能是入侵者正从那台机器窥探并在网络上盗取口令。入侵者也常在某些目录下放置文件,扫描软件可以发现这些目录下是否有可疑的文件。

(3)发现木马程序。入侵者经常在系统文件中内嵌"别有用心"的应用程序,对安全构成很大威胁。扫描软件可以检查这种应用程序是否存在。

(4)检查关键系统文件的完整性。扫描软件能够检查并发现关键系统文件的非授权修改和不合适的版本。

2. 操作系统安全性评测

虽然定期或经常性地对操作系统进行安全漏洞扫描,并根据所发现的漏洞及时修复可以从一定程度上避免操作系统的安全风险,但是由于这些扫描工具大都是基于经验、零散、不系统的,所以通过扫描没有发现操作系统的安全漏洞并不代表其是安全的。因此现在逐渐倾向于采用系统性的评测技术来对操作系统的安全性进行评价和测试。一般对安全操作系统评测都是从安全功能及其设计的角度出发,由权威的第三方实施。

8.1.5　操作系统安全评测的方法

通常说一个操作系统是安全的,是指它满足某一给定的安全策略。一个操作系统的安全性与设计密切相关,只有让设计者和用户都相信系统的设计准确地表达了某个安全模型的要求,并且代码准确地表达了设计目标时,才可以说该操作系统是安全的,而这也是安全操作系统评测的主要内容。评测操作系统安全性的方法主要有形式化验证、非形式化确认以及入侵分析三种方法。这些方法可以独立使用,也可以联合使用。

1. 形式化验证

分析操作系统安全性最精确的方法是形式化验证。在形式化验证中,操作系统安全性被简化为一个要证明的"定理"。定理断言该安全操作系统是正确的,即它提供了所应提供的安全特性。但是证明整个安全操作系统正确性的工作量是巨大的。另外,形式化验证也是一个复杂的过程,对于某些大的实用系统,试图描述及验证它十分困难。

2. 非形式化确认

确认是比验证更为普遍的术语。它不但包括验证,还包括一些不太严格的让人们相信程序正确性的方法。完成一个安全操作系统的确认有如下几种不同的方法：

（1）安全需求检查。通过源代码或系统运行时所表现的安全功能，交叉检查操作系统的每个安全需求。其目标是认证系统所做的每件事是否都在功能需求表中列出，这一过程有助于说明系统仅做了它应该做的每件事。但这一过程并不能保证系统没有做它不应该做的事情。

（2）设计及代码检查。设计者及程序员在系统开发时通过仔细检查系统设计或代码，试图发现设计或编程错误。例如不正确的假设、不一致的动作或错误的逻辑等。这种检查的有效性依赖于检查的严格程度。

（3）模块及系统测试：在程序开发期间，程序员或独立测试小组挑选数据检查操作系统的安全性。必须组织测试数据以便检查每条运行路线、每个条件语句、所产生的每种类型的报表、每个变量的更改等。在这个测试过程中要求以一种有条不紊的方式检查所有的实体。

3. 入侵分析

此种方法是指成立一个称为"老虎小组"的入侵分析小组，小组成员试图"摧毁"正在测试中的操作系统。"老虎小组"成员应当掌握操作系统典型的安全漏洞，试图发现并利用系统中的这些安全缺陷。如果操作系统的安定性在某一次入侵测试中失效，则说明它内部有错。但是，如果操作系统的安全性在某一次入侵测试中并不失效，不能说明操作系统中没有任何错误。

8.1.6 操作系统安全评测的标准

为了判断一个操作系统是否安全，人们划分了操作系统的安全级别。国际专门机构根据系统安全程序对操作系统进行了严格的评估、认定和级别划分。

根据计算机信息系统安全技术发展的要求，信息系统安全保护等级划分和评测的基本标准主要包括以下几个方面。

1. 可信计算机系统评测标准

可信计算机系统评测标准 TCSEC（Trusted Computer System Evaluation Criteria）又称橘皮书，是由美国国家计算机安全中心（NCSC）于 1983 年制定的计算机系统安全等级划分的基本标准。1985 年美国国家安全局对该标准进行了更新。

TCSEC 标准将计算机系统的安全程度分为 D、C、B、A 四个等级，其中每个等级又包含一个或多个级别。总体上共有七个安全级别，分别是：D、C1、C2、B1、B2、B3、A1，它们分别对应于 CC 标准中的评估保证级别（Evaluation Assurance Levels）EAL1 至 EAL7。

（1）D 级

D 级的安全性最低，整个计算机系统都是不可信的，无论硬件或是软件都极易遭到攻击，而且该级别的系统不对用户进行验证，任何人都可以自由地使用其物理上可以拥有的计算机系统，系统的安全性主要依靠物理的隔离来保证。达到 D 级标准的操作系统有 MS-DOS、Windows 和 Apple 的 System 7.X 等。

（2）C 级

C 级为自主保护类（Discretionary Protection）。该级操作系统的安全特点在于系统的对象（如文件、目录）可由其主体（如系统管理员、用户、应用程序）自定义访问权。

该级安全依据安全性从低到高又分为 C1、C2 两个级别。

C1 级又称自主安全保护（Discretionary Security Protection）系统，实际上描述了一个典型的 UNIX 系统上可用的安全评测级别。用户必须通过用户注册名和口令系统登录系统，以让系统确定用户对程序和信息拥有的访问权限。这些访问权限实际上是文件和目录的许可权限(Permission)。该级别存在一定的自主存取控制机制,使得文件和目录的拥有者或系统管理员能够控制某个人或某几组人对某些程序或信息的访问。UNIX/Linux 系统的"owner/group/other"存取控制机制就是一典型例子。但是这一级别没有提供阻止系统管理帐户行为的方法,可能会出现不审慎的系统管理员在无意中损害系统安全的情况。另外,在这一级别中,许多日常系统管理任务只能通过超级用户执行。由于系统无法区分哪个用户以 root 身份注册系统执行了超级用户命令,因而容易引发信息安全问题,且出了问题以后难以追究责任。

C2 级又称受控制的存取控制系统。它具有以用户为单位的自主存取控制(Discretionary Access Control,DAC)机制,且引入了审计机制。该级别除包含 C1 级别的安全特征外,还包含其他受控访问环境(Controlled-access Environment)的安全特征。该环境具有进一步限制用户执行某些命令或访问某些文件的能力,这不仅基于许可权限,而且还基于身份级别验证。另外,这种安全级别要求对系统加以审计,包括为系统中发生的每个事件编写一个审计记录。审计用来跟踪记录所有与安全有关的事件,比如那些由系统管理员执行的活动。

(3)B 级

B 级为强制保护类(Mandatory Protection)。该级的安全特点在于由系统强制的安全保护,在强制保护模式中,每个系统对象(如文件、目录等资源)及主体(如系统管理员、用户、应用程序)都有自己的安全标签(Security Label),系统依据主体和对象的安全标签赋予访问者对访问对象的存取权限。

该级依据安全等级从低到高又分为 B1、B2、B3 三个级别。

B1 级又称标记安全保护(Labeled Security Protection)级,B1 级要求具有 C2 级的全部功能,并引入强制型存取控制机制,以及相应的主体、客体安全级标记和标记管理。它是支持多级安全(比如秘密和绝密)的第一个级别,这一级别说明一个处于强制性访问控制之下的对象,不允许文件的拥有者改变其存取许可权限。

B2 级又称结构保护(Structured Protection)级,B2 级要求具有形式化的安全模型、描述式顶层设计说明、更完善的强制型存取控制机制、可信通路机制、系统结构化设计、最小特权管理、隐蔽通道分析和处理等安全特征。它要求计算机系统中所有的对象都加标记,而且给设备(如磁盘、磁带或终端)分配单个或多个安全级别。这是提供较高安全级别的对象与另一个较低安全级别的对象相互通信的第一个级别。

B3 级又称安全域(Security Domain)级,B3 级要求具有全面的存取控制(访问监控)机制、严格的系统结构化设计及可信计算基(Trusted Computing Base)最小复杂性设计、审计实时报告机制、更好地分析和解决隐蔽通道问题等安全特征。它使用安装硬件的办法增强域的安全性。例如,内存管理硬件用于保护安全域以避免无授权访问或对其他安全域对象的修改。该级别也要求用户的终端通过一条可信任途径连接到系统上。

(4)A 级

A 级为验证保护类(Verify Design),是当前橘皮书中最高的安全级别,它包含了一个严格的设计、控制和验证过程。该级别包含了较低级别的所有特性。设计必须是从数学上经过验证的,而且必须进行隐蔽通道和可信任分布(Trusted Distribution)的分析。可信任分布的含义是硬件和软件在传输过程中已经受到保护,不可能破坏安全系统。验证保护类只有一个安全等级,即 A1 级。

A1 级要求具有系统形式化顶层设计说明(Formal Top level Design Specification,FTDS),并

形式化验证 FTDS 与形式化模型的一致性,以及用形式化技术解决隐蔽通道问题等。

2. 信息技术安全评估标准

信息技术安全评估标准 ITSEC(Information Technology Security Evaluation Criteria)由欧洲四国(荷、法、英、德)于 1989 年联合提出,俗称白皮书。该标准在吸收 TCSEC 成功经验的基础上,首次在评估标准中提出了信息安全的保密性、完整性、可用性概念,把可信计算机的概念提到可信信息技术的高度。

3. 通用安全评估标准

通用安全评估标准 CC(Command Criteria for Information Technology Security Evaluation)由美国国家标准技术研究所(NIST)、国家安全局(NSA)以及欧洲的荷、法、德、英和加拿大等 6 国 7 方联合提出。它于 1991 年宣布,1995 年发布正式文件。它的基础是欧洲白皮书 ITSEC、美国的新联邦评价标准(包括橘皮书 TCSEC 在内)、加拿大的 CTCPEC 以及国际标准化组织的 ISO/SCITWGS 的安全评价标准。目前,TCSEC 已被 CC 取代,它的七个安全级别:D、C1、C2、B1、B2、B3、A1,分别对应于 CC 标准中的评估保证级别(Evaluation Assurance Levels)EAL1 至 EAL7。

4. 我国计算机信息系统安全保护等级划分标准

我国国家技术质量监督局于 1999 年发布,序号为 GB17859-1999。基本上是参照美国 TCSEC 制定的,但将计算机信息系统安全保护能力划分为 5 个等级,第五级是最高安全等级。一般认为我国 GB17859-1999 的第四级对应于 TCSEC 的 B2 级,第五级对应于 TCSEC 的 B3 级。

8.2　操作系统的安全机制

操作系统安全机制的功能是防止非法用户登录计算机系统,同时还要防止合法用户非法使用计算机系统资源,以及加密在网络上传输的信息,防止外来的恶意攻击。简而言之,就是要防止对计算机系统本地资源及网络资源的非法访问。实现操作系统的安全性一般从物理分离(硬件安全机制)、时间分离(不同的进程安排在不同的时间运行)、逻辑分离(存取控制的方法)、密码分离(通过加密保护数据)等四个方面进行。

8.2.1　硬件安全

硬件安全是指依赖于计算机系统中硬件功能的保护机制,一般在系统设计阶段进行考虑,然后由操作系统使用。主要包括存储保护、运行保护、I/O 保护等。

1. 存储保护

对于一个安全操作系统来说,存储保护是最基本的保护,这主要是指保护用户在存储器中的数据。保护单元为存储器中的最小数据范围,可为字、字块、页面或段。保护单元越小,则存储保护精度越高。对于代表单个用户、在内存中一次运行一个进程的系统,存储保护机制应该防止用户程序对操作系统的影响。在允许多道程序并发运行的多任务操作系统中,还要对进程的存储区实行互相隔离。

存储保护与存储器管理是紧密相关的,存储保护负责保证系统中的各个任务之间互不干扰;存储器管理则是为了更有效地利用存储空间。操作系统可以充分利用硬件提供保护机制进行存储器的安全保护,现在比较常用的有界址、界限寄存器、重定位、特征位、分段、分页式和段页式机制等,而这些内容已在存储管理部分讨论过,此处不再详述。

2. 运行保护

分层设计是实现操作系统安全的重要设计理念,而运行域是一种在基于分层保护环的等级结构中实现操作系统安全的技术。所谓的运行域是指进程运行的区域,在最内层具有最小环号的环具有最高特权,而在最外层具有最大环号的环是最小的特权环。一般的安全操作系统应不少于 3~4 个环。

不具有安全特性的操作系统设置两个环系统,作用是隔离操作系统程序与用户程序。对于多环结构的操作系统,其最内层是操作系统,它控制整个计算机系统的运行;靠近操作系统环之外的是受限使用的系统应用环,如数据库管理系统或事务处理系统;最外一层则是控制各种不同用户的应用环,如图 8-2 所示。此处最重要的安全概念是在等级域机制中应该保护某一环不被其外层环侵入,并且允许在某一环内的进程能够有效地控制和利用该环以及该环以外的环。进程隔离机制与等级域机制是不同的概念。给定一个进程,它可以在任意时刻在任何一个环内运行,在运行期间还可以从一个环转移到另一个环。当一个进程在某个环内运行时,进程隔离机制将保护该进程免遭在同一环内同时运行的其他进程的破坏,也就是说系统将隔离在同一环内同时运行的各个进程。

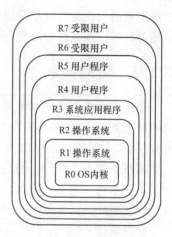

图 8-2　操作系统的多环结构

3. I/O 保护

I/O 系统是操作系统中最复杂、最烦琐的部分,系统攻击者往往是先从系统的 I/O 部分寻找操作系统安全方面的缺陷。绝大多数情况下,I/O 操作是仅由操作系统完成的一个特权操作,所有操作系统都对读写文件操作提供一个相应的高层系统调用,在这些过程中,用户不需要控制 I/O 操作的细节。

I/O 介质输出访问控制最简单的方式是将设备看作是一个客体,仿佛它们都处于安全边界外。由于所有的 I/O 不是向设备写数据就是从设备接收数据,所以一个进行 I/O 操作的进程必须受到对设备读写两种访问控制。这就意味着从设备到介质间的路径可以不受什么约束(比如从磁盘控制器到磁盘磁道的路径),而从处理器到设备间的路径则需要施以一定的读写访问控制措施。

但是要对系统中的信息提供足够的保护,防止被未授权用户的滥用或毁坏,只靠硬件是不行的,还必须将操作系统的安全机制与适当的硬件结合起来才能提供强有力的保护。

8.2.2　标识与鉴别

标识与鉴别是涉及系统和用户的一个过程。标识就是系统要标识用户的身份,并为每个用户取一个系统可以识别的内部名称——用户标识符。用户标识符必须是唯一的且不能被伪造以防止一个用户冒充另一个用户。将用户标识符与用户联系的过程称为鉴别,鉴别过程主要用以识别用户的真实身份,鉴别操作总是要求用户具有能够证明他的身份的特殊信息,并且这个信息是秘密的或独一无二的,任何其他用户都不能拥有的。

在操作系统中,鉴别一般是在用户登录时发生的,系统提示用户输入口令,然后判断用户输入的口令是否与系统中存在的该用户的口令一致。这种口令机制是简便易行的鉴别手段,但比较脆弱,许多计算机用户常常使用自己的姓名、配偶的姓名、宠物的名字或者生日作为口令,这种口令很不安全,因为这种口令很难经得住常见的字典攻击。较安全的口令应是不小于6个字符并同时含有数字和字母的口令,同时还要限定一个口令的生存周期。另外生物鉴别技术也是一种比较有前途的鉴别用户身份的方法,如利用指纹、视网膜等,目前这种技术已取得了长足进展,并已到了实用阶段。

在安全操作系统中,用户鉴别是通过口令完成的,必须保证单个用户密码的私有性。标识与鉴别机制阻止非授权用户登录系统,因此口令管理对保证系统安全操作是非常重要的。另外还可以运用强认证方法使每一个可信主体都有一个与其关联的唯一标识。

8.2.3 访问控制

用户鉴别机制用来判断谁是系统的合法用户,一旦用户被系统确认为合法则可以使用系统的所有资源,这给系统安全带来了隐患,因为系统不能总是准确地识别合法用户,因为用户的身份、口令都可能被窃取或伪造,据报道,即使最为安全的指纹识别技术目前也可以伪造。为提高系统的安全性,必须对进入系统的用户行为进行控制,也就是控制某种身份的用户只能对系统的某些资源进行存取,这就是操作系统中经常采用的访问控制技术。这里仅介绍保护域与存取矩阵的基本概念。

1. 保护域

为了保护系统中的对象,应由系统来控制进程对对象的访问。我们把一个进程能对某对象执行操作的权力称为访问权(Access Right)。每个访问权可以用一个有序对(对象名,权集)来表示。例如,将某进程对文件 F 有读、写和执行操作的权力表示为(F,{RWX}),其中,R 表示读权限,W 表示写权限,X 表示执行权限。将进程对一组对象访问权的集合称为"保护域",简称"域",进程只能在指定域内执行操作,这样域也就规定了进程所能访问的对象和所能执行的操作。在图 8-3 中有三个域,域 D1 中有两个对象(文件 F1 和 F2),只允许进程对 F1读,而允许对 F2 读和写;而在域 D2 和域 D3 中都有 Printer(打印机)对象,这表示在这两个"域"中运行的进程都能使用打印机。

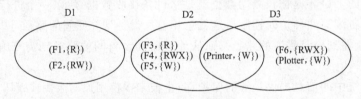

图 8-3 多个保护域

进程和域之间的关系可以是静态的也可以是动态的,对于进程和域间的静态关系来说,进程和域之间是一一对应的,这意味着在进程的整个生命期中其可用资源是固定的,这种域称为"静态域"。而对于这种情况下的进程,其运行的全过程都受限于同一个域,这会使赋予进程的访问权超过其实际需要,造成资源浪费。比如当某进程在开始时需要磁带机输入数据,而在其快结束时又需要用打印机打印数据,则需要在该域中同时设置磁带机和打印机这两个对象,这将超过进程运行的不同阶段的实际需要。对于进程之间的动态关系来说,进程和域之间可以是一对多的关系,即一个进程可以联系着多个域。此时可将进程的运行分为若干个阶段,使每个阶段联系一个域,这样便可根据运行的实际需要,来规定在进程运行的每个阶段所能访问的对象。

域是一个抽象的概念,可用各种方式实现。最常见的一种情况是每一个用户是一个域,而对象则是文件。此时,用户能够访问的文件集和访问权限,取决于用户的身份。通常,在一个用户退出而另一个用户进入时,即用户发生改变时,要进行域的切换;另一种情况是,每个进程是一个域,此时能够访问的对象及其权限取决于进程的身份。

2. 存取矩阵

存取矩阵(Access Matrix)。矩阵中的行代表域,列代表对象,矩阵中的每一项是由一组访问权组成的。存取矩阵中的每一个元素 Access(i,j)定义了在域 Di 中执行的进程能对对象所施加的操作集。

访问矩阵中的访问权,通常是由资源的拥有者或者管理者所决定的。当用户创建一个新文件时,创建者便是拥有者,系统在访问矩阵中为新文件增加一列,由用户决定在该列的某个项中应具有哪些访问权,而在另一项中又具有哪些访问权。当用户删除此文件时,系统也要相应地在访问矩阵中将该文件对应的列撤销。

表 8-1 为图 8-3 的存取矩阵,它由三个域和 8 个对象所构成。当进程在域 D1 中运行时,能读文件 F1、读和写文件 F2;进程在域 D2 中运行时,能读文件 F3、F4 和 F5,以及写文件 F4、F5 和执行文件 F4,此外还可以使用打印机 Printer;当进程在域 D3 中运行时,可使用绘图仪 Plotter、打印机 Printer 并可以读、写和执行文件 F6。

表 8-1　　　　　　　　　　　　　　存取矩阵的例子

域＼对象	F1	F2	F3	F4	F5	F6	Printer	Plotter
D1	R	RW						
D2			R	RWX	RW		W	
D3						RWX	W	W

为使进程能从一个保护域切换到另一个保护域,可将切换操作作为一种权力,附加到域中构成具有切换权的域。限于篇幅,不再对其详述,有兴趣的读者可参考其他资料进一步学习。

在实际应用中很少使用图 8-3 格式的存取矩阵,因为系统中对象与进程数量极多,而每个进程一般仅仅会使用很少的对象,因此,存取矩阵是一个很大的稀疏矩阵,保存这样的矩阵需要大量的磁盘和内存空间,且在存取矩阵中对某个元素的查找也是很浪费时间的。所以存取矩阵的实现往往采用下面两种方法。

(1)存取控制表

存取控制表(Access Control List,ACL)是将存取矩阵按列(对象)划分建立的一张表,在该表中把矩阵中属于该列的所有空项删除,构成由存取矩阵中的有序对("域",权集)所构成的一张表。由于存取矩阵中的空项非常多,因而使用 ACL 可以显著地降低存储空间的占用并提高查找速度,例如表 8-1 对应的存取控制表见表 8-2。

表 8-2　　　　　　　　　　　　　　存取控制表(ACL)

对象	对象·权限·序对
F1	(D1,R)
F2	(D1,RW)
F3	(D2,R)

（续表）

对象	对象-权限 序对
F4	(D2,RWX)
F5	(D2,RW)
F6	(D3,RWX)
Printer	(D2,W),(D3,W)
Plotter	(D3,W)

当系统中的控制对象是文件时，便把访问控制表存放在该文件的文件控制表中，或放在文件的索引节点中，作为该文件的存取控制信息。

存取控制表也可用于定义缺省的访问权集，即在该表中列出了各个域对某对象的缺省访问权集。在系统中配置了这种表后，当某用户（进程）要访问某资源时，通常是首先由系统到缺省的访问控制表中，去查找该用户（进程）是否具有对指定资源进行访问的权力。如果找不到，再到相应对象的访问控制表中去查找。

（2）访问权限表

将存取矩阵按行存放，对每个域都赋予一张在该域内可能访问的对象表以及每个对象允许进行的操作，这样的表就称为访问权限表（Capabilities），表中的每一项叫作权限。

表 8-3 是表 8-1 中域 D2 的访问权限表。表中共有三个字段，其中类型字段用于说明对象的类型，权限字段指域 D2 对该对象所拥有的访问权限，对象字段是一个指向相应对象的指针。由该表可以看出，域 D2 可以访问的对象有 4 个，即文件 F3、F4、F5 和打印机。

表 8-3　　　　　　　　　　　域 D2 的访问权限表

序号（隐含）	类型	权限	对象
0	文件	R--	指向 F3 的指针
1	文件	RWX	指向 F4 的指针
2	文件	RW-	指向 F5 的指针
3	打印机	-W-	指向打印机 Printer 的指针

访问权限表不允许用户进程直接访问。通常将访问权限表存储到系统区内的一个专用区中，只允许专用于进行访问合法性检查的程序对该表进行访问，以实现对访问控制表的保护。

目前，大多数系统都同时采用访问控制表和访问权限表，在系统中为每个对象配置一张访问控制表。当一个进程第一次试图去访问一个对象时，必须先检查访问控制表，检查进程是否具有对该对象的访问权。如果无权访问，便由系统来拒绝进程的访问，并产生一个异常事件；否则便允许进程对该对象进行访问，并为该进程建立一个访问权限。以后该进程便可直接利用这一返回的权限去访问该对象，这样，便可快速地验证其访问的合法性。当进程不再需要对该对象进行访问时就撤销该访问权限。

8.2.4　密码技术

密码技术就是采用数据变换的方法实现对信息的保密，它是网络操作系统中普遍采用的安全技术。网络操作系统中的数字签名、身份鉴别也都是由密码技术派生出来的。密码技术的模型基本上由以下四部分构成：

（1）明文。需要被加密的文本，称为明文 P。

（2）密文。加密后的文本，称为密文 Y。

（3）加密、解密算法 E、D。用于实现从明文到密文，或从密文到明文的转换公式、规则或程序。

（4）密钥 K。密钥是加密和解密算法中的关键参数。

加密过程可描述为：明文 P 在发送方经加密算法 E 变成密文 Y。接收方通过密钥 K，将密文转换为明文 P。

在操作系统中运用的数据加密，其加密或解密变换是由密钥控制实现的。密钥是用户按照一种密码体制随机选取，它通常是一随机字符串，是控制明文和密文变换的唯一参数。

根据密钥类型的不同，现代密码技术分为两类：一类是对称加密（秘密钥匙加密）系统，另一类是公开密钥加密（非对称加密）系统。

对称钥匙加密系统是加密和解密均采用同一把秘密钥匙，而且通信双方都必须获得这把钥匙，并保持钥匙的秘密。

对称密码系统的安全性依赖于以下两个因素。第一，加密算法必须是足够强的，仅仅基于密文本身去解密信息在实践上是不可能的；第二，加密方法的安全性依赖于密钥的秘密性，而不是算法的秘密性，因此，我们没有必要确保算法的秘密性，而需要保证密钥的秘密性。对称加密系统最大的问题是密钥的分发和管理非常复杂、代价高昂。对称加密算法的另一个缺点是不能实现数字签名。

公开密钥加密系统采用的加密钥匙（公钥）和解密钥匙（私钥）是不同的。由于加密钥匙是公开的，密钥的分配和管理就很简单，比如对于具有 n 个用户的网络，仅需要 2n 个密钥。公开密钥加密系统还能够很容易地实现数字签名。

8.2.5　监控与审计日志

1. 监控

监控可以检测和发现那些可能违反系统安全的活动。例如，在分时系统中，记录一个用户登录时输入的不正确的口令的次数，当超过一定的数量时，那就表示有人在猜测口令，可能就是非法的用户，这是一种实时的监控活动。

另一种监控活动是周期性地对系统进行全面的扫描。这种扫描一般在系统比较空闲的时间段内进行，这样就不会影响系统的工作效率，这种监控活动可以对系统的各个方面进行扫描。

2. 审计日志

日志文件是安全系统的一个重要组成部分，它记录了计算机系统所发生的情况。通常在每次启动审计时，系统会按照已设定好的路径和命名规则产生一个新的日志文件。

日志文件一般包括事件发生的日期和时间、事件类型、事件的成功与失败等。日志文件可以帮助用户更容易地跟踪到间发性问题或一些非法侵袭，可以利用它综合各方面的信息，去发现故障的原因、入侵的来源以及系统被破坏的范围等。而对于那些不可避免的事故，也至少有一个记录。

审计日志本身也是安全保护的重点对象。入侵者在进入系统以后，通常都试图修改日志文件，以消除它们的活动痕迹。操作系统必须严格控制对日志文件的访问权限，防止其免遭非法访问和破坏。

8.3　Linux 的安全策略

按照 TCSEC 的评估标准,目前 Linux 操作系统的安全级别基本达到了 C2。作为一个开放式操作系统,随着它功能的日益增强,其安全机制也日益受到 Linux 系统用户的关注。

8.3.1　Linux 的安全机制

Linux 是一个多用户、多任务的网络操作系统,为了保证在网络环境下计算机系统的安全,Linux 主要采取的安全机制包括用户认证、权限控制、入侵检测系统、安全审计、强制访问控制和防火墙等技术。

1. 用户认证

身份验证是 Linux 的传统安全技术之一。系统管理员为每个用户创建一个帐号,并设置相应的口令作为登录验证其身份。

早期 Linux 把口令放在/etc/passwd 文件中,虽然采用了不可逆加密算法对口令进行了加密处理后存储于/etc/passwd 文件中,但由于所有用户都可以读该文件,他们可以利用密码破译工具穷举所有可能的明文从而破译口令。因此,出于安全考虑,Linux 将口令移到影子文件/etc/shadow 中,并限定该文件仅能由具有特殊权限的用户(比如 root 用户)可访问。

/etc/passwd 文件由多行组成,每一行都记录了一个用户帐号的所有信息,所以每一行都可以看作是一条记录。每条记录由 7 个字段组成,字段间用冒号隔开,其格式如下:

username:password:User ID:Group ID:comment:home directory:Shell

各字段含义:

username:用户名。它唯一地标识了一个用户帐号,用户在登录时使用的就是它。

password:该帐号的口令。该口令是经过加密处理的。如果启用/etc/shadow 文件保存口令,则该字段只显示一个"x"。如果该字段显示"*",则表明该用户名有效但不能登录。如果该字段显示为空,则表明该用户登录不需要口令。Linux 的加密算法很严密,其中的口令几乎是不可能被破解的。

User ID:用户识别码,简称 UID。Linux 系统内部使用 UID 来标识用户,而不是用户名。UID 是一个整数,用户的 UID 互不相同。0 是系统管理员帐号,1-499 是系统保留帐号,500 及500 以上为一般帐号。

Group ID:用户组识别码,简称 GID。不同的用户可以属于同一个用户组,享有该用户组共有的权限。与 UID 类似,GID 唯一地标识了一个用户组。

comment:用户帐号的注释。它一般是用户真实姓名、电话号码、住址等,当然也可以是空的。

home directory:主目录或家目录。这个目录属于该帐号,当用户登录后,它就会被置于此目录中,就像回到家一样。一般来说,root 帐号的主目录是/root,其他帐号的家目录都在/home 目录下,并且与用户名同名。

Shell:用户登录后使用的 Shell 名称。通常使用的 Shell 是/bin/bash,这也就是为什么登录 Linux 时默认的 Shell 是 bash 的原因,如果要想更改登录后使用的 Shell,可以在这里修改。若不想让帐号登录,那就将/bin/bash 改成/sbin/nologin。

在/etc/passwd 中除 root 用户和普通用户外,还有一类称为伪用户的帐号,如 daemon、

bin、ftp 等。这些帐号有着特殊的用途,一般用于系统管理,它们的 Shell 一般为/usr/bin/nologin,或者/sbin/nologin,表示不允许登录。

/etc/shadow 文件也是由多条记录组成,每条记录都与/etc/passwd 中的记录一一对应,它的文件格式与/etc/passwd 类似,由 9 个字段组成,字段之间用冒号隔开,格式如下:

username：passwd：lastchg：min：max：warn：inactive：expire：flag

各字段含义:

username：用户名,与/etc/passwd 文件中的用户名相一致。

passwd：口令,存放的是加密后的用户口令字。如果口令是以 $ 1 开头,表明口令是用 MD5 加密的;以 $ 2a 开头,表明是用 Blowfish 加密的;以 $ 5 开头,表明是用 SHA-256 加密的;以 $ 6 开头,表明是用 SHA-512 加密的。若口令的第一个字符为星号" * "代表帐号被锁定,若口令的第一个字符为感叹号"!",表示用户名被禁用。如果密码字符串为空,表示没有密码,通过命令"passwd -d 用户名"可以清空一个用户的口令。

lastchg：口令最后修改时间距 1970 年 1 月 1 日的天数。表示从 1970 年 1 月 1 日起到用户最后一次修改口令时的总天数。

min：最小时间间隔。指两次修改口令之间所需的最少天数。

max：最大时间间隔。指口令保持有效的最多天数。

warn：警告时间。表示从系统开始警告用户到用户密码正式失效之间的天数。

inactive：不活动时间。表示用户没有登录但帐号仍能保持有效的最多天数。

expire：帐号失效时间。给出一个绝对的天数,如果使用了这个字段,那么就给出了相应帐号的生存期。期满后,该帐号就不再是一个合法的帐号,也就不能再用来登录。

flag：保留项,暂时还没有用。

若使系统支持影子文件/etc/shadow 可采用两种方法,一是将所有的公用程序重新编译以支持影子文件,二是采用工具软件——插入式验证模块 PAM(Pluggable Authentication Modules)实现。第一种方法比较复杂,厂商一般不会采用该方法,第二种方法比较简单,很多 Linux 开发版都带有该软件包。Linux 工具软件 PAM 是一种身份验证机制,它提供一套共享库,将认证工作由程序员交给管理员,管理员可以选择系统上可用的任何验证服务来执行验证,而不要求重新编译其他公用程序。这是因为 PAM 采用封闭包的方式,将所有与身份验证有关的逻辑全部隐藏在模块内,因此它是采用影子文件的最佳帮手。例如,系统可以使用任何用户验证方法,如/etc/shadow 文件,要求验证用户身份的程序将它们的请求传递给 PAM,PAM 在确定正确的验证方法后会返回适当的响应,而程序不需要知道正在使用的是哪种验证方法。

2. 权限控制

Linux 通过设置文件的访问权限来控制不同用户对不同文件或目录的访问操作。

Linux 将 root 以外的用户划分为 3 类:文件所有者(Owner)、所属组(Group)和其他用户(Other)。每个用户帐号都有唯一的识别号 UID(User ID)和自己所属组的识别号 GID(Group ID),root 用户拥有系统的最高权限,其 UID=0,GID=0,以区别普通用户。

Linux 将文件的访问权限分为 3 种:读(r)、写(w)和执行(x),其中对目录文件而言,只有读权限无法用 cd 命令进入该目录,还必须拥有执行权限才能进入。文件所有者一般拥有文件的全部权限,通过组帐号,可以设置使一组用户对文件具有相同的访问权限。有关文件的权限可参看 2.5.2 节。

文件除了 r、w 和 x 权限外还有 s、t、i 和 a 访问权限。但为了系统的安全，不要随便为文件设置的 s 和 t 访问权限。

我们先介绍两个概念，一个是 SUID 权限，另一个是 SGID 权限。SUID 是 Set User ID 的简写，SGID 是 Set Group ID 的简写。如果一个二进制可执行程序具有 SUID 权限，即 s 权限，则可以让本来没有相应权限的用户获得相应权限来运行该程序。例如我们来查看 passwd 命令的权限，如图 8-4 所示。

```
[root@os ~]# ls -l /usr/bin/passwd
-rwsr-xr-x. 1 root root 25980 Feb 22  2012 /usr/bin/passwd
```

图 8-4　passwd 命令的权限

可以看到 passwd 的所有者的权限为 rws，即 passwd 命令具有 SUID 权限。passwd 是修改用户密码的命令，对于普通用户来说，他不能访问/etc/shadow 文件，但该 passwd 命令具有 SGID 权限，普通用户在执行 passwd 命令时，就以文件所有者（root）的身份运行该命令。

注意：在为文件设置 SUID 权限时，该文件必须是二进制可执行程序，即必须具有 x 权限，否则 s 权限无法生效，因为 chmod 命令不进行完整性检查，即使文件不具有 x 权限也可以设置为 s 权限。当我们用"ls -l"命令查看时，若看到文件的权限为"rws"时，则说明 s 权限未生效。另外，SUID 权限只在该程序执行过程中有效，也就是说身份改变只在程序执行过程中有效。

可用下列命令设定 SUID 权限。

chmod 4755 文件名　//4 代表 SUID

chmod u+s 文件名　//u 表示文件所有者，s 表示 s 权限

取消 SUID 权限的命令如下：

chmod u-s 文件名

SGID 权限与 SUID 权限相类似，所不同的是 SGID 用户在执行具有 SGID 权限的二进制可执行程序时，以该程序所属组的组身份执行程序。

例如我们来查看 wall 命令的权限，如图 8-5 所示。

```
[root@os ~]# ls -l /usr/bin/wall
-r-xr-sr-x. 1 root tty 8476 Jun 29  2013 /usr/bin/wall
```

图 8-5　wall 命令的权限

可以看到 wall 的所属组权限为 r-s，即 wall 命令具有 SGID 权限。wall 命令用于向系统当前所有打开的终端上输出信息。当普通用户使用 wall 命令向其他终端发送信息时以该命令所属组 tty 的身份执行命令。

可用下列命令设定 SGID 权限：

chmod 2755 文件名　//2 代表 SGID

chmod g+s 文件名　//g 表示文件所属组，s 表示 s 权限

取消 SUID 权限的命令如下：

chmod g-s 文件名

t：粘着位（Sticky bit）。在 Linux 系统中，粘着位只对目录有效，即普通文件的粘着位 Linux 内核会忽略掉。当普通用户对一个目录拥有 w 和 x 权限，即普通用户可以对此目录拥有写入权限。若该目录没有设置粘着位，则普通用户可以删除此目录下的所有文件，包括其他用户建立的文件。一旦给该目录赋予了粘着位，除了 root 用户可以删除所有文件，普通用户就算拥有 w 权限，也只能删除他自己创建的文件，不能删除其他用户创建的文件。

例如，我们来查看/tmp 目录权限，如图 8-6 所示。

```
[root@os ~]# ls -ld /tmp
drwxrwxrwt. 3 root root 4096 Mar 27 04:13 /tmp
```

图 8-6　/tmp 目录权限

/tmp 目录是所有用户共有的临时文件夹，所有用户都拥有读写权限，这就必然出现一个问题，A 用户在/tmp 里创建了文件 a.file，此时 B 用户想把它删除（因为拥有读写权限），那肯定是不行的。因此，特殊权限 t 就派上用场了，我们查看/tmp 权限为 drwxrwxrwt，权限字符序列的最后一个字符为 t，这就表明，除非目录的属主和 root 用户有权限删除该目录以及该目录下的文件之外，其他用户不能删除和修改这个目录以及这个目录下的文件。

可用下列命令设定粘着位权限：

chmod 1755 目录名　//1 代表 t

chmod o+t 目录名　//o 表示其他用户，t 表示 t 权限

取消粘着位命令如下：

chmod o-t 目录名

i：不可修改权限。使用 chattr 命令设置该权限，例如执行命令：chattr ＋i filename，则 filename 文件就不可修改，无论任何人，如果需要修改需要先用命令 chattr -i filename 删除 i 权限才可以修改。查看文件是否设置了 i 权限用命令 lsattr filename。

a：只追加权限。这个权限让目标文件只能追加，不能删除，而且不能通过编辑器追加。可以使用 chattr ＋a 设置追加权限。

3. 入侵检测系统

入侵检测系统（Intrusion Detection System，IDS）是一种对网络传输进行即时监视，发现可疑传输时发出警报或者采取主动反应措施的网络安全设施，是一种积极主动的安全防护技术。在 Linux 系统上可用的入侵检测系统有很多，用户可以根据具体的需要来配置。下面介绍一些常用的入侵检测工具。

LIDS（Linux Intrusion Detection System）是 Linux 内核补丁和系统管理员工具，它加强了内核的安全性。LIDS 在内核中实现了参考监听模式以及命令进入控制模式，提供保护、侦察、响应等功能。当它起作用后，每一个系统或网络的管理操作、任何使用权限将可能被禁止，甚至对于 root 也一样。它在整个系统上绑定控制设置，在内核中添加网络和文件系统的安全特性，从而加强了安全性。用户可以在线调整安全保护、隐藏敏感进程、通过网络接受安全警告等。

Snort 是一个多平台的、实时流量分析的入侵检测系统。它基于 libpcap 的数据包嗅探器并可以作为一个轻量级的网络入侵检测系统。

Psad 是端口扫描攻击检测程序的简称，它可以与 iptables 和 Snort 等紧密合作，是一款基于 iptables 的入侵检测和日志分析工具。

chkrootkit 是一个查找并检测 rootkit 后门的工具。RKHunter 是一款专业的检测系统是否感染 rootkit 的工具，它通过执行一系列的脚本来确认服务器是否已经感染 rootkit。

高级入侵检测环境 AIDE 是一个检查文档完整性入侵检测工具，它使用 aide.conf 作为其配置文档，可以构造一个指定文档的数据库，该数据库能够保存文档的各种属性，并使用 sha1、md5、rmd160 和 tiger 等算法，以密文形式建立每个文档的校验码或散列号，通过这些数据可以判断文档是否被篡改过。

4. 安全审计

Linux 实现了比较完善的审计功能，其丰富的审计内容遍及于系统、应用和网络协议层，能全面监控系统中发生的事件，并及时对系统异常报警提示。

Linux 提供了日志系统和安全审计子系统来记录系统的安全信息。大部分的日志文件存放在/var/log 目录下，常见的日志文件包括：Acct 或 pacct（记录每个用户使用过的命令）、aculog（MODEM 呼叫记录）、lastlog（记录用户最后一次登录情况）、loginlog（不良的登录尝试记录）、messages（记录输出到系统控制台或由 syslog 系统服务程序产生的信息）、sulog（记录 su 命令的使用情况）、utmp（记录当前登录的用户个数）、wtmp（记录用户的登录、注销及系统的开机、关机历史）、xferlog（记录 ftp 的使用情况）等。审计服务程序 syslog 专门负责审计信息的存储。

日志系统记录系统的各种信息，如：安全、调试、运行信息等。安全审计子系统专门用来记录安全信息，用于对系统安全事件的追溯。如果审计子系统没有运行，Linux 内核将安全审计信息传递给日志系统。

例如：SELinux 通过函数 avc_audit 将强制访问控制的各种安全信息记录到审计子系统或日志系统。它通常在许可检查之后由函数 avc_has_perm 进行调用。

5. 强制访问控制

强制访问控制（Mandatory Access Control，MAC）是一种由管理员从全系统角度定义和实施的访问控制。它通过标记系统中的所有主体及其所控制的客体（例如：进程、文件、段、设备），强制性地限制信息的共享和流动，使不同的用户只能访问与其有关的、指定范围的信息。这些标记是等级分类和非等级类别的组合，它们是实施强制访问控制的依据。系统通过比较主体和客体的敏感标记来决定一个主体是否能够访问某个客体。用户的程序不能改变他自己及任何其他客体的敏感标记，从而系统可以防止特洛伊木马等的攻击。

由于 Linux 是一种自由式操作系统，在其系统上实现的强制访问策略也各有不同，比较典型的有 SELinux 和 RSBAC。

SELinux 的安全体系结构称为 Flask，是在美国犹他州大学和 Secure Computing 公司的协助下由 NSA 设计。在该结构中，安全性策略的逻辑和通用接口一起封装在与操作系统独立的组件中，通用接口用于获得安全性策略决策。这个单独的组件称为安全服务器组件。该安全服务器定义了一种混合安全策略，由类型强制（Type Enforcement，TE）、基于角色的访问控制（Role Based Access Control，RBAC）和多级别安全性（MLS）组成。通过替换安全服务器，可以支持不同的安全策略。

基于规则集的访问控制 RSBAC（Rule Set Based Access Control）是根据访问控制通用架构 GFAC（Generalized Framework for Access Control）模型开发。它可以基于多个模块提供灵活的访问控制。所有与安全相关的系统调用都扩展了安全实施代码，这些代码调用中央决策部件，该部件随后调用所有被激活的决策模块，形成一个综合决定，然后由系统调用扩展来实施该决定。

6. 防火墙

防火墙作为一种网络或系统之间强制实行访问控制的机制，是确保网络安全的重要手段。Linux 防火墙其实是操作系统本身所自带的一个功能模块，无论哪个版本的 Linux 内核，都可以利用现有的系统构建出一个理想实用的防火墙。

通过安装特定的防火墙内核,Linux 操作系统会对接收到的数据包按一定的策略进行处理。而用户所要做的,就是使用特定的配置软件(如 iptables)去定制适合自己的"数据包处理策略"。

根据用户要求和所处环境的不同,Linux 防火墙可以定制实现各种不同的功能,如包过滤、代理设置、IP 伪装等。

8.3.2　Linux 的安全漏洞

任何软件都会存在漏洞,Linux 也不例外。由于源代码的开放,Linux 的 bug 通常容易被找到并予以修补,因此相对 Windows 操作系统而言,Linux 的安全漏洞要少。然而,由于从事 Linux 系统的专职开发人员相对较少,给 Linux 系统的查漏补缺工作带来一定的困难,如果未能及时发现与修补,很容易受到入侵攻击。

下面介绍四种常见的 Linux 安全漏洞。

1. 权限漏洞

众所周知,Linux 系统的 root 用户权限无所不能,任何人只要得到 root 权限,就可以对整个系统为所欲为。例如,Linux 内核曾存在缓冲区溢出漏洞,入侵者利用这个安全漏洞允许以 root 或者内核级别的权限运行任意代码。目前很多 Linux 版本都通过关闭各种不需要的进程服务来提升安全性,但只要系统中存在某些有缺陷的服务进程,入侵者就可以找到权限提升的方式。

2. DAC 问题

自主访问控制 DAC(Discretionary Access Control)作为一种最为普通的访问控制手段,用户可以按自己的意愿对系统的参数做修改。Linux 系统中文件目录的所有者可以对文件进行所有的操作,这给系统整体的管理带来不便。因为只要符合规定的权限,就可存取资源。在传统的安全机制下,一些通过 setuid/setgid 的程序就产生了严重的安全隐患,甚至一些错误的配置可以引发巨大的安全漏洞。

3. 拒绝服务漏洞

拒绝服务漏洞主要造成被攻击主机资源耗尽或系统崩溃而无法提供继续服务。Linux 的多个内核版本都曾发现拒绝服务漏洞,如 IPv6 协议处理、Linux Kernel hrtimers 的实现等处理过程中导致拒绝服务。这种漏洞主要由程序对意外情况的处理失误引起,如盲目跟踪链接导致的 Linux 系统拒绝服务,就是本地攻击者建立多个深层次链接,当系统被要求处理这种链接时,将会消耗大量 CPU 资源,从而不能处理其他进程。

对 Linux 的拒绝服务可在未登录系统的情况下进行,使系统或相关的应用程序崩溃或失去响应。通常,入侵者可利用系统本身漏洞或其守护进程缺陷及不正确设置对系统实施攻击。此外,入侵者还可以登录到系统后,利用这些漏洞使系统本身或应用程序崩溃。

4. IP 地址欺骗漏洞

该类漏洞由 TCP/IP 协议本身的设计缺陷引起。IP 协议依据 IP 头中的目的地址项来发送 IP 数据包,如果目的地址为本地网络内的地址,会直接将 IP 数据包发送到目的地。如果目的地址不在本地网络内,则将 IP 数据包发送给网关,交由网关处理。但 IP 路由不会对所提供的 IP 地址进行检查,入侵者可利用伪造的 IP 发送地址来产生虚假的数据分组,达到攻击的目的。

目前很多操作系统都存在这一漏洞，Linux 也不例外。虽然 IP 地址欺骗不会对 Linux 服务器本身造成很严重的影响，但对许多基于 Linux 操作系统的防火墙和 IDS 产品来说，这个漏洞的危害极大。

以上只是列举了 Linux 系统所发现的部分漏洞实例。只有对已发现漏洞进行跟踪分析，并了解它们的特性，才能避免在系统中不再产生类似的漏洞。通过对这些漏洞的预测挖掘，可以使 Linux 系统的安全机制不断完善。

8.4   Linux 操作系统安全实验

1. 实验内容

在 Linux 系统中创建用户帐号并初始化口令，观察/etc/passwd 和/etc/shadow 两个文件内容的变化；使用 chmod 改变文件的访问权限，并以不同用户身份登录。

2. 实验目的

了解 Linux 系统帐号的管理，熟悉不同用户对文件的访问权限，了解用户口令加密方法，了解在 Linux 中如何保证系统的安全。

3. 实验准备

（1）Linux 系统中的用户和组

在 Linux 系统中，每个用户都对应一个用户帐号和口令，帐号保存在/etc/passwd 文件中，口令保存在/etc/shadow 文件中。用户登录后可用 su 命令改变身份，常用于系统管理员在必要时从普通用户身份改变到 root。每个用户帐号都有唯一的识别号 UID 和自己所属组的识别号 GID 标识，特别是 UID，它是 Linux 确认用户权限的标志，用户的角色和权限都是通过 UID 来体现的。例如，将普通用户的 UID 设置为 0 后，这个普通用户就具有了 root 用户的权限，这是极度危险的操作。因此要尽量保持用户 UID 的唯一性。

在 Linux 中用户可分为三类，分别是：超级用户、普通用户和伪用户。

超级用户的 UID 和 GID 都为 0，它拥有对系统的最高管理权限，用户名默认为 root；普通用户的 UID 和 GID 介于 500～60 000，普通用户只能对自己家目录下的文件进行访问和修改，具有登录系统的权限，但权限有限；伪用户的 UID 和 GID 介于 1 至 499，这类用户最大的特点是不能登录系统且没有家目录。伪用户分为两种，一种与系统相关，有些伪用户是与系统的某些操作相关，比如关机、重启等都要以伪用户的身份执行，因为在 Linux 中，任何一个进程操作都要有一个用户身份，这就是为什么要设置伪用户。另一种与应用服务相关，比如 Apache 服务，该服务在启动之后也要对应一个伪用户。不管是系统操作还是应用服务，它们均以伪用户身份运行，在一定程度上起到了保护系统安全的作用。

在 Linux 系统中还有一些用户是用来完成特定任务的，比如 nobody 和 ftp 等，我们访问某个网页时就是以 nobody 用户身份访问的；我们匿名访问 ftp 服务器时，会用到用户 ftp 或 nobody。

在 Linux 系统中，超级用户和普通用户都有自己的主目录（家目录）和邮箱，超级用户的家目录默认为/root，普通用户的家目录设在/home 目录下的某个子目录中，一般情况下，该子目录的名称就是用户名。在默认情况下用户创建的文件和目录的所有者就是用户自己，只有文件和目录的所有者才能对文件属性做出修改，当然 root 用户例外，它具有无所不能的权限。

Linux 支持用户组，将用户分组是 Linux 系统中对用户进行管理及控制访问权限的一种手段，通过定义用户组，在很大程度上简化了管理工作。

用户组就是具有相同特征的用户的集合，一个用户组可以包含多个用户，每个用户也可以属于不同的组。用户组在 Linux 中扮演着重要的角色，方便管理员对用户进行集中管理。比如有时我们需要让多个用户对某一文件或某个目录拥有相同的权限，比如查看、修改或执行等，这时我们可以把这些用户都分配到同一个用户组中，通过修改文件或目录的权限，让同组用户具有相同的操作权限。每个用户组有一个组帐号，组帐号保存在/etc/group 文件中，用唯一的组名和组标识符 GID 标识。

（2）常用用户管理命令

①useradd——添加用户命令

命令格式：useradd［选项］用户名

说明：建立用户帐号，帐号建好之后，再用 passwd 设定帐号密码。常用选项说明：

-m：自动建立使用者家目录。

-u UID：指定用户的 UID。

-g GROUP：指定用户所属组。

-d HOME_DIR：指定用户的家目录。

-s Shell：指定用户登录后所使用的 Shell，否则预设/bin/bash。

-e EXPIRE_DATE：指定帐号的有效期限。

例：建立帐号 stu1，家目录为/home/stu1，默认组为 stu1。

```
useradd -m stu1
```

建立帐号 stu2，家目录为/home/rootstu，设置所属组为 root。

```
useradd -m -d /home/rootstu -g root stu2
```

用 ls 命令查看结果。如图 8-7 所示创建用户和查看结果屏幕截图。

```
[root@os ~]# useradd -m stu1
[root@os ~]# useradd -m -d /home/rootstu -g root stu2
[root@os ~]# ls -ld /home/root* /home/stu*
drwx------. 2 stu2 root 4096 Mar 27 04:33 /home/rootstu
drwx------. 2 stu1 stu1 4096 Mar 27 04:32 /home/stu1
```

图 8-7　创建用户和查看结果屏幕截图

②passwd——设置/修改用户口令

命令格式：passwd［选项］［用户名］

说明：没有指定用户名时则是修改自己的口令。系统管理员可使用 passwd 命令为指定用户设置初始口令或新口令，普通用户登录后也可以用 passwd 修改自己的口令。

例：为 stu1 帐号设置口令，命令为：

```
passwd stu1
New password：              //此处输入新口令
Retype new password：       //再输入一次，两次要一致
passwd：password updated successfully   //提示信息，说明口令设置或修改成功
```

请为 stu2 帐号设置口令，并观察/etc/passwd 和/etc/shadow 文件内容的变化。然后，分别在新的终端以 stu1 和 stu2 身份登录系统，且各自创建一个文件，观察在 stu1 和 stu2 两个帐号下文件的 UID 和 GID 各是什么。

关于用户和组操作命令还有 userdel(删除帐号)、usermod(修改用户信息)、groupadd(建立组)、groupdel(删除组)等命令,感兴趣的读者可参阅 Linux 操作系统相关资料,本书不再赘述。

(3)Linux 用户口令的加密方法

以 root 身份登录系统,执行命令 cat /etc/shadow | grep -E "root|stu",查看/etc/shadow 文件中 root、stu1 和 stu2 的加密口令。如图 8-8 所示。

```
[root@os ~]# cat /etc/shadow | grep -E "root|stu"
root:$6$AyJJK8ptgFHd71yE$DLcoe9rnbAFwOv1nQxoYE0gi/7tIfK4s/S6wD22m2oBG3mcbT8UPtjI
fUFCtOHsadhT3BO8IFNcZCMBAlZLiT.:17980:0:99999:7::::
stu1:$6$G1t9A3pG$6Ak9ZFj3YkSRAjfhyxka8ctMeuCDjWlauesm/NgrG0aanmi7fS2HSEEPX9TG0M9
jHv27Ek21yHZILmkTeMV4s1:17981:0:99999:7::::
stu2:$6$F9vvM4WL$NQG21RhvK86q50eu6a1IzxX3LS6WnVc6jluM5gJ0BkeGJuTNHXG31iu8i7B2Py9
70bRICf7dAttW12ZMvPbnF.:17981:0:99999:7::::
```

图 8-8　查看 shadow 文件

可以看到 root、stu1 和 stu2 加密口令分为三部分,以"$"符号为分割符,第一部分为"$6",说明口令采用 SHA-512 算法加密。第二部分称作"salt",salt 是一个固定长度的随机数,在本例中它是一个 96 位的随机数(每 6 位二进制数转换为 1 个字符,共 16 个字符)。每次在改写密码时,passwd 都会调用产生 salt 的函数随机生成一个新的 salt,加密算法加密口令时加入 salt,增加了黑客破译口令的难度。第三部分是加密后的口令,SHA-512 算法产生 512 位密码,转换成字符显示出来是 86 个字符。若我们知道了 salt 和口令,就能计算出加密后的口令,源程序如下:

```
01 / * Filename：ex8.c * /
02 # include <pwd.h>
03 # include <stddef.h>
04 # include <string.h>
05 # include <shadow.h>
06 # include <stdio.h>
07 # include <unistd.h>
08 # include <crypt.h>
09 # include <sys/types.h>
10 # include <stdlib.h>
11 int main(int argc, char * argv[])
12 {
13     struct passwd * pwd;
14     struct spwd * shd;
15     char salt[33];
16     int i=0,j=0;
17     if (argc ! =3)  {
18         printf("Usage：%s <username>  <password>\n",argv[0]);
19         exit(1);
20     }
21     if (geteuid()! =0) {//geteuid()取得执行本程序的有效 UID
22         printf("No Execute permission.\n");
23         exit(2);
24     }
25     pwd = getpwnam(argv[1]); //访问/etc/passwd,获取用户信息
```

```
26        if(pwd == NULL)
27            printf("The username is not found.\n");
28        else {
29            printf("passwd：%s\n", pwd->pw_passwd);
30            if(strcmp(pwd->pw_passwd, "x") == 0) {
31                printf("shadow used.\n");
32                shd= getspnam(argv[1]); //访问/etc/shadow,获取用户信息
33                if(shd!=NULL) {
34                    while(shd->sp_pwdp[i]!='\0'){
35                        salt[i]=shd->sp_pwdp[i];
36                        if(salt[i]=='$'){
37                            j++;
38                            if(j==3){
39                                salt[i+1]='\0';
40                                break;
41                            }
42                        }
43                        i++;
44                    }
45                    if(j<3) {
46                        printf("User cannot use.\n");
47                        exit(3);
48                    }
49                    printf("salt：%s\ncrypt：%s\n", salt, crypt(argv[2], salt));
50                }
51            }
52        }
53        return 0;
54 }
55 /*编译命令 gcc -o ex8 -lcrypt ex8.c */
56 /*运行命令 ./ex8  root  operating   // roots 是根用户名,operating 是根用户的口令 */
```

编译、执行结果如图 8-9 所示。与图 8-8 比较发现了什么?

图 8-9　crypto 编译、执行结果截图

习题 8

1. 选择题

(1)计算机系统安全评测准则 TCSEC 根据系统所采用的安全策略和所具备的安全功能将系统分为(　　)。

A. 4 类共 7 个安全等级　　　　　　　B. 6 类共 8 个安全等级

C. 5 类共 6 个安全等级　　　　　　　D. 6 类共 6 个安全等级

(2)为了预防计算机病毒,应采取的正确措施是(　　)。

A. 每天都对计算机硬盘进行格式化　　B. 不用盗版软件和单击来历不明的链接

C. 不同任何人交流　　　　　　　　　D. 不玩任何计算机游戏

(3)(　　)不是防火墙的功能。

A. 过滤进出网络的数据包　　　　　　B. 保护存储数据安全

C. 封堵某些禁止的访问行为　　　　　D. 记录通过防火墙的信息内容和活动

(4)在以下认证方式中,最常用的认证方式是(　　)。

A. 基于帐号名/口令认证　　　　　　　B. 基于摘要算法认证

C. 基于 PKI 认证　　　　　　　　　　D. 基于数据库认证

(5)入侵检测的基本方法是(　　)。

A. 基于用户行为概率统计模型的方法　　B. 基于神经网络的方法

C. 基于专家系统的方法　　　　　　　D. 以上都正确

(6)审计管理指(　　)。

A. 保证数据接收方收到的信息与发送方发送的信息完全一致

B. 防止因数据被截获而造成的泄密

C. 对用户和程序使用资源的情况进行记录和审查

D. 保证信息使用者都可有得到相应授权的全部服务

2. 问答题

(1)试述病毒、蠕虫、特洛伊木马的特点和它们的危害性?

(2)操作系统应该提供哪些安全功能?

(3)操作系统漏洞扫描有什么作用?

(4)操作系统的安全评测方法有哪些?

(5)在互联网上查找更多的操作系统评测标准内容。

(6)操作系统有哪些安全机制?

(7)访问控制表是如何实现访问控制的? 访问权限表是如何实现访问控制的?

(8)监控与审计日志的作用是什么?

(9)简述密码技术的实现原理? 密码技术有几类?

(10)Linux 的常见安全机制有哪些? 常见安全漏洞有哪些?

参 考 文 献

［1］Ryckman G F. The IBM 701 computer at the general motors research laboratories［M］// Classic operating systems. Springer New York,2001：37-40.

［2］Columbia University. Programming the ENIAC. Retrieved 2019-08. http://www. columbia. edu/cu/computinghistory/eniac. html

［3］Wikipedia. IBM 711［EB/OL］. https://en. wikipedia. org/wiki/IBM_711.

［4］Tanenbaum A S,Bos H. Modern operating systems (Fourth Edition)［M］. Prentice Hall Press,2014.

［5］左万利,王英. 计算机操作系统教程［M］. 4 版. 北京:高等教育出版社,2019.

［6］张尧学. 计算机操作系统教程习题解答与实验指导［M］. 4 版. 北京:清华大学出版社,2013.

［7］Tanenbaum A S. Lessons learned from 30 years of MINIX［J］. Communications of the ACM,2016,59(3):70-78.

［8］Denning P J. Fifty years of operating systems［J］. Communications of the Acm,2016,59(3):30-32.

［9］McCarthy J. 1959 Memorandum［J］. IEEE Annals of the History of Computing,1992,14(1)：20-23. (http://www-formal. stanford. edu/jmc/history/timesharing-memo/timesharing-memo. html).

［10］费翔林,骆斌. 操作系统教程［M］. 5 版. 北京:高等教育出版社,2014.

［11］Corbató F J,Merwin-Daggett M,Daley R C. An experimental time-sharing system［C］// Proceedings of the AFIPS Fall Joint Computer Conference. 1962：335-344.

［12］庞丽萍,阳富民. 计算机操作系统(微课版)［M］. 2 版. 北京:人民邮电出版社,2018.

［13］CS140 lecture notes：CPU Scheduling［EB/OL］. http://www. scs. stanford. edu/07au-cs140/notes/l5. pdf

［14］Naghibzadeh M. Operating System：Concepts and Techniques［M］. iUniverse,2005.

［15］Liu C L,Layland J W. Scheduling algorithms for multiprogramming in a hard-real-time environment［J］. Journal of the ACM (JACM),1973,20(1)：46-61.

［16］陆丽娃,杨麦顺,丁凰等. 计算机操作系统. 第 2 版［M］. 高等教育出版社,2015.

［17］Peterson G L. Myths about the mutual exclusion problem［J］. Information Processing Letters,1981,12(3)：115-116.

［18］Dijkstra E W. Cooperating sequential processes (EWD-123). EW Dijkstra Archive［J］. Center for American History,University of Texas at Austin,1965.

［19］Stallings W,Manna M M. Operating systems：internals and design principles (9th Edition)［M］. Pearson,2018.

［20］曾宪权,冯战申,章慧云. 操作系统原理与实践［M］. 北京:电子工业出版社,2016.

［21］Wikipedia. Elevator algorithm ［EB/OL］. https://en. wikipedia. org/wiki/Elevator_algorithm.

［22］ Wikipedia. LOOK_algorithm［EB/OL］. https：//en. wikipedia. org/wiki/LOOK_algorithm.

［23］ Teorey T J，Pinkerton T B. A comparative analysis of disk scheduling policies［J］. Communications of the ACM，1972，15(3)：177-184.

［24］ Worthington B L，Ganger G R，Patt Y N. Scheduling algorithms for modern disk drives ［C］//ACM SIGMETRICS Performance Evaluation Review. ACM，1994，22（1）：241-251.

［25］汤小丹，梁红兵，哲凤屏，等.计算机操作系统［M］. 4 版.西安：西安电子科技大学出版社，2014.

［26］ Guttman B，Roback E A. An introduction to computer security：the NIST handbook ［M］. DIANE Publishing，1995.

［27］ Naghibzadeh M. Operating System：Concepts and Techniques［M］. iUniverse，2005.

［28］ Bryant R E，David Richard O H，David Richard O H. Computer systems：a programmer's perspective(3rd)［M］. Upper Saddle River：Prentice Hall，2016.

［29］ Silberschatz A，Galvin P B, Gagne G. 操作系统概念［M］. 9 版.郑扣根，等译.北京：机械工业出版社，2018.

［30］ Tanenbaum A S, Bos H. 现代操作系统［M］. 4 版.陈向群，等译.北京：机械工业出版社，2017.